煤花川清淡急流

一級河川裾花川河川災害改修史抄

宮下 秀樹

1. 慶長期の大開発で付け替えられた煤鼻(裾花)川下流部 「第一章より」

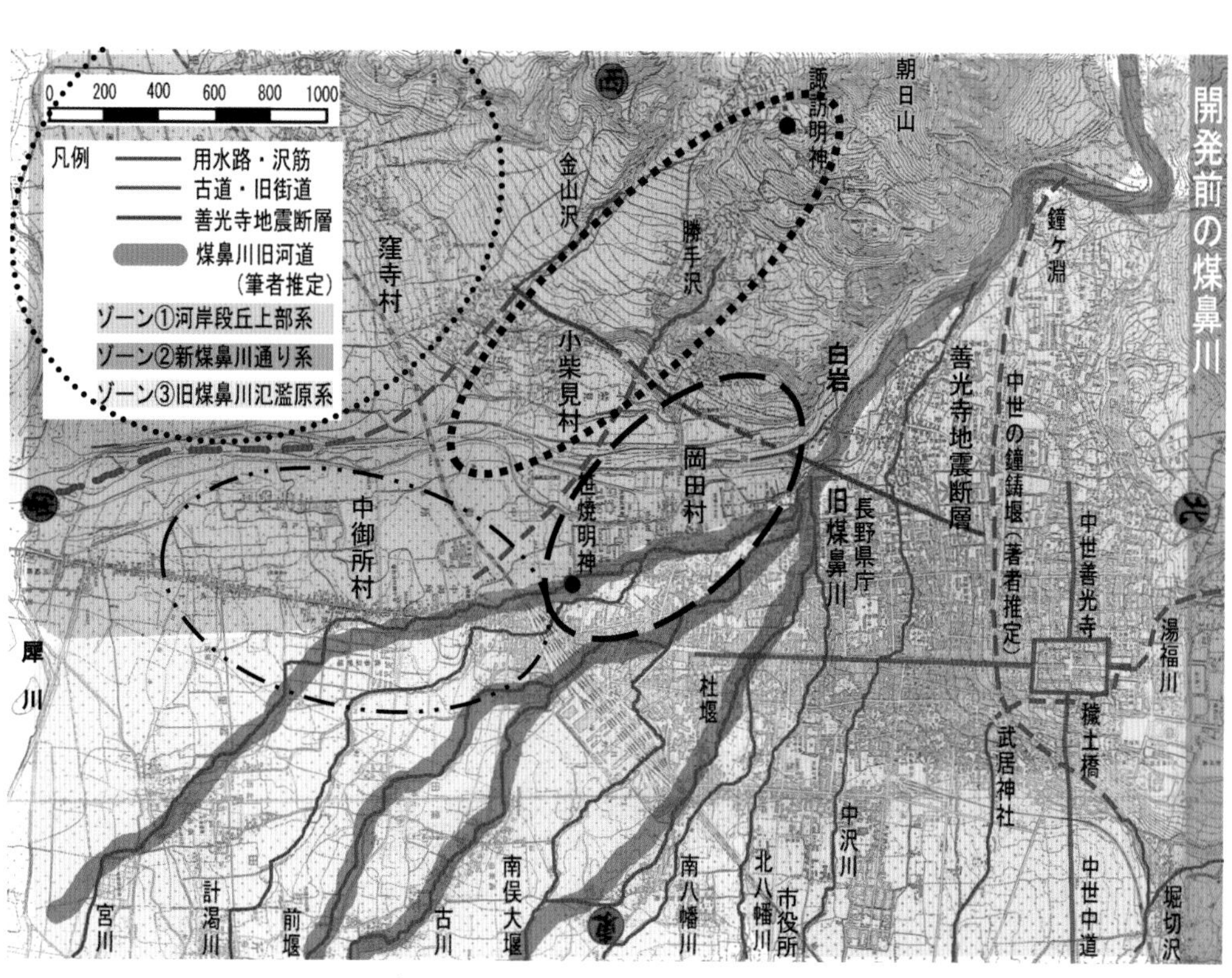

1.1 慶長の大開発以前の煤鼻(裾花)川下流域

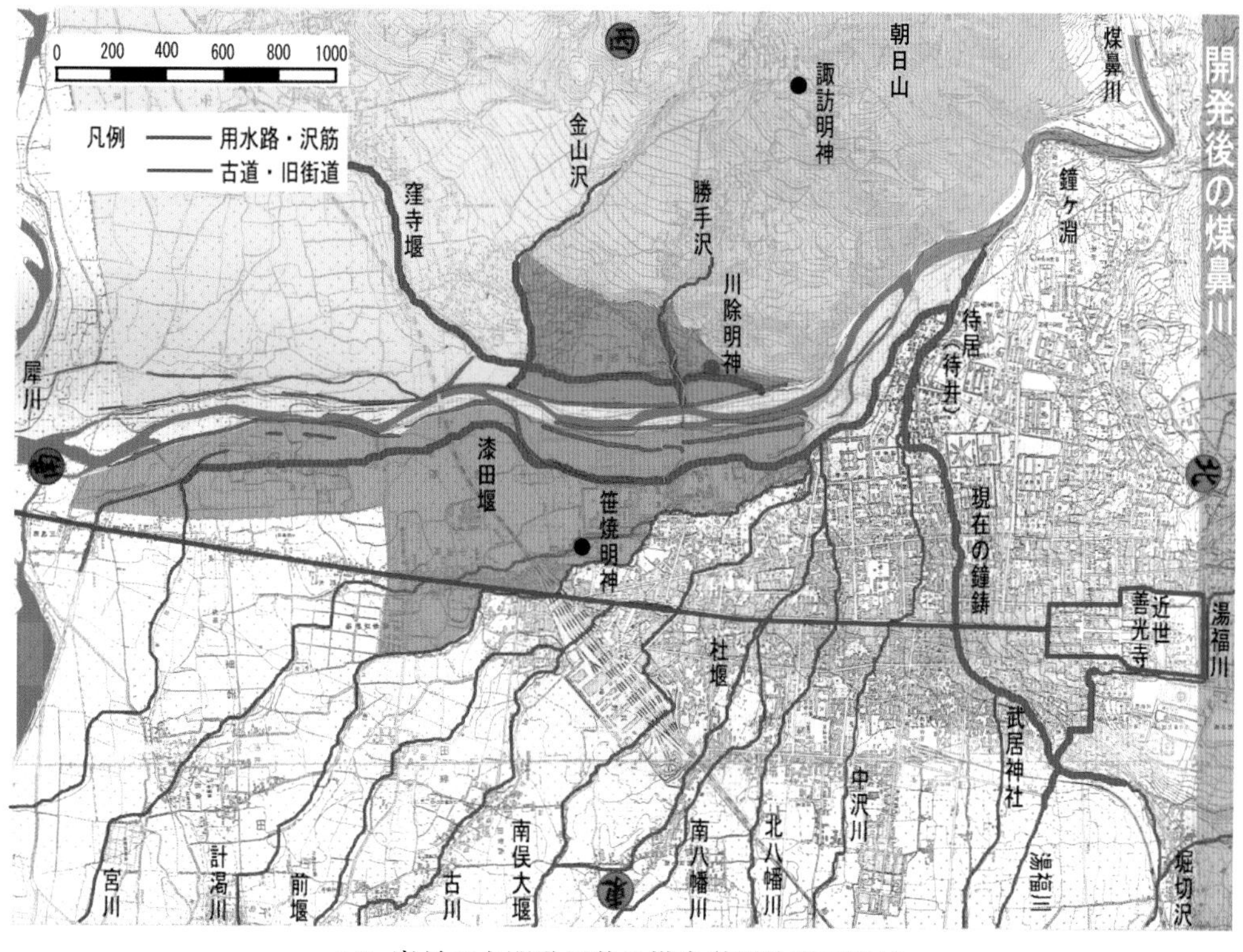

1.2 慶長の大開発以後の煤鼻(裾花)川下流域

2. 中世善光寺如来堂は裾花渓谷を背に東を向いていた 「第二章より」

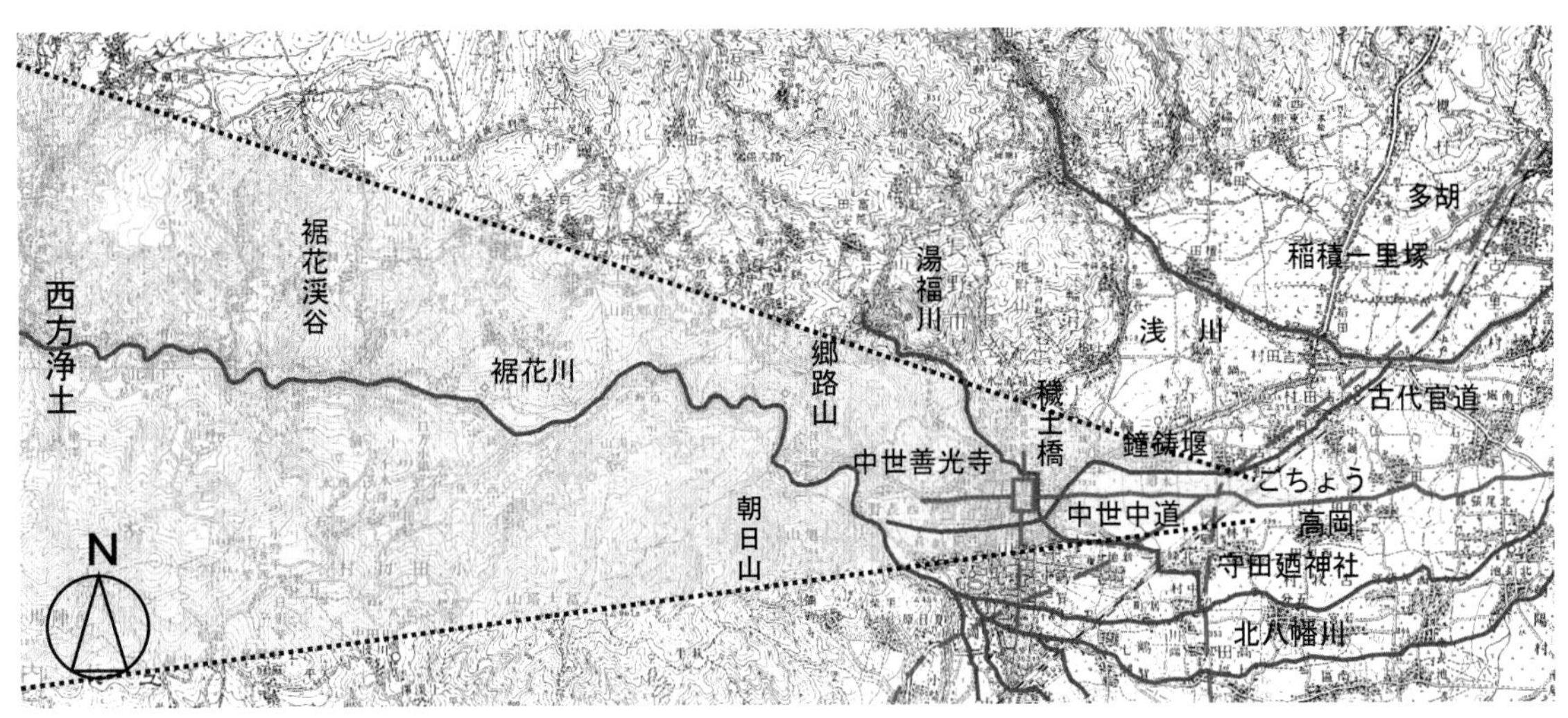

2.1 中世の中道より西を望むと裾花渓谷があった

2.2 裾花渓谷を背後に建つ善光寺境内は浄土で中道との境に穢土橋があった

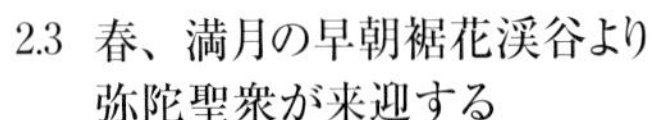
2.3 春、満月の早朝裾花渓谷より
弥陀聖衆が来迎する

2.4 西方浄土を感得させる裾花渓谷の落陽
NUPRI わいがやサロン通信 Vol.68 より

2.6　戦国時代末期に描かれた善光寺如来堂も東向き

善光寺参詣曼荼羅図　　大阪府藤井寺市小山善光寺蔵、大阪市立美術館寄託

2.7　近世の善光寺本堂でも続けられた西方に向けた礼拝

坂東清水寺の善光寺同行の絵馬

3. 寛保満水図の制作意図を解き明かす 「第四章より」

3.1 戌の満水の被害を記した「寛保満水図」は「元禄十年御領分図」の複製

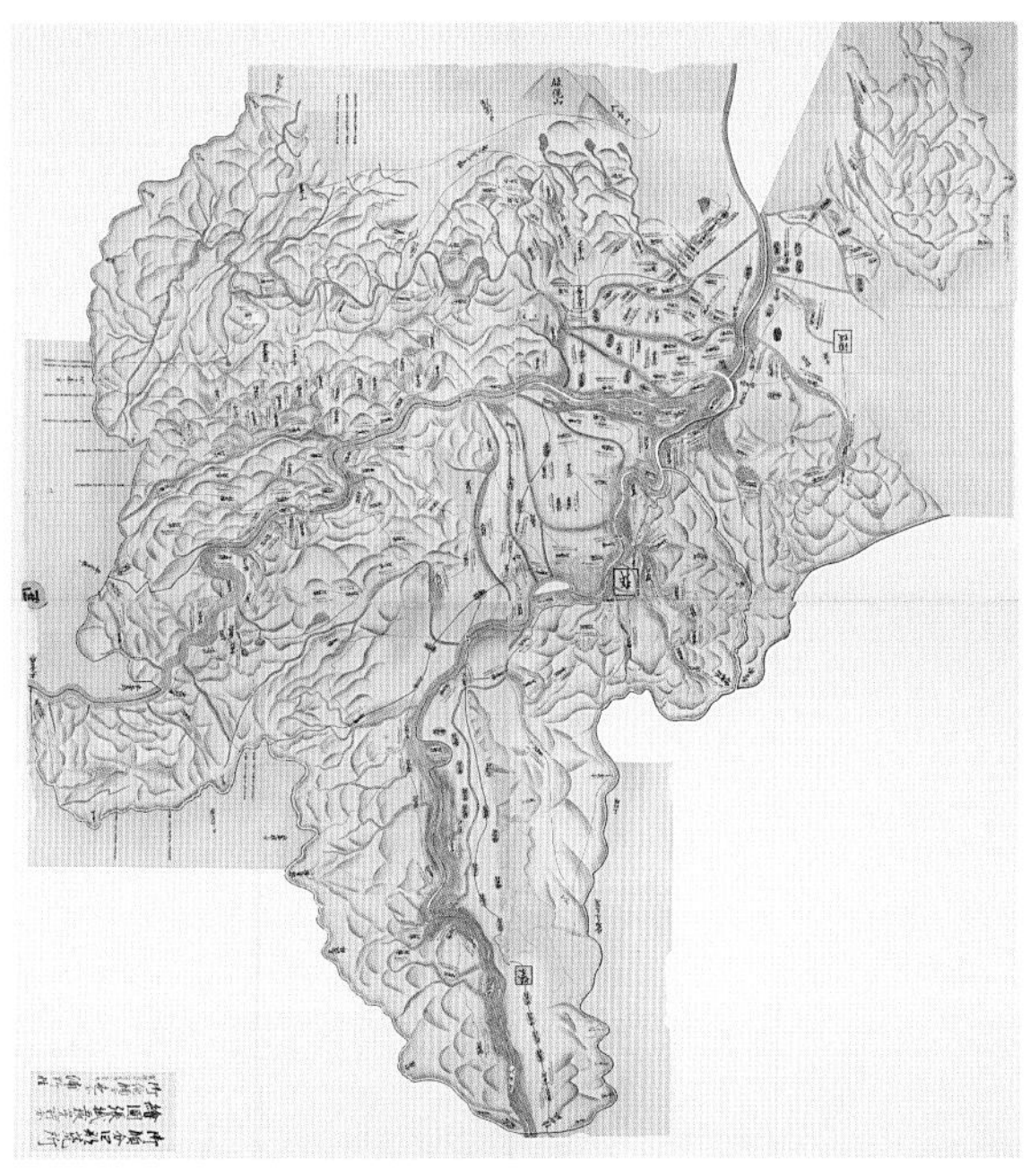

寛保満水図 ニ 長野市立博物館蔵

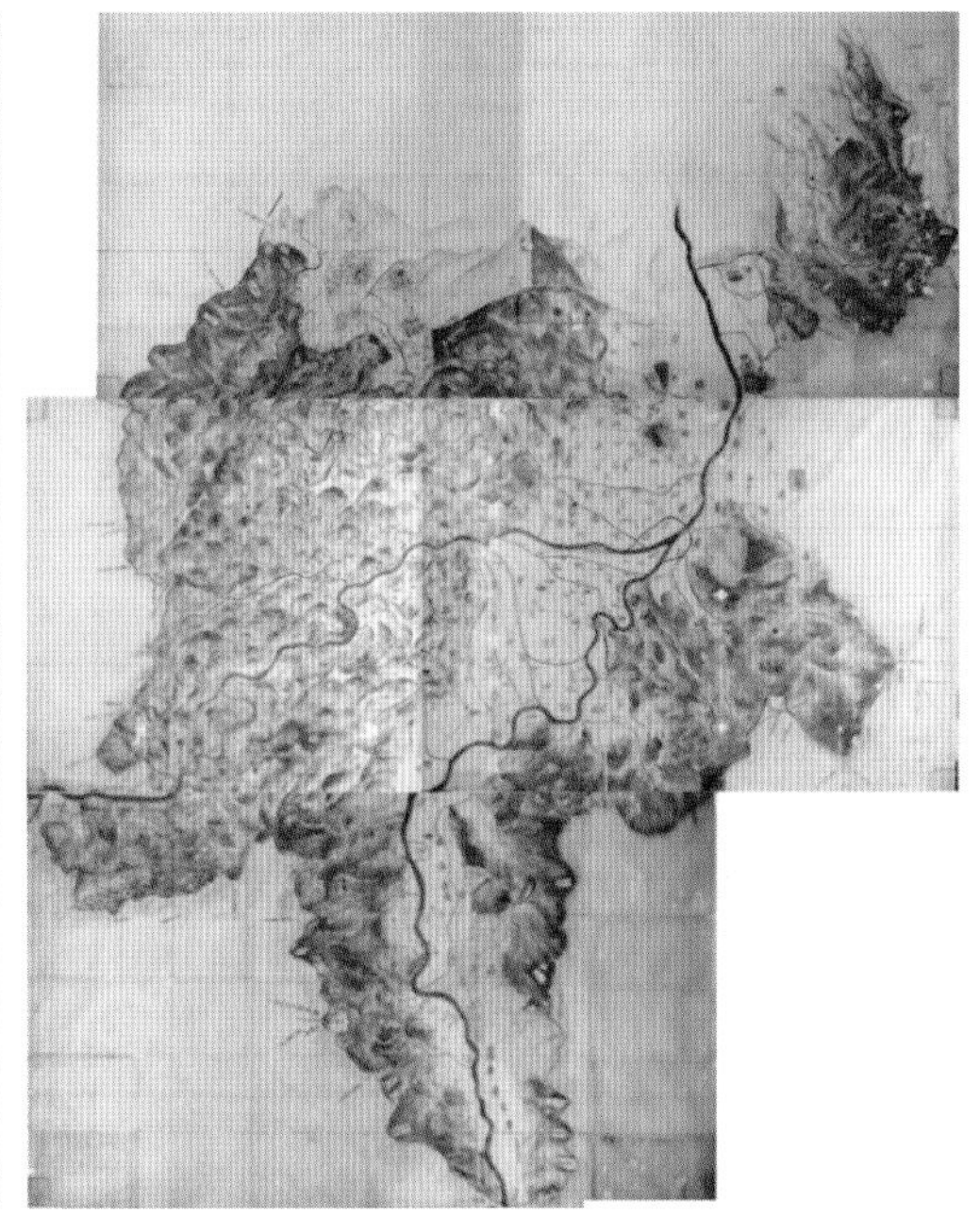

元禄十年御領分図 国文学研究資料館蔵

4. 戌の満水以後も繰り返し発生した煤花（裾花）川の災害 「第五章より」

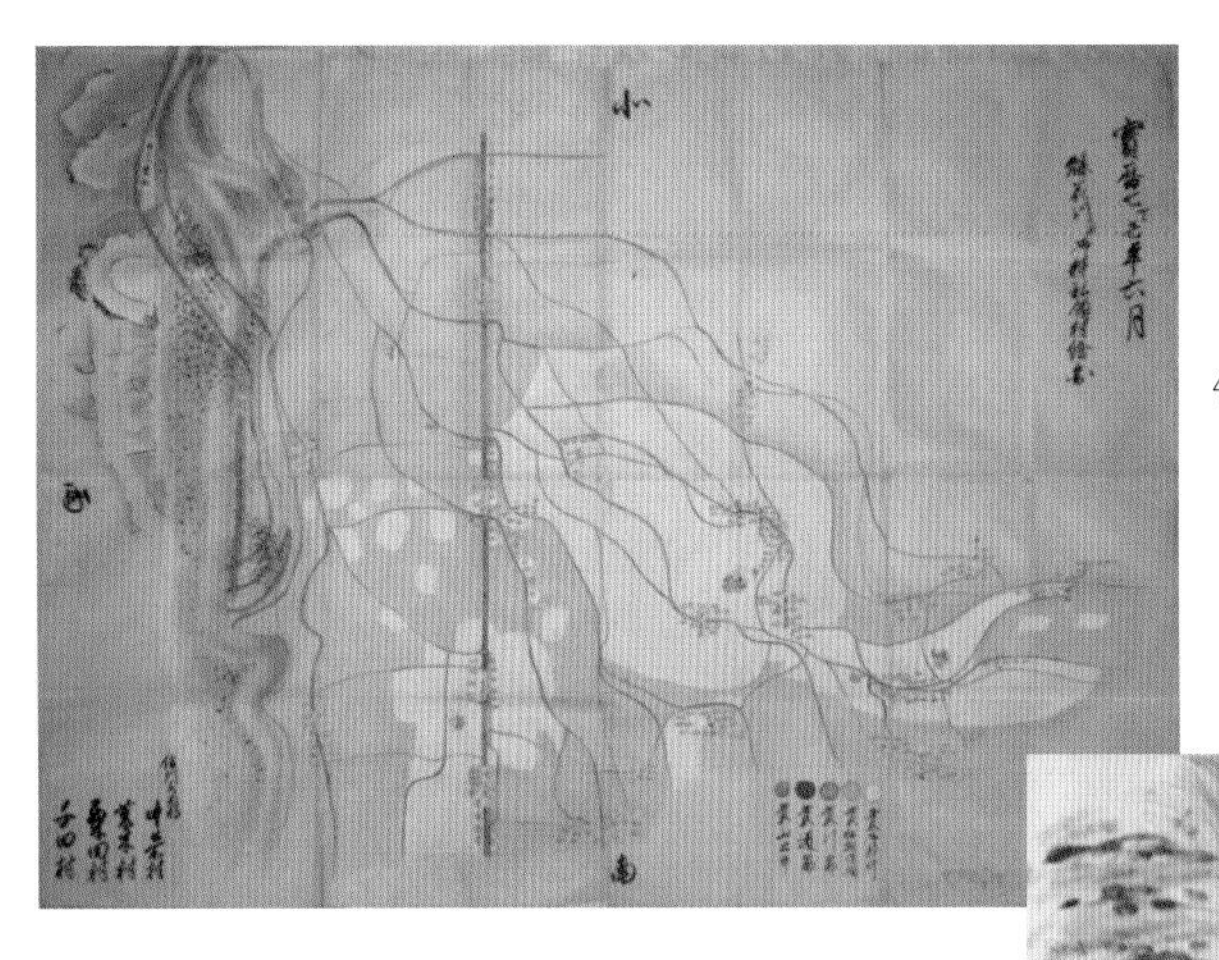

4.1 煤花川并御料私領絵図宝暦七年六月
三戸部家文書

4.2 煤鼻川満水絵図文化四年五月
倉石里美家文書

5. 煤花（裾花）川右岸小柴見村に残る川除普請の絵図 「第六章より」

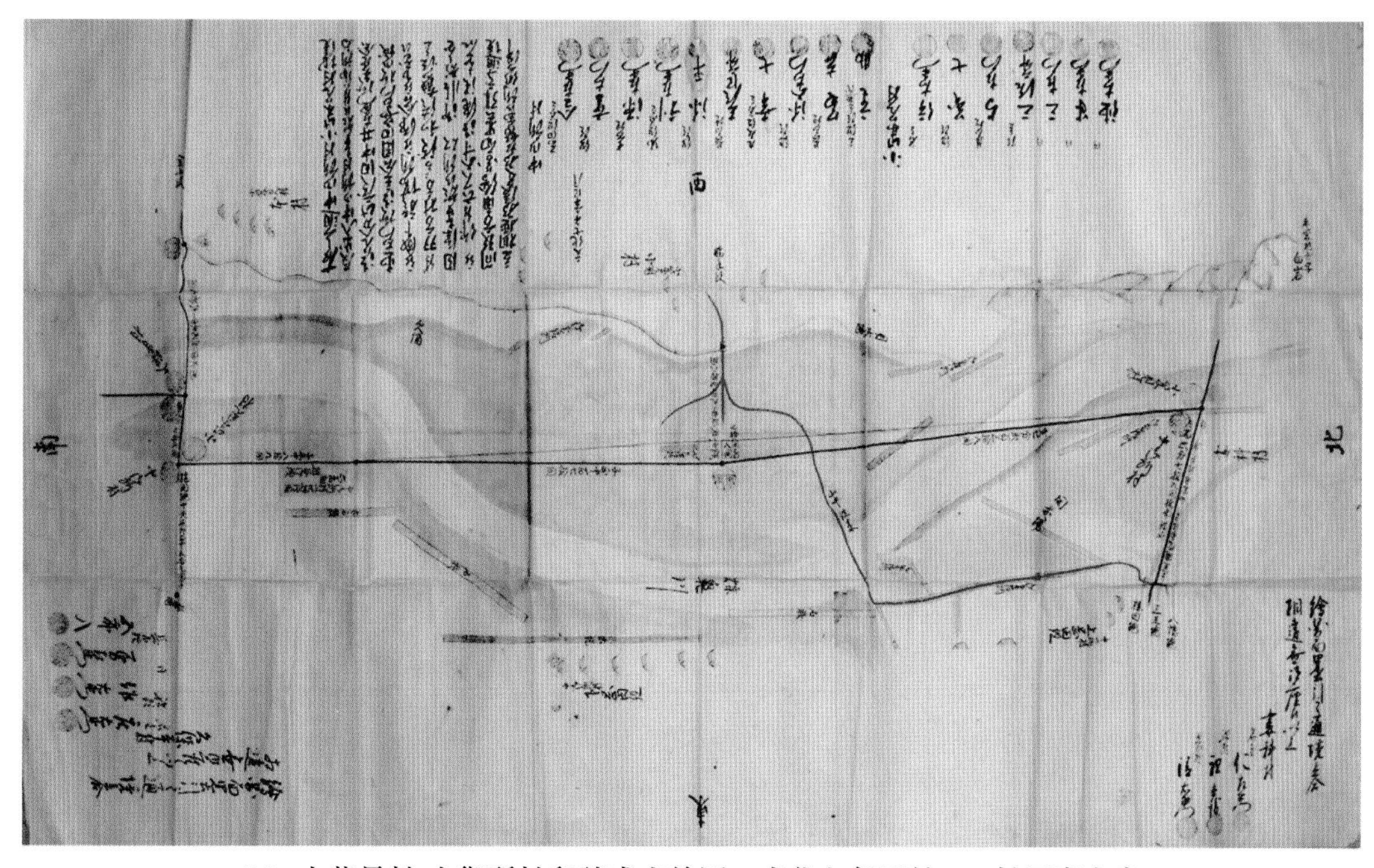

5.1 小柴見村・中御所村和談成立絵図 文化七年四月 村田家文書

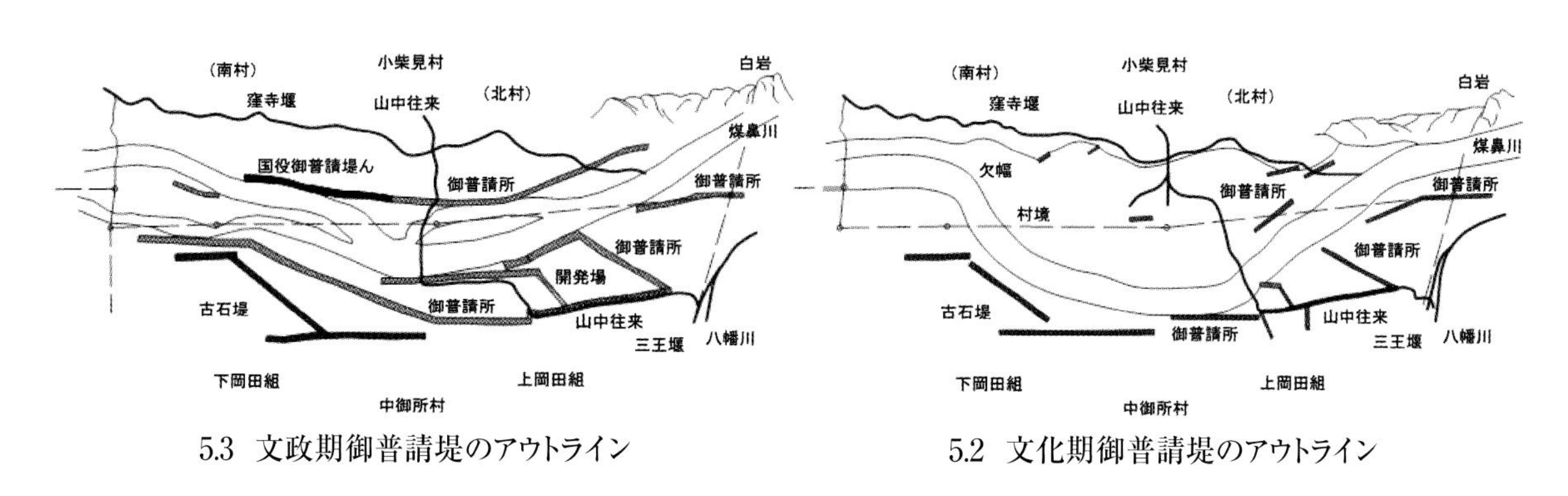

5.3 文政期御普請堤のアウトライン

5.2 文化期御普請堤のアウトライン

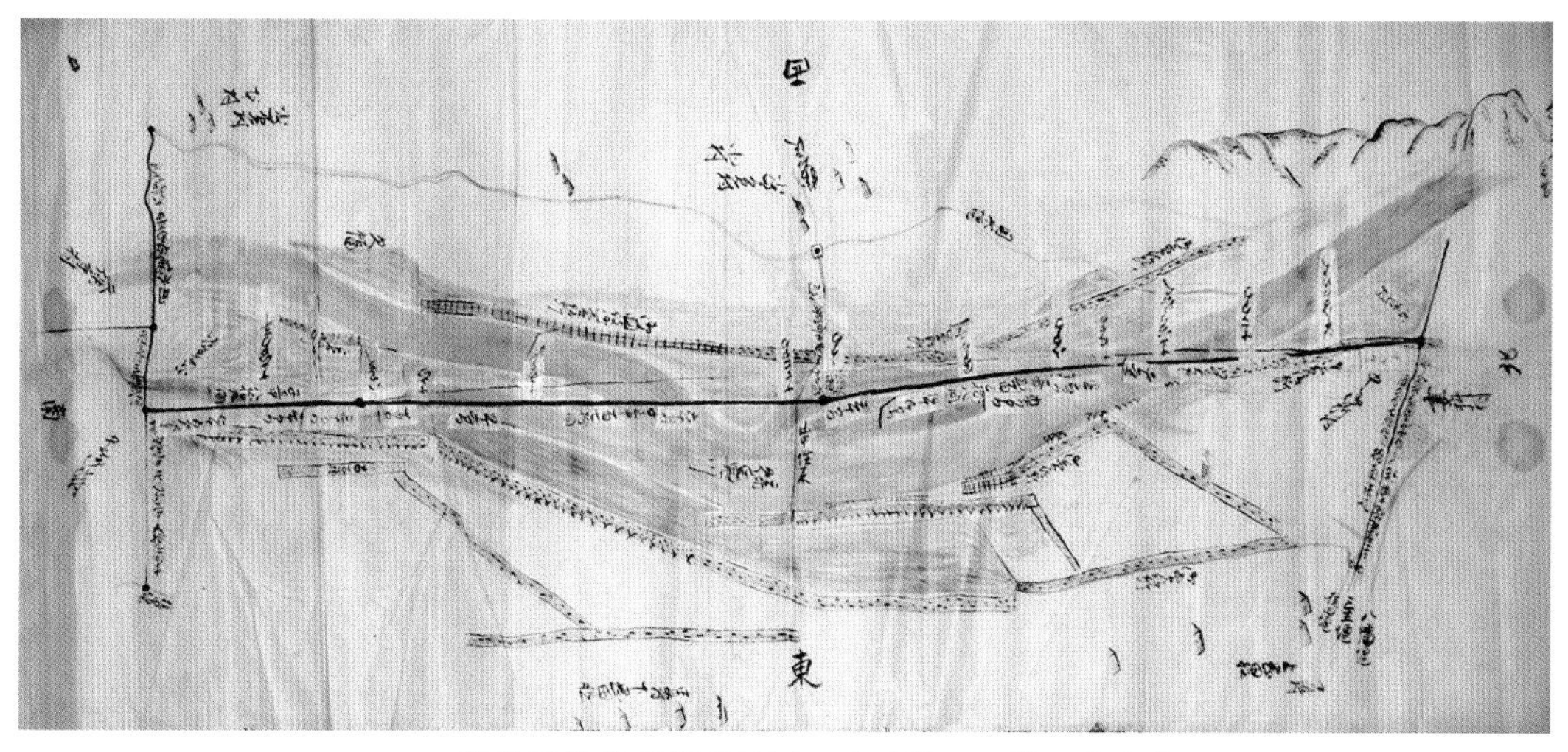

5.4 煤鼻川除御普請所絵図 文政期 村田家文書

6. 弘化四年善光寺地震で発生した煤花（裾花）川の塞き止め湖 「第七章より」

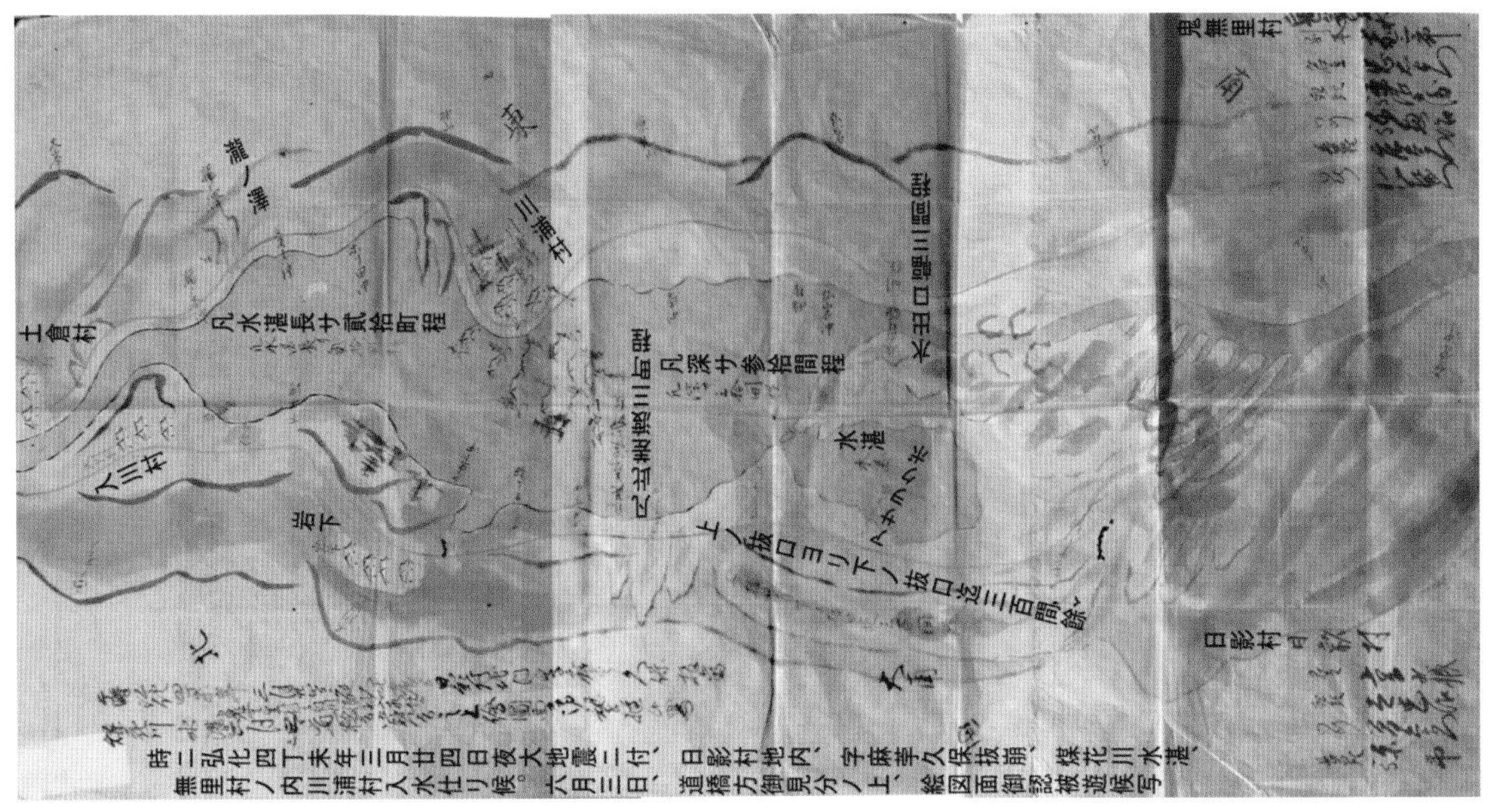

地震災害測量図（筆者加筆）　鬼無里ふるさと資料館所蔵

7. 裾花川を渡る相生橋 「第八章より」

7.1　河野通勢が描いた「裾花川の川柳」に残る相生橋　大正四年　長野県立美術館蔵

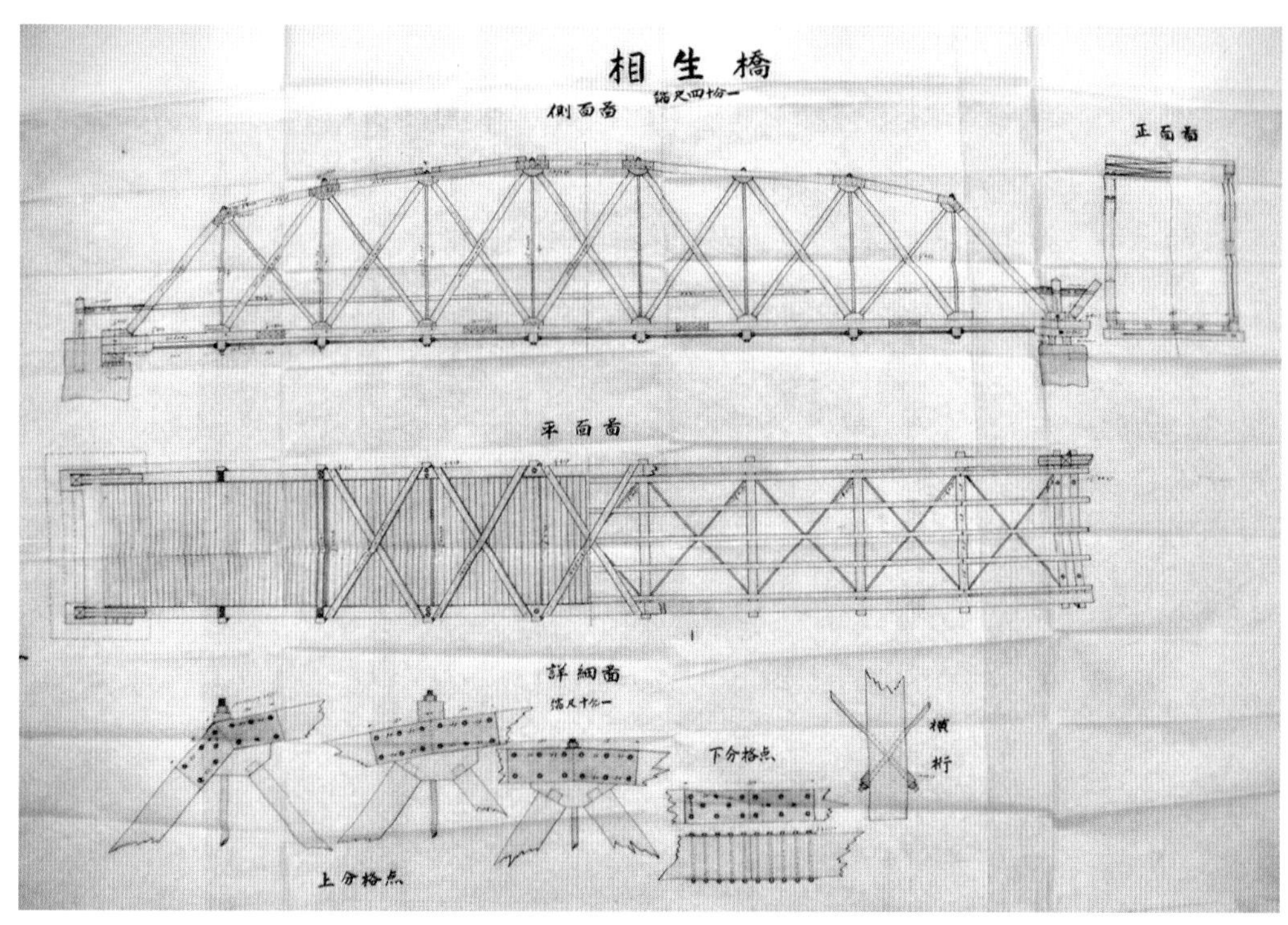

7.2　幻の四代目相生橋（木造ハウ変形トラス橋）大正五年六月設計　長野県立歴史館蔵

8. 善光寺平農業水利改良事業 「第九章より」

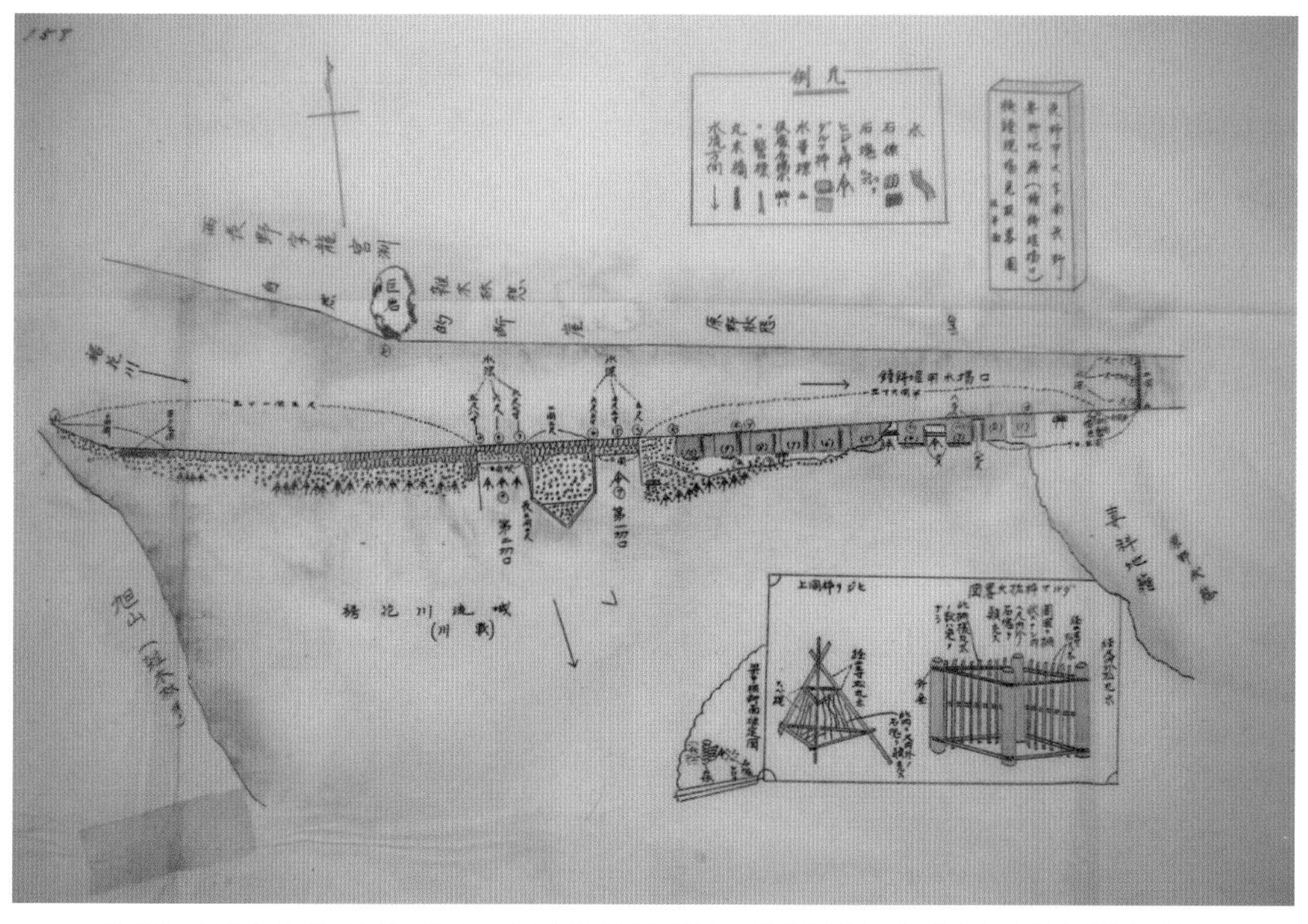

鐘鋳堰組合と八幡山王堰組合の用水権確認訴訟の現場検証で作成された検証見取略図
大正十四年　　長野市公文書館蔵

9. 長野県が造った最初で最後のコンクリートアーチダム 「第十章より」

9.1 湛水前のダム湖底より望む裾花大橋
記録映画「廃道」(制作：小林武司氏)より

9.2 放物線アーチが美しい裾花ダム
裾花ダム管理事務所提供

9.3 建設中の裾花ダム(上流側より望む)
記録映画「廃道」(制作：小林武司氏)より

推薦のことば

西澤　安彦

宮下秀樹氏の『裾花川清淡急流』が上梓の運びとなった。本書は一〇章からなり、そのうち八章は長野市公文書館が発行する『市誌研究ながの』に掲載された論文である。それらは第二二号から第三〇号にわたっていて、第二二号は平成二十七年(二〇一五)、第三〇号は令和五年(二〇二三)に発刊されている。私は長野市公文書館在職中に『市誌研究ながの』の編集に携わっており、論文が原稿段階から成長を遂げて、完成した形になるまで立ち会ってきた。

長野盆地の裾花川流域に住み着いて生活を営んできた人々にとって、裾花川はそれらの命を繋ぐ母なる存在であった。長野市公文書館の廊下に昭和三十六年(一九六一)撮影の長野市街地の航空写真が掲げられている。高度経済成長が始まった頃で、まだ開発はあまり進んでいない。郊外に目をとめると、集落と集落の間には水田が整然と広がっている。長野盆地に流入して、幾筋にも分流したであろう裾花川の水を利用して、開田が進められてきた。裾花川の河岸段丘のほとりには、渡しに関わる地名や渡跡の碑が今に伝えられている。

悠久の時を経て形作られてきた裾花川の流路は、近世初頭になってその姿を大きく変えられた。長野県庁西から南下するように変更され、現在の丹波島橋上流で犀川に注ぎ込むようになった。裾花川から取水する用水路は近世になっていっそう整備がはかられ、鐘鋳堰組合、八幡・山王堰組合によって、管理・維持・利水が進められた。江戸時代の鐘鋳堰組合には一三ヵ村が属し、水掛け面積は約五千石、八幡・山王堰組合には三五ヵ村が属し、水掛け面積は約一万一千石であった。多くの村が松代藩の所領で、藩にとって重要な穀倉地帯であった。

本書第六章の「中御所村岡田組百姓重助の苦闘」は、中御所村岡田組の百姓重助の、裾花川左岸の現長野県庁南から長野バスターミナルあたりまでの沿岸の荒地に私財を投じた開発を取り上げたものである。災害に何度も襲われ、裾花川からの取水に苦労し、最後は病に罹り財産のすべてを失い潰れ百姓となってしまう。彼の死後開発は日の目をみるが、現在はすべて市街地化して彼の苦闘の跡は知る由もない。長野市出身の洋画家河野通勢は、大正初期に精力的に裾花川の風景を題材とした作品を制作している。「裾花川の河柳」には、着物姿で杖をついてこちらへ向かって歩いてくる農民らしい老人が描かれている。時空を超えて、開発に情熱を傾注した重助の面影と重なる。

宮下秀樹氏は工学博士であり土木技術の専門家である。専門的な興味関心は裾花川の開発を出発点として災害・交通・治水・文化へと発展し、その学問的な研究成果は余すことなく本書に結実している。氏の困難を克服し継続して精進する姿に深甚なる敬意を表するとともに、多くの方々が本書を繙き、裾花川に対する理解と愛着を深め、未来の裾花川の在り方を考える端緒となることを願うものである。

「煤花川清淡急流」発刊にあたって

裾花川は長野市北西部を流れる一級河川である。長野県庁の西隣、朝日山との間を流れる長野市民には親しみ多き河川である。この裾花川の名は、中世より様々な漢字を用いて表記されている。室町時代に書かれた「大塔物語」には「善光寺南大門及蒼花川高畑打履子無所」の記述が残り、蒼花と記してスソハナと読んだのであろうか。

近世に入ると「煤鼻川」と記された古文書が多くなる。そして幕末になると松代藩の公式文書に「煤花川」の表記が用いられるようになった。「煤花(ススケノハナ)」とは、ユウガオの別名のようであるが、西行法師が詠んだと伝わる歌に、「この奥に桜の里のあればこそ裾花川と人はいふなれ」が伝わるが、煤鼻(花)とは、桜を意味するのであろうか。ただし西行法師は長野の地を訪れていないとの説もあり定かでない。

明治に入ると「裾花川」の表記が一般的に用いられるようになり現在に至っている。明治二十一年(一八八八)明治政府により市制・町村制が公布され本格的な地方自治制度が創設されたが、これに先立ち全ての市町村で作成された調書に明治町村誌が残る。内容は沿革、地勢、古跡、産業等が詳細に記録されているもので、明治版の市町村ガイドブックである。本書のタイトルの元となった「煤花川清淡急流」は、裾花川下流域に位置する中御所村、妻科村、および安茂里村の村誌の中で、村内を流れる煤花川の紹介に共通して使われていた文言である。淡く清らかな流れは、村民の暮らしを豊かにした。一方、ひとたび大雨が降ると急な流れは一変し荒れ狂い人々の暮らしは困窮した。「煤花川清淡急流」には、平素穏やかな川の流れに対する人々の思慕と、一変する自然災害に対する畏敬の念が込められていた。なお本書の題字は、筆者の従姉の鈴木照子(菁華)氏による。

本書は、中世から現代にいたる裾花川の河川災害史・河川改修史を中心に、それらにまつわる県都長野の歴史を綴ったものである。

第一章は、江戸時代初頭に行われた裾花川の大開発についてまとめた。裾花川下流部は、近世初頭に松平忠輝と家臣団により大規模な河川改修が行われている。地元に存在する江戸時代の古文書と、大正末期の長野市全図で確認できる河道の姿に明治初期の行政文書を加味して、慶長期における裾花川開発初期の形態の同定を試みた。裾花川は二線堤構造や霞堤を配置した甲州流の治水技術の流れを汲む工法が用いられていて、忠輝家臣団の甲州系代官衆らにより進められた開発であった。同時に旧裾花川氾濫地帯に北国街道丹波島・善光寺宿ルートが開設されるとともに左右両岸の堤内地に用水路が開鑿されていることから、これらは治水・利水・街道整備を含めた総合開発であった。この偉業を成し遂げたのはどのような人々であったのかについても論術してゆく。

第二章は、善光寺如来がいかにしてこの地に安置されたのかを考えるにあたり、そこには裾花渓谷があり、渓谷に年二回陽が沈むことが大きな要因であることを示した。これより、古代、中世の善光寺如来堂は今の形とことなり、東向きであったことについて試論を述べた。

第三章は、善光寺から東に位置する千曲川の間に点在する条理的水田を灌漑する鐘鋳堰の成り立ちについてまとめた。この田用水は裾花川より取水され善光寺境内脇を流れる人工水路であるが、中世中期以降荒廃し使用不能になった時期があるらしく、鐘鋳堰上流部を戦国末期に武田家の勢力が現在の経路に付け替えた可能性があることを示した。

第四章は、千曲川流域で有史以来最大級の河川災害を引き起こした「戌の満水」について、一般的に知られることがなかった史料を基に松代藩の被災状況について述べた。さらに、松代藩が幕府に対して被災した領地を返上し、新たな土地と引き換えてもらうことを上申した「御領分荒地引替御願」の存在を示し、寛保満水図が造られた経緯を明らかにした。

第五章は、江戸時代初頭に行われた裾花川の瀬替え工事の問題点を述べ、その後天保期までに引き起こされた裾花川下流域での河川災害の状況を俯瞰する。

第六章では、文化・文政期に生じた裾花川の氾濫を紹介する。流域の村々は疲弊し難渋するなかで対岸の村々が対立する境論(川論)が勃発。裾花流域で初めて国役普請による堤防工事が採択されたが対岸両村の利害が錯綜し川除け工事は難航した。この時代に、中御所村岡田組(現長野市中御所岡田)に実在した百姓重助の苦難を取り上げた。重助は裾花川左岸の現長野県庁南から長野バスターミナルあたりまでの裾花川沿岸の荒地に私財を投じて開発を進めたが、幾度となく災害に襲われ、最後は病に倒れすべての財産を失い潰れ百姓となった人物である。なぜか重助に関係する文書が地元に多く残り、近世の人々と河川開発とのかかわりがよくわかる事案であることから本書で取り扱うこととした。

第七章は、弘化四年に発生した善光寺地震による裾花川のせき止め湖決壊災害に焦点を当てた。善光寺地震で特に甚大な被害を発生させたものに、岩倉山の崩壊による犀川のせき止め湖決壊洪水がある。この災害に関する古記録は豊富で、既往の研究が精力的に実施されているが、裾花川のせき止め湖決壊災害に焦点をあてた研究は少ない。本章では、地震後に発生した土砂災害とその後の、明治初期までの間の河川災害と川除普請について時系列的に俯瞰し、善光寺地震と裾花川河川改修の関わりを論述する。下流域左岸の文政期に整備された御普請堤は壊滅的な被害を受けたが、流域農民による二十年余に及ぶ川除普請により二線堤構造が復旧された。

第八章は、近世に山中往来が裾花川を渡る小柴見村にあった渡し場について述べる。山中往来とは、近世の善光寺と長野市西部の所謂西山地区を結ぶ脇街道のことで、明治に入って高府街道・大町街道と名を変えた道筋である。山中往来の時代は裾花之渡しとして、大町街道の時代から現代にいたるまでは相生橋として人々の往来を支えてきた。この歴史を紐解く。

第九章では、大正末期から昭和初期に展開された裾花川下流域における数々の近代開発についてまとめた。裾花川の治水利水における近代化のエポックメーキングとなった瞬間である。裾花川左岸域で不足する水需要に対して、犀川で取水された飲料用水や農業灌漑用水が裾花川を伏越し、旧市街地を潤した。鉄道車両や自動車も裾花川を渡った。もの・人の流れが川と交わり、川の流れが左右沿岸地域を隔てる存在でなくなった。この時期、裾花川下流域の荒廃した石河原に近代大開発の一大ムーブメントが押し寄せたのである。

第十章(最終章)は、第二次世界大戦終結後間もない昭和中期に、荒れ狂う裾花川に立ち向かい、暴れ裾花川を鎮めた人々の偉業についてまとめた。昭和二十四年九月二十二日、所謂二つ玉低気圧通過に伴う豪雨が、県下を襲った。裾花川流域では、二十二日の鬼無里村の降雨量が一二一㎜に達し、裾花川は九反堤等が破堤した。濁流は犀川以北の長野市域の過半近くを呑込んだ。昭和三十五年、裾花川総合開発計画に洪水調節、上水道、発電の三つの目的を有する多目的ダムの建設が盛り込まれコンクリートアーチ式の裾花ダムの建設が始まった。コンクリートアーチダムの建設経験がない長野県は、アーチダム建設のスペシャリストとして大分県より山崎陽三を迎えて建設に着手した。そこには数々の難題が待ち構えていた。

令和六年正月

宮下秀樹

煤花(裾花)川清淡急流　目次

第一章

江戸時代初頭における煤鼻（裾花）川の開発形態

『土木学会論文集D2（土木史）Vol69．No.1』に掲載されたものを転載

はじめに

旧長野市街地西方を流れる裾花川（計画高水流量六〇〇㎥／秒、縦断勾配一／一四〇）は、長野県庁西脇の通称白岩と呼ばれる旭山山麓先端より南流し犀川に合流している。この間の三㎞に満たない河筋は人工的に造られたものであることは良く知られている。今から四〇〇年以上前の煤鼻川（近世では裾花川をこのように表していた）は、**図1**に示したように現在の県庁敷地を東流し長野市庁舎の南側を通り、七瀬、南俣方面に流れていたといわれる。当然往時の煤鼻川は、堤防もなく扇状地内の微低地を乱流していた。その旧河道の一部が、八幡川・古川・計渇川や宮川といわれる。

乱流する煤鼻川の流れを現在の姿に改修したのは、花井吉成・義雄父子といわれる。[1] 時代は慶長八年から元和元年（一六〇三～一六一五）の間である。関ヶ原の戦いの後、天下を治めた徳川家康（以下家康と称す）は、その六男である松平忠輝（以下忠輝と称す）に川中島四郡（善光寺平を含む地域）を与えた。花井吉成は、家康が忠輝に附けた家臣で松城（現在の松代）城代、後の松平遠江守である。その跡を継いだ花井義雄は主水の仮名で知られている。

大阪夏の陣での遅参・怠戦と将軍秀忠軍との間で起きた不祥事に対し家康は忠輝を改易し勘当したが、花井主水も連座し改易・配流された。忠輝の川中島統治時代に松城城代であった花井父子は、煤鼻川の開発の他、鐘鋳堰、犀川三堰等の改修を行い、水内、更級の治水と灌漑事業に尽力したと伝えられる。

また、江戸時代中期以降に作製されたと思われる、善光寺平を流れる河川の往時の姿を現した「川中島平乱流絵図」[2]には「堀川九百間余慶長八年花・主水裾花川決通シ犀川に注水」とある。

しかしこれらの実績は、口碑伝承のみで確かな史料が無く実態は定かでない。そのようなことから、煤鼻川の開発が実施された時期を同定するに至っていない。近年では、慶長期前後の煤鼻川氾濫地域の検地石高に大幅な変化が無いこと、善光寺門前町の南側を流れる鐘鋳堰の川筋が慶長以前に行われた村切りでの村境と一致することを理由に、煤鼻川の改修はその以前より行われていたものを花井父子が、その総仕上げをしたのではないかとの見解が主流となっている。[3]

昭和初期からの近代的な河川整備と沿岸地域の都市開発の進展により、現在の裾花川流域には、慶長期の河川構造を確認できる痕跡は少ない。そのため、慶長期の煤鼻川開発初期の形態に関する研究は進んでいない。

そこで本稿では、地元に残る江戸時代中期以降の文書に、実寸形の事実として確認できる大正末期の長野市全図に示された河道の姿と、堤の名称と役割を知る手掛りとなる明治初期の行政文書を加味して、帰納法的に慶長期における煤鼻川開発初期の形態の同定を試みる。そして、この結果をもとに煤鼻川の開

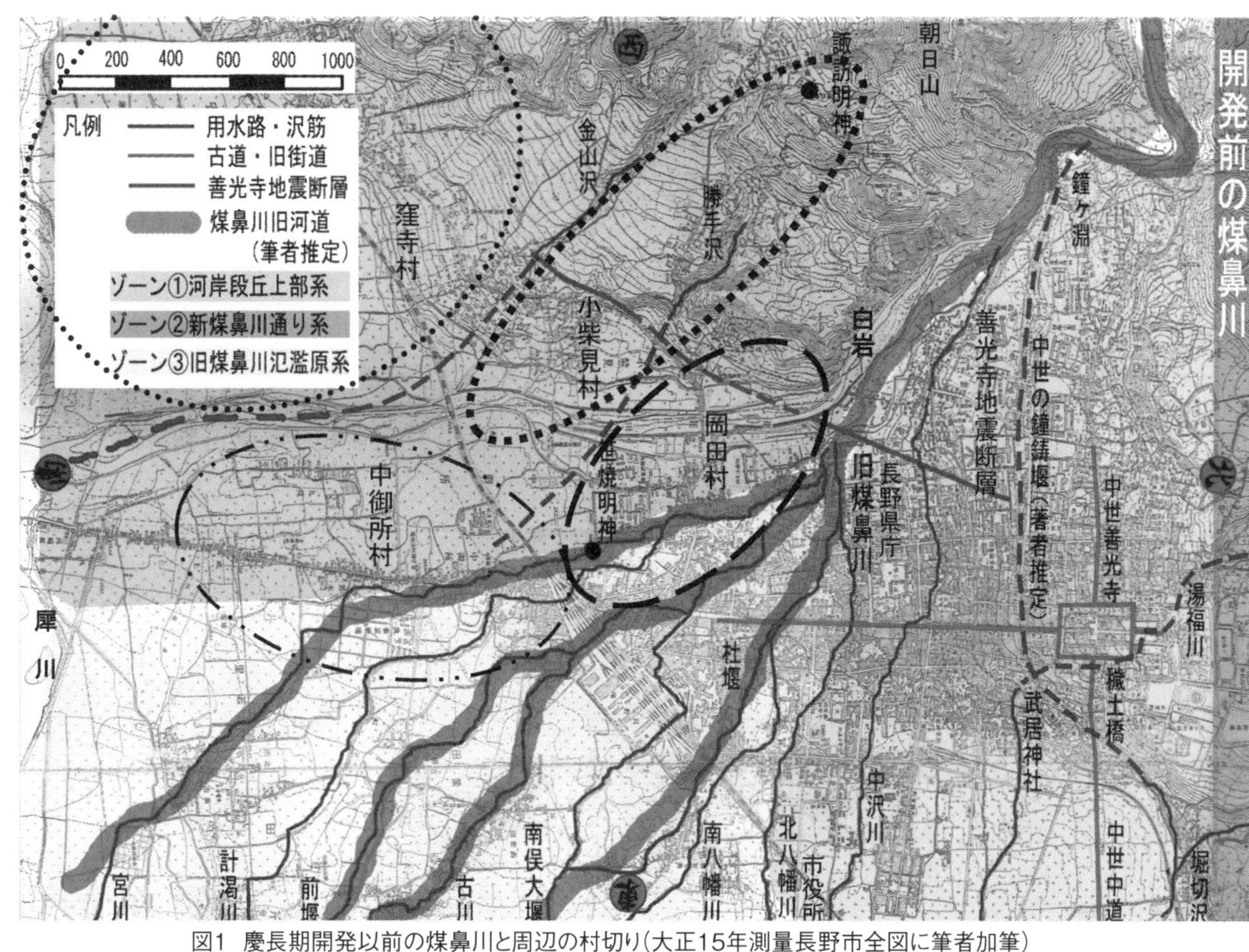

図1　慶長期開発以前の煤鼻川と周辺の村切り（大正15年測量長野市全図に筆者加筆）

表1　慶長期前後の村切りの変遷

			信州川中島四郡検地打立之帳 慶長7年(1602)				信州川中島御知行目録 元和4年(1618)				松平忠輝統治時代の増減			
			石	斗	升	合	石	斗	升	合	石	斗	升	合
ゾーン①	煤鼻川河岸 段丘上部系	長野村	250	0	0	0	250	0	0	0	0	0	0	0
		箱清水村	274	0	3	0	274	0	3	0	0	0	0	0
		権堂村	670	1	8	3	670	1	8	3	0	0	0	0
		三輪村	1,117	5	0	6	1,123	5	8	1	− 63	7	2	1
		々善光寺領	69	7	9	6								
		段丘系計	2,381	5	1	5	2,317	7	9	4	− 63	7	2	1
ゾーン②	新煤鼻川通り系 右岸系	平柴村	130	6	2	2	69	7	9	6	44	5	9	4
		小柴見村					105	4	2	0				
		窪寺村	764	4	1	4	771	5	8	0	7	1	6	6
		右岸系計	895	0	3	6	946	7	9	6	51	7	6	0
	新煤鼻川通り系 左岸系	妻科村	631	3	5	1	631	6	8	0	0	3	2	9
		岡田村	387	0	4	5	−	−	−	−	− 387	0	4	5
		中御所村	636	1	3	6	557	5	9	0	1	7	5	4
		々幕府領	−	−	−	−	80	3	0	0				
		荒木村	130	2	6	9	130	2	0	0	− 0	0	6	9
		左岸系計	1,784	8	0	1	1,399	7	7	0	− 385	0	3	1
		新煤鼻川通計	2,679	8	3	7	2,346	5	6	6	− 333	2	7	1
ゾーン③	旧煤鼻川氾濫原系	問御所村	183	1	2	0	188	2	2	0	5	1	0	0
		七瀬川原村	406	1	7	4	406	1	7	4	0	0	0	0
		栗田村	792	5	7	7	807	5	5	7	14	9	8	0
		市村	436	1	5	6	438	1	2	6	1	9	7	0
		千田村	679	8	6	8	460	1	0	5	13	9	2	4
		々幕府領	−	−	−	−	233	6	8	7				
		南俣村	343	3	1	1	316	9	1	0	− 26	4	0	1
		風間村	402	2	4	7	403	0	8	0	0	8	3	3
		北高田村	904	8	4	5	969	1	2	0	64	2	7	5
		南高田村	964	1	1	8	971	9	1	0	7	7	9	2
		北長池村	472	9	7	2	−	−	−	−	96	4	1	3
		南長池村	478	1	4	8	−	−	−	−				
		長池村	−	−	−	−	956	4	8	0				
		長池新田村	−	−	−	−	91	0	5	3				
		北尾張部村	493	3	1	3	497	1	6	0	3	8	4	7
		西尾張部村	538	3	9	2	541	1	0	0	2	7	0	8
		旧煤鼻川系	7,095	1	4	1	7,280	6	8	2	185	5	4	1
合計			12,156	4	9	3	11,945	0	4	2	− 211	4	5	1

発形態を明らかにする。

【一】検地帳よりみた慶長期の村々の変遷

忠輝の勘当・改易、花井主水の配流により、当時の大事業を物語る史料は散逸し、現在その存在は認められていない。ここでは、煤鼻川大開発の時期を明確にする目的で慶長期前後の検地史料をもとに、石高の変遷を**表1**にまとめた。

忠輝が入封する前の松城城主森右近忠政は、慶長五年

（一六〇〇）二月一日、家康の命によって川中島四郡を領知することになり、同七年（一六〇二）領内の検地を実施した。それに基づき調製されたのが「信州川中島四郡検地打立之帳」[4]である。忠輝入封の一年前にあたる。忠輝が改易されたのが元和元年（一六一五）で、替わって松平忠昌が入封するが、その後元和四年（一六一八）三月に越後高田城主酒井忠勝が移封されて当地を領した。その時に幕府より渡された領地目録が「信州川中島御知行目録」[5]である。この一六年間に村々の石高がどのように推移したのか注目してみる。

ここで、開発の傾向を明確するために次の三つのゾーンに村々を分け推移をまとめてみる。一つ目は旧河道の北側で河岸段丘上部に当たる部分（ゾーン①）の村々で善光寺領の内の長野村・箱清水村や三輪（みわ）村および権堂村がそれにあたる。二つ目は新煤鼻川通り沿いの村々（ゾーン②）で、このゾーンには**図1**で示したようにいずれも開発前には煤鼻川の右岸に位置していた岡田村・中御所（なかごしょ）村・荒木村・小柴見（こしばみ）村および窪寺村が含まれている。これが煤鼻川の開発後には**図2**に示すように新煤鼻川の右岸に窪寺村と小柴見村および小柴見村から分村された平柴（ひらしば）村が位置し、左岸には岡田村を吸収した中御所村と荒木村に加え妻科村が存在した。そして三つ目が旧煤鼻川の氾濫域の村々（ゾーン③）となる。

慶長七年（一六〇二）の右近検地の後、特に変動が大きいのがゾーン②の新煤鼻川通り沿いの村々である。ここで注目したいのが岡田村と小柴見村である。岡田村（三八七石）は右近検地の後、消滅し以後の検地帳より姿を消すことになる。以後の幾つかの史料に岡田村の名前が登場するが、正式には中御所村の枝村で岡田組である。

ところが、岡田村を枝村に組み込んだはずの中御所村の石高に有意な変化は認められない。消えた岡田村と対照的なのが小柴見村（一三〇石）である。右近検地の後、小柴見村と平柴村とに分割されるが、両村を合わせた石高は一七五石となり四十五石ほど増加している。新煤鼻川右岸の村々合わせて五十二石の増加、妻科村を含めた左岸の村々は三八五石の減少で、左右両岸合わせて三三三石の減少となる。

右近検地が行われる一年前の慶長六年（一六〇一）七月、家康は善光寺に一、〇〇〇石の領地を寄進している。又、同八年（一六〇三）には朝日山を善光寺の造営料所に定めている。[6]これにより朝日山のふもとの地を平柴村（六九石）と称し小柴見村より分割して、善光寺領であった三輪村橋場組および武井組（六十九石）と交換している。[7]ところが、橋場・武井組が善光寺領より返還された後の三輪村の石高は増加していない。

一方、ゾーン③の旧煤鼻川氾濫原の村々では北高田村で六十四石、南北の長池村を合併した長池新田村に九十六石の増加がみられ、旧流域全体で合計一八六石の増加となっている。このように、新旧煤鼻川を囲む三つのゾーンの村々の石高の推移は慶長期の前後で二一一石の減少となっていて、煤鼻川改修による新田開発効果を確認することができない。このことが、煤鼻川の開発時期が慶長期以前で有ったとの近年の見解のよりどころとなっていると思われる。

ここで、筆者は先に述べた慶長期に消えた岡田村が新煤鼻川の河道に充てられ、川沿いの村々は新たな村切りが行われたものと推定している。先に紹介した「川中島平乱流絵図」では、新堀川の長さを九〇〇間としている。開鑿された川幅を平均九十間と仮定するとその面積は、新煤鼻川通り沿いの村々の減歩と同程度となる。これに対して旧氾濫原の村々で見られた石高の増加は、河道改修による新田開発効果と見ることができる。

よって、煤鼻川の河道改修時期は、岡田村が確認できる慶長七年（一六〇二）の信州川中島四郡検地打立之帳以降より、信州川中島御知行目録が調製された元和四年（一六一八）までの間と考えることができ、それは花井父子の実績と考えることができる。

以上のことから、慶長期における煤鼻川の開発による新田開発の成果が顕著でないことをもって、それ以前に煤鼻川はすでに南流していたという見解は適切でなく、煤鼻川の開発は洪水対策が主なる目的で、新田開発そのものが目的ではなかったと考えるのが妥当である。バイパス河川の築造には新規に膨大な用地が必要となる。それに対して、旧河道の一部は用水路として整備する必要があり、全てを農耕地化することはできない。また、旧河道は乱流定まらないものの平時には何らかの耕作が可能であることから、開発以前の氾濫原の多くの村々では、洪水危険地帯で有るにもかかわらず無理やり石盛りがなされていた可能性がある。これらにより河道が付け替えられたといってもそれが即、目に見えた形で石高の増につながらなかったのではないかと考えている。

【二】消えた岡田村の所在

それでは消えた岡田村はどこに在ったのか。それは少々現在の形と異なっていたのではないかと筆者は考えている。現在の岡田町は、長野県庁の南側から山王小学校、長野バスターミナルの周辺で裾花川左岸一帯の地域である。往時の岡田村は、これに加えて現在の小柴見区の北半分が岡田村であったと思われる。古来小柴見村ではこの地域を北組（村）と称している。

小柴見村北組には寛政七年（一七九五）創建の小柴見神社がある。この前年二月に「当村為川除明神様連判人別帳」[8]が小柴見村より松代藩に出されている。これは、「寛政六年まで南組は平柴村明神氏子で、北組は中御所村笹焼明神の氏子であったが、煤鼻川が段々川欠となるので不便を感じ思いつき、諏訪平と称する所に少々の諏訪宮があったものを取り除き、塚六間七間壱畝拾二歩の所に水害除けを兼ねながら両組み一同の明神として祭りたく御上様に願い奉る」という内容の連判人別帳である。

煤鼻川開発以前からの風習で、南組は慶長八年（一六〇三）以前まで同一村であった平柴村内の平柴村明神氏子で、北組は往時地続きであった中御所村笹焼明神（岡田村の南端）の氏子であり、毎年お礼として両社に酒三升を持って行く慣習が寛政六年（一七九四）まで一九〇年間続いていたといわれる。(8) 小柴見村の北組が笹焼明神の氏子であったことが、筆者が煤鼻川開発以前の岡田村の姿を想像する拠りどころとなっている。更に、小柴見村・平柴村から中御所村への出作も多く一三〇石に上ることは、往時は同じ村落であったものが分断されたことが一因となっているのではないかと考えている。

【三】 慶長期に再度村切りされた新煤鼻川沿岸地域

村名の初見は太閤検地で、このとき初めて村切りと呼ばれる地域割りが実施され、村落体制が確立したといわれる。北信濃の太閤検地は、文禄四年（一五九五）の増田長盛の検地と慶長三年（一五九八）の石川備前守による検地があったといわれるが、煤鼻川沿いの村々の記録は存在しない。

慶長期以前の、岡田村と小柴見村の村境または小柴見村と窪寺村の境はどこであったのかを考えるとき、小柴見村を流れる沢筋の様子は大いに参考になる。多くの村々の村切りは街道、川筋あるいは堰等の地理的要素により分割されるのが一般的であるので、旧沢筋や古道の位置推定の意義は大きい。

図2に見るように小柴見村には、朝日山麓より勝手沢と金山

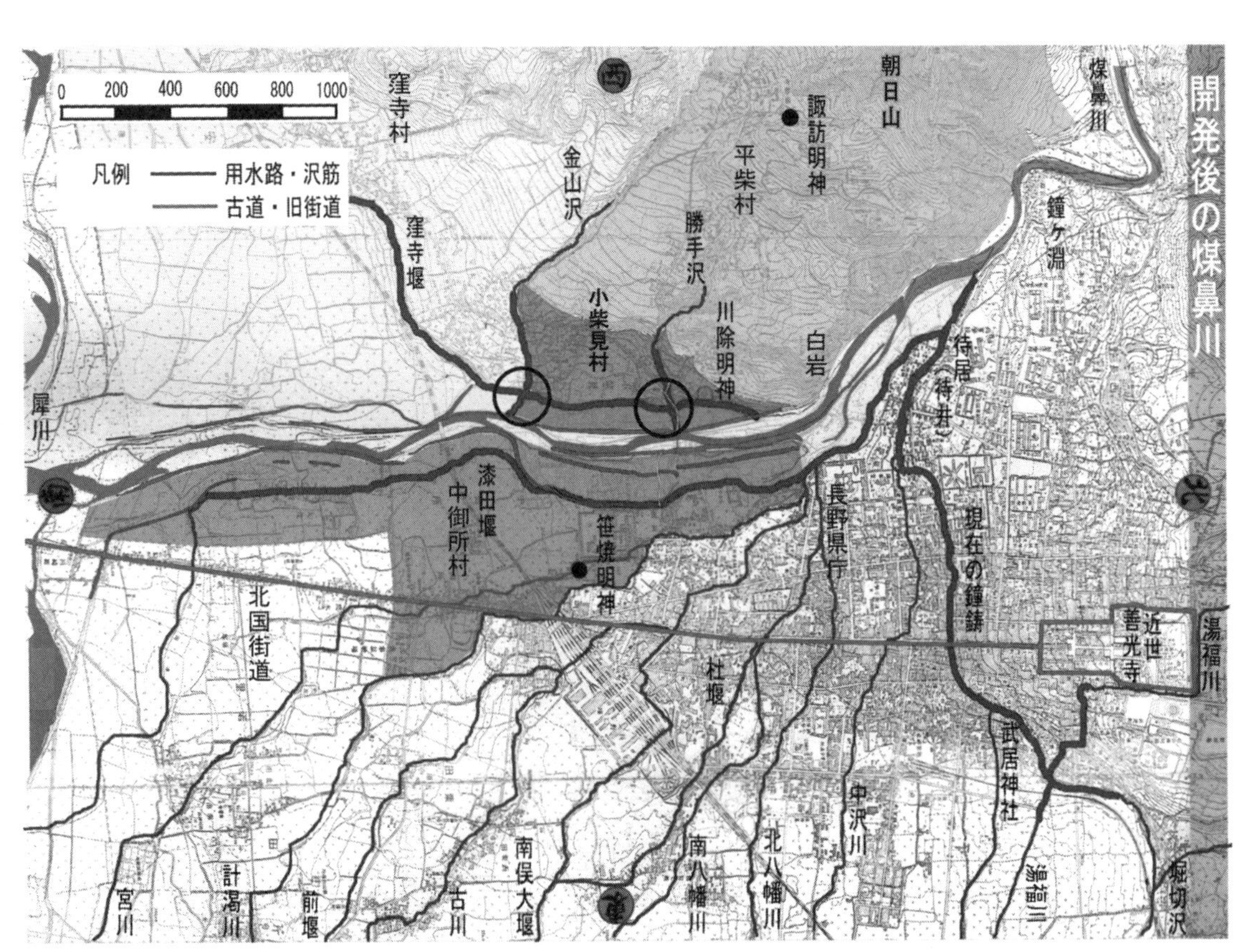

図2 慶長の開発後の煤鼻川と沿岸の村々（大正15年測量長野市全図に筆者加筆）

沢という急流河川が流下し、煤鼻川に流れ込んでいる。この二つの沢筋が、平柴村より小柴見村に入ってから不自然な流路となっている。つまり二つの沢筋は人為的な手が加えられ、かなり不自然な流向を示しているのである。勝手沢は平柴村中屋敷地先の谷を刻み小柴見村境まで東南に流下するが、小柴見村城ノ腰でほぼ直角に折れ東北東に段丘上を迂回して煤鼻川に注いでいる。

これは地形的に見て人為的で、かつかなり無理をして造った沢筋であることがわかる。この付近は、長野盆地西縁断層系に属する善光寺地震断層の南西端が北東～南西方向に走っていて過去の善光寺地震の繰り返しで幾つかの段丘を造っている。沢の流れは段丘斜面の等高線に直交して流下するのが自然であり、往時の勝手沢もそのように流れていたものと想像できる。（**図1**参照）

勝手沢の南に位置する金山沢は、土砂の押し出しが大きく、窪寺村と小柴見村の境界付近に発達した扇状地形を形成し、その東端は中御所村まで達していて漆田ヶ原と呼ばれた微高地を形成している。この扇状地の北端は勝手沢の流路域にまで達していて、勝手沢の流れは遮られていた。金山沢の扇状地で流末を封じられた勝手沢は水はけが悪く、しばしば小柴見・岡田境に滞水していたものと考えられる。

金山沢もまた扇状地の等高線に直交して流下することなく、小柴見村西南端でほぼ直角に折れ曲がり東流して窪寺村との境をなしているのである。この小柴見村に接する流路の内、下流側の過半は人工的に盛土をした上に沢筋が付けられていて、沢が人工的に付け替えられた可能性が大きい。

ではなぜ、勝手沢、金山沢が流末部の小柴見村で人工的に付け替えられたのかを考えてみる。付け替えられた新煤鼻川右岸地域の灌漑用に、堤内水路としての窪寺堰（当地では田用水路そのものを堰と呼ぶ）が慶長十九年（一六一四）に完成した。[9] これは煤鼻川開発事業の関連工事の一つで花井父子の実績と考えられる。このころに新煤鼻川の一連の大工事は完成したものと推定できる。窪寺堰は新設された煤鼻川最上端の白岩直下で取水され後、小柴見村を流下して窪寺村の耕地を潤すものであった。

この窪寺堰は途中、**図2**中に○印で示した場所で勝手沢、金山沢と交差するのである。この交差部は底樋と呼ばれる立体交差構造となっており、**図3**で見るように沢が上を流れ堰がその下を横断している。この立体交差構造を実現するために、両沢筋を大きく迂回させて高低差を稼ぎ盛土の上に沢を築造して堰を跨いでいるのである。

慶長期にこの立体交差構造がすでに完成していたか否かは不明であるが、明治初期の安茂里（あもり）村村誌[10]には、「久保寺堰、裾花川北堤水門より起こり、沢五箇所各底樋を以って通し本村久保寺組の田用水に供し下流、犀川に入る」とあり、創設期にはすでに底樋構造が採用されていた可能性は大きい。

岡田村は、中央部が新河道となり分断された。残った土地は、新河道敷に土地を供出した、中御所村、窪寺村および小柴見村に分配された。中御所村には、煤鼻川左岸の岡田村残地が直接宛てがわれた。窪寺村は岡田村と地続きでないため小柴見村の南端の旧金山沢と付け替えられた新沢筋の間の土地が換地されたものと考えられる。この地域は窪寺村差出と呼ばれ、全国的にも珍しい地名といわれる。[11]

小柴見村は、岡田村の右岸残地を引き受ける換わりに、平柴村の分割や窪寺村への差し出を行ったが、新河道敷の潰れ地が比較的少なく、四五石の増加となったのではないかと考えている。

このよう慶長期の煤鼻川の開発は、周辺の沢筋の付け替え、用水堰の新設、村落の集合形態の再編を綿密に考え周到に計画された一大開発事業であったことが伺える。

【四】 煤鼻川の河川構造

前述のごとく慶長期煤鼻川の開発の全容は記録になく不明である。そこで、本稿では大正末期の長野市全図から読み取れる煤鼻川流域の堤防地形をもとに、明治期の行政文書に残された[12][13]煤鼻川堤防の史料を加味して作製した**図4**をもとに、慶長期の煤鼻川の姿について検討を行う。なお堤防の呼称は明治四年(一八七一)の真田家文書による。[14]また、**図4**中に示した**A-A**矢視の河川断面を**図5**に示した。

先に述べたように「川中島平乱流絵図」には「堀川九百間余慶長八年花・主水裾花川決通シ犀川に注水」とあるので、慶長期の開発範囲の南限は、白岩から九〇〇間の位置にある現在の地JR旧信越線裾花鉄橋付近と推定する。

㈠ 右岸地域の構造

図4の左端には、煤鼻川右岸最大級の堤防である葭ヶ淵堤がある。この上流には朝日山南麓より流れ下る金山沢が煤鼻川に合流していて、これは霞堤を形成している。金山沢合流点の上流には、勝手沢を挟んで勝手沢南堤と北堤が白岩まで築かれている。

この白岩付近より取水した窪寺堰が、勝手沢北堤の西側に存在する善光寺地震断層の裾を流れている。この断層崖は天然の控え堤を形成しているのである。窪寺堰は前述のように勝手沢を底樋で抜け勝手沢南堤の西側を流れ、金山沢の交差部に向かっている。この間の窪寺堰の東側つまり煤鼻川よりには比高一m余の段差が堰と並行して存在し、この間の窪寺堰が盛土上に構築されたことがわかる。この盛土が勝手沢南堤の控え堤となっている。

勝手沢北堤および南堤の連続堤は、**図6**に示した文政期(一八一八～一八二九)の御普請所絵図(村田家文書)[15]によりその存在を確認できるが、それ以前の文化七年(一八一〇)和談成立絵図(村田家文書)[16]では、断片的に小さな独立堤が五か所確認で

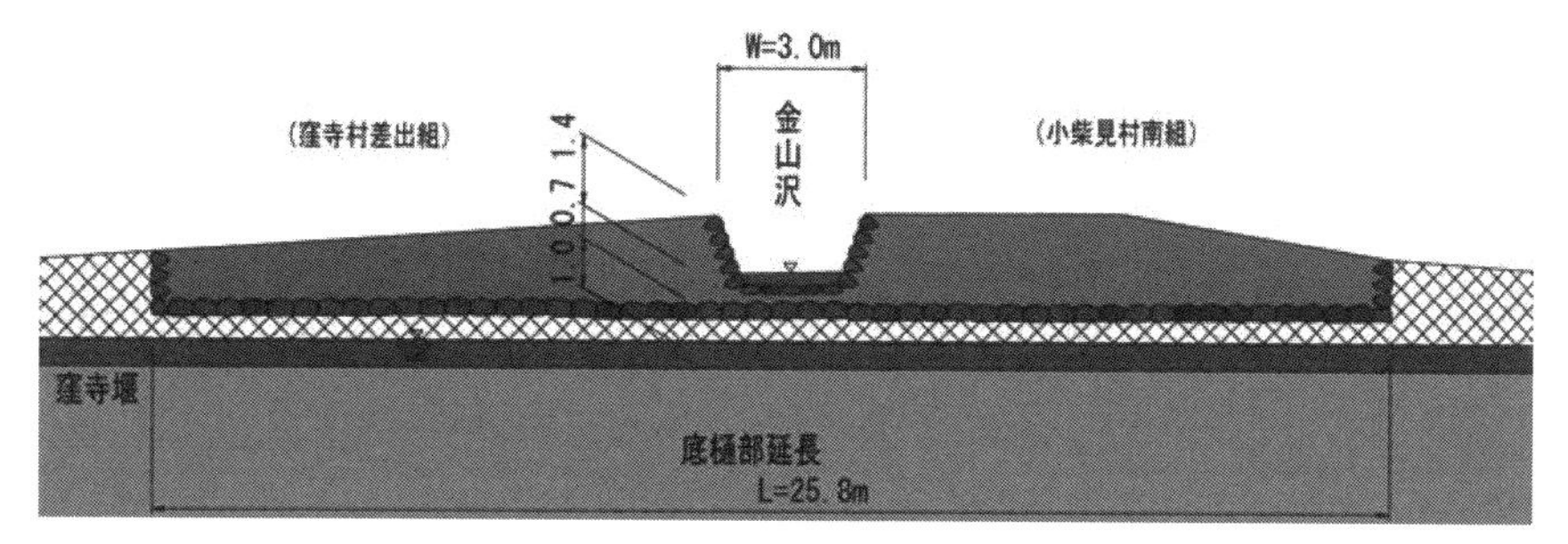

図3　金山沢と窪寺堰の立体構造

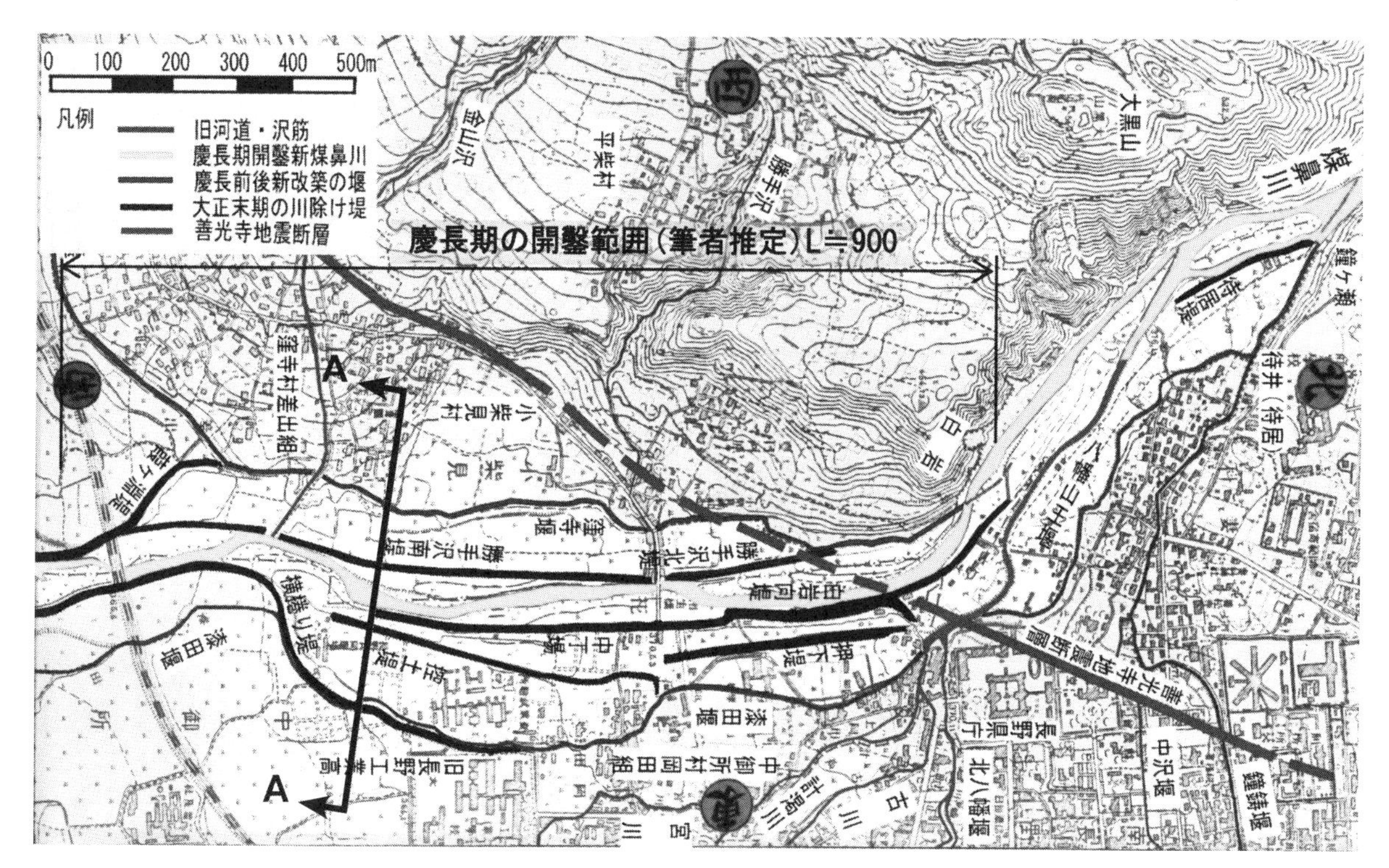

図4　慶長期煤鼻川の開発範囲（大正15年測量長野市全図に筆者加筆）

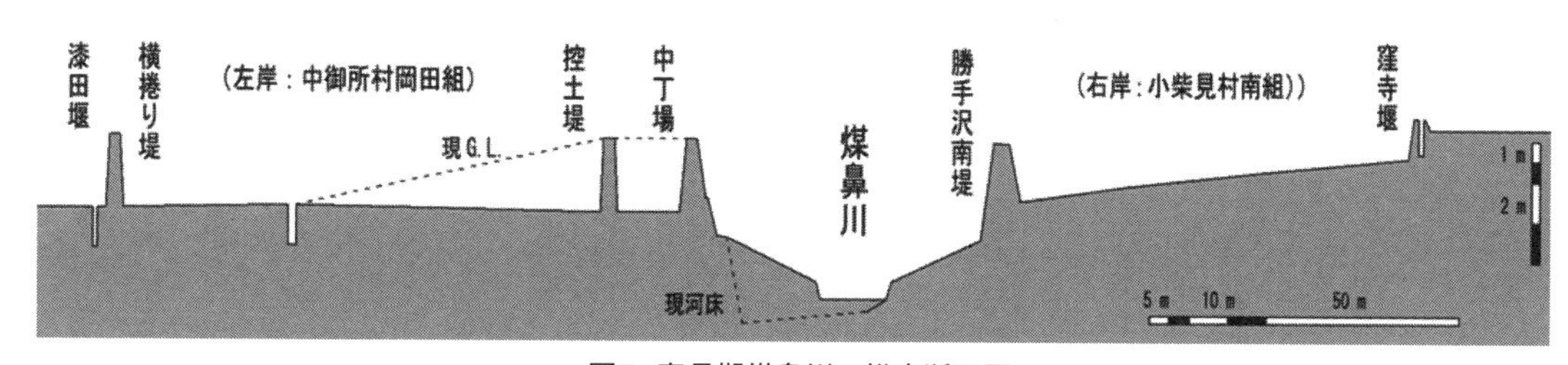

図5　慶長期煤鼻川の推定断面図

【上段】文化7年和談成立絵図
（村田家文書）(16) 2006年筆者撮影

【下段】文政期の御普請所絵図
（村田家文書）(15) 2006年筆者撮影

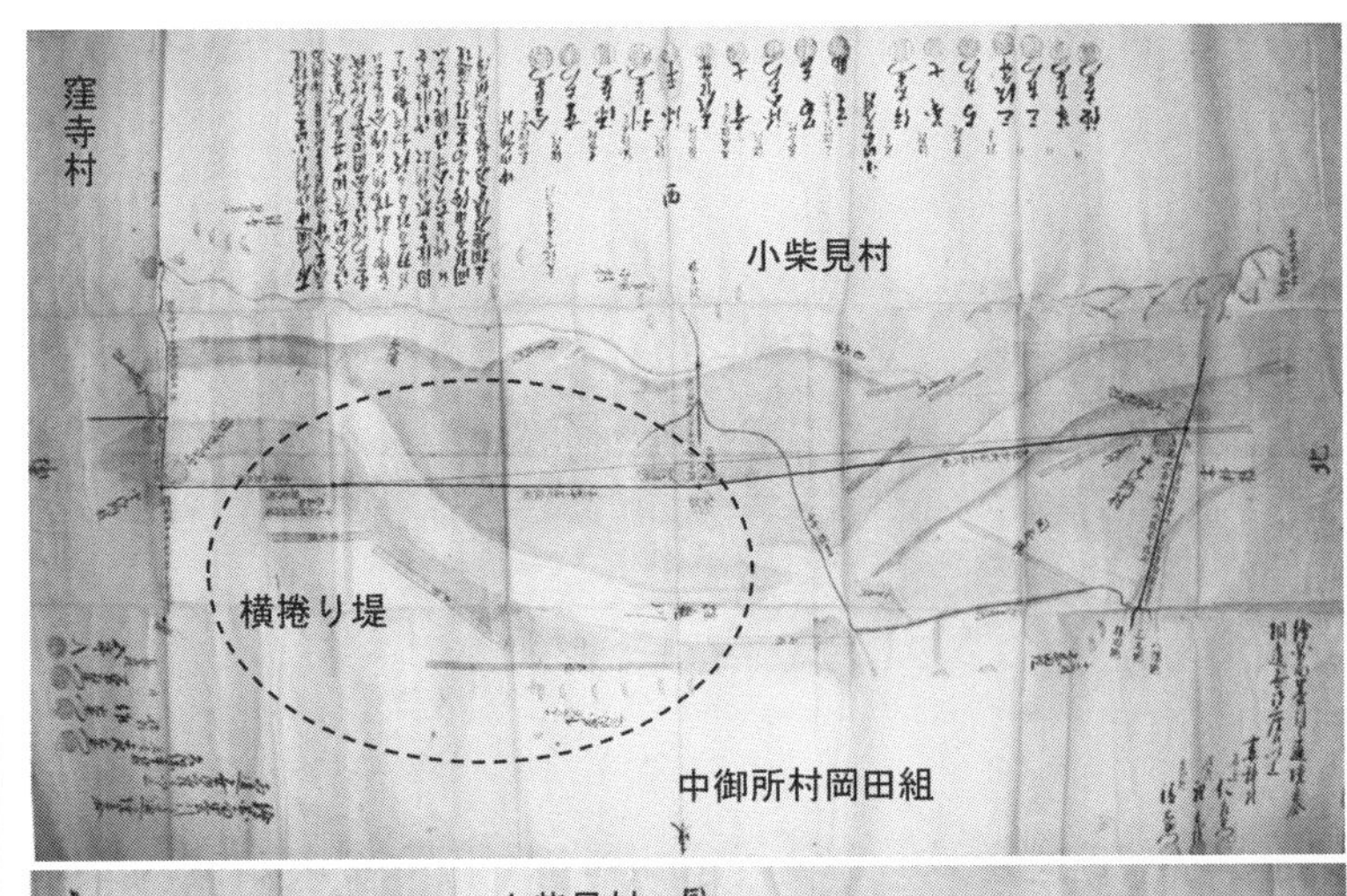

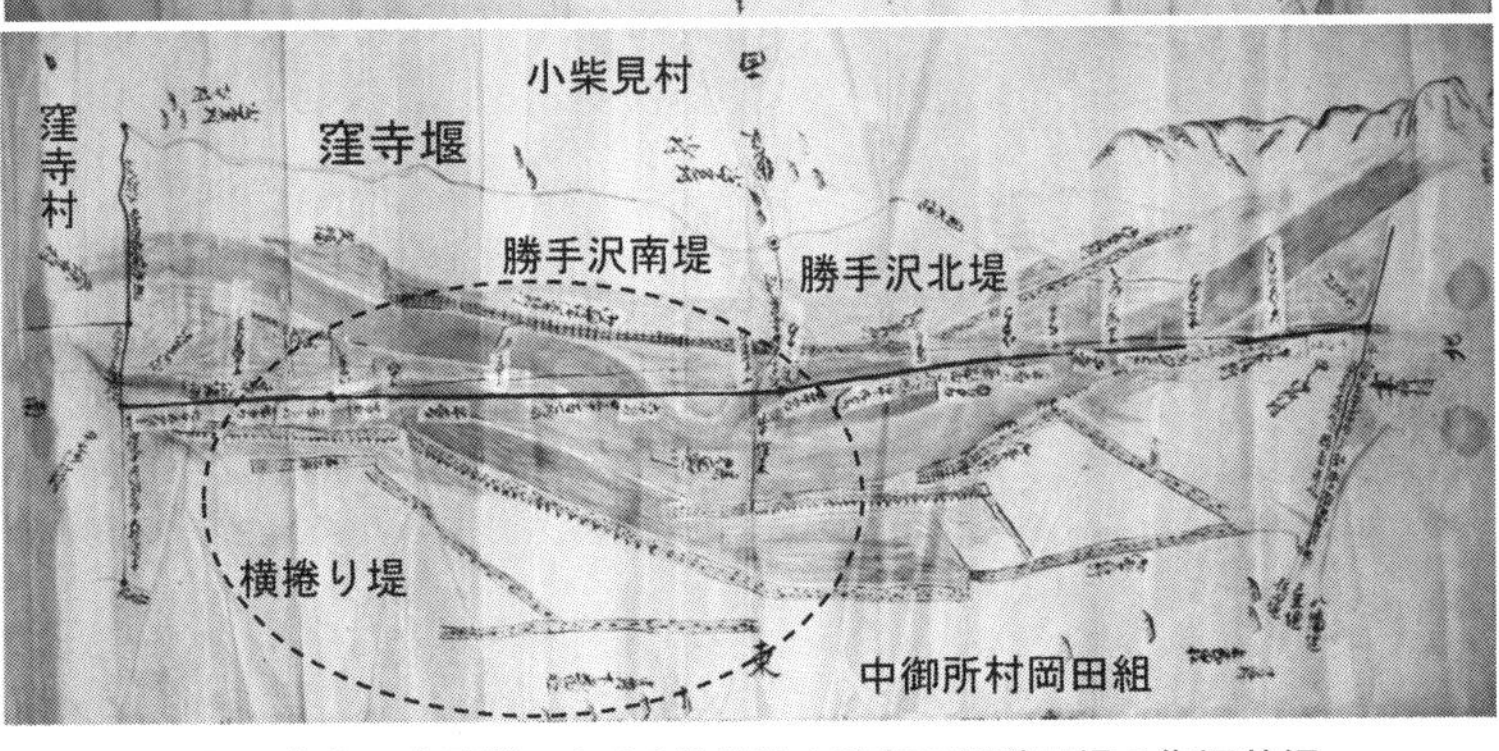

注1．上段の絵図は、文化4年（1807）の煤鼻川の洪水の後に生じた小柴見村と中御所村の境界争いにおける和談成立時に作成された絵図面で、横捲り堤の存在が確認できる。この絵図では、第一線堤（本堤）が部分的・断片的に描かれている。

下段の絵図は、その後十数年経た煤鼻川の川除け普請の様子を示す絵図であるが、左岸には本堤と控え堤からなる二線堤が、右岸には連続した勝手沢北堤および南堤が描かれている。

これらのうち一部の川除け堤の普請は国役普請として施工されている。

図6　文化～文政期における煤鼻川上流部の川除け堤の復旧状況

きる程度である。つまり、慶長期には右岸の第一線堤（本堤）が築造されていたかどうかは不明であるが、慶長十九年（一六一四）には窪寺堰が完成していることから、善光寺地震断層崖と窪寺堰の盛土からなる控え堤構造は完成していたものと考えることができる。

当地では、この第一線堤と控え堤とに囲われた耕地を割り地と称している。これは水害常襲地帯で良くみられる地割慣行地を指しており、明治初期の小柴見地区の公図にその様子を見ることができる。この地割慣行地の跡が、煤鼻川右岸地域の開発範囲である。

窪寺堰は、金山沢の下を底樋で交差し金山沢が形成した扇状台地を等高線上に進み窪寺村の耕地を潤している。先に述べた窪寺堰の盛土構造は、この金山沢の扇状台地に摺り付けられ、それより南側の控え堤の役目をこの台地が担っている。そして、最南端に位置する葭ヶ淵堤もまたこの台地に袖を摺り付けられている。これらにより白岩から葭ヶ淵堤まで煤鼻川右岸域の控え堤の機能は連続され、かつ最下流に控える葭ヶ淵堤には氾濫水を元の煤鼻川本流に複水させる氾濫戻し(17)の機能が整備されていて、部分的にしか存在しなかった第一線堤の背後の堤内地に洪水が越水しても(18)、下流の窪寺村水田を流下洪水氾濫流から守る頭水の防止の機能を担っていた。

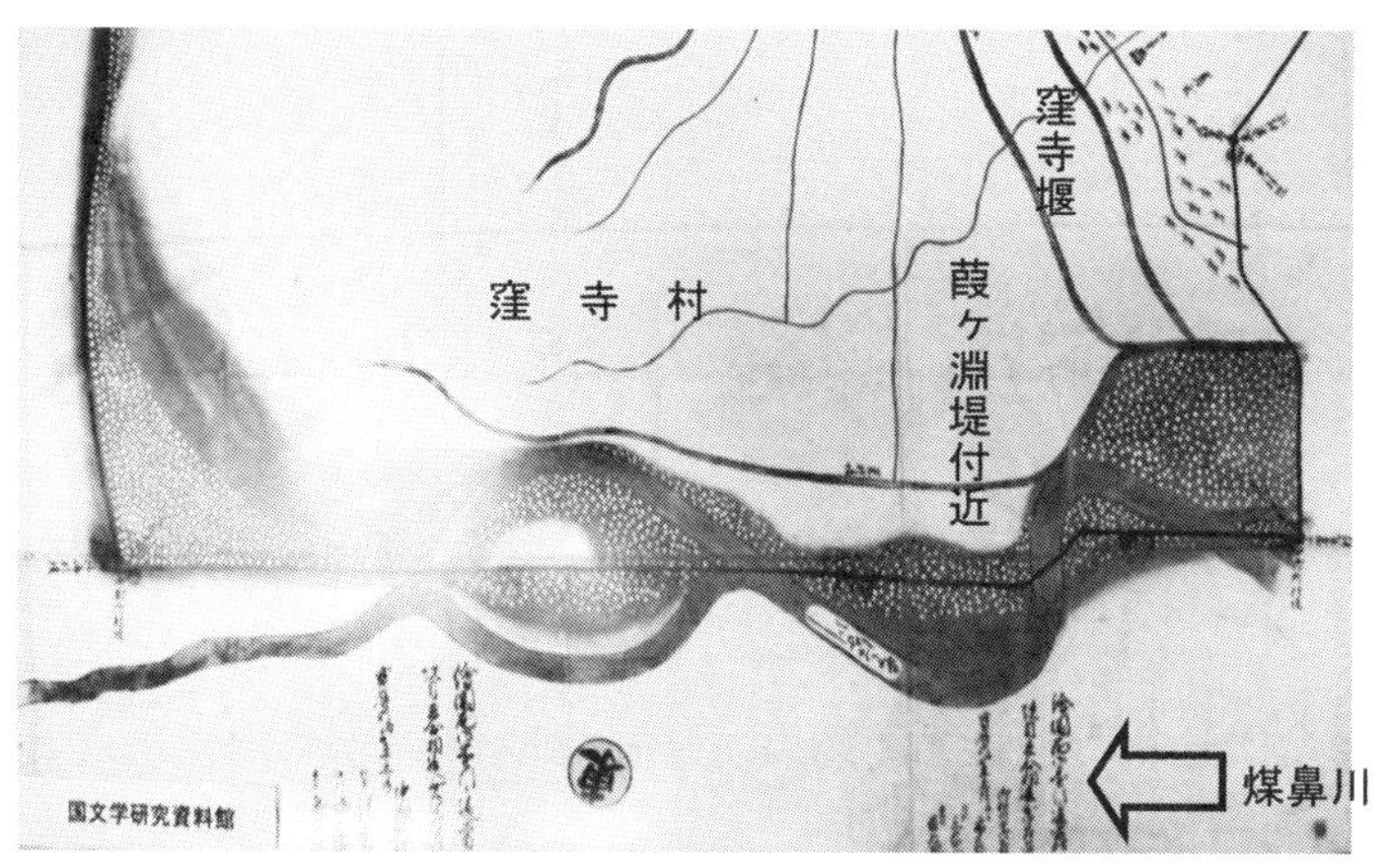

注２．この図は戌の満水から十年余を経過した時期の煤鼻川右岸（上段）および左岸（下段）の様子を示した絵図である。上段の久保寺村絵図には川除け堤の記述はないが、葭ヶ淵堤の位置で氾濫が食い止められている。

下段左岸の絵図には当時川成の付箋が貼られた川筋が描かれていて、流末となる横捲り堤付近で洪水が本川に戻されている。

このように左右岸で濫戻し、頭水の防止の機能が発揮されていたことが伺える。

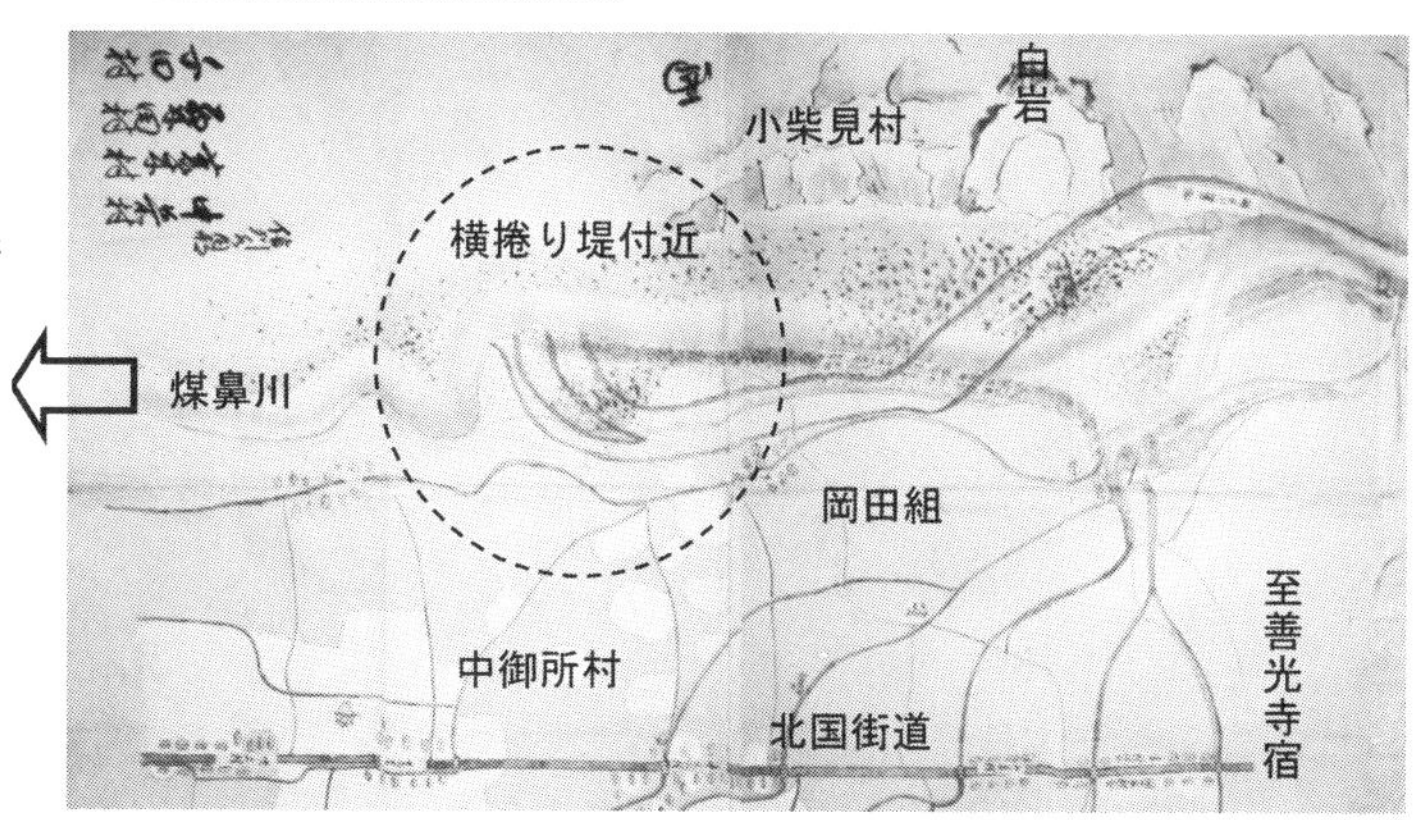

【上段】
宝暦6年久保寺村絵図
（人間文化研究機構国文学研究資料館所蔵真田家文書）(21)　2006年筆者撮影

【下段】
宝暦7年煤鼻川并御料私領絵図
（三戸部家文書）(22)　2012年筆者撮影

図7　寛保2年戌の満水から十数年後の煤鼻川の様子

(二)　左岸地域の構造

再度図４により葭ヶ淵堤の対岸やや上流左岸をみると、横捲（よこまく）り堤と称される霞堤が存在している。その延長はかなり長く旧長野工業高校敷地付近の下岡田地籍まで及んでいる。これより上流側に幾重にも配置された堤防の背面を越水した洪水が、中御所村本村に向かうことがないように、内水を煤鼻川本流に横に捲っている。まさに名が示す如き氾濫戻し機能を有する重要な堤防である。その上流には、中丁場と称される第一線堤と控土堤と呼ばれる第二線堤が築かれていた。この二線堤構造は断続しながら上岡田地籍まで続いている。

これらの控え堤の東側には大口分水で分流された漆田堰が流れていて、堤内水路を形成している。漆田堰もまた窪寺堰と同様に慶長期の煤鼻川の大開発により整備されたものと考えられる。

大口分水より上流の堤防の存在は明確ではないが慶応期の小林家文書(19)によると、このあたりに矢之羽堤と呼ばれる堤防が存在していたようである。名称から考えて、何本かの短い雁行堤が平行に配置されていたものと思われる。ここは煤鼻川の本流を人為的に南向きに変えた白岩の対岸にあたり、堤防に加わる洪水時の水衝が最も大きかった地点である。

慶長期煤鼻川の開発地域の最北端は、煤鼻川が渓谷を流れ下り善光寺平の扇状地の扇頂部左岸を形成する鐘ヶ瀬と称される河岸段丘崖の裾である。ここで鐘鋳堰と呼ばれる旧長野市東北部の水田を潤す田用水が取水されている。この鐘鋳堰は、しばらくの間河岸段丘の裾を東に流れるが、その途中に待居と称される地域で、八幡山王堰を分水する。待居とは待井の事でまさに分水施設そのものの名称である。ここで分水された八幡山王堰は、妻科村の本郷の西側を下り、聖徳地区の河岸段丘下端の巾下と称される低地を流れ大口分水に至る。鐘鋳堰の取水口から大口分水までの左岸上流部分は河岸段丘が控え堤の役割を果たしていて用水路は堤外水路を成している。

この左岸上流部分の第一線堤は待居堤と呼ばれる鐘ヶ瀬の河岸段丘脇の鐘鋳堰取水口下流を固める堤防が存在するが、それより下流には白岩まで第一線堤は存在しない。ここには、鐘鋳堰からの分水路とは別に八幡山王堰の取水部があり煤鼻川本流より取水をしている。慶長期にこの部分に第一線堤が存在したことを示す史料は存在しないが、八幡山王堰の煤鼻川本流からの直接取水は後世の水不足に起因したもので、慶長期の開発では八幡山王堰も鐘鋳堰と共に鐘ヶ瀬より取水されていたものと考えられる。

(三)　左右岸を総合的にみた全体構造

以上見てきたように煤鼻川は、左右岸共に二線堤構造を成し、その下流では、右岸の葭ヶ淵堤と左岸の横捲り堤により第一線堤を乗り越えた洪水を本流に戻し河道の流向を固定している。葭ヶ淵堤の存在を絵図で確認できるのは**図8**に示した、弘化四年（一八四七）の善光寺地震で生じた鬼無里村川浦地籍の堰止湖の決壊による氾濫に対する復旧絵図[20]以降であるが、**図7**に示した寛保二年（一七四二）の大洪水である戌の満水の十四年後の宝暦六年（一七五六）に作成された久保寺村絵図[21]ならびに宝暦七年（一七五七）の三戸部家文書[22]に示された煤鼻川の氾濫区域が、葭ヶ淵堤ならびに横捲り堤以北に限定されていて、氾濫戻しや頭水の防止機能が発揮されている。寛保期以前には、川除け普請に国役制度がなく、松代藩単独で大規模な普請を行うことは考えられないことから、慶長期にはすでに葭ヶ淵堤や横捲り堤の基本形が整備されていたと判断することができ、この河川構造は慶長期の開発当時にすでにその骨格が完備されていたものと考えられる。

右岸の葭ヶ淵堤の下流には一ノ口堤、米村堤が続き、左岸は長淵堤、亀ノ甲堤が続いて犀川に合流している。（**図9、10、11**参照）これらは江戸時代中期以前の史料では存在が確認できない。慶長期の開鑿は、葭ヶ淵堤および横捲り堤以北で、それより下流は往時の金山沢の自然流路を流末として利用したものと考えられる。

一般的に乱流する自然河川の河道を統合制御する時、派川の一部を利用する場合が多いことから、煤鼻川の改修においても新河道は派川の一つであった可能性も検討しておかなければならない。しかしながら新煤鼻川では、河道敷きの最上流部に位置した村の名称が岡田村であり、自然堤防沿いの微高地を意味

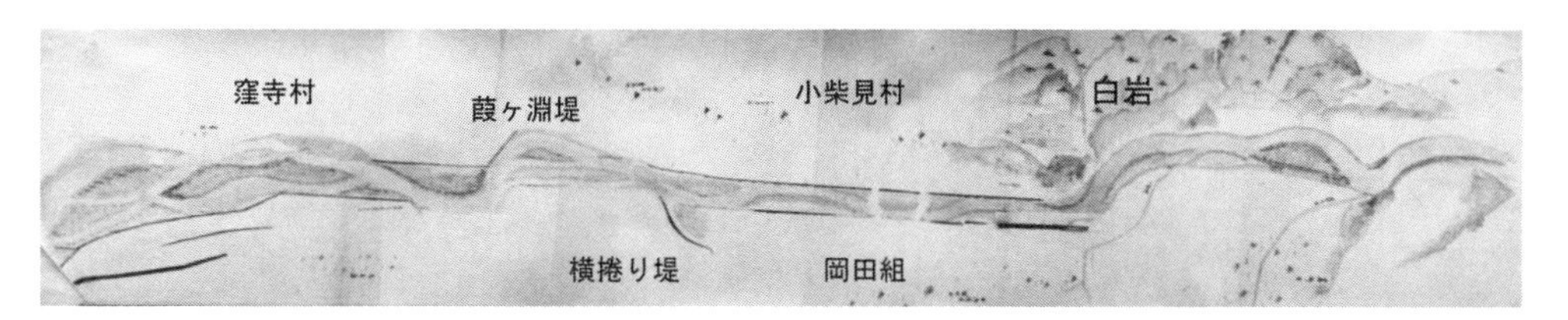

図8　嘉永5年煤鼻川妻科村分地龍王ヨリ犀川落合久保寺村ノ内米村迄絵図面（長野市立博物館所蔵浦野家文書）[20]　2009年筆者撮影

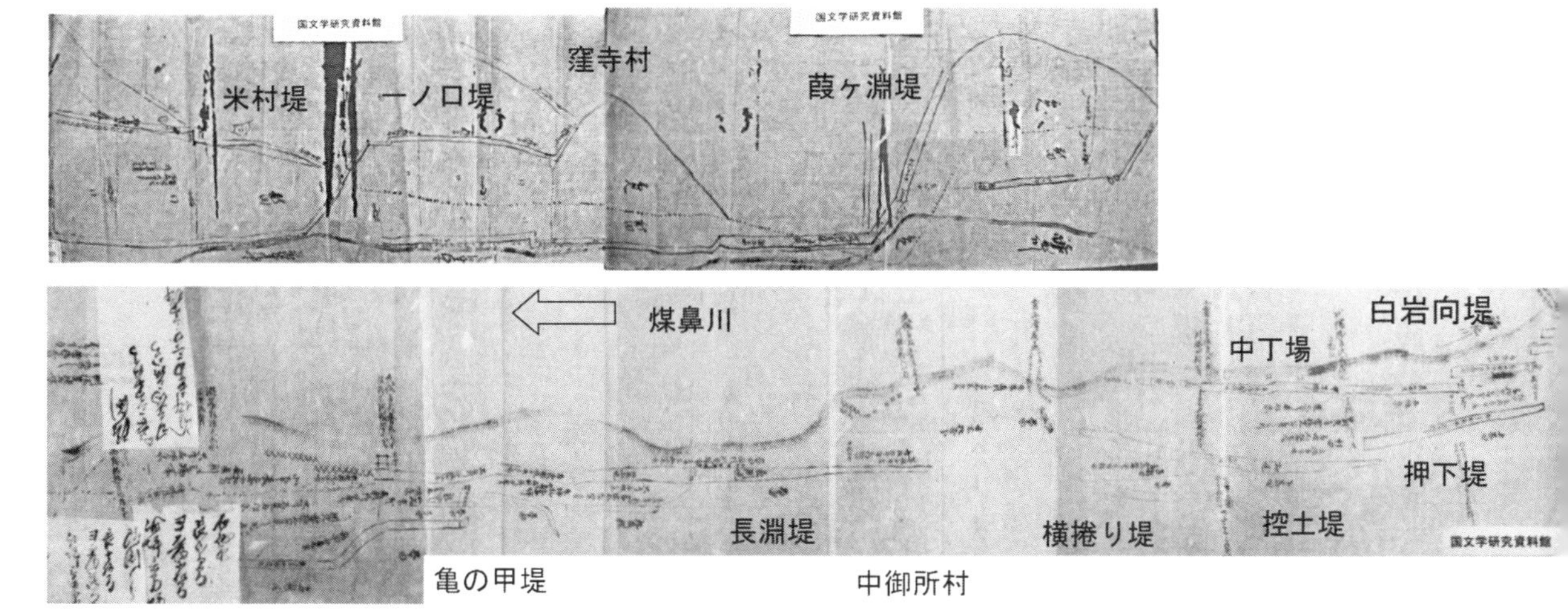

図9　慶応期の洪水に対する明治4年堤川除普請絵所図（人間文化研究機構国文学研究資料館所蔵真田家文書）[14]　2006年筆者撮

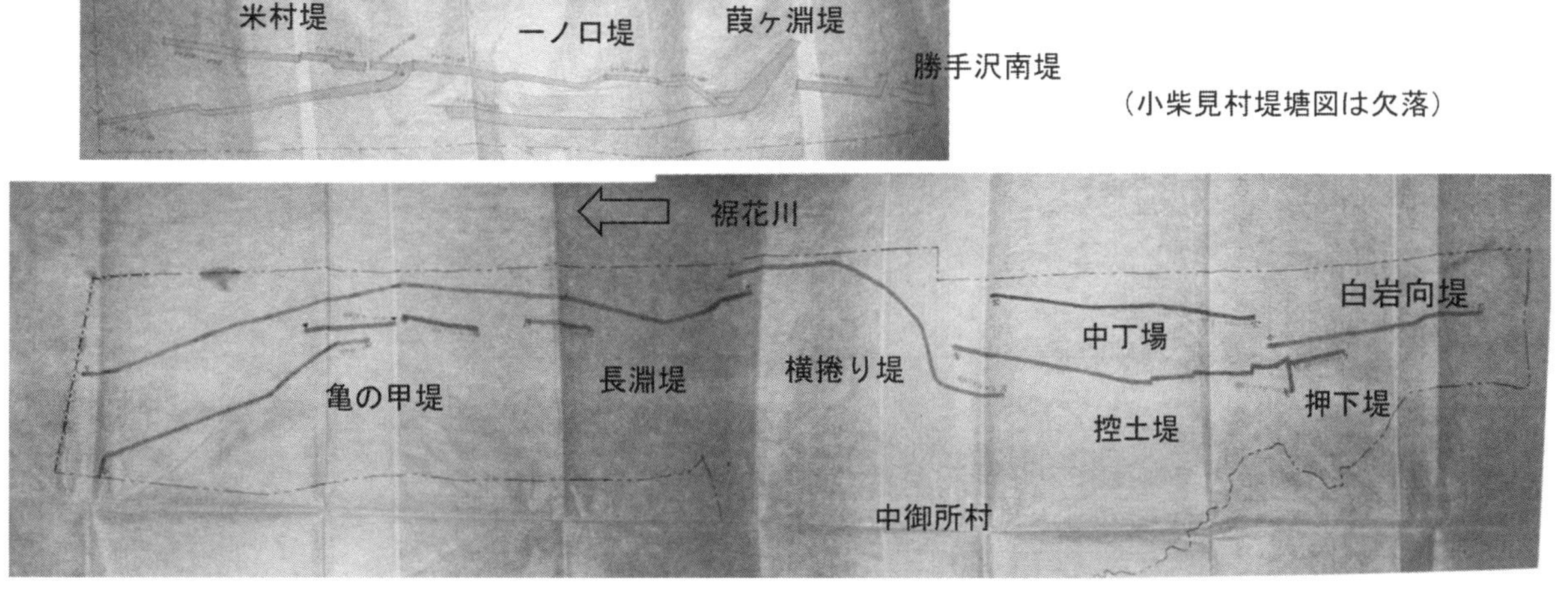

図10　明治20年の道路河川堤塘取調で調整された堤塘図（長野県立歴史館所蔵行政文書）[12]　2007年筆者撮影

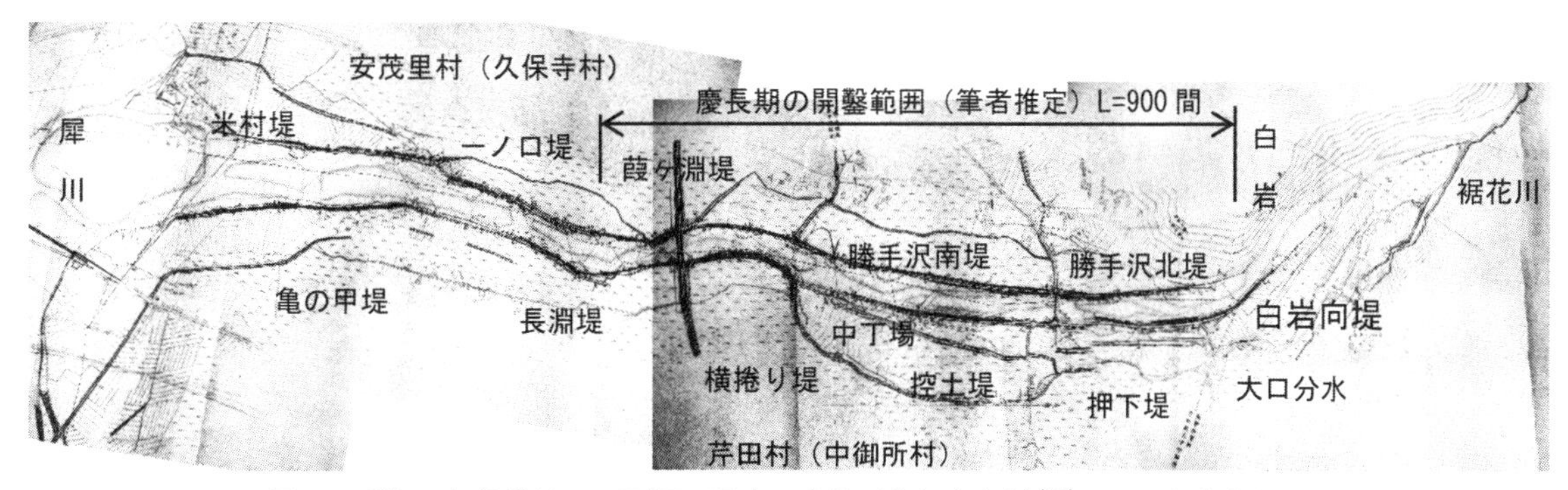

図11　明治33年裾花川平面図（長野県立歴史館所蔵行政文書）[13]　2007年筆者撮影

する地点を起点としている。また、最下流部には漆田ヶ原と称される金山沢の押し出しにより形成された扇状地の末端部が位置し、この微高地を開鑿し河道を築造している。

一方、中流域の小柴見村の村名は、柴(芝)地名[23]の一つと見ることができる。芝地とは、シルト質の土壌が卓越する氾濫原を想起させる地名である。この地域は、平柴村から流下した勝手沢の沢水が漆田ヶ原で流末を遮られ、しばしば湿原を形成していたものと考えられる。

このように新煤鼻川流域の一部には低湿地が存在していたものの、上流部ならびに下流部が微高地であったと考えることができ、中世にはこの新河道敷きを通して流れる派川は存在しなかったものと思われる。

【五】 新煤鼻川の開鑿と甲州流の治水技術との関係

慶長期は、近世日本の都市・産業基盤が全国的に確立された時代で、大開発は川中島平に限ったものではない。しかし、なぜ奥信濃のこの地で大規模な開発が可能であったのか。忠輝は長沢松平家を継いだ形になっているが、元来徳川家の分家であるから家臣団の多くは徳川家からの移籍組である。この家臣団が形成されるまでの間は、幕府の惣代官大久保長安(以下長安と称す)が忠輝の知行地となった川中島四郡の経営に直接係わっていたことは多くの人が知るところである。

忠輝は慶長八年(一六〇三)二月に川中島城主に封じられたが、しばらくは江戸にいた。それまでこの地を領していた森右近大夫忠政が美作国津山に移封された後、城番として諏訪城主諏訪頼水らが川中島を守備していた。十一月には長安が松城に赴き、彼の手代である雨宮治郎右衛門忠良、平岡岡右衛門道成(松雲斎)、平岡帯刀良知(竹雲斎)、窪田忠兵衛昌満らに城が明け渡された[24]。これら長安を筆頭とする代官衆は、旧武田家の遺臣で、天正十年(一五八二)武田勝頼が織田信長に滅ぼされた後に家康に仕官した甲州系代官たちである。彼らは武田家臣時代には蔵前衆と呼ばれる地方(じかた)巧者であった[25]。

松城とは、武田信玄(晴信)の信濃侵攻の最前線の拠点であった海津城のことで、その築城は永禄二年(一五五九)から開始され、翌年には完成している。この城代は、高坂弾正(春日虎綱)で郡代的権限を持っていた。長安は青年期には、十八才年上の高坂弾正に大きく影響を受けていたものと考えられる。蔵前衆であった長安は、度々海津城に赴き高坂弾正と親交があったものと思われる。そのためか、忠輝の付家老となって松城に赴いた長安は、高坂弾正の菩提所である松代明徳寺に高坂弾正の恩顧に報いるためとして二〇石を寄進している[26]。また、平岡道成、良知兄弟の母親は高坂弾正の妹といわれる。

高坂弾正は、武田信玄の近習として使え生涯武田家臣団の中枢にいた人物であり、武田信玄が行った御勅使川、釜無川の治水工事をよく知る人物の一人であったと想像できる。川中島平の経営を任された高坂弾正には、当然、煤鼻川や犀川の治水に関する構想ができていたものと思われる。しかし、当時の川中島平は、上杉謙信との戦いの軍事境界線上に位置していたため、それらの構想を実現する状況にはなかった。青年期に高坂弾正の影響を受けたであろう長安や平岡兄弟は、この高坂弾正統治時代に想起された煤鼻川の大開発計画を知っていたものと考えられる。

忠輝の川中島移封を実現した長安は、直ちに配下の甲州系代官を川中島に赴任させ、煤鼻川の開発に着手したものと考えられる。中島[27]は、煤鼻川の改修を、長安を代表とする甲州系代官衆によってなされた、甲州流の防河法の流れを継ぐ開発であったことを指摘している。

平岡ら甲州系代官が発した文書は慶長十年(一六〇五)以降忠輝の知行地内にみられない。このように甲州系代官が活躍した期間は二年に満たないが、慶長十六年(一六一一)に開設された北国街道丹波島・善光寺宿ルートが旧煤鼻川氾濫地域を北上して善光寺表参道を形成していることから、慶長十年代の早い時期に新煤鼻川の治水機能は確立されていたと考えられる。慶長九年(一六〇四)以降、忠輝の家臣団が機能し始め、花井吉成・義雄親子は甲州系代官らが着手した煤鼻川の開発を引き継いだと思われる。

大久保長安は、五街道の整備を積極的に行っているが、北国

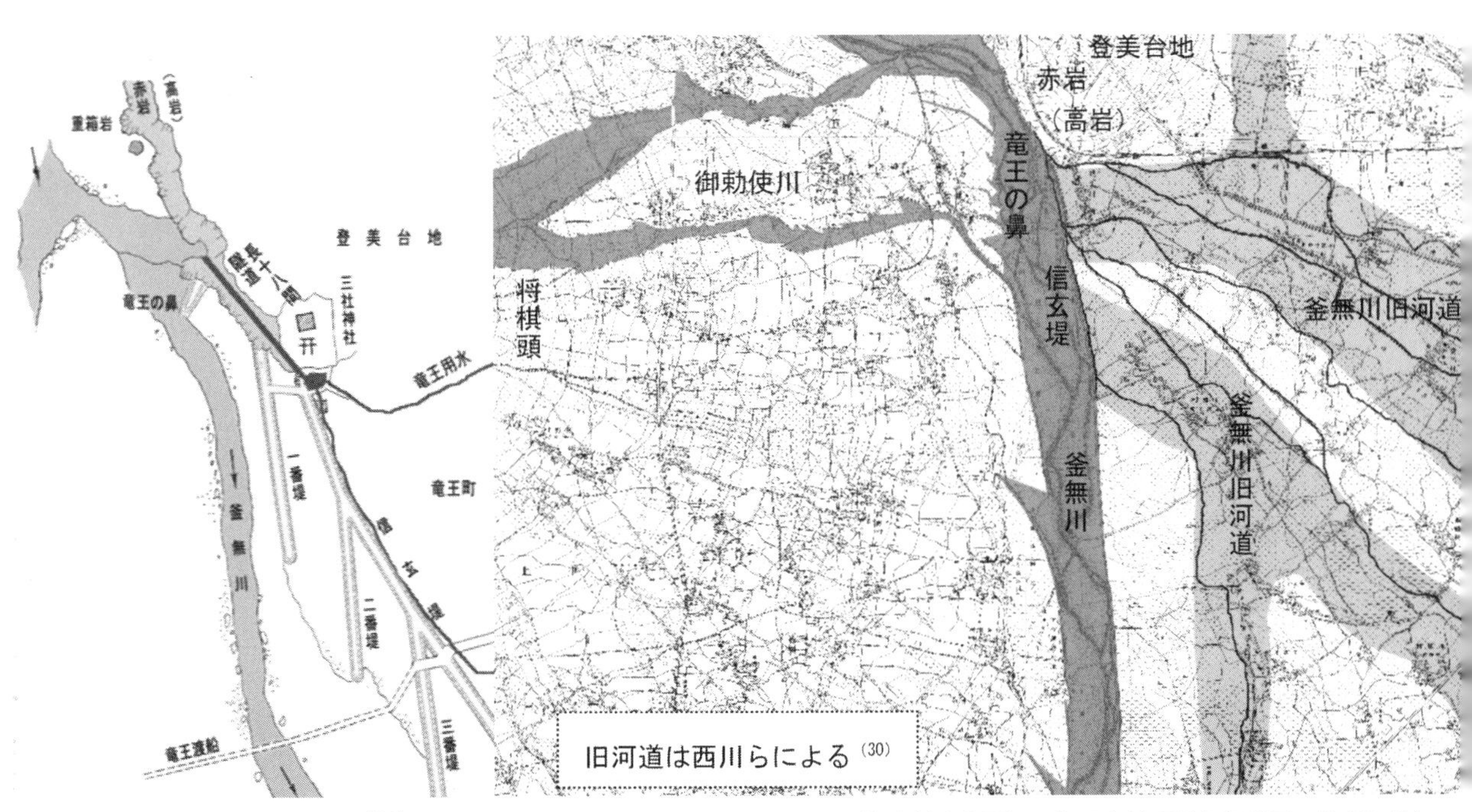

図13 竜王用水の取水法[31]
(中村に筆者加筆)

図12 武田時代の釜無川の治水技術(明治43年国土地理院旧版地図に筆者加筆)

街道の整備も長安の実績である。[28] 長安は、佐渡金山奉行も兼務していて、産出した金を佐渡から江戸に運ぶ安定した輸送路の確保が課題であった。そこで、戦国期には牟礼―長沼―布野―千曲川右岸ルートであった北国街道を、牟礼―善光寺―丹波島―千曲川左岸ルートに変更し近世の北国街道を成立させた。これには、善光寺宿と丹波島宿の間を乱流する煤鼻川の安定が最も重要な事項の一つであったものと考えることができる。

王城・旗手[29]は、近世初頭に中部山岳地帯を中心に展開された扇状地の河道付け替え手法の特徴として次の点をあげている。第一は、渓谷を下り切った扇頂部で河道を人為的に付け替え、扇央部の洪水の直進を防ぎ、かつ扇央部の旧河道を用水路として整備して、扇央部の耕地利用の高度化を図っている点。第二は、田用水の取水法で、渓谷の自然護岸の末端で河道がまだ固定されていて、かつ流水が扇状地内に伏流化する前で、流量が豊富な地点である扇頂部に堰を設け取水する方法をとる点である。そして、これらは甲州流の治水技術の特徴としている。

再度**図2**を見ると、煤鼻川は白岩と称される地点で流向を右に折り河道を犀川に短絡させて、旧河道を用水路として利用している。このような特徴は武田信玄が行った釜無川竜王の川除けにも認められる。**図12**に釜無川の下流部の流路を示した。御勅使川の流勢を赤岩(高岩)で受け釜無本流と合流させた後、竜王の鼻の先端で流向を右に折り南流させて笛吹川と合流させている。

つづいて用水路の取水法を見ると、煤鼻川左岸は最上流部の鐘ヶ瀬と呼ばれる河岸段丘と待居堤との接続部で、鐘鋳堰と八幡山王堰が取水されている。また右岸の窪寺堰もまた白岩と勝手沢北堤の接続部で取水されていた。

釜無川左岸における取水も同様な特徴を有する。赤岩の南端の竜王の鼻と信玄堤の接続部で竜王用水を取水している。この構造は初期の信玄堤で実現されていたと考えられるが、さらに寛永～慶安期(一六二四～一六五一)には甲府郡代平岡和由、良辰父子が赤岩に**図13**に示した取水用の隧道を開鑿して用水供給の安定を図っている。[31] この平岡和由は、煤鼻川の大開発に関わりをもった平岡帯刀良知(竹雲斎)の子である。[27] 平岡良知は元和五年(一六一九)に甲斐にて没し、その家督を平岡和由が継いでいるが、平岡良知が煤鼻川に関わったと考えられる慶長八～九年(一六〇三～一六〇四)ごろには、平岡和由は二十歳となっていたことから、平岡和由もまた煤鼻川の開発を良く知る人物の一人であったと思われる。

第三の特徴は霞堤の配置にある。煤鼻川右岸開発地域の南端に窪寺村差出組が存在する。ここは、朝日山山麓から流下する金山沢が発達した扇状台地を造成している。**図14**で見るように、この扇状台地の裾に氾濫戻しの機能を有する葭ヶ淵堤を配置し霞堤を形成している。また対岸の上流にも横捲り堤と称される霞堤が配置されている。この構図は**図15**に示す、笛吹川の難所に築かれた万力堤と酷似している。

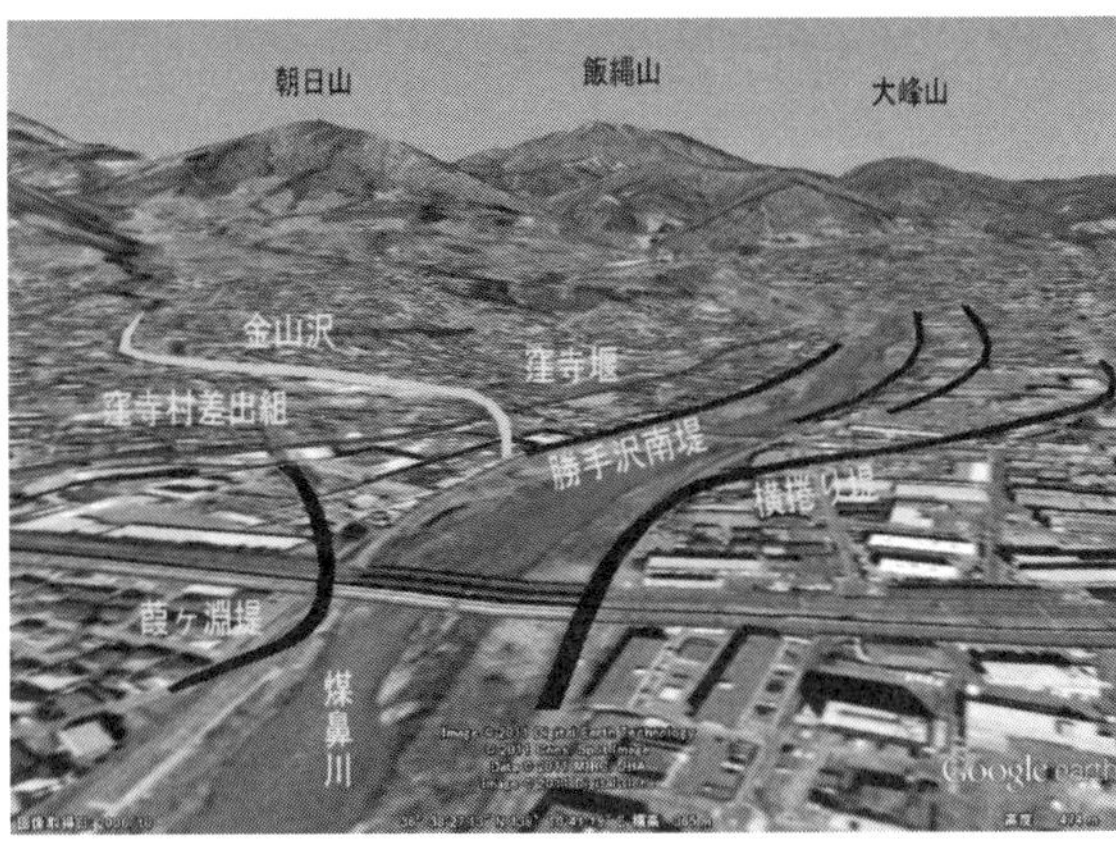

図14　煤鼻川の差出組(Google earth独自機能画像に筆者加筆)

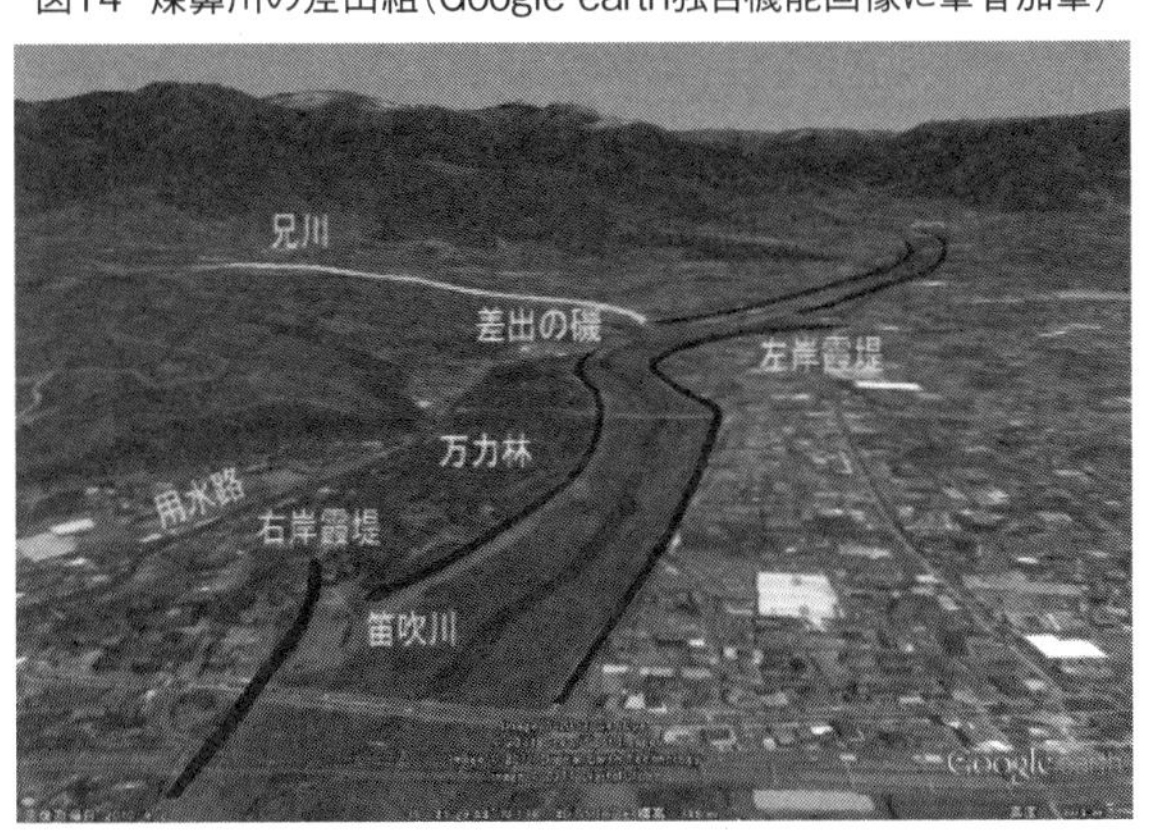

図15　笛吹川の差出の磯(Google earth独自機能画像に筆者加筆)

山梨市万力付近では、笛吹川の流路を固定するために、右岸に存在する差出の磯と呼ばれる断崖に流向を当てている。この下流に万力堤と称す霞堤を作り、下流域の農耕地を守っている。この差出の磯の上流には、右岸山麓より流下する兄川が合流している。このように煤鼻川、笛吹川共に本流を右岸の高台に当てるとともに、そこに支流の合流処理機能も含めた霞堤を配置し下流域の氾濫を防御しているのである。笛吹川は、天正十一年(一五八三)に大きな水害を被っている。このとき家康により万力堤とその防護林である万力林が整備された[32]。この災害復旧には、家康に任官されて間もない長安以下の甲州系代官の多くが動員されたものと考えられる。その彼らが二十年後に煤鼻川右岸の地を見たとき、差出の磯をイメージした可能性は大きい。差出地名は全国的に稀で他に例がない地名である。窪寺村差出の名は、煤鼻川の開発に赴いた甲州系代官により命名されたものと考えてみたい。

　このように甲州と煤鼻川の治水技法に共通点が多いが、一方でソフト的な治水体制の形態は異なっている。武田信玄は、釜無川左岸流域の竜王河原宿に諸役免除を引替えに移住した村民に平時の堤防管理にあたらせ、出水時には近郷の人足を動員できる体制をとっている。そして、この水防体制の慣行は江戸時代まで引継がれ維持されていた[33]。

　ところが、煤鼻川の開発流域に釜無流域に見られるような防水体制に関する慣行は見られない。これは、忠輝家臣団の成立により開発の初期に携わった甲州系代官衆が、開発が完成する以前に川中島の地を離れたことにより、ソフト面の伝承がなされなかったものと推測している。更に煤鼻川左岸流域の村々は、忠輝改易後複数の私領が隣り合う中に幕府領が点在する形態となり、一領主が治水にリーダーシップを取ることが難しい状況であったことも一因と考える。

【六】　結論

　以上述べたことをまとめて本稿の結論とする。

一、煤鼻川の開発は慶長七年(一六〇二)の右近検地の後から慶長十九年(一六一四)の間に実施された。そして北国街道丹波島・善光寺宿ルートが開設された慶長十六年(一六一一)以前に河道の付け替え工事は完成し、煤鼻川旧氾濫域の治水(洪水)対策は機能していたものと考えられる。

二、岡田村は新設河道敷に供され、右岸側残地は小柴見村北組に、左岸側残地は中御所村岡田組に組み入れられた。小柴見村北組の村民は、その後一九〇年間にわたり中御所村の笹焼明神の氏子であったことで、開発以前は両組が一村であったことが判る。

三、煤鼻川右岸の窪寺堰は、交差する二本の沢の流路を付け替え、底樋構造による立体交差や、控え堤の役割を持つ盛土の上に整備されたもので、煤鼻川の開発は両岸の用水路の整備も含めた河川開発事業であった。これらは慶長十九年(一六一四)までに整備されていた。

四、煤鼻川と釜無川の河川構造には次の類似点がある。第一点は、河道を扇状地の扇頂部で流向を右に折り河道を固定するとともに、扇状地内の流路長の短縮と、旧河道の耕地利用の高度化を図っている。第二点は、田用水の取水法で、扇頂部の渓谷末端の自然護岸と川除け堤との接続部で取水をしている。

五、煤鼻川右岸の霞堤構造は、笛吹川の万力堤の河川構造と酷似している。窪寺村差出の地名は、万力堤上流の差出の磯に因んで命名されたものと推測する。

六、新しく開鑿された煤鼻川は、左右両岸に二線堤構造と下流域に霞堤を持つ甲州流の治水技術の流れを汲む技術により整備されていた。これらには、大久保長安、平岡良知らの甲州系代官が深く関与していたものと考えられ、その後を継いでこの大開発事業を完成させたのが花井吉成、義雄父子であると考える。

このように煤鼻川の開発は、善光寺平の農業基盤確立のための利水対策と、善光寺門前南方地域を乱流した煤鼻川の治水対策が目的であったものと推定でき、ここに善光寺の表参道となる北国街道丹波島・善光寺宿ルートが開設されたことから、これらは治水・利水・街道整備を包含した一大総合開発であったといえる。

注（参考文献）

（1）上水内郡教育部会『旧町村誌　五巻』昭和九年
（2）藤田延雄『下堰沿革史』下堰改良区　昭和三十三年
（3）長野市誌編纂委員会『長野市誌　第三巻　近世Ⅰ』平成十三年
（4）信濃史料刊行会『新編信濃史料叢書　第11巻』昭和五十年
（5）前掲4
（6）宮島治郎右衛門『ふるさとの歴史』宮島家　昭和四十年
（7）長野市誌編纂委員会『長野市誌　第八巻』平成十三年
（8）前掲6
（9）前掲6　宮島家文書『寛永の名寄帳』小柴見区宮島家所蔵
（10）前掲1
（11）安茂里史編纂委員会『安茂里史』安茂里史刊行会　平成七年
（12）長野県行政文書『明治二十年道路河川堤塘取調帳』長野県立歴史館所蔵
（13）長野県行政文書「明治三十三年裾花川平面図」長野県立歴史館所蔵
（14）真田家文書「明治四年中御所村・久保寺村堤川除普請所絵図」人間文化研究機構　国文学研究資料館所蔵
（15）村田家文書「文政期御普請所絵図」小柴見区村田家所蔵
（16）村田家文書「文化七年和談成立絵図」小柴見区村田家所蔵
（17）建設省土木研究所『霞堤の現況調査報告書』vol.2286　土木研究所資料　昭和六十一年
（18）浜口達男、金木誠、中島輝雄『霞堤の全国実態と機能』vol.29-5　土木技術資料　昭和六十二年
（19）長野市誌編纂委員会『長野市誌　第十三巻』平成十三年
（20）浦野家文書「嘉永五年煤鼻川妻科村分地龍王ヨリ犀川落合久保寺村ノ内米村迄絵図面」長野市立博物館所蔵
（21）真田家文書「宝暦六年久保寺村絵図」人間文化研究機構国文学研究資料館所蔵
（22）三戸部家文書「煤鼻川并御料私領絵図」栗田区三戸部家所蔵
（23）小川　豊『災害と地名』山海堂　昭和六十一年
（24）前掲3
（25）村上直『日本近世の政治と社会』「近世初期甲州系代官衆の系譜について」吉川弘文館　昭和五十五年
（26）松代史跡文化財開発委員会『つちくれ鑑』平成六年
（27）中島次太郎『松平忠輝と家臣団』名著出版　昭和五十年
（28）小林計一郎『長野市史考』吉川弘文館　昭和四十四年
（29）玉城哲、旗手勲『風土～大地と人間の歴史』平凡社　昭和四十九年
（30）西川広平『信玄堤の再評価』「川除普請と村落」信玄堤の再評価実行委員会　平成十六年
（31）中村正賢『武田信玄と治水』山梨県林業研究会　昭和四十年
（32）広瀬廣一『山梨県土木建築史』山梨県土木建築請負業組合　昭和十年
（33）安達　満『近世甲斐の治水と開発』「甲斐における治水体制の一考」山梨日日新聞社　平成五年

コラム 1

小柴見村川除明神の創建

小柴見村北組（現長野市小柴見）には寛政七年（一七九五）創建の川除明神（小柴見神社）がある。この前年二月に「当村為川除明神様連判人別帳」が小柴見村より松代藩に出されている。

一、当村南組、北組、両組に有之候付氏神南組は善光寺領平柴村明神氏子に北組は御領分中御所村明神氏子に有之候処に段々河欠多罷成候両組思付前々より諏訪平と申処に少々の諏訪宮御座候間取上川除明神と祭り是迄両組一同の明神に仕り度、由何分御上様に内分申上右申候通り両組一同之明神と祝申度存候間乍御世話奉願候可分之儀御座候共両組一同氏神祭り仕り度御座候間為其連判致置申候以上

『ふるさとの歴史　平柴と小柴見』より

諏訪平とは小柴見神社から北方数百メートルの間の段丘上の平地の地名である。ここに諏訪宮があったものを現在の位置に移して川除明神として祀ったという。境内東側の裾花川が眺望できる場所に九頭龍大権現と刻まれた石塔がある。川除神社として創建されたときに新たに祀られたものなのか、諏訪平に以前からあったものを合祀したものなのか定かでない。

立派な自然石に川除神九頭龍大権現の名を刻んで、荒れる裾花川を鎮める村人の願いが今にも伝わってくる。

小柴見神社境内にある九頭龍大権現の石塔

第二章

中世善光寺如来堂の東向に関する試論

『市誌研究ながの』第二三号に掲載されたものを転載

はじめに

現在、私たちが善光寺に参詣する時には、JR長野駅西口の末広町交差点より善光寺表参道を北に上り、新田町、大門町を進み、仁王門、山門をくぐり、本堂を参拝することになる。つまり、表参道は南北軸をとり、その北端に南向の善光寺本堂(以下これを如来堂という)が位置する。ところがこれと異なり、中世の如来堂はその全期間を通して東を向いていたものと筆者は考えている。

松代藩家老鎌原桐山が文化七年(一八一〇)ころに記した『朝陽館漫筆』巻之十八[1]の中に次のものがある。

○善光寺の古堂

又曰善光寺如来堂古来は東向にて有之、今の大勧進の場所なる由、四門の額も東の方正面にて定額山善光寺と申候由、元禄年中焼失後今の所へ引候て南向に成候由。

又曰山門は延享五年戊辰年始て建立有之、仁王門は三輪村の内横山の南田の中に昔の如来堂に続たる仁王門の跡なりと伝所有、今に大石四ツ有之、是を當時四ツ石と言て所の名とす、其比朝日山は松代の分地三輪村の内仁王門の跡は六拾石餘善光寺領の所、古来如来堂此の方へ移し候時双方最寄に付同村の内六十石餘の場所と引替に成候、山三輪村の者の話成。

これに続いて『朝陽館漫筆』には、

○裾花川

又曰す、鼻川八九十年以前は妻科村の南の方より善光寺新田町の内へ懸り下は長沼の方へ落候由今七瀬村(善光寺領にて越のよし)の裏の方。

とある。裾花川が長野県庁脇の白岩地先より東流していた江戸時代初頭のことを八、九十年前としているが、延享五年(一七四八)建立の山門のことも書かれていることから、この文書の元になったのは江戸時代中期以降に口碑伝承を書留めた古記録と思われる。これと同様の内容が、飯島勝休が幕末に記した『飯島家記』第二巻[2]も存在する。また、明治初期の『長野県町村誌』[3]に収められた長野町の記録の中にも、以前の善光寺は東向きであったとされている。

これとは別に、五来重は、著書『善光寺まいり』[4]の中で繰り返し古来善光寺は東向であったと論述している。東向に関する具体的な史実の引用は無く、宗教民俗学的見地より、浄土信仰の理として西方浄土に向かい礼拝する形として、堂宇は東に向くことを前提にした論述と思われる。

また、古来善光寺には東西南北に四つの門があり、その内の東大門に「定額山善光寺」の勅額が掲げられていたという。[5]これは往時の善光寺の正門が東大門であったことを意味するものである。

一方、坂井衡平は『善光寺史』において、

表1　善光寺如来堂の東面説に言及した史料・文献一覧

史料・文献名	編著者	発行時期	記述
『善光寺の縁起』大日本仏教全書	不詳	不詳	みなみのもんねはんたう。ひがしの大もんにはこまたう。
『芋井三宝記』	岩下桜園	天保十一年	南面なりしは治承炎上後、鎌倉右大将建立名越遠江守朝時奉行にして建ける時を初めとすべし。(中略)むかし金堂東面なりしころの仁王門の礎、金堂の東の方三輪村にあり。
『朝陽館漫筆』巻之十八	鎌原桐山	文化七年	又曰善光寺如来堂古来は東向にて有之。元禄年中焼失後今の所へ引候て南向に成候由。
『長野県町村誌』長野町の項	長野県	明治一五年	如来堂跡、当町北の方字元善町釈迦堂前西にあり、元禄中の火災までは如来堂此処にありて東向きなりと云う。
『科野佐々礼石』書	橘　鎮兄	大正二年	最初之本堂東向にて定額山善光寺、南門は南命山無量壽寺　云々
『善光寺小誌』	長野市教育委員会	昭和五年	横大門は東門時代の大門跡にして、新町河原崎町の境、地蔵庵の辺なり。沓石は又四石とも云い、之より東方田道十町の所に在り。本郷の正南に当り当時仁王門の跡と云へり。
『善光寺史』	坂井衡平	昭和四四年	鎌倉初期から文永の火災後迄は、明かに南大門で有った。善光寺の東大門時代は、正和炎上から応安炎上迄五十八年の間らしい。
『善光寺と長野の歴史』	小林計一郎	昭和三三年	むかし善光寺が東向のことがあったという説がありますが、それはまちがいらしく、本式の御堂ができるまでの一時的な仮堂が東向きであったことがあるだけです。

鎌倉初期から文永の火災後迄は、明かに南大門で有ったのが、正和の炎上の間が短かった為、其再建に南大門を止めて東大門を開け、東通りの交通を主要路にしたと見える。即ち善光寺の東大門時代は、正和炎上から応安炎上迄五十八年の間らしい。

と、東大門時代のあったことを述べている。[6] このように、中世の善光寺如来堂が東面していたことに言及した史料や図書が多く残されている(**表1**参照)。

しかし、『長野県史』[7]や『長野市誌』[8]では、善光寺東向説について言及していない。これは近年の善光寺史研究の一つの結論として善光寺東向説に重きをおいていないものとなっている結果である。

このような中で筆者は、口碑伝承に残る中世善光寺東向き説を今一度見直す必要性があると感じている。そこで本稿では、中世より如来堂は南面していたとする既往研究の論拠に再度検討を加え、中世までの如来堂が東面していたとする客観的論拠を示す。そして、如何なる契機をもって如来堂が南面し、それが何時、誰による基軸の変更であったのか推論を展開する。

【一】 論述の方針

中世の如来堂を論じる前に、まずここでは現在の善光寺の姿を確認し論述展開上重要となるポイントを述べておく。

元禄十三年（一七〇〇）に門前町から出火した火災により如来堂を焼失した善光寺は、幕府の支援を受け宝永二年（一七〇五）に再建を開始し、宝永四年に現在の如来堂が落成した。その構造規模を示すと、桁行一四間、梁間五間、一重裳階付、撞木造り、妻入、正面向拝三間唐破風付、両側面向拝各一間、総檜皮葺となる。これを図に示したものが**図1**である。

桁行一四間、梁間五間とは長さの表示ではなく、柱間の数で建物の奥行方向（棟の方向・桁行）に柱間一四、正面（梁間）が柱間五つを意味する。加えて裳階付とは、如来堂外周四面に一間の下屋が付いていることで、この裳階を加えると見掛けの柱間は、桁行一六間、梁間七間となる。ここで桁行方向に手前より一間の吹放し、続いて三間の妻戸の間、その奥に三間の礼堂或は弥勒の間、三間の中陣（或は外陣）、三間の内陣を経て二間の瑠璃壇が構え、後陣一間となっている。瑠璃壇と内陣を配した奥行五間の正堂に、外陣、礼堂ならびに妻戸の諸堂を前面に付随した複合堂宇群が善光寺如来堂である。屋根は撞木造りと称される善光寺独特の形状となっている。これは、瑠璃壇と内陣からなる正堂が横向きの棟（これを横棟という）で、その手前に外陣、礼堂ならびに妻戸からなる縦向きの棟（これを竪棟という）が接続していることにより棟の平面形状がT字型になり、これが仏具の片手で鉦などを打つ撞木に似ていることによる命名である。

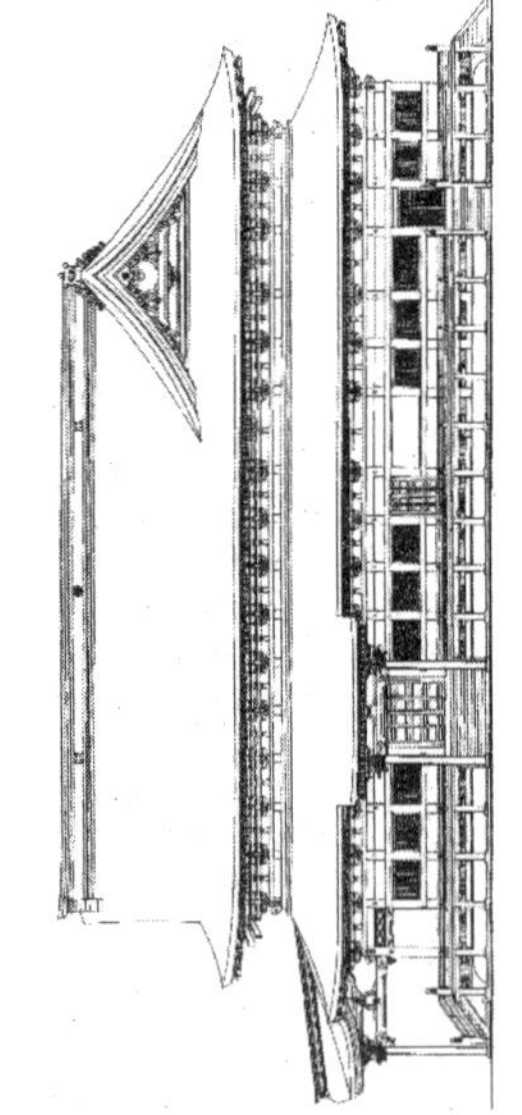

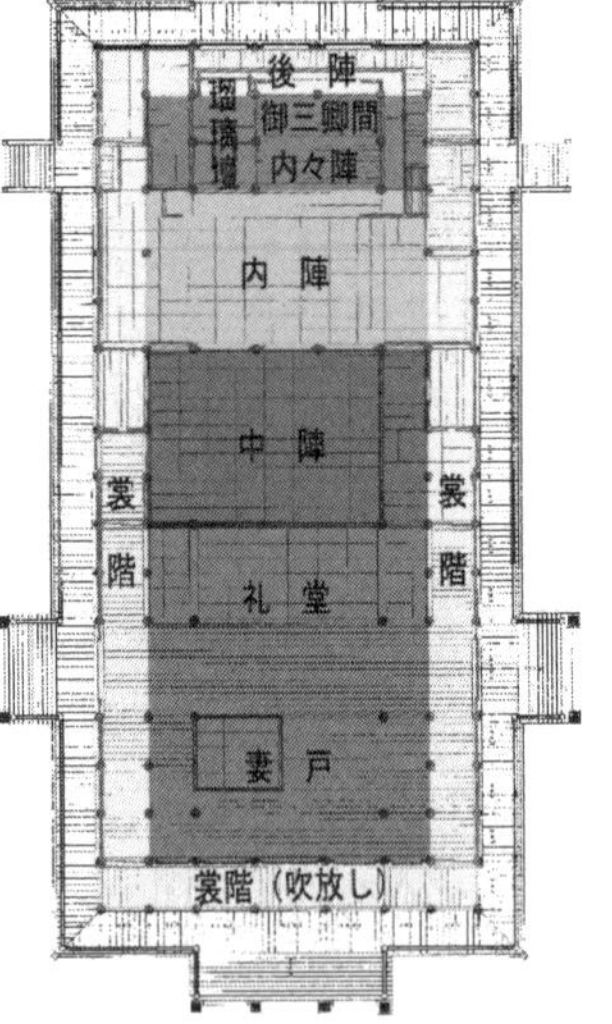

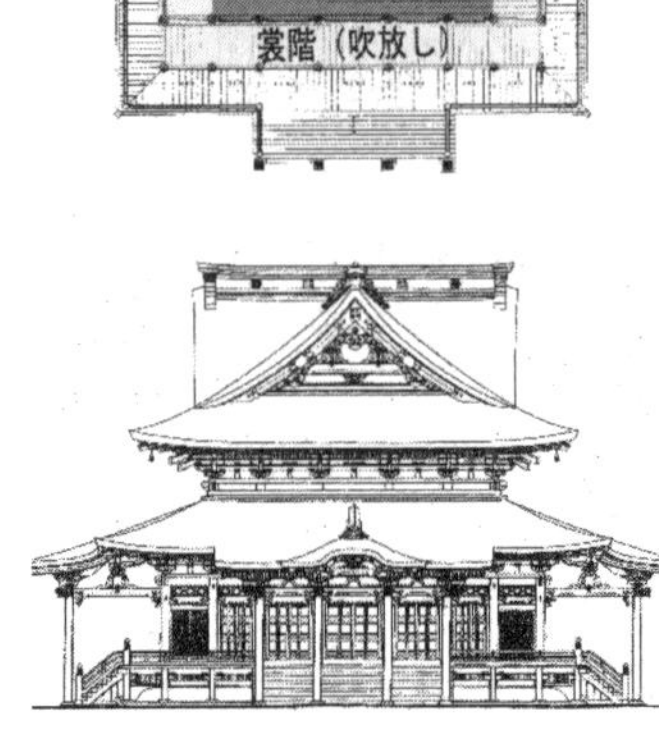

図1　宝永再建の現善光寺如来堂　注(9)に一部加筆

この屋根は、横棟が両入母屋、竪棟が前面の片方のみが入母屋造りとなっている。竪棟の梁間と横棟の桁行が同じ幅をとり、かつどちらの棟の屋根勾配も同様とするためには、横棟の梁間は竪棟の梁間と同じ寸法とする必要がある。これは撞木造りが成立するための重要なポイントとなる。言い換えれば、正面の長さより側面が短い撞木造りはあり得ないのである。

また、堂の棟の側面を出入り口とするものを平入りといい、竪棟のように妻側を出入り口とするものを妻入りという。現在の善光寺如来堂は、横棟の本堂の前面に竪棟が付随しているので妻入りの形態をとっている。

以上に述べた現存する如来堂の基本的構造を理解した上で、

中世如来堂東向きを論じてゆく。本文論旨の展開方法は、冒頭で述べた文献の記事や口碑伝承が事実であったと仮定して、その上で以下の事項について検証を進めるなかで演繹的に中世善光寺如来堂が東向きであったことを立証してゆく。

① 如来安置の芋井草堂がなぜ彼の地に創られたのか
② 親鸞が建てた高田専修寺如来堂は東向き
③ 一遍聖絵に描かれた如来堂は東向き
④ 遊行上人縁起絵の如来堂
⑤ 善光寺縁起絵での如来堂は撞木造りか
⑥ 善光寺縁起に記された如来堂は三棟造り
⑦ 善光寺縁起の決まり文句
⑧ 中世の善光寺の表参道は中道
⑨ 誰がいつ善光寺如来堂を南向きにしたのか
⑩ 現在の善光寺如来堂も東向き

【二】 如来安置の芋井草堂がなぜ彼の地に創られたのか

宝永四年(一七〇七)に如来堂が現在の位置に完成した。それ以前の如来堂は仁王門から仲見世通りの中央付近の西側にあった。今、堂跡地蔵尊が立ち、そばに如来堂旧地という石碑がある。その西側にある本覚院内の小御堂が本善堂で、芋井草堂の跡と言われている。[10] この芋井草堂の位置には諸説あるが、坂井衡平はその著書『善光寺史』で、「最初の草堂地としては、元禄以前の寺地であった元善町の旧堂趾がやはり最も古い所と見える。」と言っている。[11]

この芋井草堂の東側の千曲川に至る扇状地上には、幾つかの条里的遺構の存在が認められている。[12] この条里的遺構の中を東西に走る道があった。これを中道という。中道は千曲川を渡る布野の渡しから善光寺に向かう古道であった。福島正樹[13]は、この中道が古代の水内郡家と高井郡家を結ぶ伝路であった可能性を示している。筆者はこの古代の伝路が中世の善光寺の表参道的役割を担うように変化していったものと考えている。

ではなぜ中道を表参道とする芋井草堂がこの地に建てられたのか。その理由を現在に伝える史料はない。だが古の彼の地を知り現在もなお唯一不変の事実が存在する。それは大地の姿、地形である。中道より中世の芋井草堂に向かい西方を望んだ時、その背後に存在する一大ジオラマがある。それが、裾花渓谷である。裾花渓谷は戸隠連峰を源に持つ一級河川裾花川が東流し、東西方向に約二十kmの間ほぼ一直線の渓谷を造り出したものである。

図2に中道と芋井草堂、裾花渓谷との位置関係を示す。中道は、東西和田村、平林村を抜け三輪田圃の中央を西に進み、淀が橋、岩石町、伊勢町を経て善光寺に至る参道である。平林村付近で多胡(現長野市三才)方面からの古代の官道、東山道支道[14]と交差する。そこを南に下ると守田廼神社があり、その南は市村の渡

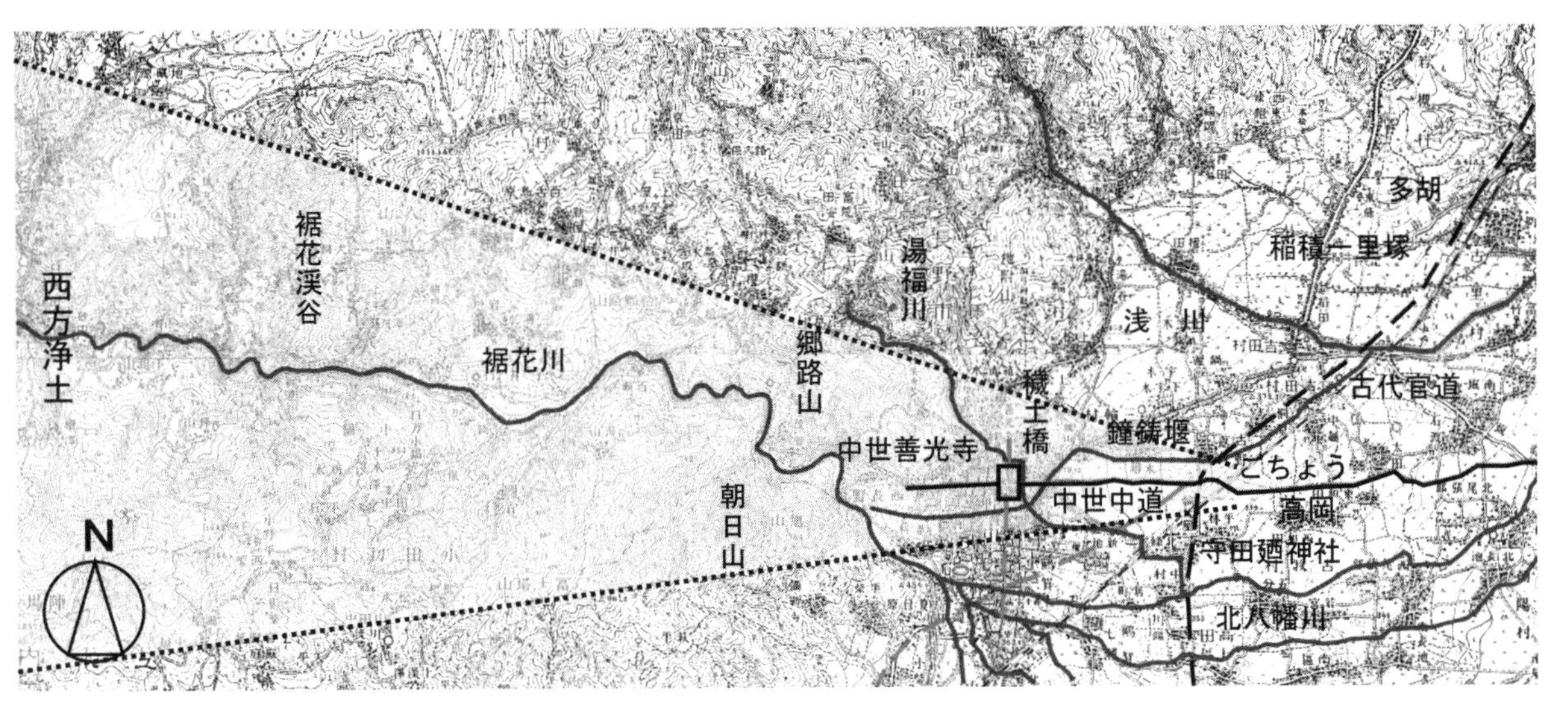

図2　中道と芋井草堂、裾花渓谷の位置関係

しで犀川を渡ることができる。この古代官道と中道の交叉点より西に向かうと、冒頭で示した『朝陽館漫筆』に記された四ツ石の地がそこにあり、古の仁王門があった。

この古代官道と中道の交叉点より西方の善光寺方面を観たイメージが図３である。この地点から西方を観た場合のみ、裾花渓谷の背面に立はだかる山々がなく、遠く西方が開けている。その手前の小高い丘の上に芋井草堂が存在した。林立する建築物に遮られ、現在の我々はこれを実感することができないので、グーグル・アースの力を借りて俯瞰したものが図３である。

七世紀に大和に伝わった浄土思想は、平安中期以降に日本国中に広く浸透した。この芋井草堂は、浄土信仰には絶好の立地にありそこに善光寺如来が奉られたと考えて間違いない。浄土とは、仏が住む世界を意味し、阿弥陀如来の極楽浄土、薬師如来の瑠璃光浄土、

図3　中道より見た西方浄土（Google earth独自機能に筆者加筆）

弥勒菩薩の兜率天などがあるという。浄土に対して人間が住む世界を穢土（えど）という。説法を聞き念仏を唱えることで、穢土を離れて阿弥陀如来が住む極楽浄土に往生を遂げる。それが浄土思想である。この極楽浄土は西方にあり西方浄土という。

善光寺の御本尊は、阿弥陀如来で芋井草堂の西の廂（ひさし）の間に奉られていたという。[15]これが善光寺如来堂の黎明期の姿である。この善光寺如来堂が位地した伽藍一帯はすでに浄土のエリアであり、中道を中心とした条里的地割により水田として整備された一帯こそ、人々が生活を営む穢土であった。近世の記録によると、中道より善光寺伽藍に入庭する手前に穢土橋があった。[16]穢土橋は善光寺七つ橋に数えられる橋であるが、現在は淀が橋と改名されている。つまり中道には穢土と浄土の堺が明確に存在したのである。善光寺七つ橋の穢土橋の起源を物語る史料はないが、明らかに西方浄土と穢土を繋ぐ橋であった。

このように見ると善光寺如来堂が如何なる理由で彼の地に創られたのかを解明することができる。それには如来堂は東を向いていたと考えるのが必然的である。

裾花渓谷の真っ只中に夕陽が沈む日が年二回ある。それは、春分の日と秋分の日より各々一ヶ月ほど夏至に近いころの時期である。**写真1**に彼の日に中道よりみた落陽のイメージを、**写真2**に中世如来堂が立地した現在の仁王門付近より見た裾花渓谷を示す。中世の人々が西方浄土を実感する時がそこにあったと思料するに十分な情景が現在も存在するのである。

写真1　中道よりみた落陽の裾花渓谷のイメージ

写真2　善光寺堂明坊屋上より見た裾花渓谷

【三】 親鸞が建てた高田専修寺如来堂は東向き

浄土真宗の開祖親鸞聖人は善光寺聖として活動した時期があったという。[17] 承元元年（一二〇七）、法然上人の専修念仏の禁制で法然の弟子であった親鸞は、越後国府（現上越市）に配流されていた。建暦元年（一二一一）にはこの勅勘が免じられて親鸞は自由の身となったが、しばらくは越後に止まっていた。やがて親鸞は妻恵信尼を伴い常陸・下野に活動の拠点を移した。常陸に赴く途中、親鸞は善光寺に立ち寄ったと考えられている。[18] 一二一四年のことである。越後国府から東山道支道を南に進んだ親鸞は、多胡を通り中道を経て善光寺に参詣し、暫くは滞在したものと思われるが詳しいことはわからない。

写真3　東面の高田専修寺如来堂

写真4　創建当時の柱を残す総門

親鸞が創建したといわれる高田専修寺が、下野国二宮（現栃木県真岡市）にある。この寺には、善光寺如来の夢告を受けた開基親鸞が夢告に従い善光寺より閻浮檀金（えんぶだんこん）の一光三尊仏を持ち帰り本尊として安置した如来堂がある。この一光三尊仏は、その制作年代が一三世紀前半と評価されていて親鸞による感得はかなり信憑性があるとされている。[18] 親鸞は信濃の善光寺と同じ伽藍を高田の地に創ったといわれ、[19] その如来堂が東面し現存している（**写真3**）。創建当時の堂宇の様子を知る史料は存在しないが、文和四年（一三五五）に如来堂の萱葺屋根が葺き替えられた記録[20]が残っていて、鎌倉時代中期には如来堂が存立していたことが判る。大永六年（一五二六）戦乱の兵火により堂宇が炎上したようである。[21] その後、長い年月を経て享保六年（一七二一）ようやく現在の如来堂の再建が開始された。[22]

現在の高田専修寺如来堂はこの時のもので東向きである。如来堂の前には楼門があり、その手前に総門がある（**写真4**）。如来堂東向きが創建当時からのものであるか定かでないが、現存する総門の一部は創建当時のものであるという。[23] これは、創建当時の如来堂が東面していたことを示す重要な事実である。現在、総門の北側（如来堂に向かって右側）には涅槃堂が如来堂と対面している。

善光寺は治承三年（一一七九）火災にあい堂宇を失った。その

図4　一遍聖絵第一巻第三段に描かれた善光寺　清浄光寺（遊行寺）蔵

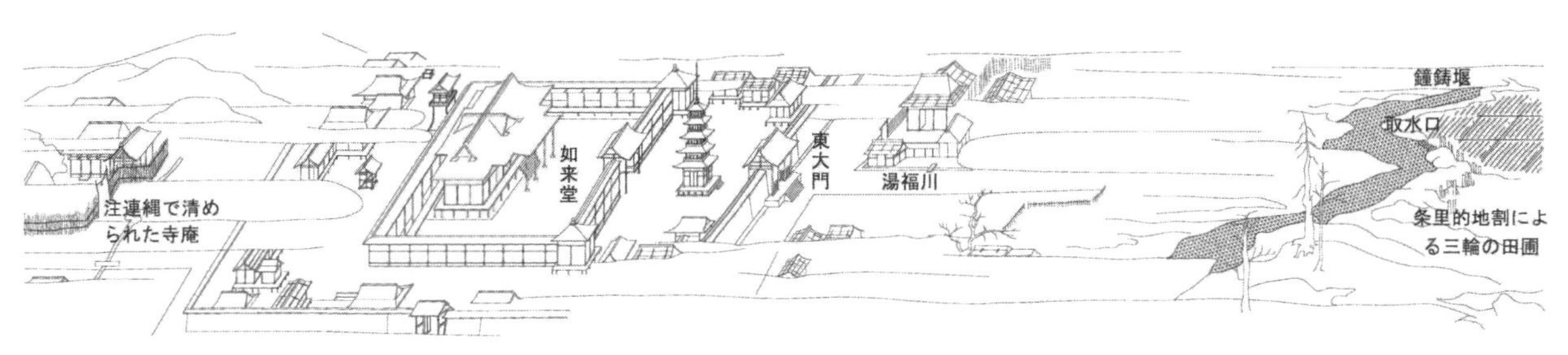

図5　一遍聖絵第一巻第三段のアウトライン

後建久二年（一一九一）源頼朝の命により再建された。その如来堂の姿を現すものが高田専修寺の如来堂であると考えられる。鎌倉時代中期の作とされる根津美術館収蔵の善光寺縁起絵[24]に描かれた如来堂はこれとよく似ている（**図9**参照）。また、愛知県岡崎市にある満性寺の善光寺縁起絵に描かれたものも同様である。高田専修寺の如来堂の造りが創建当時のままであるかは判らないが、高田専修寺によるとこの本堂は、浄土真宗の本堂としては異様な外観であるとしている。[25]このことは真宗の法義とは別に、中世から伝わる如来堂の姿を今に残したものと考えることができる。

【四】一遍聖絵に描かれた如来堂は東向き

中世善光寺の如来堂の姿を現在に伝えるものに一遍聖絵がある。時宗の開祖である一遍上人（一二三九―一二八九）は、十三歳で出家し、諸国を遊行した。一遍聖絵は、一遍の死後、弟子（一説にはその肉身）の聖戒が一遍の実績を絵詞書きで遺したものである。一遍は、その生涯に善光寺に二度訪れている。

文永八年（一二七一）春、信越国境の熊坂より信濃に入った一遍は、多胡を経て中道より善光寺に参詣したものと思われる。この場面を描いたものが**図4**である。既往の研究[26]では、この場面は南面する善光寺が描かれたものとし、画面右側の川を犀川もしくは裾花川としている。ここで善光寺が東面していたとすると、この絵はどのように観ることができるであろうか。そのアウトラインを図5に示す。図の右が東で左が西である。

まず図の右側の川は、鐘鋳川に比定できる。その右には中道が通る三輪の条里的地割による田圃が描かれている。鐘鋳川から条里的地割による田圃に水をひく取水口の上を人が歩いている。そから徐々に西に目を転じると武家屋敷らしい家がある。その前を北から東に折れ東流する小川が描かれている。これが湯福川であろう。ここより西が浄土、善光寺の境内である。築地塀の中に東面する善光寺如来堂が建っている。桁行九間、梁間三間、入母屋の屋根を千鳥破風で飾った平入りの御堂が描かれている。棟は十字形で背面にも千鳥破風が有ったことを示す。この下が西の廂の間で閻浮壇金の善光寺如来が奉られていた。さらに伽藍の左には周囲を柴垣根で囲み、入り口の門木に注連縄（しめなわ）が張られた寺庵らしき建物が描かれている。これは善光寺縁起の中で語られた芋井草堂を意味するものと考えることができ、善光寺如来堂の西側になくてはならない建物である。

以上は筆者の主観によるが、ここでこの場面が東西軸を水平に描いているとする客観的事実を二点述べる。第一は、築地塀の外に描かれた多くの家屋の棟が水平になっている。土地利用による制約を受けない場合の家屋は東西に棟を置く場合が多いことを考慮すると、この場面は南北軸を水平に描いたものとは言えない。第二点は、条里的地割による水田の描写で、これが南面説で解説されてきた犀川や裾花の氾濫原の風景とすることには違和感がある。よって、一遍聖絵が示す如来堂は東向きと考えたほうが自然であり、画面の水平軸を東西と捉えることに違和感は存在しない。

これらのことはあくまでも、一遍聖絵が当時の善光寺の姿を正確に描いたものであることが前提である。そこで、一遍聖絵が当時の善光寺の状況をどれだけ正確に描いているかは慎重に検証すべき課題となる。藤井恵介は建築史研究の立場から一遍聖絵の「正しさ」に関して否定的な見解を示していて興味深い。[27] 善光寺の場面に関しては、絵師は善光寺を克明に描けるほど詳しい情報を持っていなかったとし、断片的な情報だけをもって類似的な表現の中で偏平的な描写を行ったとしている。この真偽は判らないが、聖絵が造られた当時より「正しさ」に関して聖絵の拝観者より批判を受けることなく今日まで伝承されてきた事実を考えると、建築的な正確さはともかく、往時の善光寺を蓋然的に示した図として捉えることに問題はないと考える。

善光寺は、文永五年（一二六八）に再び災禍を受け、文永八年には再建されて法要が営まれているが、[28] 一遍が善光寺に参詣したのはその半年前のことである。聖戒が一遍聖絵を編述したのが正安元年（一二九八）ごろと言われ、そのころ善光寺の堂宇は

写真5　昭和初期の郷路山斜面（『長野市誌』より）

図6　遊行上人縁起絵第七巻五話に描かれた善光寺　長野県立歴史館複製（原品は東京国立博物館所蔵の模本）

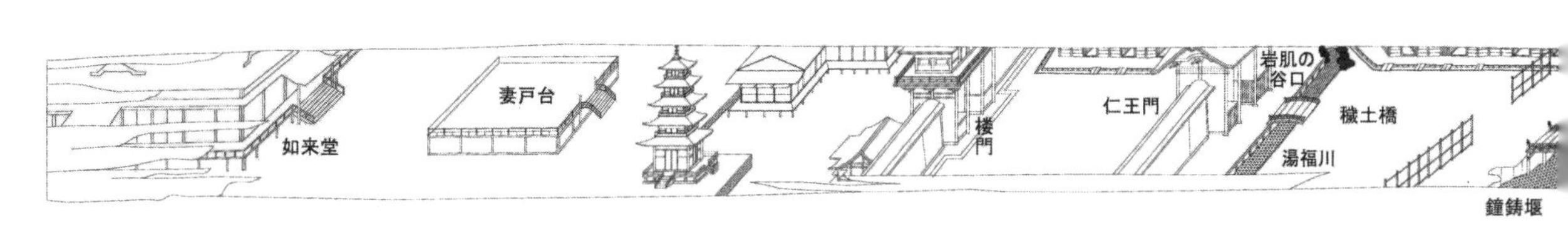

図7　遊行上人縁起絵に描かれた善光寺のアウトライン

重建が終了していた。重建された如来堂は入母屋の屋根を千鳥破風で飾った平入りの御堂であったと考えることができる。これと同じ屋根を描くものが、愛知県岡崎市の妙源寺に伝わる善光寺縁起絵である。

ところで、一遍が善光寺に参詣したのは春のことである。先にも述べたようにこの時期、夕陽が裾花渓谷の中に沈むのである。中道を善光寺に向かった一遍にもその光景は衝撃を与えたに違いない。そのジオラマは極楽への道を説いた二河白道を感得させるものであったと思われる。裾花渓谷を分け入る道が極楽へと通ずる白道であるとすると、右手の郷路山の崖錐の滑落崖が火の河の地獄、左の朝日山北麓の断崖が水の河の地獄を想起させる（図3、写真1・2参照）。郷路山の南斜面は、崖錐が堆積した崩落性の斜面からなり中世より近代まで採石場であったもので[29]、斜面は植物の活着が悪く、荒涼とした風景を一遍も目にしたことであろう（写真5参照）。

一遍は善光寺で二河白道を感得した後、故郷の伊予国に帰り庵を建てその壁に二河白道図を掲げて浄土の理を説いたという[30]。一遍の二河白道の感得は、善光寺の立地も大いに関係していたものと考えてみたい。

【五】　遊行上人縁起絵の如来堂

一遍上人の遊行を描いたものに聖絵と並ぶ大作、遊行上人縁

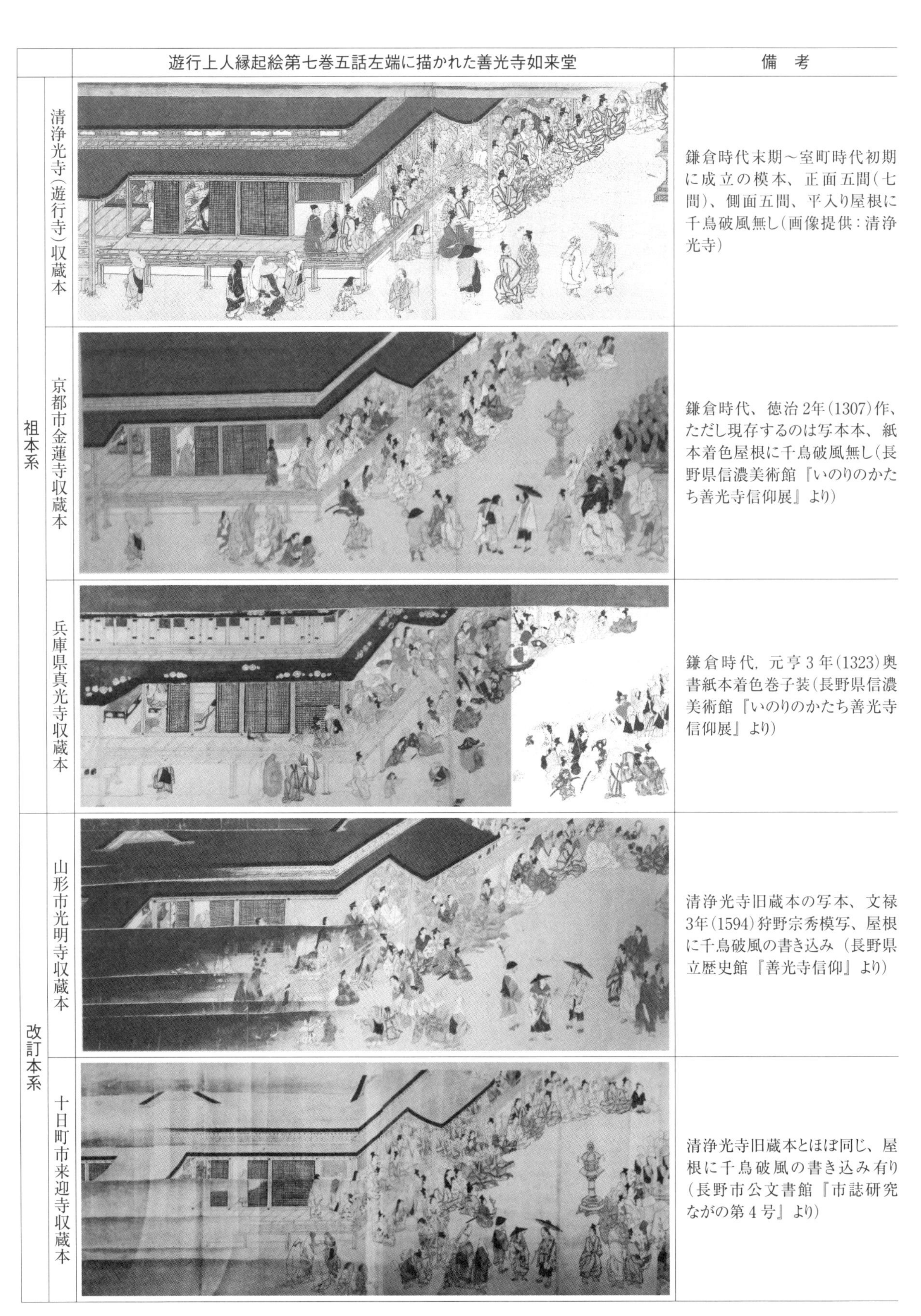

		遊行上人縁起絵第七巻五話左端に描かれた善光寺如来堂	備　考
祖本系	清浄光寺（遊行寺）収蔵本		鎌倉時代末期～室町時代初期に成立の模本、正面五間（七間）、側面五間、平入り屋根に千鳥破風無し（画像提供：清浄光寺）
	京都市金蓮寺収蔵本		鎌倉時代、徳治2年（1307）作、ただし現存するのは写本本、紙本着色屋根に千鳥破風無し（長野県信濃美術館『いのりのかたち善光寺信仰展』より）
	兵庫県真光寺収蔵本		鎌倉時代，元亨3年（1323）奥書紙本着色巻子装（長野県信濃美術館『いのりのかたち善光寺信仰展』より）
改訂本系	山形市光明寺収蔵本		清浄光寺旧蔵本の写本、文禄3年（1594）狩野宗秀模写、屋根に千鳥破風の書き込み（長野県立歴史館『善光寺信仰』より）
	十日町市来迎寺収蔵本		清浄光寺旧蔵本とほぼ同じ、屋根に千鳥破風の書き込み有り（長野市公文書館『市誌研究ながの第4号』より）

図8　遊行上人縁起絵第七巻五話左端に描かれた善光寺如来堂

起絵(一遍上人絵詞伝)がある。原本は伝存しないが多くの写本が存在しその数は十数点に上る。これは、一遍と時宗二代教祖他阿真教の遊行の路程を、鎌倉時代末期(一三〇〇年代の初頭)に宗俊が描いたものである。第七巻五話には他阿が訪れた善光寺の場面が描かれている。[31] 東京国立博物館収蔵の遊行上人縁起絵を図6に示す。また、図のアウトラインを図7に示す。

この絵もまた東西軸が水平に描かれている。右が東で左が西である。中道の参道を経た参詣者は、鐘鋳川を橋を渡る。善光寺の入り口は柵で仕切られている。仁王門の手前でまた一つ川を渡る。この橋が穢土橋で湯福川に掛っていた。ここで穢土の地より浄土にはいる。中世の湯福川は今の東町を南流して、武居神社のあたりで鐘鋳川と交差していたものと筆者は考えている。善光寺南向き説に立った既往の研究では、これを鐘鋳川と比定している。この場合川の水は、図の手前より奥に流れ、岩肌が強調された谷合に流れ下ってゆくことになる。しかし、絵をよく見ると、川の流れは逆の方向で、岩肌で囲まれた谷合から図の下の方へ水が流れ出ているように見える。この谷合は伊勢町の北側、現在の城山小学校の正門辺りを示しているものと考えられる。湯福川をこれに比定する理由がそこにあり、かつこの遊行上人縁起絵が、東西軸を水平に描いていると考える理由である。

一方で湯福川から分流し柵渠で描かれた小川が現在の湯福川と同様な経路で東流し鐘鋳川に合流している。

仁王門を中に入ると楼門がありその向こうに塔がたっている。そこには舞台があり踊り念仏の僧侶がたくさん描かれている。その西に善光寺如来堂が存在した。

既往の研究の多くは、この如来堂を撞木造と断定している。[32] 確かに東京国立博物館収蔵の遊行上人縁起絵の如来堂の屋根には、正面に千鳥破風が描かれ側面に入母屋の破風が描かれている。入母屋の軒先と千鳥破風までの間隔が長く、入母屋の横棟の前に竪棟の堂舎があるかにみえる。正に撞木造である。ところが、屋根の千鳥破風の描写には絡繰りがある。現存する遊行上人縁起絵の中から代表的なものを図8に五点示した。宮次男の研究によると遊行上人縁起絵は大別して二種類に分類されるという。[33] 一つのグループは宗俊が創作した当時の姿をそのまま示すもので、これには藤沢市清浄光寺本、京都市金蓮寺本や神戸市真光寺本がある。ここではこれらを祖本系と呼ぶ。もう一つのグループは、後世になってから修正が加えられたもので、改定本系である。こちらには、東京国立博物館収蔵本、山形市光明寺本や十日町市来迎寺本がある。

善光寺如来堂の描写もこれらの分類に整合した明かなる違いが認められる。それは屋根の破風の書き込みである。祖本系のグループは屋根に破風の書き込みが無く、スヤリ霧で覆われている。また、梁間方向側面の柱間は五間に見える。その最左翼に僧侶が西に向きお勤めしている姿が描かれている。多分この先には廂の間がありそこに阿弥陀如来が奉られているのであろ

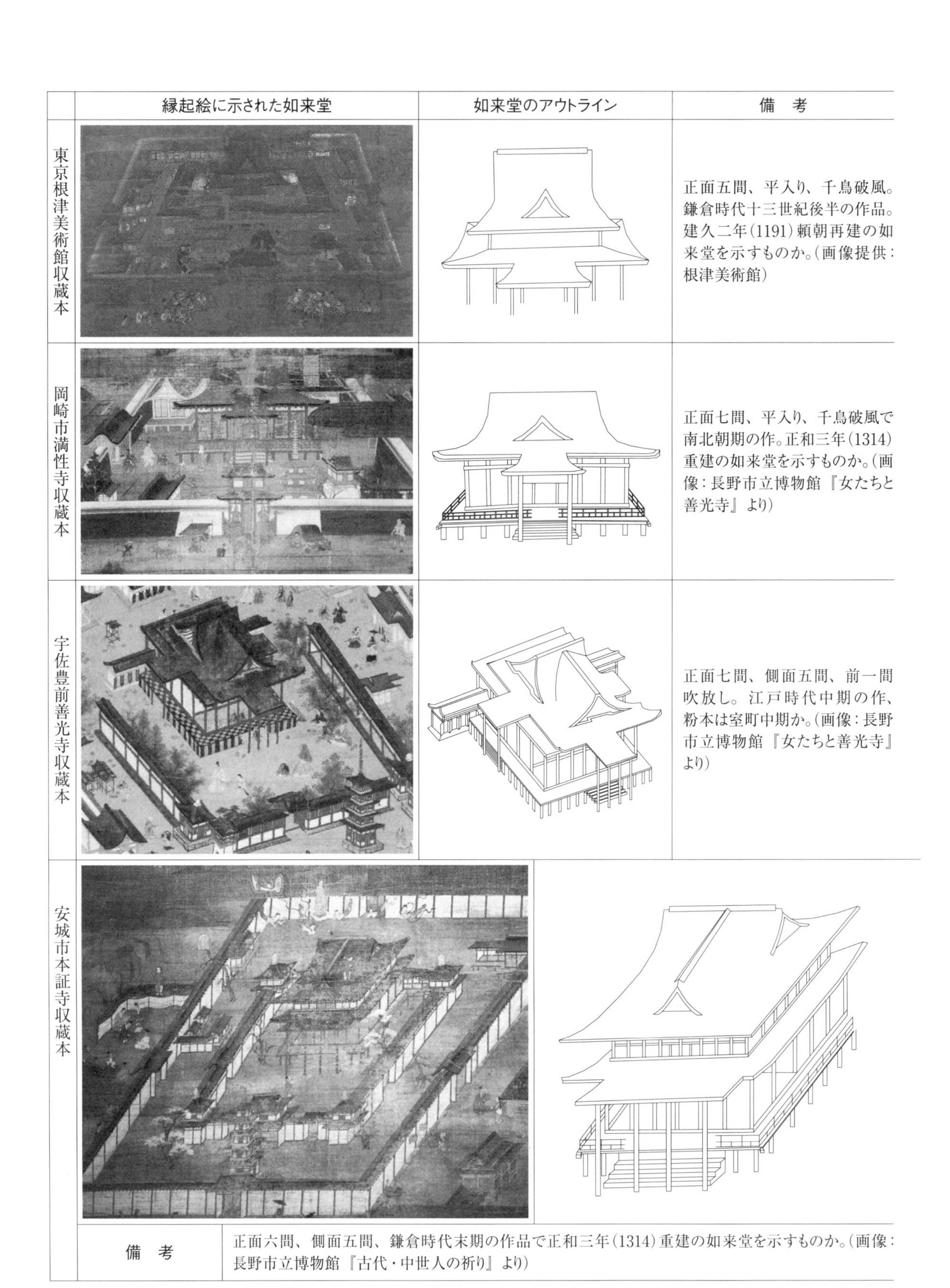

	縁起絵に示された如来堂	如来堂のアウトライン	備　考
東京根津美術館収蔵本			正面五間、平入り、千鳥破風。鎌倉時代十三世紀後半の作品。建久二年(1191)頼朝再建の如来堂を示すものか。(画像提供:根津美術館)
岡崎市満性寺収蔵本			正面七間、平入り、千鳥破風で南北朝期の作。正和三年(1314)重建の如来堂を示すものか。(画像:長野市立博物館『女たちと善光寺』より)
宇佐豊前善光寺収蔵本			正面七間、側面五間、前一間吹放し。江戸時代中期の作、粉本は室町中期か。(画像:長野市立博物館『女たちと善光寺』より)
安城市本証寺収蔵本			正面六間、側面五間、鎌倉時代末期の作品で正和三年(1314)重建の如来堂を示すものか。(画像:長野市立博物館『古代・中世人の祈り』より)

図9　善光寺縁起絵(善光寺如来絵伝)に描かれた善光寺如来堂

う。
　如来堂の正面の柱間数は九間で、平入りの御堂で有った。これは、一遍聖絵に描かれたものとほぼ同規模で、とても縦長の堂宇とはいえない。勿論撞木造りなどと言えるものではないのである。
　一方、改定本系のグループでは屋根に書き込みがあり二つの破風が描かれている。一つは正堂の入母屋の破風で、もう一つが礼堂正面の千鳥破風である。このグループに共通する点の一つに側面の拡張が認められる。画面左側が切れているが、まだその先に堂宇が続くことを連想させる。しかし、礼堂空間が三〜四間でありそこに正堂スペースを足しても、側面の柱間数はせいぜい六〜七間で桁行の柱間数に比べると、とっても縦長の堂とはいえない。改定本系の制作は鎌倉末か南北朝時代（一三三〇年前後）のものとされている。[33]
　正和二年（一三一四）善光寺はまた焼失した。正和三年には重建されるがこの時のものが遊行上人縁起絵の改定本系に描かれた如来堂であろう。ただしこの時点ではまだ撞木造ではなかった。第一節で述べたように撞木造が成立するのは、側面の柱間数が桁行のそれを超えた場合のみである。つまりこの時点で善光寺如来は、正堂の前に千鳥破風を配した礼堂を持つ平入の御堂であったものと考えられる。

【六】善光寺縁起絵での如来堂は撞木造りか

　善光寺如来の故事来歴をつづった霊験譚に善光寺縁起がある。平安時代末期には全国的に広まっていたといわれ、中世・近世において多くの人々の信仰を集めた。善光寺縁起絵（収蔵者により呼称は異なる）は、この善光寺縁起を絵画で表したもので、文字の読めない人々に絵解きで内容を伝えるものであった。

　その数は約六〇点の存在が確認されている。そのうちの、根津美術館所蔵三幅本、安城市本証寺蔵四幅本、岡崎市妙源寺蔵三幅本、同市満性寺蔵四幅本、長野市淵之坊蔵三幅本、滋賀県安曇川太子堂蔵四幅本を含む八点が中世の作とされている。[34]

　現存する作品の多くは掛幅装で、大衆を前にしての絵解きに適する形状を有している。描画の内容は善光寺縁起絵に沿うもので、その中には善光寺伽藍も描かれている。ここに描かれた善光寺如来堂を図9により俯瞰してみる。

　まず根津美術館本を見る。これは善光寺縁起絵の中では作成年代が最も古いもので、鎌倉時代中期に遡るものである。[34]ここに描かれた如来堂は、正面五間平入りで、千鳥破風で飾られた屋根の下に一間の向拝を有している。これは作成年代からして建久重建の如来堂とみなすことができ、高田専修寺に現存する如来堂と同じ形式である。

　つぎに妙源寺本であるが、ここに描かれた如来堂はすやり霧に覆われて、屋根のみが見えるだけで全体がわからない。この堂宇は、一遍聖絵に描かれたものと同じ十字形の棟を持つ平入りの如来堂であろう。これは鎌倉時代から南北朝期の作と言われるが文永五年(一二六八)重建の如来堂であろう。[34] 一方、満性寺本は南北朝期の作とされるが、[34] 正面七間平入りの御堂でやはり千鳥破風を有する。向拝が一間というところが気になるが、これは正和二年(一三一四)の火災で再建された如来堂であろう。

愛知県安城市の本証寺所蔵の縁起絵(善光寺如来絵伝)には、善光寺如来堂のシンボルとも言うべき撞木造り風の如来堂が描かれている。中世善光寺を物語る多くの文献[35]で、中世より善光寺如来堂が撞木造りであったとされる史料である。ここで、本証寺本に描かれた如来堂が本当に撞木造りと言えるか否か検討を加える。

まず正面の間合いが六間に見えるが、向拝が三間であり向拝を中心にして左右対称の御堂と考えるとたぶん七間であったものの誤写であろう。一方、側面は明らかに五間でその内の手前二間が吹き放しとなっている。第一節で述べたように、撞木造りが成立する為には、正面より側面が長くなくてはならず、ここに描かれた如来堂は撞木造りでないのである。不鮮明な正面の間合いが仮に五間であったとしてもこの状況は変わらない。描画は縦長の如来堂に見えるのは間違いないが、イメージとしての寸法感覚より数値として認識できる柱間数の情報が優先されるべきであろう。故に、ここに描かれた如来堂もやはり平入の堂宇である。この縁起絵は鎌倉時代末期の作[34]とされていることから、満性寺本と同様に正和二年(一三一四)の火災で再建された如来堂がモデルであったと考えられる。

最後に大分県宇佐市にある豊前善光寺が所蔵する縁起絵に描かれた如来堂を見る。江戸時代中期の作とされるが、その元となる粉本は室町中期であるとされるものである。[36] ここに描かれた如来堂は、前述の本証寺本とよく似ている。そしてやはり縦長の撞木造り風に見える。しかし、正面が七間(もしくは九間)で側面が五間(もしくは六間)に見える。やはり正面が側面より長く、これもまた撞木造りとはなり得ない構造である。よって、縁起絵に描かれた如来堂は何れも平入りの堂宇で撞木造りの堂宇ではなかった。

【七】 善光寺縁起に記された如来堂は三棟造り

善光寺聖による布教には善光寺縁起絵とともに、説話のテキストとしての善光寺縁起が活躍した。善光寺縁起はあくまでもフィクションであり、縁起特有の誇張表現も多く、史料としての信憑性を論じるまでもないものであるが、度重なる災禍に遭い中世の古記録が欠乏する善光寺の歴史を探る数少ない貴重な史料といえる。

続群書類従所収『善光寺縁起(応安縁起)[15]』や大日本仏教全書所収『善光寺縁起(応永縁起)[37]』の中に、「文永炎上以後堂塔建立之次第」と題した項があり、

金堂者東西七間。南北十一間。朝時遠江守御建立。

観揚坊造立。礼堂六間。南北十七間。（後略）

と記されている。

これは、善光寺の金堂の寸法に方位情報を付した貴重な史料である。岩下桜園貞融は、天保十一年（一八四〇）に編纂した『芋井三宝記』[38]の金堂の項で、建久二年（一一九一）頼朝再建以降より善光寺如来堂は南面していたとしている。これは前に示した善光寺縁起の記述をもとに、中世前期の善光寺如来堂を、南北に長い金堂と礼堂が直列に並ぶ南向きの妻入りの堂と見なしている。これを追認するかたちで坂井衡平[39]は、この配置を**図10**の如く説明している。管見の限りでは、この二人の見解が中世善光寺如来堂の南面説の重要な論拠となったものと考えられる。しかしこれはまた、**図11**のように南北に長い正堂と礼堂が並列に隣あう東向きで平入りの堂宇とみることもできる。

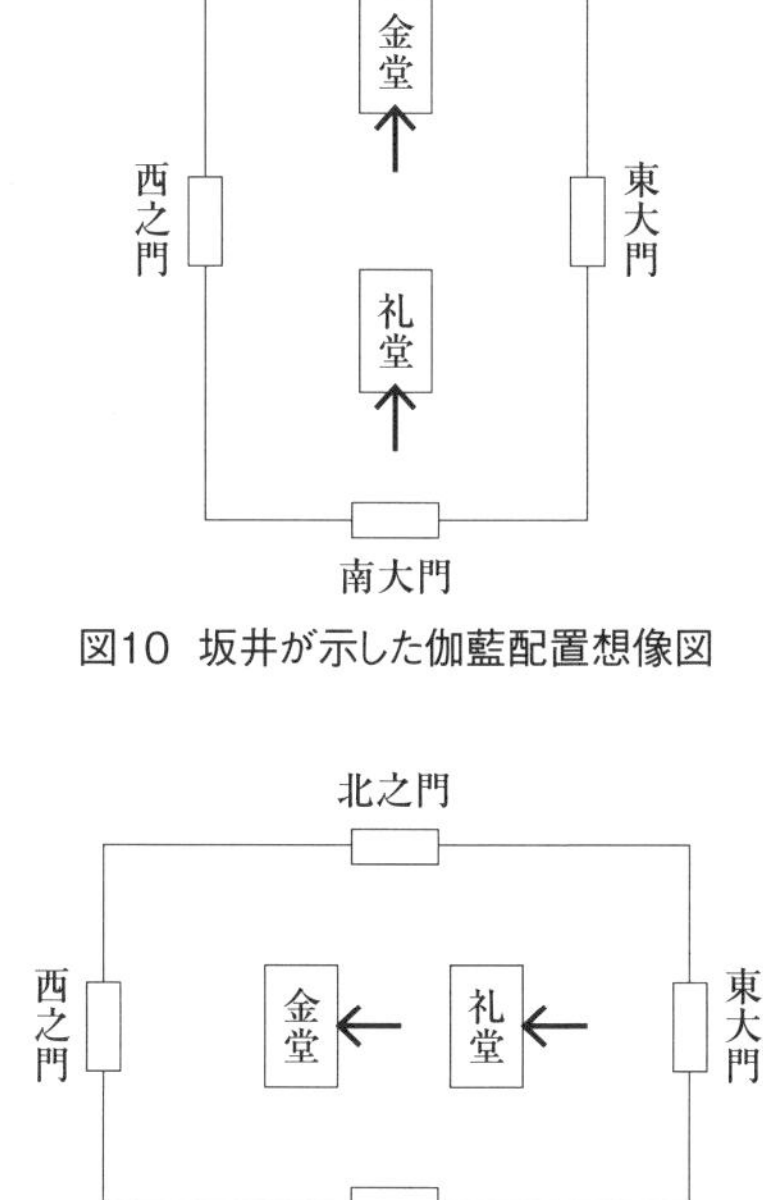

図10　坂井が示した伽藍配置想像図

図11　双堂の場合の配置

古代における金堂は、仏像などの礼拝対象を納めて屋内に安置する厨子的なもので、僧侶といえどもその中に入ることができなかった。人々が礼拝するための施設は、金堂の前に別棟として造られた。これが礼堂である。金堂と礼堂は共に平入りの堂舎で平行に建てられるのが一般的で、これを双堂（ならびどう）という。[40]先ほどの善光寺縁起の記述は、堂舎の規模がかなり大きいところが気になるが、形態としては双堂形式を意味していると考えるのが合理的である。妻入りの細長い金堂と、妻入りで縦長の礼堂が直列に並ぶ姿はやはり不自然に見える。よって、**図11**が善光寺縁起に示された中世前期如来堂の真の姿と考えるべきである。これは当然東を向く堂宇であったことを物語っている。

この双堂も中世後期になると、両堂間の雨仕舞の関係から金堂と礼堂の屋根は連結されるようになる。金堂と礼堂が合体した堂舎は本堂と呼ばれ、奥行の深い堂宇を創出するようになる。ここで、金堂と礼堂の棟を隣接して建て、更にその上に大きな屋根を掛けた構造を、三棟造りと言いう。三棟造りの例として当麻寺本堂の例を**図12**に示す。当麻寺本堂の小屋組は、内陣（正堂）棟木と外陣（礼堂）棟木上に大梁をのせ、中央に棟束、両端と中間に母屋束を立てた三棟造りの形式をとっている。[41]

善光寺縁起の中には仮名で書かれたものが多い。仮名縁起の、『善光寺如来本懐』[42]や大日本仏教全書所収の『善光寺の縁起』[43]には、

はう（方）八ちゃう（丁）についち（築地）をつき、みむね（三棟）つくり（造）にたう（堂）をたて丶。にし（西）のひさし（廂）のま（間）に、しやうしん（生身）のあみた（阿弥陀）によらい（如来）をあんち（安置）たてまつる（奉）。にしもんにはねんぶつ（念仏）堂。みなみのもんねはん（涅槃）たう（堂）。ひがしの大もんにはこまたう（護摩堂）。しゅろう（鐘楼）

たう。それのみならず。すわのにうたうとの御たう、云々

とあり、中世の善光寺如来堂は三棟造りであったことを示している。

　また、岩下貞融は、前述の『芋井三宝記』の金堂の項で、宝永四年（一七〇七）に再建された現如来堂を「三棟手本造り」と称している。手本の意味が良く判らないが、三棟造りを手本にした造りという意味であろうか。「手本造り」が「手木造り」の誤記であったと考えてみると、「三棟手木造り」と読むことができる。これが撞木造りを意図した記述であるか否かは今後の課題であるが、現如来堂が三棟造りの流れを継ぐ構造を有しているものであることを、岩下貞融が認識していたことがわかる。

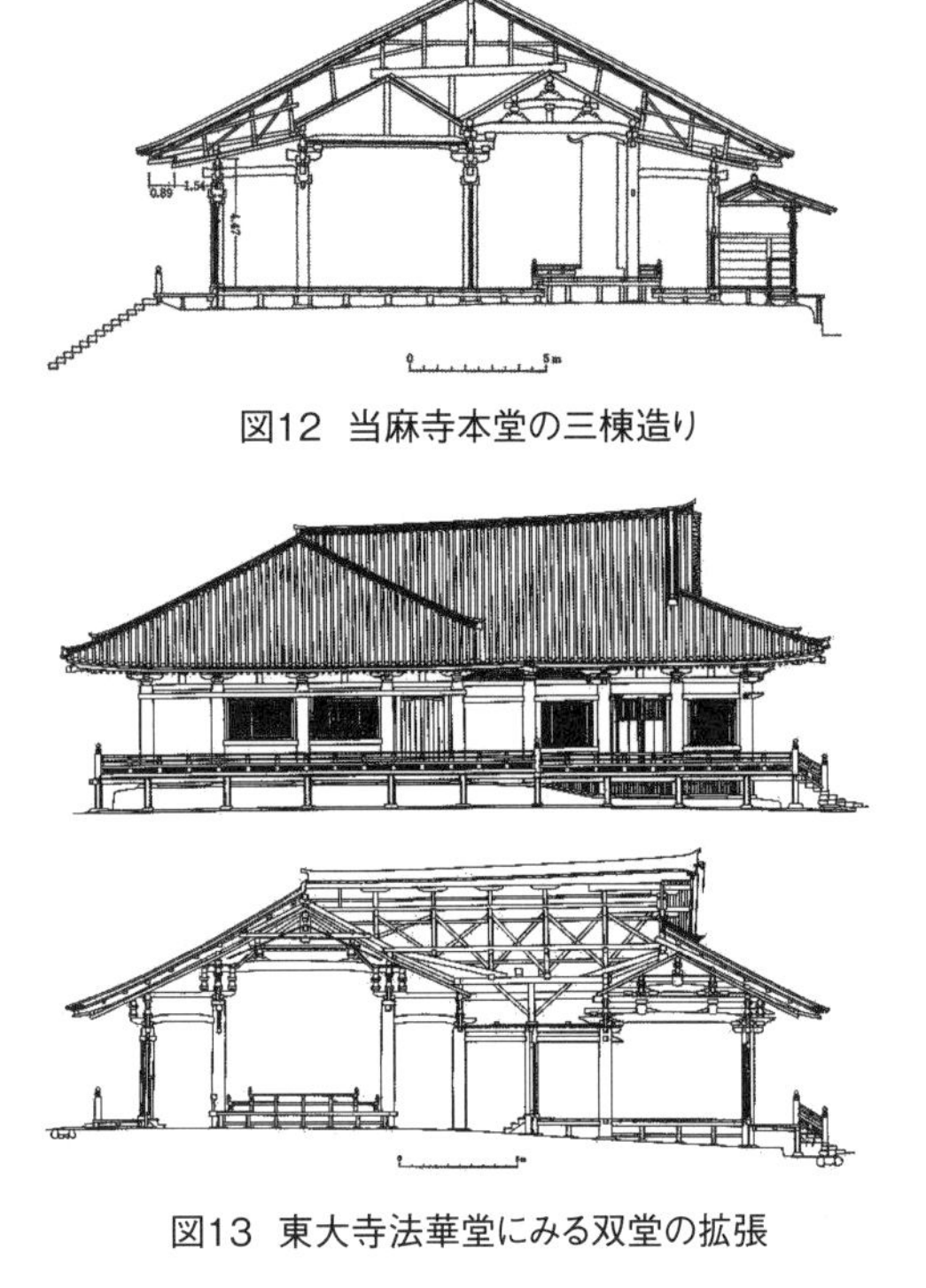

図12　当麻寺本堂の三棟造り

図13　東大寺法華堂にみる双堂の拡張

　礼堂空間の拡張要求に対応し、三棟造りにおいても徐々に奥行のある縦長の本堂が望まれるようになる。その過程を示す一つの例として図13に示した東大寺法華堂がある。(44) これは、正堂と距離を置く礼堂を造りその間に縦の棟を持つ大きな屋根を掛け、広い礼堂空間を実現したものである。この延長線上にあるものが撞木造りの善光寺如来堂であると思う。現存する善光寺如来堂は、礼堂が著しく発達した結果であるが、平入りの本堂（横棟）の前に縦長の妻入りの礼堂（竪棟）が合体したものである。このルーツは、双堂であり、三棟造りであったと考えるのが合理的である。

　また、岩下貞融の『芋井三宝記』では、堯恵法印が記した北国紀行中にある文明八年（一四七八）五月の善光寺の御堂での通夜の際の件に、「千隈（千曲）川は御堂の東に流れる」との記述があることを引用し、善光寺如来堂が南面していたとする根拠としている。しかし、如来堂が東面、南面いずれの場合においても、千曲川は御堂の東にあることに相違なく、如来堂南向きの論拠としてまったく意味をなさないものである。彼の小さな誤認の積重ねが、中世の如来堂南面説の一角を形成していたものと考えることができる。

【八】善光寺縁起の決まり文句

　善光寺縁起の種類は多いが、何れの縁起にも共通する記述の一つに、善光寺如来は西の廂の間が大変お気に入りであると言

うことがある。善光寺如来が草堂の西の廂の間に奉られていたことは、鎌倉時代初期編纂の『伊呂波字類抄』にまでさかのぼる。

国立公文書館内閣文庫蔵「信濃国善光寺生身如来御事」[45]では、廂の間の記載が五場面登場する。①月蓋長者が如是姫の病気回復を願う場面、②阿弥陀如来の力により如是姫が快復したことを感謝する場面、③聖明王の内裏に如来が飛来する場面、④本田善光が麻績の地に如来を奉った場面、⑤水内芋井の地に善光寺草堂を作った場面である。善光が草堂を建て如来を安置してもすぐに善光私宅の廂の間に戻ってしまったという。以下に『善光寺縁起集成Ⅰ寛文八年版本』からその部分を引用する。[46]

西為令懸心、去中却住西、汝在東憑我、我在西護汝。

(西に心を懸けしめんがため中を去り却て西に住す。汝は東にありて我を憑む(たのむ)。我は西にありて汝を護らん。)

浄土信仰の理として如来を西に奉り東より礼拝することは道理であるが、なぜ廂の間に如来を安置するのか、なぜここまで廂の間にこだわるのか、大変興味深い。

廂の間といっても現代人にはあまり馴染みがないが、古代・中世の建物は、天井が高い母屋を建物の中心に置き、その周囲に床高を一段下げ軒高の低い下屋を配置した。この下屋の部分が廂の間である。間面記表と称する独特の平面寸法表記法を用いて、母屋大きさと廂の間の数を表した。たとえば三間四面堂とは、母屋が三間でその周囲四面に廂の間が配置された堂舎を意味する。

四面に配置された廂の間の内の西の間に阿弥陀如来は安置されていた。黎明期の善光寺はおそらく創建者の私邸を草堂としたもので、国家が造る官寺とはだいぶ趣が異なっていたのであろう。もちろん厨子的な金堂もなく、礼堂もなかったのかもしれない。そんな質素な堂舎を自己弁護し正当化するものが、この廂の間の件と考えられる。ここでは西の廂の間が金堂であり、中の間が礼堂であった。「汝在東憑我、我在西護汝」とあるとおり、人々は東の礼堂より西の廂の間にある善光寺如来を拝んだのである。これにはどうしても堂舎は東を向いていなければならないのである。

【九】 中世の善光寺の表参道は中道

これまでに示してきたように中世の善光寺は東面していたと考えることができる。その表参道は勿論中道であった。ここで中世の中道筋はどのような状況であったのか俯瞰してみる。

中道の起点となる布野の渡しの北隣に長沼の地がある。源頼朝・頼家・実朝の鎌倉幕府三将軍に仕え有力御家人として活躍した武将の中に長沼五郎宗政がいる。宗政は、摂津国守護職や淡路国守護職などを歴任している。そして信濃国善光寺の地頭職も兼任していた。これは宗政がとくに頼朝に嘆願して補任されたものであったが、善光寺との間に地頭職をめぐるトラブルが多発し、善光寺側の訴えにより承元四年(一二一〇)幕府から地頭職を改易されている。ただし、実際には宗政の代官は、嘉禎二年(一二三六)まで善光寺領の支配を続けたという。[47]『長沼村史』によると、宗政の名はなく、長沼太郎政光が建久三年(一一九二)より地頭職として長沼に住むようになったとしている。政光とは宗政が任命した代官であろうか。また、政光は五代百四十六年間長沼の地にいたとしている。[48]

中道は、布野の渡しで千曲川を渡り福島、仁礼を経て関東に通じていた。これが後の大笹街道である。鎌倉や関東と善光寺を結ぶ大笹街道の前身古道の起点が中道であったとすると、中世前期おける鎌倉からの旅人や物流の入り口の一つが中道であったと考えることができる。

長沼宗政の後、善光寺の奉行人として、和田石見入道仏阿、原宮内左衛門入道西蓮、窪寺左衛門入道光阿、諏訪部四朗入道定心がいた。文永二年(一二六五)に幕府は評定を開き善光寺奉行人を廃止した記録が残っている。[49]

善光寺の奉行人のうち和田石見入道は、中世表参道の中道沿いの「高岡」と称される地に居住していた。この「高岡」は現在の長野市西和田に比定されている。この付近には「たかみ」「ごちょう」という呼称地名が伝わる地があるという。[50]ごちょうの地は善光寺の周辺に複数あったことに注目したい。

つぎに原宮内左衛門入道であるが、やはり中道沿いの平林地籍にある原氏の居館である平林城にいた御家人である。窪寺左衛門入道は、善光寺の南西に位置する現在の長野市安茂里付近に居を構える御家人で、諏訪部四朗入道定心は、善光寺の南に位置する長野市後町にいたと考えられている。第七節で見た仮名縁起には、東の大門には諏訪の入道の御堂があった旨の記述がある。諏訪部入道と諏訪の入道が同じ人物であるとすると、鎌倉時代前期にいた善光寺の地頭職や奉行人五人の中四人までが善光寺の東、つまり中道沿道に館を構える者たちであった。

中世において善光寺を参詣した後、暫く善光寺に滞在した者として、大納言久我雅忠の娘二条や曽我十郎の愛人虎らがいた。二条が記した「とわずがたり」によれば正応三年(1290)善光寺を参詣し、中道沿い高岡の和田石見入道の館に半年滞在している。そして虎も善光寺東大門脇の岩石町に住まいしていたという。

謡曲柏崎の女の塚が、中道の穢土橋北東に位置する新町にあったり、善光寺縁起にも登場する三輪時丸は、善光寺東門の伊勢町に庵居したとの伝えがある。[51]

このように中世においては、善光寺の東側つまり中道沿道が治政的にも世俗的にも中心の地であったといえる。

鎌倉時代初期の善光寺界隈を知る史料の一つとして『名月記』が残っている。これは、安貞元年(一二二七)当時信濃国の国司であった藤原定家の日記で、つぎのような記述ある。

下遣信濃使者法師帰来、(中略)善光寺近辺号後庁、為眼代等之居場所、於古は尤広博国、温潤之地歟、乱以後隆仲卿使者不忠検注、百町郷只麻布之類二三段注之、一国已如此、已以不足言事云々、国中皆熟田、依無米穀運上、住民皆豊饒、末代国務、更不可有得分云々、在庁等即当世之猛将之輩也、寧随所勘哉者

これは多くの文献に引用されているものであるが、「後庁」の地を長野市西後町付近に比定している。[52]しかし、中道の和田石見入道の館であった「高岡」に隣接した地にも「ごちょう」の地名が残されており注目してみる必要があろう。藤原定家の使者が訪れた鎌倉時代前期では、先にも述べたように善光寺の地頭や奉行人の多くが中道沿道にいた。そしてこれらの者は、鎌倉幕府の御家人であり、善光寺の奉行職のみならず国衙領の在庁官人を兼ねていたと考えると、中道の「ごちょう」を『明月記』に登場する後庁とみることも可能である。とすると、「於古は尤広博国、温潤之地欤」、「国中皆熟田」、「住民皆豊饒」、を善光寺東方に広く分布した条里的地割による水田地帯を意味するものと考えることができる。

『名月記』に記された後庁が現在の西後町とした場合、その南方に広がる地は、裾花川の乱流定まらぬ荒涼とした氾濫原であり、とても「国中皆熟田」という状況ではなかった。現在の裾花川は江戸時代初期の慶長年間の瀬替え工事により人工的に付け替えられて南流し犀川に合流しているが、中世には善光寺の南側の低地を乱流し千曲川に合流していたのである。[53]

このように中世においては、善光寺の東大門から千曲川までの地帯は、広範囲に条里的地割による水田が整備された当世一流の一等地であった。それに対して善光寺南大門から犀川までの地域は、裾花川が乱流する未開の地域で不毛の地であった。

南北朝のころになると、裾花川の氾濫地帯の南側犀川までの間に位置する、漆田が原(現長野市中御所)に守護所が移され二宮氏が守護代を務めるようになる。嘉慶元年(一三八七)には、村上・小笠原・高梨等北信の武士が二宮氏と戦い守護方が負ける漆田が原の戦いが起きている。[54]このころになるとようやく善光寺の南方の地の開発も進んできたと思われる。

また、この時代の善光寺南大門付近の様子を伝える史料に、『大塔物語』がある。『大塔物語』は、応永七年(一四〇〇)善光寺で国務を執った信濃守護小笠原長秀の支配に対して、大文字一揆ら北信濃の国人領主たちが反乱を起こし、京へ長秀を追い返した大塔合戦の戦記である。その序文には、善光寺南大門の門前の賑やかな市の様子が語られている。これをもって善光寺南向きの証とする説もあるが、『大塔物語』で判るのは、南大門門前の繁栄ぶりであって如来堂が南面していたということを証明するものではない。

【十】 誰がいつ善光寺如来堂を南向きにしたのか

戦国時代になると甲斐の武田信玄と越後の上杉謙信の覇権争いが善光寺の地で繰り返されるようになる。信玄は、善光寺に兵火が及ぶのを恐れて善光寺を甲斐の国に移した。天文十一年

（一五四二）一説には天文二十一年に善光寺が兵火で焼失し、[55]信玄が善光寺の霊仏を祢津村（現東御市）に遷座した。その後、永禄八年（一五六五）に甲州板垣の里に如来堂を建て善光寺如来を奉った。梁間一二間、桁行二八間の南向きの如来堂で正に撞木造りの堂舎であった。[56]この建設は永禄十一年以降まで続いたようである。これは現在の信濃善光寺如来堂と同じ形式を持ち、信濃善光寺は甲斐善光寺を手本にして再建されたという。

坂井衡平は『善光寺史』で、『王代記』からの引用として「永禄六年、板垣、新善光寺横棟杵立」と記している。[57]これは甲斐善光寺の築立に当たり、まず横棟の正堂（金堂）単独の建設から着手し、その後六余年の歳月を掛け竪棟である礼堂を増築したことが判る。余談であるが、寛永十九年（一六四二）の善光寺仮堂再建に関する大本願と大勧進の係争での裁許状のなかに、

一、大勧進申候者いにしへも堂立之刻ハ、竪棟ハ本願、横棟ハ大勧進申来り候処、今度一円ニ本願方よりかかり堂立べきのよし申かけ迷惑之由事

がある。続いて翌年には、横棟は大本願で竪棟は大勧進と逆であるとの再訴が大本願より出されている。[58]いずれにしても、横棟と竪棟を各々分けて建設していたことが判る。これは双堂時代のなごりであろうか。

甲斐善光寺は南向きである。これは中世善光寺如来堂が南向きでそれを踏襲したものか、それとも東向きだったものを無視して独自に南向きとしたものか検討が必要である。

甲斐善光寺の瑠璃檀は正堂正面の中心に位置し、現存の信濃善光寺の西寄りの形態と異なる。つまり如来の座としての西の廂の間をまったく意識していないのである。これは、手本となる当時の信濃善光寺が東面していて、西の廂の間をあえて意識させない構造だったものを、そのまま南向きに方向転換したためと考えられる。甲斐の地からみて北方に位置する信濃善光寺の方向に向けて礼拝できるように板垣の地に南向きの如来堂を建立したものではないかと思われる。

一方、上杉謙信も善光寺の霊仏を持ち帰り、越後春日府内に善光寺を建立している。これの本堂は、「横六間、竪十三間也。其真中二間四面程ノ宮殿有之云々」[59]と言い、甲斐善光寺と比べ小ぶりであるものの縦長の堂舎であったが、やはり瑠璃檀は中央に位置している。この時代つまり文明六年（一四七四）もしくは文明九年焼失後に再建された善光寺如来堂は、縦長の妻入りの堂宇で東向きのものであったと考えられる。

武田勝頼が織田信長に滅ぼされ後、善光寺如来はさらに流転を繰り返し、豊臣秀吉の死期直前の慶長三年（一五九八）に水内の地に奉還される。慶長四年以降に豊臣秀頼により再建された善光寺如来堂が南を向いていたことが坂井衡平の『善光寺史』に示された「慶長一五年三月大勧進重栄越後忠輝松代城代花井主水改節差上候善光寺境内古図」[60]から読み取れる。これが東西軸から南北軸の転換の瞬間だと考える。この如来堂再建の詳細はよく判らないようであるが、『御還座縁起』[61]では慶長四年建立

とされているが、『重要文化財善光寺本堂修理工事報告』[9]ではこれを慶長八年(一六〇三)としている。如来堂の再建は秀頼の名の下に行われたが、実は豊臣家財政の弱体化を画策した徳川家康の謀略であったと言われている。事実、普請奉行は家康の重臣の安藤帯刀直次の弟である安藤九助であった。[62]再建の指揮を執った者の中には、徳川家臣団で甲州系の代官衆や、甲斐善光寺から随行した僧侶たちなど、南向きの甲斐善光寺を十分知る者たちが多かったと考えることができ、結果として信濃善光寺も南向きに造られたものと思われる。

慶長六年徳川家康は善光寺に千石の寺領を安堵した。この寺領の中に三輪村の一部が含まれていた。冒頭で示した『朝陽館漫筆』にある、中世の中道に仁王門が立つ四ツ石の地である。この地は後に、朝日山山麓の川中島領平柴村六十九石と引き換えになる。大勧進文書ではこの時期を正保二年(一六四五)としているが、慶長八年にはすでに徳川家康の重臣である大久保長安により朝日山が善光寺の造営料所に組み入れられている。[63]また、元和四年(一六一六)の信州川中島御知行目録では平柴村を分村した小柴見村の石高から平柴村分が減歩されている。[53]更に、元和八年(一六二〇)ころの松代封内図[64]では小柴見村のところに真田伊豆守と善光寺の領主名が併記されている。よって、慶長八年ごろには換地が進んでいたものと考えられる。

徳川幕府は街道の整備を積極的に行い、沿道に一里塚が造られた。北国街道の善光寺より北方約一里にあたる稲積の一里塚(現長野市稲田)が慶長八年ころに造られている。[65]箱清水の旧家金井重左衛門の『玉箒集』[66]には、

> 新町先淀ヶ橋、今ノ地蔵堂ノ地ハ、弘化四年地震ノ節迄ハ一里塚ナリ。大榎ノ下ニ地蔵尊有之。其後地蔵堂建立也。因ニ三輪ノ旧道ヲ経テ本郷ニ至リ、桐原ヨリ稲積ト云フ里ノ旧道ニ一里塚アリ。此所ヨリ恰モ一里。

とあり、善光寺より稲積の一理塚に至る経路は、善光寺中道の仁王門を経て古道東山道支道の吉田の大銀杏や稲田の大エノキを通るものであったと考えられる(**図2**参照)。この北国街道は慶長十六年(一六一一)に廃止され、新町宿(現長野市稲田)を通る新しいルートが定められた。

慶長十六年大久保長安は北国街道に新しく丹波島—善光寺宿ルートを開設し「伝馬宿書出し」を布告している。[67]これは長安らが進めた裾花川の大改修が完成し、善光寺南北軸に裾花川の氾濫に対して安全な表参道を整備できる目処がついたことによる。[53]この時には、川中島領の妻科村東後町が善光寺領に移され善光寺宿の入り口となっている。[68]

これにより、中道は完全に北国街道より外され、かつ三輪村分の善光寺領は寺領からも外された。慶長六年の善光寺領制定時は、中世から表参道中道に位置する三輪村四ツ石までの間を門前地域として整備する予定だったものが、再建された善光寺如来堂が南北軸をとったため、門前地域として南大門以南の整備に切り替え、そこに善光寺領東後町をあて、北国街道善光寺

宿を成立させたものと考えることができる。この時が善光寺の参詣軸を東西軸から南北軸に転換する都市計画決定がされた瞬間である。故に、善光寺如来堂が南向きとなったのは、慶長四年からの再建の時で、この参詣軸を替えたのは大久保長安を筆頭とする徳川家臣団であったと考えられる。

慶長再建の如来堂もまた慶長二十年（一六一五）災禍に見舞われ焼失した。この後、寛永元年（一六二四）再建の如来堂（仮堂）は東を向いていたことが記録に残っている。[69] これは、参詣軸を替えてしまったことに対する反動かもしれない。更に寛永十九年（一六四二）出火し焼失したが、慶安三年（一六五〇）再建の仮堂は南向き平入の横棟で、正堂のみが建てられた。[70] 続いて寛文六年（一六六六）に完成した如来堂は、前面に縦長の礼堂がついた南向き妻入りの所謂撞木造りの堂舎であった。このころになると北国街道丹波島―善光寺ルートを表参道とする参詣軸が完全に機能していて、南北軸を無視できない状況となっていたものと考えられる。

【十二】　現在の善光寺如来堂も東向き

現在、私たちが善光寺如来堂で礼拝するとき、内陣の西側（正面左側）1／3に瑠璃檀が、中央から東側2／3に御三卿の間がある。そこに本田善光、妻弥生と子善佐の三人の像が鎮座する。この内陣構造は善光寺独特のものと言われる。

これは、善光寺縁起で示された芋井草堂である善光私邸を、南側から観たもののディスプレイである。「汝は東にありて我を憑む。我は西にありて汝を護らん。」という善光寺縁起の場面を、参詣者は南側から拝観する構図となっている。中の間より西の廂の間の阿弥陀如来を拝むのは、本田善光であり救いを求める参拝者であるはずが、なぜか参拝者は北を向き如来と御三卿を拝むのである。

五来重は『善光寺まいり』[4] の中で、「現本堂が元禄から宝永にかけて再建されたとき、すっかり変わってもとの構造を失った。」としている。戦国時代の甲越戦争で、甲斐、越後ともに建立された新善光寺の本堂瑠璃檀は、内陣の中央に位置していた。少なくともこの時点まで善光寺如来堂は、内陣中央に瑠璃檀を配置する構造であり、内陣の左側に瑠璃檀を配置するのは近世以降のことである。

これは、南向きの甲斐善光寺如来堂の構造を、信濃善光寺再建の手本としたときに、善光寺縁起と整合をとるための苦心の結果と考えることができる。ディスプレイ化された善光私邸の中で今でも本田御三卿は、東側より西にいる如来を連子窓を介して拝んでいるのである。

善光寺は女人の信仰が篤く中世近世を通じ多くの参詣があったが、これは明治時代になっても絶えることはなかった。坂東三十二番札所、千葉県いすみ市清水寺には、「善光寺同行」（**写真6**）の名を付けた絵馬が多数奉納されている。[71] 案内の男性を除くと女性だけの善光寺参詣を描いている。これらの絵馬に共通するものは、善光寺如来堂の中の描写で、これは通夜（古来より善光寺は参詣した信者を礼堂に入れて夜通し参拝させていた）の状況と思われるものであるが、全員が正面の瑠璃檀ではなく西方を向いて祈りを捧げているのである。礼堂は弥勒の間ともいい西の壁に弥勒菩薩を奉っている。善光寺を同行で参拝した人々は、西方浄土に向かい通夜をしたのである。

　つまり、善光寺如来堂の堂内は、現在もなお東向きの配置構造を残しているのである。

写真6　坂東清水寺の善光寺同行の絵馬

おわりに

　以上、種々述べてきたことをまとめると、以下のとおりである。

一、善光寺の東側に発達した条里的地割による田圃の中を東西に走る中道と称される参道があった。この中道より善光寺を望むとその背後に西方に開けた裾花渓谷があり、年に二回そこに夕陽が沈む。これは中世の人々に極楽浄土を感得させるに十分なロケーションで、そこに善光寺が建てられたと考えることができる。中道の四ツ石には中世の仁王門があり、中道より善光寺伽藍に入庭する手前に穢土橋があった。中世の中道には穢土と浄土の境が明確にあった。これらより中世の善光寺如来堂は中道を表参道とする東向きの堂舎であったものと考えることができる。

二、一遍聖絵に残る善光寺の姿は、南北軸を水平にとり南向きの如来堂を描いたものとして解釈され、画面右側に示された川は犀川や裾花川とされてきた。しかし、画面右端の条里的地割による水田を三輪田圃と見なすことで、ここに描かれた川を鐘鋳川と比定できる。築地塀の外に描かれた多くの家屋の棟が水平になっていて、この場面が南北軸を水平に描かれたものとするには違和感がある。よって、一遍聖絵が示す善光寺は画面の水平軸を東西としたもので、如来堂は東向きであったと考えることが自然である。

三、『善光寺縁起（応安縁起）』記載の「文永炎上以後堂塔建立之次第」をもとに岩下桜園貞融や坂井衡平は、中世の善光寺を南北に長い金堂と礼堂が直列に並ぶ南向きの妻入りの堂と見なしているが、これは南北に長い正堂と礼堂が並列に隣あう双堂で平入東向きの堂宇とみることが合理的である。

『善光寺如来本懐』では中世の善光寺如来堂は三棟造りであったことを示している。現存する善光寺如来堂は、礼堂が著しく発達した結果であるが、平入りの本堂(横棟)の前に縦長の妻入りの礼堂(竪棟)が合体したものである。このルーツは、双堂であり、三棟造りであったものと考える。

四、慶長十六年江戸幕府の惣代官大久保長安により、北国街道に新しく丹波島―善光寺宿ルートが開設された。これにより、中道は北国街道より外され、かつ三輪村分の善光寺領は寺領から外された。慶長六年の善光寺領制定時は、中世から表参道の中道に位置する三輪村四ツ石までの間を門前地域として整備する予定だったものを、南北軸をとる善光寺如来堂を再建したことにより、南大門以南を門前町として整備することにし、北国街道善光寺宿を成立させたものと考えられる。この時が善光寺の参詣軸が東西軸から南北軸に転換された瞬間である。善光寺如来堂が南向きとなったのは、慶長四年からの再建の時で、この参詣軸を替えたのは徳川家臣団であったと考えることができる。

故に、善光寺如来堂は中世の全期間にわたり東を向いていたものと考えることができる。現時点ではあくまでも試論の域を脱し得ないが、今後、善光寺下地区や三輪の四ツ石にあった仁王門跡地などの史跡調査が進展し、物的な論証をもって中世善光寺東向きを論じてゆくことができるようになれば幸いである。

平成二七年(二〇一五)春には七年に一度の善光寺御開帳が執り行われる。善光寺の成り立ちを知る良い機会でもある。本稿は、筆者が建設の技術者として史学の門外より善光寺の建築基軸を論じたものである。そこには、管見はなはだしき点が多く存在するが、歴史の隅に置き去りとなった中世の善光寺如来堂が東向きであったとする伝承について議論し、郷土の成り立ちを深く思う契機となれば幸いと考えるものである。

注(参考文献)

(1) 鎌原桐山著『朝陽館漫筆』巻之十八　文化七年(1810)
(2) 飯島勝休『飯島家記』第一巻　長野県立図書館所蔵
(3)『上水内郡及長野市旧町村誌』第五巻　長野町　昭和九年
(4) 五来重『善光寺まいり』平凡社　昭和六十三年
(5) 清水虎之助写『善光寺如来堂再建記』長野県立図書館蔵　明治三年
(6) 坂井衡平『善光寺史』第四編 第三章 第三節　昭和四十四年
(7)『長野県史』通史編第二巻 中世一　長野県　昭和六十一年
(8)『長野市誌』第二巻、歴史編、原始・古代・中世　長野市　平成十二年
(9)『重要文化財善光寺本堂修理工事報告』長野県教育委員会　昭和二十七年
(10) 小林計一郎『善光寺さん』銀河書房　昭和四十八年
(11) 坂井衡平『善光寺史』第一編 第四章 第七節　昭和四十四年
(12) 小出章『善光寺平の条里遺構』地域史研究法、小穴芳実『善光寺周辺の条里遺構と古代郷について』
(13) 福島正樹『国立歴史民俗博物館研究報告』第96集 古代における善光寺平の開発について　平成十四年
(14)『長野市誌第二巻』歴史編原始・古代・中世「第3章律令制下の北信濃」長野市誌編さん委員会
(15)『続群書類従』第二十八輯上「応安善光寺縁起」　昭和五十三年
(16) 坂井衡平『善光寺史』第五編 第三章 第三節　昭和四十四年
(17)『二宮町史』通史Ⅰ「古代中世 第五章高田専修寺と高田門徒　第一節親鸞と東国門徒」平成二十年
(18)『二宮町史』通史Ⅰ「古代中世 第五章高田専修寺と高田門徒　第二節高田専修寺の創建」平成二十年
(19)『長野県史』通史編第二巻 中世一 第七章 第二節　長野県
(20)『二宮町史』資料編Ⅰ古代中世 230番　平成二十年
(21)『二宮町史』通史Ⅰ古代中世「第五章高田専修寺と高田門徒 第八節下野国高田専修寺とその後」平成二十年
(22)『二宮町史』通史Ⅱ近世 第四章信仰と文化「第四節高田専修寺と一光三尊仏開帳」平成二十年
(23)『高田山専修寺パンフレット』
(24) 中野政樹『日本美術全集』第9巻 縁起絵と似絵　講談社、平成五年
(25)『高田山専修寺パンフレット』
(26)『長野県史』通史編第二巻 中世一 第六章 第三節　長野県
(27) 藤井恵介『絵巻物の建築を読む』「絵巻物の建築図は信頼できるか」平成八年
(28) 小林計一郎『善光寺史研究』第二章「二、度重なる火災と復興」平成十二年
(29)『西長野百年誌』「昔の西長野町」西長野百年誌編さん委員会　昭和五十七年
(30) 小松茂美『日本絵巻大成別巻』「一遍上人絵伝 第一巻 第四段」中央公論社　昭和五十三年
(31) 宮次男『日本絵巻物全集』第23巻「遊行上人縁起絵　遊行上人縁起絵の成立と諸本をめぐって五」昭和五十三年
(32)『長野市史』長野市役所　大正十四年
(33) 宮次男『日本絵巻物全集』第23巻「遊行上人縁起絵　遊行上人縁起絵の成立と諸本をめぐって四」昭和五十三年
(34) 吉原弘人『真宗重宝聚英』第3巻「総説善光寺如来絵伝」同朋舎メディアプラン　平成十九年
(35) 伊藤延男『善光寺の心とかたち』「善光寺の建築」第一法規出版　平成三年
(36) 早稲田大学大学院文学研究科紀要「豊前善光寺蔵『善光寺如来絵伝』考」第一分冊、平成十年
(37)『大日本佛教全書』第八十六巻「寺誌部四」講談社　昭和四十七年
(38)『信濃史料叢書』三巻「芋井三宝記」信濃史料編纂会　大正二年
(39) 坂井衡平『善光寺史』第三編 第五章 第一節　昭和四十四年
(40) 本田博太郎『文化財講座日本の建築』3中世Ⅱ「仏堂における人の座の発展」昭和五十二年
(41)『国宝当麻寺修理工事報告書』奈良県教育委員会　昭和三十五年
(42)『室町時代物語大成』第八巻　角川書店　昭和五十五年
(43)『大日本佛教全書』第八十六巻「寺誌部四」講談社　昭和四十七年
(44)『国宝東大寺法華堂修理工事報告書』奈良県教育委員会　昭和四十八年
(45) 倉田邦雄・倉田治夫『善光寺縁起集成Ⅰ』「六、信濃国善光寺生身如来御事」平成十三年
(46) 倉田邦雄・倉田治夫『善光寺縁起集成Ⅰ』「寛文八年版本」平成十三年
(47)『二宮町史』通史編Ⅰ 古代中世「第一章長沼氏と地域支配」平成二十年
(48)『長沼村史』第二章「長沼太郎時代」長沼村史刊行会、昭和四十五年
(49)『信濃史料』第四巻　信濃史料刊行会　昭和四十四年
(50)『長野市誌』第二編 第二章 第一節　平成十二年
(51) 坂井衡平『善光寺史』第二編 第六章 第三節　昭和四十四年
(52) 石井進『信濃』第3次第25巻10号「中世国衙領支配の構造」昭和十年
(53) 宮下秀樹『土木学会論文集D2』第69巻第1号「江戸時代初頭における

煤鼻（裾花）川の開発形態」 平成二十五年
（５４）小林計一郎『善光寺と長野の歴史』六「後町にあった国衙と平芝の守護」 昭和三十三年
（５５）宇高良哲・吉原浩人『甲斐善光寺文書』「武田信玄卿甲陽善光寺建立記」 昭和六十一年
（５６）宇高良哲・吉原浩人『甲斐善光寺文書』「定尊遷化」 昭和六十一年
（５７）坂井衡平『善光寺史』第五編 第四章 第一節 昭和四十四年
（５８）『信濃史料』第二十八巻 信濃史料刊行会 昭和四十四年
（５９）坂井衡平『善光寺史』第五編 第四章 第二節 昭和四十四年
（６０）坂井衡平『善光寺史』第六編 第二章 第一節「第七十図」 昭和四十四年
（６１）小林計一郎『善光寺史研究』「史料４０」 平成十二年
（６２）坂井衡平『善光寺史』第六編 第二章 第一節 昭和四十四年
（６３）『長野市誌』第三編 第一章 第三節 平成十三年
（６４）『松代封内図』元和八年ころ 長野県立歴史館所蔵
（６５）『上水内郡及長野市旧町村誌』第五巻「稲田村」 昭和九年
（６６）小林計一郎『長野』２０号「北信濃の一里塚」 長野郷土史研究会 昭和四十三年
（６７）小林計一郎『長野市史考』第二部「善光寺町の経済と社会 四善光寺宿」 昭和四十四年
（６８）『長野県の地名』 長野市 平凡社 昭和五十四年
（６９）小林計一郎『わが町の歴史長野』「戦国から近世へ」 昭和五十四年
（７０）坂井衡平『善光寺史』第六編 第二章 第四節 昭和四十四年
（７１）小林計一郎『善光寺史研究』第六章 三「遠くとも一度は」 平成十二年

コラム 2

「阿弥陀如来」の来迎は裾花渓谷の彼方から

善光寺大本願に「絹本著色阿弥陀聖衆来迎図」が伝わる。西山に沈む満月を背に、阿弥陀と観音達が極楽浄土から娑婆世界に来迎するという、浄土三部経の臨終往生の教えを説く来迎図と解説されている。

この情景は、善光寺境内から裾花渓谷を西に臨んだ場面として説明ができる。春、満月の早朝、月は朝日山と郷路山が作り出す裾花渓谷に沈む。まだ明けきらぬ渓谷に阿弥陀聖衆が極楽浄土から娑婆世界に来迎するという。

大正時代まで諸国より善光寺に参詣におとずれた人々は、如来堂（本堂）中の内陣で西に向かい通夜で念仏を唱えた。如来堂に夜通し籠った人々はこの来迎の瞬間を体感したのかもしれない。

西方浄土を感得させる裾花渓谷の落陽
NUPRI わいがやサロン通信Vol.68より

満月の早朝裾花渓谷より阿弥陀聖衆が来迎する

コラム 3

九頭龍大権現の本地は弁天様

新潟県能生町の尾山と弁天島

能生白山神社と尾山

山岳修験の霊山戸隠山の地で信仰を支えたものが、水を司る神としての九頭龍権現であり、水の御利益に対する農民の信仰であった。

九頭龍とは九つの頭を持つ九頭一尾の龍神で、その大きさは、戸隠山を頭として、尾は遠く日本海の能生海岸に至る巨大な龍として信仰されてきた。能生白山神社は尾崎権現として九頭龍の尾が祀られていて、龍の胴に当たる部分は妙高市関山神社に胴中権現として祀られている。戸隠から関山をまわって能生まで届くという、とてつもない壮大な龍である。

戸隠九頭龍社、関山神社および能生白山神社の三つの神社に共通する信仰に次の二つがある。

それは、岩に対する畏敬の念と、それに結び付けられた弁天信仰である。弁天様は水の神様で仏教では弁財天と呼ばれる女神である。この弁財天と日本古来の神様である九頭龍神は表裏一体の関係で、弁財天を本地として九頭龍神は垂迹（すいじゃく）と位置づけられる。

本地垂迹とは、仏教が興隆した時代に発生した神仏習合思想の一つで、日本の八百万の神々は、実は様々な仏が化身として日本の地に現れた権現（ごんげん）であるとする考えである。

九頭龍もまた女神である。よって本地仏は弁財天で、垂迹は九頭龍大権現という関係にある。能生白山神社の海辺に突き出た岩場には弁天様が祀られて

妙高市関山神社境内の南弁天

いて弁天島と呼ばれている。また、関山神社には関山に向かって左右に弁天様が鎮座し、南弁天、北弁天と呼ばれている。どちらの弁天様も大きな岩の上に祀られている。

戸隠連峰
八方睨　戸隠山　九頭龍山　高妻山

戸隠連峰の九頭龍山

一方、戸隠連峰には九頭龍山があり尾根筋が九つ見え、九頭龍のごとき山肌を望むことができる。明治初期までふもとの戸隠村に戸隠山顕光寺があり、奥の院、中院、宝光院が構えていた。現在の奥社、中社、宝光社である。そこには九頭龍を頭上に戴く弁天さんの像があったと伝わる。

明治初期の廃仏毀釈によりこのような仏像の多くが処分されたようであるが、戸隠にも弁天本地九頭龍垂迹の信仰があった。

九頭龍大権現
御本地辯財天
信州戸隠山

戸隠に残る九頭龍大権現と弁財天の御札
戸隠地質化石博物館蔵

コラム 4

「善光寺参詣曼荼羅」は東向き？

「善光寺参詣曼荼羅図」
（大阪府藤井寺市小山善光寺蔵、大阪市立美術館寄託）

大阪府藤井寺市にある小山善光寺の「善光寺参詣曼荼羅」は、戦国時代末期の作と伝わる。永禄元年（一五五八）以降戦乱のさなか、各地を流転した善光寺本尊が、慶長三年に信濃の地に戻り、翌年から善光寺の修復工事が始まった。この時期に信濃善光寺に赴きに三十三度詣を達成した僧侶に、小山善光寺の宗珍がいた。

善光寺は宗珍に「善光寺参詣曼荼羅」を与え、河内での布教を進め工事の財源を確保したという。

当時の善光寺は荒廃していたことから、「善光寺参詣曼荼羅」に描かれた善光寺は中世の善光寺を復元した絵図と考えることができる。参詣図の善光寺は、如来堂の手前に山門（中門）があり、その前に五重の塔が描かれている。四方に築地塀が描かれ東西南北に四門が描かれている。

この境内図の右下隅に涅槃堂が描かれているという。涅槃堂とは堂内に釈迦如来の涅槃像を安置したお堂である。涅槃像は釈迦が入仏する様子をあらわしたもので、右手を枕にして顔は西向き、頭は北向きの所謂北枕である。この涅槃堂に安置された涅槃像は如来堂と対面し、かつ西向きであることから、如来堂は東向きということになる。

現在の善光寺の涅槃堂は仲見世通りの東側に位置し、涅槃仏は西に向いている。その向く先に中世如来堂の跡地があり、今は堂跡地蔵が正対している。親鸞が創建した高田専修寺においても如来堂と対面するかたちで西向きの涅槃仏が安置されている。

つまり、戦国時代末期の中世善光寺を現す「善光寺参詣曼荼羅」は東向きの善光寺を現したものと言うことができる。

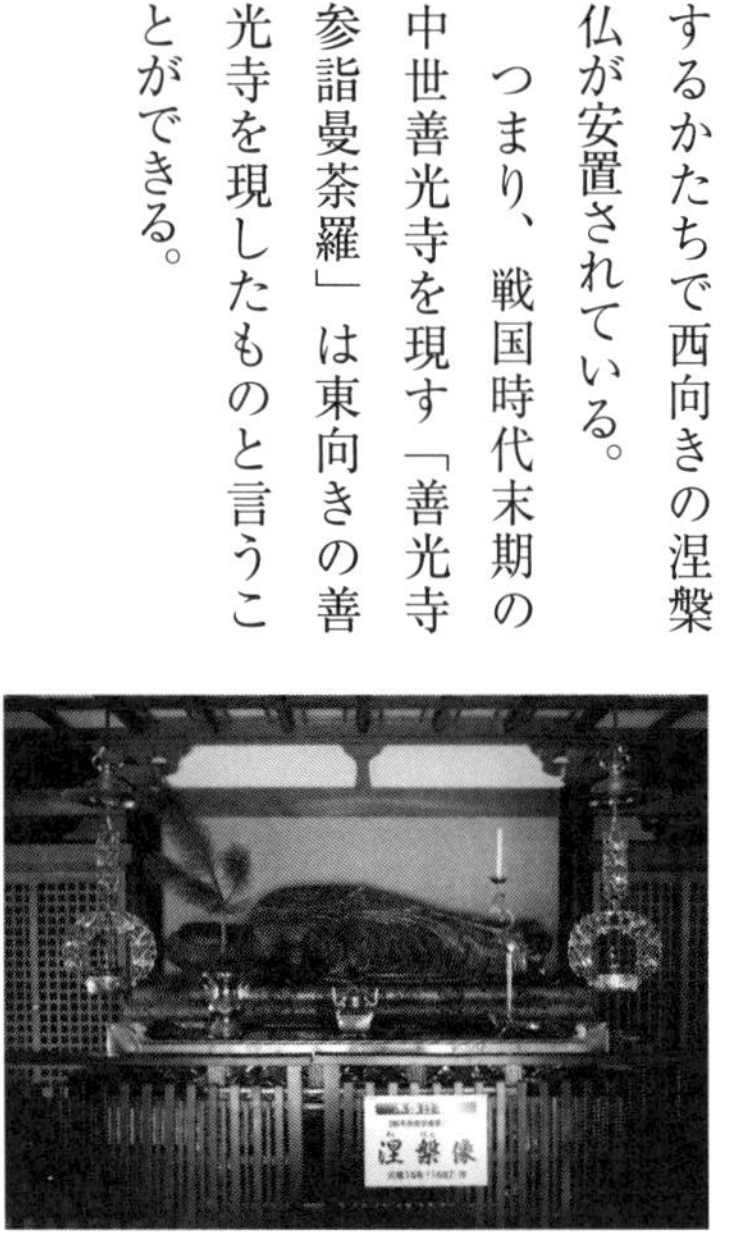

高田専修寺の涅槃像

第三章

近世初頭以前の鐘鋳堰の開発について

『市誌研究ながの』第二四号に掲載されたものを転載

はじめに

筆者はここ数年、長野市内旧市街地西側を流れる裾花川の河川改修史を研究している。その範囲は、長野県庁西側朝日山山麓の通称白岩と称される地点から犀川との合流点まで、時代は慶長年間から昭和まで間の四百年である。この裾花川は近世初頭に花井吉成・義雄(主水正)親子らにより大規模な河川開発が行われ、裾花川から取水される鐘鋳堰もその時代に改修されたと地元に伝わっている。(1)

しかしこの花井の実績は、口碑伝承のみで確かな史料が無く実態は定かでない。そのようなことから、裾花川の大改修が実施された時期は明確となっていない。近年では、慶長期前後の裾花川氾濫地域の検地石高に大幅な変化が無いこと、善光寺門前町の南側を流れる鐘鋳堰の川筋と慶長期以前に行われた村切りでの村境が一致することを理由に、裾花川と鐘鋳堰の改修はその以前より行われていたものを花井父子が、その時代に総仕上げをしたのではないかとの見解が主流となっている。(2)

これに対して筆者は裾花川の河道改修時期を、岡田村(現長野市岡田)の記載が確認できる慶長七年(一六〇二)の「信州川中島四郡検地打立之帳」以降より、岡田村の名が公式記録より姿を消す元和四年(一六一八)調製の「信州川中島御知行目録」が成立するまでの間と同定し、それは花井父子の実績と考えることが妥当であることを示した。(3)

しかし、鐘鋳堰の改修に花井がどのように関与したかは、よく分からない。そこで本稿では、鐘鋳堰についてその成立から花井親子が活躍した近世初頭までの間の姿について論考を進めたい。

【一】 鐘鋳堰とは

鐘鋳堰の開発形態を論じる前にここでは、鐘鋳堰とはいかなる堰(川)であるか、その概観を俯瞰しておく。

鐘鋳堰は裾花川より人工的に取水された農業用水路である。裾花川は長野市北西の戸隠山麓に源を発し裾花渓谷を流れ下った後、長野市旧市街地西方を経て犀川に合流する一級河川で、旧長野市街地の西域はこの裾花川が造った扇状地の上に位置する。鐘鋳堰は、裾花渓谷を流れ下った先の扇状地の扇頂部に当たる長野市妻科地籍で取水される。その後、妻科神社、長野市立図書館の南を東流し、権堂町の北で流向を北東に変え武居神社、善光寺下を経由し三輪・桐原・平林・中越方面等の水田地帯を広く灌漑し、最終的には浅川を流末とする用水路である。この地域一帯の水田は条里的に開発された面影を残す古代起源の水田であることが明確で、開発の時期は八～九世紀を遡ると考えるのが主流となっている。(4)

その施設規模は、昭和初期の記録(5)によると、幹線水路の延長

図1　明治初期の善光寺長野町図に描かれた鐘鋳堰（長野県立図書館収蔵）

が三、三五一間（六、〇九三ｍ）、灌漑面積三一五町歩（三一二ha）、その通水量は毎秒四七立方尺（一・三㎥）と報告されている。

この用水路は善光寺北方の箱清水地籍から流れ下る堀切沢が合流する地点を境に上下流で様相が大きく異なる。ここより下流の川筋は、中世以前に開発された条里的水田地帯の北側を等高線に沿う線形で構築されており、切土や盛土などの土地の形質の変更が少なく水路構築にあたり技術的難易度が比較的小さな区間である。平坦な地面を掘り下げた所謂「土間ぜき」である。この区間は長野市市街地北部を流れる一級河川浅川が押し出した扇状地の上に位置し、ほぼ全長に渡り条里的水田地帯の北限にあたる水上に位置している。

一方、堀切沢合流点より上流は、裾花川や善光寺の脇を流れる湯福川が造り出した扇状地と背後の山麓高地との境を流れている。裾花川取水部の河岸段丘や城山断層のがけ下、妻科神社下流から中央通り交差部までの低地横断部など切り盛り構造が多数あり用水路建設に高度な技術力と多くの資本が必要であったと考えられる区間である。

明治初期の善光寺界隈を俯瞰的に描いた長野町の姿を**図1**に示した。これには善光寺の門前町を南から東に巻き込むように流れる鐘鋳堰上流部分の様子がよく描かれている。

【二】　鐘鋳堰の名称

鐘鋳堰の成立とその後の変遷を考えるとき、その名の由来を論考することは重要な手段となり得る。よってここではまず、鐘鋳堰の名称について検証を進める。

秋野太郎氏が編纂した長野市史[6]では、

> 其堰の取入口の地名を調べしに、左岸は鐘ヶ瀬といひ、右岸は間地居(今は待居)といへば三百十年の昔時、この工事を挙げし人、其地名の各一字を採りて、命名したるもの

としている。この堰の開拓者を花井主水正としている点については後ほど検討することとし、ここでは名称由来についてのみ述べる。

また、岩崎長思は「鐘鋳川堰の歴史地理的考察[7]」の中で、前記長野市史説を暗に否定し次のように述べている。

> 善光寺町で金銅仏像を鋳たり、梵鐘を鋳たことはかなり資料がある。余は今その資料を整理しつつある。その鋳金場が何所にあったかも今考察中であるが、これとこの堰と相当な関係があって「かなゐ川」と命名したであろうと推定する。

長野市史説は、堰の取水口付近の左右岸の地名に由来するとしているが、「待居」という地名は「待井」の変化と考えると、この説には疑問を感じる。「待井」とは用水路施設の機能名称のことで、水路の途中で流水を待ち構え分水する施設を意味するものと考えることができる。事実、待居地籍には鐘鋳堰の途中より八幡堰に分水する越流堰が現在も存在する。このように待居(井)地名が水路の機能名称であるとすると、堰自体の機能名称を持って本流の堰の固有名詞とすることは不自然に思える。

次に、岩崎長思説に関しては、中世の善光寺町で仏像の鋳造が盛んであったことは事実としても、それが付近を流れる灌漑施設の呼称となったとするには論理の飛躍が大きいと思われる。

鐘鋳堰は、善光寺の東側、千曲川との間に広く開発された古代・中世の条里的水田地帯に農業用水を導く灌漑施設で人工的に造られた水路である。命名由来を考えるとき、この灌漑施設としての命名を考慮した由来考察が前記の二つの説に欠けている。

『明治以前土木史』[8]によると、

> 灌漑の多くは堰埭(えんたい)又溜池を設け、水路等を通じて耕地を潤すものなれど、灌漑の方法には種々あり。堰埭及び水路を総称して、地方により用水、圦、堰、渠、井手、樋、江、井水、井路、溝、堀、川等の称あり。

とある。ここに井出とは、田に水を引き入れるため、川の流れをせき止める施設のことで井堤が変化したものと考えられる。またこれを井堰と称する地域も多い。同じく『明治以前土木史』[8]では、

> 井は水の集る意にして、古事記傳には「凡て古きは泉にまれ川にまれ用ふる水を汲む処を井と伝へり。」とあり。万葉集抄には「井とはあつまるという詞也と云ふ。地を鑿て水を集めしむるの義なるべし」とある。

としている。

長野地域では農業用水路のみを指して「堰(せき)」(セギ)と呼ぶ場合が多い。しかしこれは、井堰及び水路を含む一連の灌漑施設の総称と考えるべきで、水路のみを意味するものではなく、むしろ最上流の取水施設(堰埭)のことにも注目すべきである。

鐘鋳堰を考える時、「かない・せき」ではなく「かね・いせき」とみるべきで、それは「かね・井堰」と言うことになる。それでは「かね」は何かというと、やはり取水口である裾花川左岸の鐘ヶ瀬地名の「鐘」と言うことになる。つまり「鐘井堰」である。

中世以前の灌漑事業で開発された井堰には、漢字一文字を冠した井堰名が多数存在する。代表的なものをあげると、平安末期の寿永元年(一一八二)に妹尾兼康によって大改修された岡山県総社市高梁川の「湛井堰」、永暦元年(一一六〇)台風の洪水で破損し在庁官人等による復旧記録がある紀ノ川流域の「綾井堰」、藤原秀衡の家臣、照井太郎高春の灌漑事業伝説が残る岩手県一関市及び平泉町一帯の磐井川の「照井堰」や大阪岸和田市津田川の「諸井堰」などである。よって、「鐘井堰」の名称は何ら違和感がないのである。

現在裾花川には、昭和十一(一九三六)年に竣工したコンクリート造の鐘鋳堰頭首工が存在している。その位置より五〇〇メートルほど裾花川を溯った地点までが「鐘ヶ瀬」と称される場所である。ここは、裾花渓谷を東流した裾花川が長野盆地に姿を現す扇状地の扇頂に当たる場所で、渓谷を流れ下った裾花川は里島発電所手前でその向きを南に変えるが、わずか数百メートルで朝日山北麓に当たり、その流れをほぼ直角に振り東流に転じる地点が「鐘ヶ瀬」と称され場所である。ここの右岸には龍宮淵と呼ばれる大きな洗掘があり、沈鐘伝説がある。

沈鐘伝説はともかく、筆者はこの「鐘」地名の元は「矩」から来たものではないかと考えている。「矩」とは直角を意味する言葉で、この地で裾花川の流向が直角に曲がっていることに起因している。つまり「矩ヶ瀬」となり、直角に曲がった川の瀬やその突端の地を意味しているものと考える。つまり、「鐘鋳堰」は「矩井堰」の韻を踏襲したものではないかと考えることができる。

一方、鐘鋳堰の名の由来に関しては、宮沢憲衛氏が「新版信濃のはなし[9]」の中で次のような注目すべき事柄を記している。

また図書館前通りが完全に舗装される前、鐘鋳川が流れていた。これは昔、武田信玄の臣、山本勘助が長沼城へ飲用水を引こうとして裾花川から分水したもので、勘助川といったものが、いつの間にか、かね川、鐘鋳川となった。

これは地元桜枝町の古老の話として紹介されているが実に興味深い伝承で、近世当初の花井親父の鐘鋳堰開削の論考に大きな示唆を与えるものである。

【三】 中世以前の鐘鋳堰開削について

鐘鋳堰の初期の開発形態及びその時期に関する既往の研究は、昭和初期の岩崎長思の「鐘鋳川堰の歴史地理的考察」[10]を初めに、小出章[11]や小穴芳実[12]の論考が続き、福島正樹の「古代における善光寺の開発について」[13]と井原今朝男の「中世善光寺平の災害と開発」[14]が詳しい。

岩崎長思は、善光寺下から先の水路は奈良時代初期に条里制を実施する時に既に造らねばならなった崖下水路であって、受水水路であり、兼ねて用水路であったとしている。三輪田圃を整地するためにはここに流れ込む旧長野市の東北部、城山の東斜面、浅川扇状地等から流れ出る雨水の統制水路を作る必要があったと考察している。その後、各地の開発が進んでくると受水の統制だけでは用水に不足をきたし、更に用水量増加の計画を立て、妻科まで来ていた裾花川の派川(後述する中沢堰を意味する)を今日の長野市中央通りを横断して善光寺下の堰路に連絡したと結論付けている。そして奈良時代には既にこの水路が開削されていたことは推定に難くないとしている。

小出章は、鐘鋳堰の成立は、慶長年代裾花川が花井主水によって南方へ移された時とする説と、平安時代にさかのぼるのではないかという説がありいずれとも決めかねるとしている。しかし、まとめでは、三輪村に条里制が施行されておりその用水は鐘鋳堰であるので、旧裾花川の流れていた慶長以前にすでに鐘鋳堰があったのではないかと結論付けている。

小穴芳実は、古代郷である芋井は今井のことでありこれが中世に今溝に変化したとし、永万年間(一一六五~一一六六)に松尾社神主であった秦相頼が庄号宣旨を得て相伝知行した「松尾社領今溝庄」と関連づけている。今溝庄の今溝とは、鐘鋳堰と取水を同じくする中沢堰(川)としながらも、三輪条里的水田の南側で水下に当たるこの今溝庄北条地域の芋井郷時代の灌漑用水路は、源流を浅川とし鐘鋳堰と直交して流れ下る宇木沢であるとしている。善光寺北方の箱清水地籍から流れ下る堀切沢を三輪地域に導水して補給しているとしながらも鐘鋳堰の開発に関しては言及していない。

福島正樹は、鐘鋳堰が人工的な水路であることは、その水路が善光寺の立地する段丘の等高線に沿って流れていることから理解できるとし、その灌漑範囲は善光寺東方に広がる条里的水田地帯と一致することから、これらと一体の開発が行われたとしている。そしてその起源については明らかになっていないとしながらも、善光寺平周辺各地で開発が行われた時期と同様に八世紀末から九世紀初めと推定している。その手掛かりは鐘鋳堰から分流する今溝、中沢堰の起源であるとしている。中沢堰は鐘鋳堰から分水していることから鐘鋳堰と同時かあるいは鐘鋳堰の開削後に開かれたとし、中沢堰は遅くとも平安末期までに開削されていたとしている。一方で、鐘鋳堰と堀切沢が合流する地点での合流の仕方の特徴より、合流点以西の鐘鋳堰上流側が完成するまでの鐘鋳堰以東の源流は堀切沢や宇木沢とする小穴説を支持している。

井原今朝男は、鐘鋳堰は平安時代以前から存在しており、後庁郷や三輪などの用水路周辺の公領にはよく灌漑されていたが、北条などの公領末端や周辺一帯では鐘鋳堰の灌漑用水が不足していたとしている。更に、湯福川や堀切沢による土砂災害の被災地帯末端にあって、国衙権力の衰退とともに用水不足や災害復興が困難となったとき、三輪地区の条里的水田の再開発に努めることが限界であり、北条地帯等の再開発を独自に行う力は国衙権力になく、荒廃・放置されたとしている。このため松尾社の開発資本を導入し、鐘鋳堰から取水する中沢堰を開削して北条地籍に松尾社領今溝庄が立荘された後、八条院の院権力と国衙が共同で鐘鋳堰の復興を行ったと推定している。

　これら既往の研究から、鐘鋳堰の開発・維持形態に関して堀切沢の合流地点を境にして上下流の様相が異なることがわかる。鐘鋳堰の整備はまず下流側が先行したようであるが、用水路建設に高度の技術力と多くの資本が必要であったと考えられる上流区間に関しては、中沢堰の開削との関係に焦点が当てられているものの、取水の要である井堰の建設等に関する考察が不十分で、いまだに鐘鋳堰開発の全体像が明確になっていない。

【四】中世の鐘鋳堰の上流部と中沢堰について

　ここでは、中世の鐘鋳堰の姿を論ずる前に鐘鋳堰の支流である中沢堰の開発形態を考えてみる。

　中沢堰は、妻科神社の東側で鐘鋳堰より分岐した後、後町や権堂・居町を流れ守田廼神社裏で北八幡川に合流する用水路で鶴賀・北条地域一帯を灌漑するための用水路である。この北条は永万年間に京都松尾社社務職の秦相頼により立券された荘園の今溝荘であることが知られていて、[15]この今溝が現在の中沢堰に当たるとする説が主流となっている。[14]つまり中沢堰は十二世紀後半にはすでに開発されていたのである。

　先にも述べたように福島は「古代における善光寺平の開発について[13]」の中で、

　　鐘鋳堰の起源については明らかになっていないが、この点を考える手がかりが、鐘鋳堰から分流する中沢堰(川)の起源にある。

としている。つまり、鐘鋳堰から分流されている中沢堰が十二世紀後半には存立していたことで、本流である鐘鋳堰はそれ以前に開発されていたと結論付けているのである。しかし、この点について筆者は再度検証が必要であると考えている。

　中沢川が分岐する地点の現在の地形をよく見ると(**図2**参照)、中沢堰の川筋こそが本来の流れで、むしろ鐘鋳堰が後世に接続された川筋であると見るのが自然である。中沢堰に比べ鐘鋳堰の流量がはるかに多いことと、現在の中沢堰が鐘鋳堰に設けられた分水堰を介して分流されていることから、既往の研究で中沢堰は鐘鋳堰から分流されたものと見なしたものと思われるが、これは合理的でない。分岐前後の水路を結ぶと中沢堰が一直線となる。これは、中沢堰が開発の当初より裾花川の本川もしくは派川から直接取水され、妻科神社の前を東に流れ、権堂、北条に導水されていたものと断定できる。これに対して鐘鋳堰は、中沢堰開発の後に、中沢堰の妻科神社下流より分水されたものといえる。このときに、分水地点より裾花川取水部までの水路は鐘鋳堰の流量を賄うために拡幅工事がされたものであろう。

十二世紀後半に秦相頼を社務職とした松尾社の手により開発されたこの今溝（中沢堰）は、裾花川の取水部から守田廼神社までの独立一連の井堰であったと考えられる。この取水部は裾花渓谷の自然護岸の末端部で、ここに井堰を構築するためにはかなり高度な土木技術が必要であったと考えられるが、これを支えたものが、開発の民秦氏一族の血統であったと思料する。

京都松尾大社は京都市内の西を流れる桂川の右岸山際に位置する神社である。この神社は古くからこの山背（城）の地を治めた秦氏が同族の氏神として奉ってきた神社である。秦氏の祖先には、厩戸王子（聖徳太子）のブレーンであったと伝わる秦河勝がいた。秦一族は三世紀末～四世紀始め（応神天皇の時代）に朝鮮半島より倭国に渡ってきた渡来系の人々といわれる。酒造り・養蚕・機織り・土木技術等に大陸伝来の高い技術力を有した殖産的氏族であった。秦河勝は、山背国葛野川（現在の京都市桂川）の開発に力を発揮した。特に土木技術に秀でていて、葛野川に大堰（**写真1**）を構築し京都盆地西部地域の灌漑事業を行ったといわれる。(16)

写真1　現代の葛野大堰（京都市桂川）

写真2　鐘鋳堰分流堰（待井）脇の養蚕社

葛野川の大堰より取水した用水に一ノ井・二ノ井があり、松尾大社の境内を流れている。今溝荘の立券は、河勝の時代から五、六〇〇年経た後の世の話であるが、秦相頼にも用水開発のスピリットと高い技術力が兼ね備わっていたものと思われる。

裾花川頭首工より鐘鋳堰を三〇〇m下った位置にある八幡堰の分流堰（待井）脇の小山に養蚕社が奉られている（**写真2**）。秦氏一族は機織りの技術を我が国にもたらした民で、莫大な富を産む蚕に感謝して、蚕養・織物・染色の守護神である万機姫（よろずはたひめ）を勧請し、京都太秦の地に奉祭したという。それが、「蚕の社」と呼ばれる養蚕神社である。秦相頼が今溝（中沢堰）を開削した時、養蚕社も京都から分祀したのであろうか。

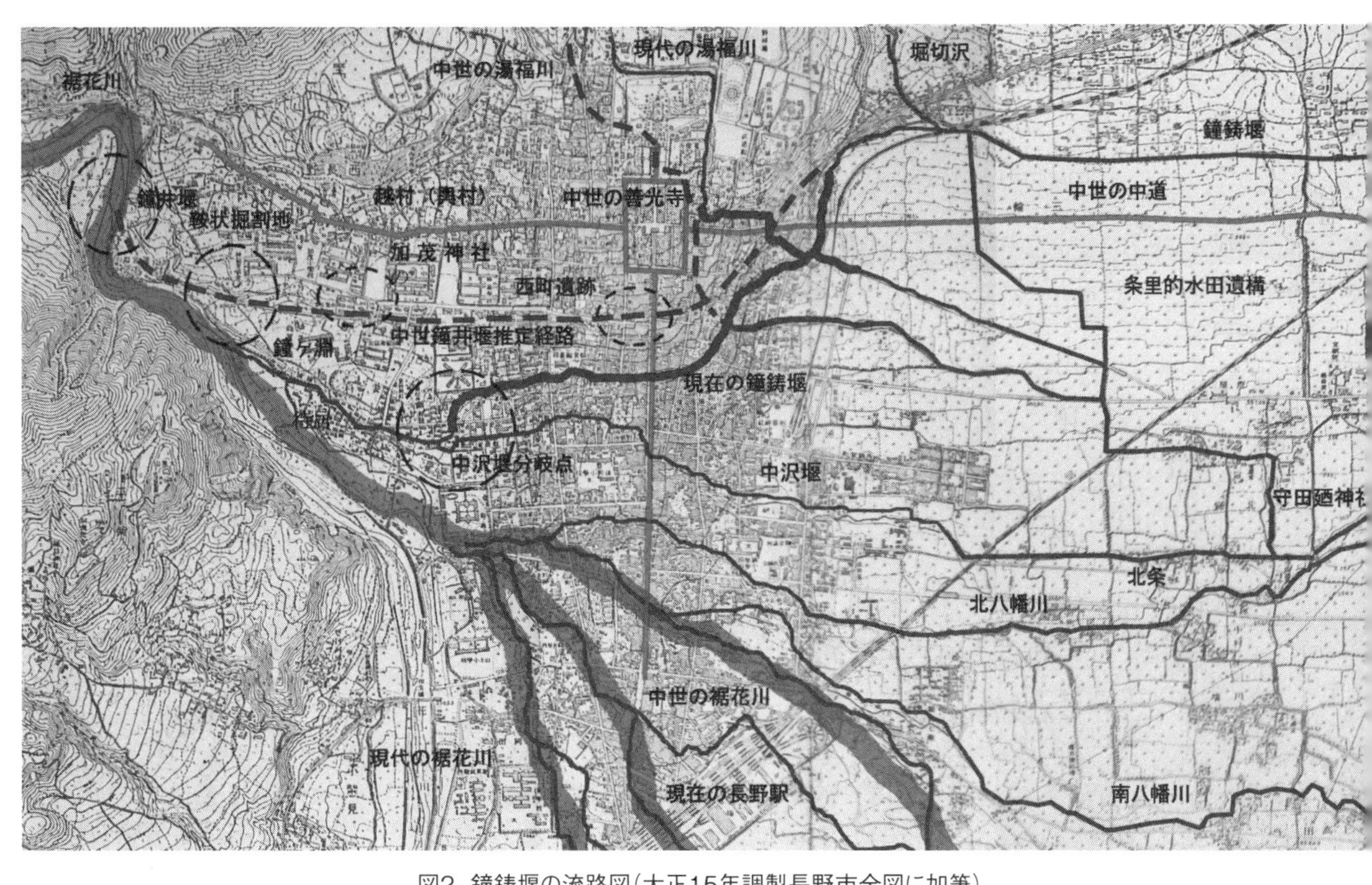

図2　鐘鋳堰の流路図（大正15年調製長野市全図に加筆）

【五】　中世善光寺門前の鐘鋳堰

前に述べたように善光寺東方の条里的水田と鐘鋳堰の灌漑システムの開発はすでに古代に成立していたとみることに異論の余地はない。にもかかわらず、十二世紀後半に開発された中沢堰から鐘鋳堰が分水されたと言うことになると、鐘鋳堰の成立はそれ以降のこととなり矛盾が生じる。

この矛盾を解決する糸口として筆者は、中世以前の鐘鋳堰は現在の川筋と異なるルートを流れていたものと考えている。その範囲は、裾花川の取水堰から湯福川が合流する善光寺の東エリアまでの間である（図2および図3参照）。現在の鐘鋳堰は、中沢堰と分流した後、長野市立図書館の南を東流し中央通りを横切った後、権堂の北で流行を北東に向け、康楽寺・武居神社の東を経て善光寺下を流下している。このルートは後世のもので中沢堰が開発された十二世紀後半以降のものであると筆者は考えている。では、古代・中世の鐘鋳川はどこを流れていたのか。

平成十年（一九九八）ごろ、善光寺門前の大門町を東西に走る国道四〇六号の拡幅工事が完了した。この工事に先立ち長野市教育委員会は埋蔵文化財の調査を実施して、中央通りより東側のエリアを東町遺跡、西側を西町遺跡と命名した。東町遺跡の正式な調査報告書はないようであるが、西町遺跡に関しては『長野市の埋蔵文化財第八七集』[17]として詳しい調査報告がまとめられている。調査範囲は国道四〇六号の大門交差を起点として若松町交番までの二九〇ｍの道路敷地である。報告書によると調査はＡ～Ｄの四ブロックに分けて進められ、その内のＡブロックが大門交差点から西方寺入口までの間である。ここで東西に流れる中世比定の水路遺構（調査報告書ではこれをＡＤ２としている）が発掘された（**図４**参照）。幅三・一ｍ、深さ一・八五ｍ規模のＶ字形を呈する大溝であった。宿野隆史[18]はこのＡＤ２を十三～十四世紀の水路遺構としている。この付近の地表面の高低差から筆者が推定した水路勾配は一〇〇分の一でやや勾配が大きな用水路である（**図３**参照）。

　幅三ｍ、流路勾配一〇〇分一の水路に常時水を湛えるためには、相当量の水量が必要であり、善光寺周辺の沢水を集めた排水路の規模を超えている。筆者はこれが古代・中世の鐘鋳堰（以後これを「鐘井堰」と称す）ではないかと考えている。

　近世の大門町には善光寺参道（現中央通り）より東町に抜ける二つの小路があった。名前を上堀小路、下堀小路といい、下堀小路は現在の八十二銀行大門支店より武居神社に通じる小路であった。つまり中世善光寺の南大門の南には上堀と下堀という二筋の堀川があった。西町遺跡で発掘された水路遺構ＡＤ２は、この下堀の西側延長線上にあたる。下堀小路の名のとおりそこには水路が存在していたもの

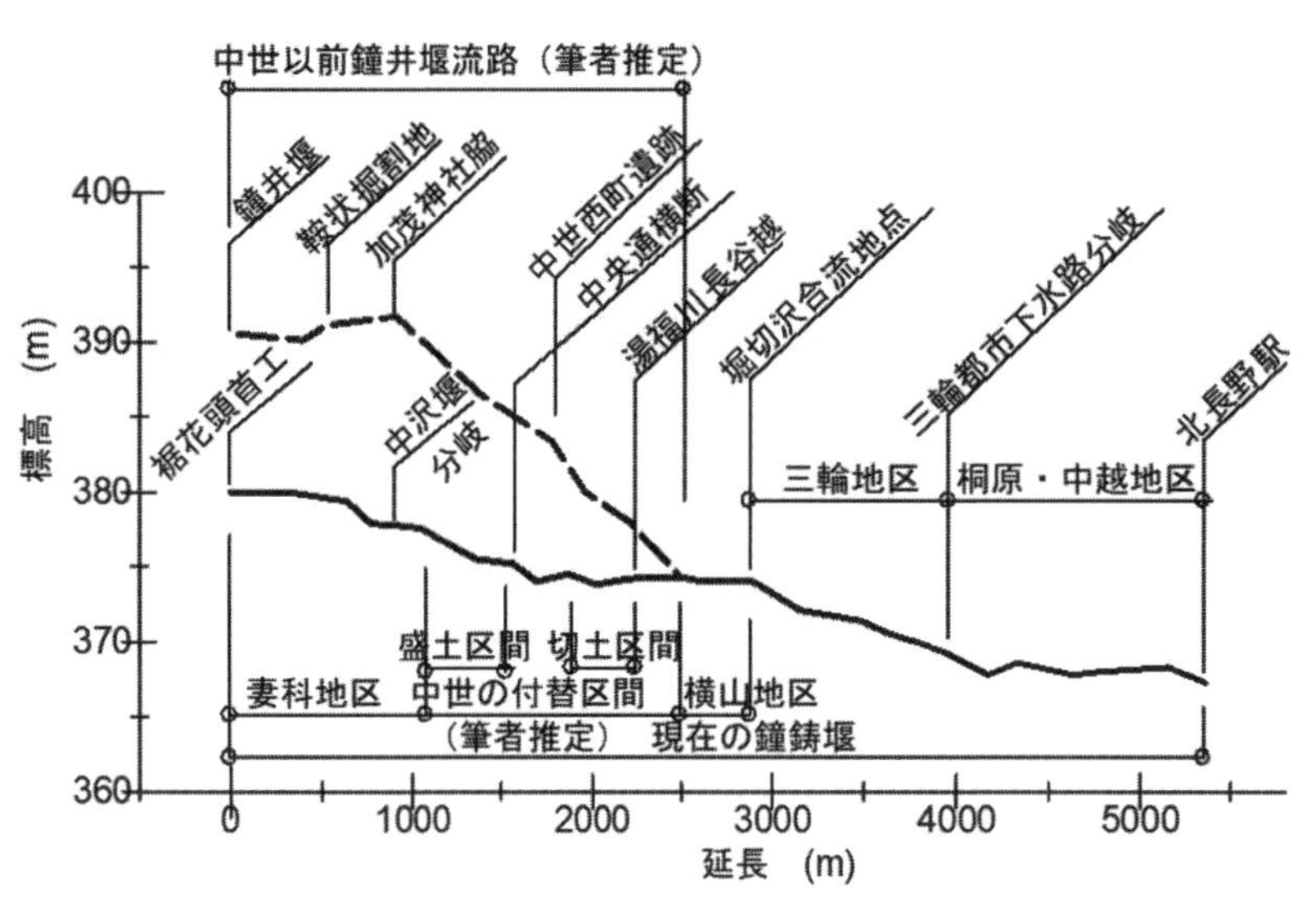

図3　現在の鐘鋳堰と推定中世鐘井堰の地表面縦断図（長野市道路台帳平面図より作成）

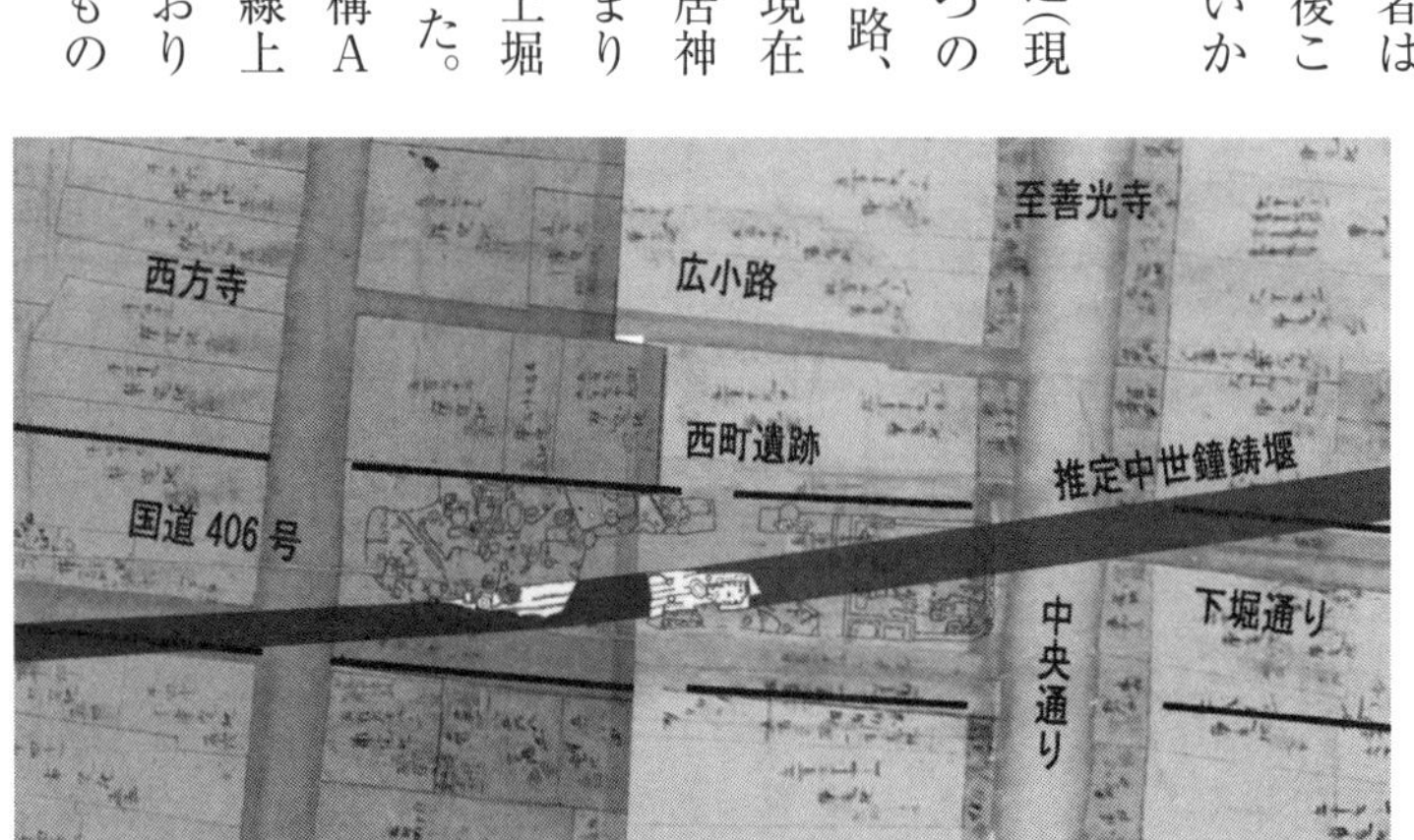

図4　西町遺跡の水路遺構

と考えられる。下堀の東側の状況は不明であるが、武居神社の西を通り、済度橋付近から裏岩石町・新町に抜けていたものと考えている。済度橋は後に虎ヶ橋と呼ばれるが別名筋違橋ともいい、橋の前後の道の方向は北向きなのに対して橋が斜めに架かっている。現在はここに橋も川も存在しないが、往時にはこの橋の下を湯福川が流れ、その下流で「鐘井堰」と交差していたものと筆者は考えている（**図2**参照）。

一方、西町遺跡の水路遺構ＡＤ２の西側つまり上流側はどのようになっていたかというと、現在の国道四〇六号を西方寺の脇で斜めに横切り長門町の天神社の脇を抜けて、現在の法務局及び国の合同庁舎の北側を通り、加茂神社の南、長野商業高校の北を経て裾花川の鐘ヶ瀬、中部電力里島発電所前あたりで取水をしていたものと筆者は考えている。これが初期の「鐘井堰」である。

加茂神社から長野商業高校までの堰筋跡には、現在、獅子沢が流向を西に向けて流れ下っている。これは、昭和十二年（一九三七）八月十二日に発生した湯福川の氾濫で長野市内の約二千六百戸が被災したが、その洪水対策として実施され昭和三十八年（一九六三）に完成した人工の河川である。[19] 長野西高校上で湯福川を分流し狐池・西長野を経て加茂神社脇から長野商業高校北を流れ、裾花川鐘ヶ淵を流末とする長さ約一・六㎞の獅子沢が建設された。その下流部分が流向こそ異なるものではあるが、古代・中世の鐘井堰の川筋である。

図5は大正十五年調製の長野市全図[20]の一部を示したものであるが、商業学校（現長野商業高校）敷地の北西端に等高線で囲まれた小高い丘が南北に二つ並んでいる地点がある。これらの丘は元来一続きの尾根であったと思われるが、人為的に背を掘り割り鞍状に変えられた地形である。この地図では、二つの丘の真ん中を割るように東西に伸びる道路が確認できるが、この道は、明治初期の公図[21]によると公図調製後に開かれたものである。つまりこの鞍状に掘り割られた地形は、近代に道路が造られる

図5　旧長野市全図に残る鐘井堰の開削地形

以前から存在したのである。

　この二つの丘の間には、古代・中世の「鐘井堰」が流れていたものと筆者は推定している。もちろんこの鞍状の地形は古代人が「鐘鋳堰」開削のために掘り割ったものと考えられるのである。

　つまり、古代・中世の「鐘井堰」は、この長野商業高校敷地北西端の鞍状掘割地と大門交差点西脇の西町遺跡で発掘された大溝跡を結んだ直線上に存在したものと推定できる（**図2**参照）。

　鐘ヶ瀬の中でも里島発電所前あたりは、裾花川の河床勾配もなだらかで比較的川幅も広く自然由来の河岸段丘のような段差もないことから、古代の人々の技術力でも容易に取水が可能であったと考えられる。さらに、善光寺の東の横山下までの流路は高低差も十分とれ井堰建設に打ってつけのルートである（**図3**参照）。

【六】「鐘井堰」開削当時の川筋の風景

　鐘ヶ瀬から合同庁舎までの間は腰村（現長野市西長野）と妻科村（現長野市妻科）の村境を古代・中世の「鐘井堰」が流れていたと筆者は考えている。この腰村は古くは輿村と呼ばれ、善光寺如来が信濃に届けられたとき、その輿を担った一八人がこの地に住み着いた場所であるとの伝承が残る[22]。善光寺如来信濃伝来の経緯は善光寺縁起でお馴染みであるが、縁起独特の脚色に紛れ良くわからない点が多い。善光寺縁起に関する最古の記述が残る十二世紀中ごろ成立の「扶桑略記」によると、推古天皇十年（六〇二）秦巨勢大夫（はたのこせまえつきみ）に善光寺如来を信濃国へ請け送り奉るように命じたという伝えが残っている[23]。近年の研究では秦巨勢大夫とは秦大夫と巨勢大夫の両者を意味すると解釈するものもある[24]。この時代、推古天皇の摂政は厩戸皇子（聖徳太子）であった。秦大夫とは厩戸皇子のブレーンであった秦河勝のことで、廃仏派の物部守屋討伐に功があったとして信濃国造（みやつこ）に任じられ、その子国広が信濃国更級郡桑原郷（現千曲市桑原）の地を治めたという[25]。巨勢大夫とは巨勢比良夫（ひらぶ）のことであろうか。比良夫もまた、物部守屋討伐に関わりがあった一人である[26]。

　勅命を下したのは厩戸皇子、国司として信濃国を統治していたのは秦氏、如来遷座を執行したのは巨勢氏（もしくは秦氏）と考えると、如来の輿を担った一八人は巨勢一族（秦一族）と考えることができる。この一行が善光寺の西隣の輿村に住みついた。筆者は、この「輿村」は「巨勢村」からきているのではないかと考えている。輿村内を流れる裾花川の鐘ヶ瀬に位置する「鐘井堰」の建設には、ここに住みついた巨勢一族や秦一族の子孫が活躍したものと考えてみたい。彼らは大陸伝来の進んだ土木技術を有する集団であったに違いない。

　この輿村を流れる「鐘井堰」の脇に加茂神社が鎮座する。天安二年（八五八）善光寺大本願の二三世宝林上人が京都より下向する際、守護神である賀茂御祖神社（下鴨神社）の御分霊を当地に祀ったことを創始とすると地元に伝わっている(27)。ではなぜ加茂神社が彼の地に分祀されたのであろうか。その答えの一つとして加茂神社の左脇に古代・中世の「鐘井堰」が流れていたことを考えてみたい。

京都下鴨神社（賀茂御祖神社）を正面より見ると、その社殿の左脇に「瀬見（せみ）の小川」と称される鴨川より分水された水路が流れている。現在はあけ橋より上流が埋塞していて確認できないが、平安時代末から鎌倉時代の境内を描いたとされる鴨社古図にはその存在が描かれている(28)。この「瀬見の小川」に注ぐように「御手洗（みたらし）川」や「奈良の小川」が合流し境内を流れ下っている（**写真3**）。

上賀茂神社（賀茂別雷神社）もまた、境内の左脇に「明神川」と称される用水路が流れ、境内で「御手洗川」「御物忌（おものい）川」と合流して「楢の小川」と名前を替えて流れ下っている（**写真4**）。この「明神川」もまた、鴨川より明神井堰で取水された用水路である。上賀茂神社は賀茂の地域を流れる用水の利水の権限を握っていたといわれる(29)。

これらの社殿の左脇を水路（小川）が流れ下る構図は、輿村に分祀された加茂神社も同様である（**写真5**）。これは、鴨（加茂）神社には「瀬見の小川」の存在が不可欠であり、往時にここを流れていた「鐘井堰」を「瀬見の小川」に見立てその脇に加茂社を奉ったことに他ならない。

写真3　下鴨神社の瀬見の小川と糺の森

写真4　上賀茂神社と明神川

写真5　加茂神社境内と「鐘井堰」の関係

中世初頭の鐘鋳堰の姿を現在に伝えるものに一遍聖絵と遊行上人縁起絵がある。一遍聖絵は時宗の開祖である一遍上人（一二三九～一二八九）が諸国を遊行した実績を弟子の聖戒が絵詞書きで遺したものである。一遍は、その生涯に二度善光寺を訪れている。文永元年（一二七一）春、信越国境より善光寺を参詣した様子が一遍聖絵の第一巻第三段に描かれている。筆者は第二章「中世善光寺如来堂の東向きに関する試論(30)」のなかで、往時の善光寺の如来堂が東向きであったことを指摘し、この第三段の冒頭（絵巻物であるので最右翼）に描かれたものが往時の鐘鋳堰と条里的地割で描かれた三輪田圃であることを示した。

また、遊行上人縁起絵は一遍と時宗二代教祖他阿真教の遊行の路程を鎌倉時代末期（十四世紀初頭）に宗俊が描いたものである。第七巻五話には他阿が訪れた善光寺の場面が描かれている。筆者はこれもまた東向きの善光寺如来堂が描かれているとして、その冒頭部分は中道（中世には三輪田圃の中を善光寺に向かう参道があった）を経た参詣者が鐘鋳堰に掛けられた橋を渡る場面であることを指摘した。[30] このように十三世紀末までは、善光寺の東側を流れる鐘鋳堰が善光寺の門前を飾るランドマークとして機能していたことがわかっている。

【七】 中世中期以降に機能不全となった「鐘井堰」上流部

先に述べた西町遺跡で発掘された古代・中世の「鐘井堰」は十四世紀ごろになると、善光寺背後の北西山麓より流れ下る湯福川の氾濫により埋塞したものと考えられる。前述の東町遺跡の発掘調査では、地下一二〇㎝以下で中世の遺物包含層が確認された。これにより、この地帯一帯が湯福川の大量の土砂災害によって埋没していることが判明している。特にこの中世以前の遺物包含層では、砂礫の混合が顕著で、古代・中世における湯福川の土砂災害が頻繁に善光寺周辺を襲っていたと考えられている。[31]

戦国時代になると甲越戦争の主戦場の一つであった善光寺周辺は荒廃が進み、更に善光寺如来の諸国流転のなかで用水路を維持管理する経済力もなく「鐘井堰」は機能不全に陥っていたものと考えられる。

一方、鐘ヶ瀬での裾花川からの取水も年月の経過のなかで徐々に困難になったものと考えられる。裾花川は善光寺地震の震源である善光寺平西縁断層帯に属する善光寺地震断層を鐘ヶ瀬より約一㎞下流で横断している。善光寺地震は、長野盆地西縁に分布する活断層が千年弱の間隔で繰り返す地震の一つとされ断層を境に西側の山地部は隆起し、東側の盆地部は沈降しているという。佃らは、[32] この相対変位量を約千年間で三ｍとしている。

つまり鐘ヶ瀬下流の裾花川の河床は千年弱に一回の間隔で三ｍほどの滝が出来るのである。この滝はその後長い年月を掛けて上流側の河床を洗堀してゆくのである。結果として地震断層より上流の一定区間の河床は低下するのである。つまり鐘ヶ瀬の河床も「鐘井堰」開削から数百年の時を経て徐々に低下して、この地点からの取水が段々困難になっていたものと推定できる。このように戦国時代の「鐘井堰」は、頭首部の取水困難と、流路埋塞などの荒廃により灌漑用水としての機能が壊滅した状態にあったものと考えられる。

【八】 戦国時代末期に改修された鐘鋳堰の上流部

機能不全に陥っていた「鐘井堰」を現在の鐘鋳堰の姿に甦らせたのは何時なのか、誰が為しえた仕業なのか。その答えに示唆を与えるものが第二節で示した宮沢憲衛氏の「新版信濃のはなし」[9]に登場する勘助川の記述である。武田信玄の臣、山本勘助が長沼城へ飲用水を引こうとして裾花川から分水したものが鐘鋳堰であるとしている。これは地元に伝わる伝承として紹介されているが、単なる古老の話として捨置く訳にはいかない。

甲越戦争の最中、戦闘の最前線にあった善光寺平も、武田信玄が信濃国司に任じられた永禄元年(一五五八)ごろにはほぼ武田方に制圧された。そしてその最前線基地として長沼城の整備が精力的に押し進められた。長沼城は千曲川の左岸に位置する城であるが、千曲川からの飲料水の導水は、城郭の構造的リスクになると山本勘助は考えたのであろう。信玄ら武田軍は川中島合戦以降も度々長沼城に出兵している。永禄十一年(一五六八)には約二万五千人の兵を率いて長沼城に出陣している[33]。地下水が豊富な地域であるので場内に井戸を掘ることによりある程度の将兵の飲料水確保は可能であっただろうが、二万人を超える兵の飲用水確保は困難でその解消は喫緊の命題であったのであろう。

このころ長野市北部を流れる浅川の下流部は、現在の三才・豊野地域を流下する流路と異なり、富竹周辺より東流して長沼城の南脇を流れ千曲川に注いでいた[34]。この浅川が長沼地域に十分な灌漑水を供給できれば何の問題も生じなかったであろうが、実際にはかなりの水が不足していたようである。浅川の上流域である北郷村の本城を守備していた武田信玄の有力家臣である高坂弾正(春日虎綱)は、家臣の小林宇衛門に命じ永禄六年(一五六三)に浅川下流域の干ばつ対策として飯縄山麓の大池の溜池整備を実施している[35]。

鐘鋳堰は元来善光寺東方の条理的水田地帯を灌漑するための用水路であるが、その下流側には長沼地域の水田地帯があったし、なによりも流末は浅川に注がれていた。先に述べたようにこの時代、鐘鋳堰は機能不全に陥っていて、十分な灌漑用水を長沼地域に供給する余力はなかったものと考えられる。これを補う手段として、新しい鐘鋳堰の流路開削が武田家臣団の手で進められたとしても不自然ではない。ただし山本勘助は永禄四年(一五六一)の第四回川中島合戦で討ち死しているので鐘鋳堰の新ルート開削に勘助の直接な関与は無いと考えられるが、勘助が生前に立案した開発プランに従い武田家臣団が長沼を統治した二十余年の間に付替えを行った可能性は大きい。

先にも述べたように井原今朝男[14]は、国衙権力の衰退とともに用水不足や災害復興が困難となったとき、八条院の院権力と国衙が共同で鐘鋳堰の復興を行ったとしている。しかし、八条院の院権力と国衙勢力との間でどのような共同体制がとられたのか、どのような再開発が行われたのか、明確となっていない。封建体制下の用水路開削は用水源と灌漑地域との政治的一体化が不可避である。水の分配に関する経済的関係も考慮すると、松尾社の今溝の開発および八条院の八幡堰の開発を鐘鋳堰の再開発に関連つけることには検討の余地が残る。それに対して、戦国末期の武田氏による再開発は、用水源と灌漑地域との政治的支配関係や水の分配に関する経済的関係に一体性がある。当地におけるこのような統治の一体環境は、おそらく律令体制下と戦国末期の二回のみと思われる。前者の時代に鐘鋳堰は初期の開発が行われ、後者の時、鐘鋳堰上流の部付け替え工事等の再開発が実行されたとみることの蓋然性は高い。

天正十年(一五八二)武田勝頼は織田信長に敗れ北信濃の地は上杉景勝のものとなった。その後豊臣秀吉は景勝を会津に移封しこの地を直轄領(蔵入地)とした。慶長三年(一五九八)に太閤検地が実施され、所謂「村切り」が実施され近世以降の村落の骨格が決定された[36]。鐘鋳堰筋の村々もこの時はじめて明確な村境が確定したのであろう。この時に、鐘鋳堰を村境とする長野村(町)と妻科村が誕生したのである。

冒頭に示したように長野市誌[2]などでは、善光寺門前町の南側を流れる鐘鋳堰の川筋と慶長期以前に行われた村切りでの村境が一致することを理由に、近世初頭における鐘鋳堰の開発を否定している。ここで、戦国末期に武田家臣団の手により鐘鋳堰が再開発されたとみなすことで、市誌が指摘する疑問が解決できる。

【九】新鐘鋳堰の開削を可能とした甲州流治水・利水技術

この鐘鋳堰の付け替え工事は、妻科神社東の中沢堰分水地点から横山南(現長野大通りとの交差部上流側)までの一・七km余り、その地表面の高低差は三・六m(図3参照)。上流側の中沢堰分水地点から現在の中央通りまでの約八〇〇mが盛土構造(これを「つきぜき」という)となっている(図1参照)。また、中央通りから横山南までの約一kmの間の高低差はほとんど無い状態となっている(図3参照)。さらに、この間の武居神社脇から岩石町あたりは大きな切土構造となっている。このような工事を実施するには優れた土木技術が必要不可欠であった。特に八〇〇mの盛土区間、一kmにも及ぶ高低差無しの水路の道筋を設定するためには高度な測量技術が必要であった。

これらを可能としたものが戦国末期における鉱山業の飛躍的発達である。鉱山の開発には岩山を切り開く技術(これを金堀という)と坑道を測量する技術すなわち寸甫(すんぽ)が必要であった。これらの技術より寸甫切(すんぽきり)と呼ばれる、方位および水準を測量しながら坑道掘削を進める技術が発達し、築城や用水路の建設にも用いられていたという[37]。黒川金山を代表とする武田領内における金山開発は武田信玄の時代に最盛期を迎えていて、金山衆と呼ばれる寸甫や寸甫切の技術を持つ職人集団を北信濃の地に動員できる技術的経済的基盤を武田氏は有していた。

武田信玄は、河川の河道改修を積極的に行い治水・利水事業を展開している。玉城哲・旗手勲[38]は、近世初頭に中部山岳地帯を中心に展開された扇状地の河道付け替え手法を甲州流の治水技術として次にあげる特徴があるとしている。第一は、渓谷を下り切った扇頂部で河道を人為的に付け替え、扇央部の洪水の直進を防ぎ、かつ扇央部の旧河道を用水路として整備して、扇央部の耕地利用の高度化を図っていること。第二は、田用水の取水法で、渓谷の自然護岸の末端で河道がまだ固定されていて、かつ流水が扇状地内に伏流化する前で、流量が豊富な地点である扇頂部に堰を設け取水する方法をとる点であるとしている。

これを具体的にみるとその特徴が釜無川竜王(現山梨県甲府市)の川除けにも認められる。御勅使川の流勢を赤岩(高岩)で受け釜無本流と合流させた後、竜王の鼻の先端で流向を右に折り南流させて笛吹川と合流させている。これが所謂「信玄堤」である。つづいて用水路の取水法を見ると、釜無川左岸の扇頂部にあたる赤岩南端の竜王の鼻と信玄堤の接続部で竜王用水を取水している。

これを裾花川でみると全く同様な構造が認められる。(3) 白岩と称される地点(現長野県庁西側)で流向を右に折り河道を犀川に短絡させて、旧河道を用水路として利用している。また、扇頂部左岸の鐘ヶ淵と呼ばれる河岸段丘と侍居堤との接続部で、鐘鋳堰と八幡山王堰が取水されている。

ただし、裾花川の改修工事が実施されたのは、武田氏が滅亡した天正十年から二十余年後の慶長八年(一六〇三)から十九年(一六一四)の間であり、徳川家康の六男忠輝が川中島四郡を統治した江戸時代初頭のことである。(3)

【十】花井親子の裾花川の大改修と鐘鋳堰再開発の総仕上げ

最後に武田氏の長沼統治時代に再開発された鐘鋳堰と江戸時代初頭に実施された裾花川の大改修の関係について考えてみる。

乱流する裾花川の流れを現在の姿に改修したのは、花井吉成・義雄(よしたけ)父子といわれる。(1) 関ヶ原の戦いの後、天下を治めた徳川家康は、その六男である松平忠輝に川中島四郡を与えた。花井吉成は、家康が忠輝に附けた家臣で松城(まつしろ)(現在の松代)城代、後の松平遠江守である。跡を継いだ吉成の子である義雄は花井主水正の名で知られている。

忠輝が川中島城主に封じられた慶長八年(一六〇三)直接川中島の地を統治していたのは忠輝の付家老で徳川幕府の惣代官大久保長安であった。長安は旧武田家の遺臣で、天正十年(一五八二)武田勝頼が織田信長に滅ぼされた後に家康に仕官した所謂甲州系代官である。彼は武田家臣時代には蔵前衆と呼ばれる地方(じかた)巧者であった。(39)

武田信玄の近習として仕え生涯武田家臣団の中枢にいた高坂弾正は、信玄が行った御勅使川、釜無川の治水工事をよく知る人物の一人であった。信玄の川中島平定後川中島平の経営を任された高坂弾正には、裾花川の治水や利水に関する構想ができていたものと思われる。しかし、当時の川中島平は、上杉謙信との戦いの軍事境界線上に位置していたため、大規模な資本投下が必要な裾花川の大改修を着手することができなかった。そこで喫緊の課題であった鐘鋳堰の再開発のみを先行着手した。青年期に高坂弾正の影響を受けたであろう長安は、この高坂弾正統治時代に想起された裾花川の大開発計画を知っていたものと考えられる。

忠輝の川中島移封を実現した長安は、直ちに配下の甲州系代官を川中島に赴任させ、裾花川の開発に着手したものと考えられる。中島[40]は、裾花川の改修を、長安を代表とする甲州系代官衆によってなされた甲州流の防河法の流れを継ぐ開発であったことを指摘している。

長安ら甲州系代官が発した文書は慶長十年（一六〇五）以降忠

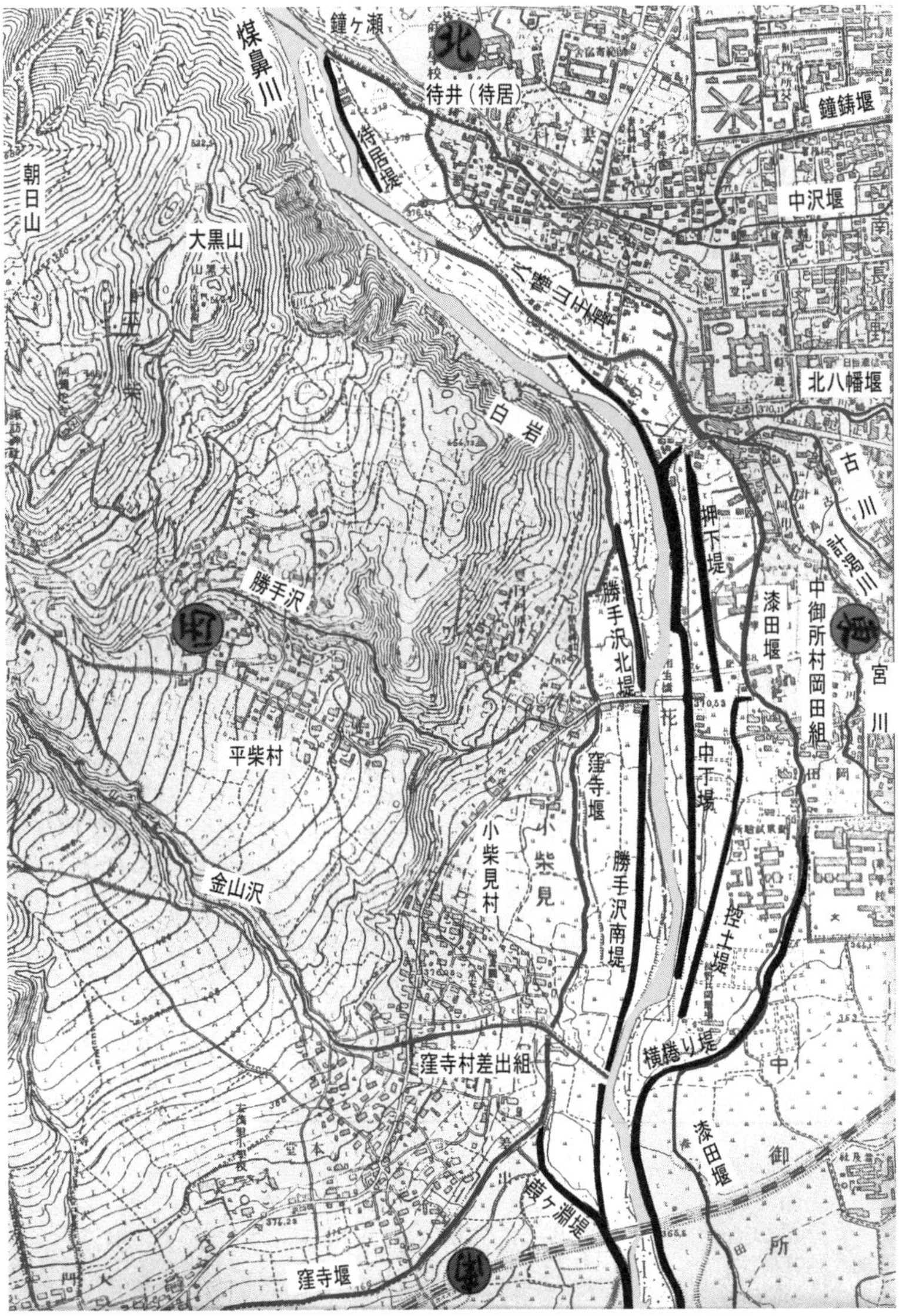

図6　慶長期の裾花川の開発範囲（大正15年調整長野市全図に加筆）

輝の知行地内にみられない。慶長九年（一六〇四）以降、忠輝の家臣団が機能し始め、花井吉成・義雄親子は甲州系代官らが着手した裾花川の開発を引き継いだと思われる。長安ら甲州系代官が活躍した期間は二年に満たないが、慶長十六年（一六一一）に開設された北国街道丹波島・善光寺宿ルートが旧裾花川氾濫地域を北上して善光寺表参道を形成していることから、慶長十年代の早い時期に新裾花川の治水機能は確立されていたと考えられる。

新しく開削された裾花川は、左右両岸に二線堤構造と下流域に霞堤を持つ甲州流の治水技術の流れを汲む技術により整備されていた（図6参照）。これらには大久保長安らの甲州系代官が深く関与していたものと考えられ、その後を継いでこの大開発事業を完成させたのが花井吉成・義雄父子であると考える[3]。

このような花井親子の実績が口碑伝承として地元に伝わり、鐘鋳堰の開削も花井の実績として語られてきた[1]。しかし、花井親子が直接携わったのは鐘鋳堰の裾花川取水部の整備であり、鐘鋳堰の付け替え工事は武田氏の長沼統治時代にすでに実行されたと考えられるのである。

まとめ

以上、種々述べてきたことをまとめると、以下のとおりである。

一、鐘鋳堰の名称由来には諸説あるが、農業用水路の機能名称としてみた場合、「カネ・イセキ」と見るべきでそれは「鐘井堰」が起源と考えるのがよい。「井堰」とは、取水施設と用水路を含めた灌漑施設の総称である。

二、既往の研究では鐘鋳堰の起源を考える手がかりが、鐘鋳堰から分流する中沢堰の起源にあるとして、鐘鋳堰から分流されている中沢堰が十二世紀後半には存立していたことをもって、本流である鐘鋳堰はそれ以前に開発されていたとされてきた。しかし中沢堰が分岐する地点の現在の地形を再度検証すると、中沢堰の川筋こそが本来の流れで、むしろ鐘鋳堰が後世に接続された川筋であると見るのが自然である。十二世紀後半に京都松尾社社務職秦相頼の手により開発された中沢堰（今溝）は、裾花川の取水部から守田廼神社までの独立一連の井堰であったといえる。

三、善光寺東方の条里的水田と鐘鋳堰の灌漑システムはすでに古代に成立していたことから、中世以前の鐘鋳堰上流部は現在の中沢堰から分岐する川筋と異なるルートを流れていたと考える必要がある。つまり、古代・中世の鐘鋳堰は、大正十五年（一九二六）調製の長野市全図で確認できる長野商業高校敷地北西端の鞍状掘割地と大門交差点西脇の西町遺跡で発掘された大溝跡を結んだ直線上に存在したものと考えられる。

四、古代・中世の鐘鋳堰は、十四世紀ごろになると善光寺背後の北西山麓より流れ下る湯福川の氾濫等により埋塞していたものと考えられる。加えて、鐘鋳堰の取水部付近では善光寺地震断層が裾花川を横切っていて、断層の上流部にあった井堰では河床低下が進み取水が困難となっていた。このように中世以降の鐘鋳堰は灌漑用水としての機能を失った状態にあったと考えられる。

五、機能不全に陥っていた中世の鐘鋳堰を現在の鐘鋳堰の姿に甦らせたのは武田信玄の家臣団で、長沼城へ飲用水を引こうとして裾花川から分水したものが近世の鐘鋳堰である。武田家臣団が長沼統治した二十余年の間に付替えを行った可能性は大きい。

六、武田家臣団が行った鐘鋳堰の付け替え工事は、妻科神社東の中沢堰分水地点から横山南までの一・七㎞余り。約八〇〇ｍの盛土部分や約一㎞の間の高低差がほとんど無い区間を有する水路を構築するためには、優れた土木技術や高度な測量技術が必要であった。これらを可能にしたものが甲州黒川金山などの金山衆と呼ばれる寸甫（すんぽ）や寸甫切（すんぽきり）の技術を持つ職人集団の活躍で、武田信玄は北信濃の地に金山衆らを動員できる技術的経済的基盤を有していたと考えられる。

七、近世初頭に花井親子により実施された裾花川の大改修の実績をもとに、鐘鋳堰の開削も花井親子の実績であったと地元には伝承されてきた。しかし、鐘鋳堰の付け替え工事は武田氏の長沼統治時代に武田家臣団により完成していた。花井親子は鐘鋳堰の裾花川取水部の総仕上げをしたものと考えられる。これら鐘鋳堰の再開発を含めた裾花川の大改修は、戦国時代末期に武田家臣団が想起した裾花川の治水や利水に関する総合開発プランに基づき実行されたもので、武田氏が長沼を統治した時代から半世紀の時を掛け実現されたものである。

注(参考文献)

(1)『上水内郡及長野市旧町村誌』第五巻「中御所村」 上水内郡教育部会 昭和九年

(2)『長野市誌』第三巻「近世1」 長野市 平成十三年、および井原今朝男『長野県土地改良史』第1巻歴史編 第一章第三節 平成十一年

(3)宮下秀樹『土木学会論文集D2』第69巻第1号「江戸時代初頭における煤鼻(裾花)川の開発形態」 平成二十五年

(4)『長野市誌』第二巻「歴史編、原始・古代・中世」 長野市 平成十二年

(5)『善光寺平農業水利改良事業沿革史』 長野県経済部耕地課 昭和十三年

(6)『長野市史』 長野市役所 大正十四年

(7)岩崎長思『信濃』第一次第一巻「鐘鋳川堰の歴史地理的考察(上)」 信濃史学会 昭和七年

(8)『明治以前土木史』 土木学会 岩波書店 昭和十一年

(9)宮沢憲衛『新版信濃のはなし』 信濃路 昭和四十七年

(10)岩崎長思『信濃』第一次第一巻「鐘鋳川堰の歴史地理的考察(中)」 信濃史学会 昭和七年

(11)小出章『文化財信濃』18巻4号「善光寺平の条里遺構」 平成四年

(12)小穴芳実『地域研究法』「善光寺平の条里瞥見」 信毎書籍 平成四年

(13)福島正樹『国立歴史民俗博物館研究報告』第96集「古代における善光寺平の開発について」 平成十四年

(14)井原今朝男『国立歴史民俗博物館研究報告』第96集「中世善光寺平の災害と開発」 平成十四年

(15)『長野県上水内郡誌』歴史篇「第二編古代」 上水内郡誌編集会 昭和五十一年

(16)水谷千秋『謎の渡来人 秦氏』 文春新書 平成二十一年

(17)『長野市の埋蔵文化財』第87集「西町遺跡」 長野市教育委員会 平成十年

(18)宿野隆史『女たちと善光寺』「善光寺門前を掘る」 長野市立博物館 平成二十一年

(19)『西長野百年誌』「昔の西長野町」 西長野百年誌編さん委員会 昭和五十七年

(20)『長野市全図』縮尺一万分の一 長野県立図書館収蔵 昭和元年

(21)『閉鎖公図』「長野市大字妻科」 長野地方法務局謄写 昭和二十七年

(22)『西長野百年誌』「昔の西長野町」 西長野百年誌編さん委員会 昭和五十七年

(23)栗岩英治『善光寺物語』「第二回扶桑略記に現はれた善光寺(上)」 信濃郷土史研究会 大正五年

(24)H.P. 内田祐治「インターネット博物館学芸員室へようこそ―Web研究紀要」に掲載された『天保八年伊勢西国道中記覚―復元編―』第九章「信濃善光寺成立の実像」 平成二十二年

(25)山本大『戦国史叢書8 土佐長宗我部氏』 新人物往来社 昭和四十九年

(26)平野邦夫他『日本古代氏族人名辞典』 吉川弘文館 平成二十二年

(27)加茂神社境内案内板の記述による

(28)新木直人『世界文化遺産 下鴨神社と糺の森』「鴨社古図をみる」 淡交社 平成十五年

(29)村松晃男『水と世界遺産』「水をつかさどる上賀茂神社の神」 小学館 平成十九年

(30)宮下秀樹『市誌研究ながの』第二二号「中世善光寺如来堂の東向きに関する試論」 長野市公文書館 平成二十七年

(31)井原今朝男『国立歴史民俗博物館研究報告』第96集「中世善光寺平の災害と開発」 平成十四年

(32)佃栄吉・粟田康夫・奥村晃史『地震予知連絡会会報』Vol・44「長野断層系から発生する善光寺型地震の再来間隔と断層変位量の推定」 地質調査所 平成二年

(33)長沼村史編纂委員会『長沼村史』 長沼村史刊行会 昭和四十九年

(34)米山文書「元和松代封内図」 長野県立歴史館収蔵

(35)『長野市誌』第八巻「旧市町村史編」 第八章浅川 長野市 平成十二年

(36)『長野市誌』第三巻「近世1」 長野市 平成十三年

(37)山口啓二『講座・日本技術の社会史』第5巻「鉱山と冶金」昭和五十八年

(38)玉城哲・旗手勲『風土〜大地と人間の歴史』 平凡社 昭和四十九年

(39)村上直『日本近世の政治と社会』「近世初期甲州系代官衆の系譜について」 吉川弘文館 昭和五十五年

(40)中島次太郎『松平忠輝と家臣団』 名著出版 昭和五十年

コラム 5

「今溝川成候」が意味するもの

今溝庄は永万年中(一一六五から六六年)に成立した京都松尾社の荘園で、長野市高田地区の北西部あたりにあったとされている。この今溝とは「新しくできた用水路」という意味と言われ、これを北八幡堰とする説と中沢川のことを指すとする二つの説がある。

この今溝庄が現在川になっているということを意味するものが「今溝川成候」である。これは、長享二年(一四八八)ころの話で、「諏訪御符札之古書」に記載が残るという『古牧誌』。

今溝が北八幡堰、中沢川のいずれにしても居町・高田あたりが水害を受けて壊滅したらしい。北八幡堰・中沢川何れも裾花川の妻科地籍で取水された用水路であることから、これは裾花川の氾濫といえる。北八幡堰あたりまで裾花川の氾濫域となったとするとかなり大規模な氾濫であった。

坂井衡平が記した『善光寺史』に残る年表に、明応元年(一四九二)の記載に「善光寺煤鼻河橋鬼神来折云々」がある。「諏訪御符札之古書」は、長享二年(一四八八)のものとしても「今溝川成候」の記載は小文字で記した添え書きのようなものとすると数年後の氾濫を後に追記したと考えることもできる。

裾花川は有史以来幾多の土石流を発生させて下流域に氾濫をもたらしている。「今溝川成候」もまたその一つかもしれない。長野市鬼無里岩下(対岸が川浦)地籍には、斜面崩壊により裾花川をせき止めた跡と思われる地形が存在する。弘化四年(一八四七)の善光寺地震で、裾花川がせき止められたアサヲクボの上流数百メートルの位置に岩下集落がある。斜面崩壊の時期がいつだったのかわからないが、かなり大きな塞き止め湖を形成し、決壊洪水を引き起こしたものと考えられる。

平成九年(一九九七)建設省土木研究所砂防部砂防研究室は、地震による『大規模土砂移動に関する研究報告書』でこの岩下の斜面崩壊跡地が、弘化四年の善光寺地震により裾花川がせき止められた地点と断定していた。

報告書では塞き止め湖の規模は、堰止高四十八m、堰止土量百二十万m³、湛水面積九十八万m²、湛水量千六百m³としている。これに対し、平成二十六年(二〇一四)筆者が土木学会論文集で発表した「弘化四年善光寺地震による煤花(裾花)川の土砂災害とその後の対応」(第七章参照)で塞き止め湖発生地点は、数百メートル下流のアサヲクボ地籍であると同定した。

したがって、岩下の塞き止め湖とその決壊はいつの時代のものであるか不明となっている。もしかすると「今溝川成候」は岩下の塞き止め湖決壊災害かもしれない。

判読図(平面図・断面図)

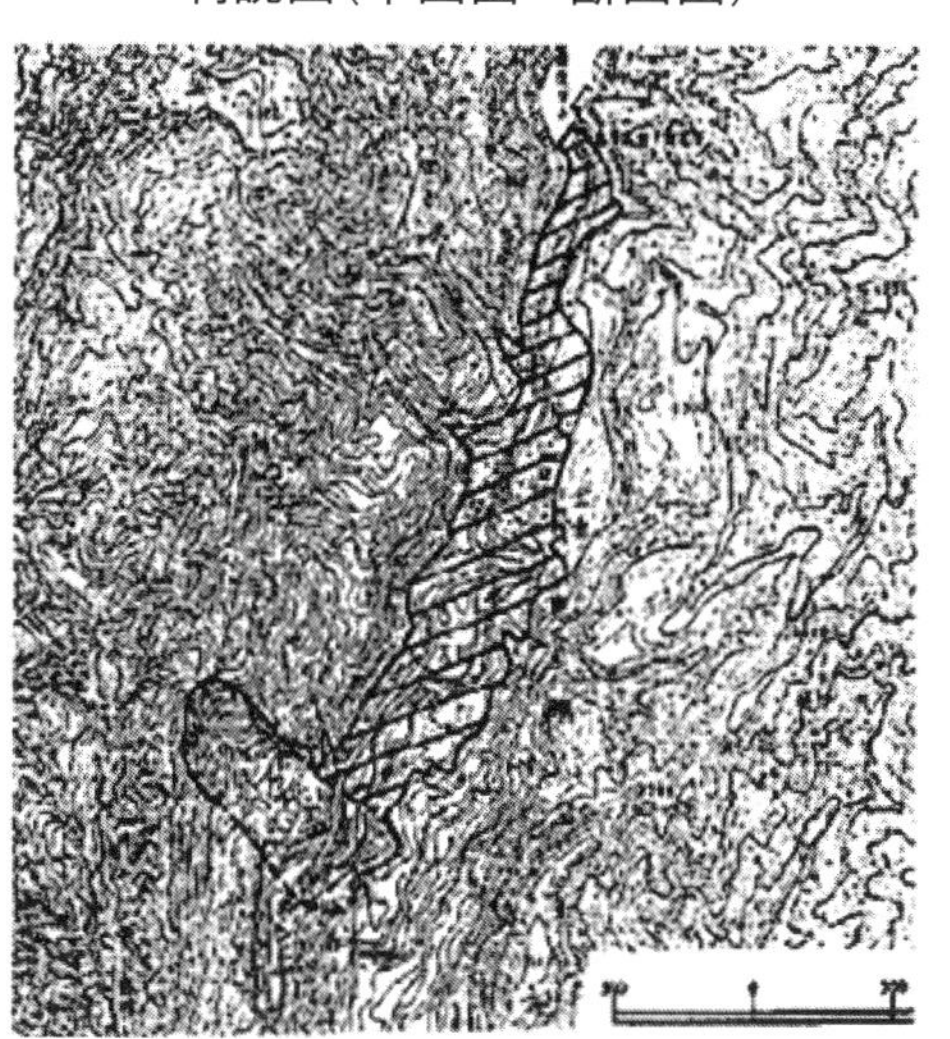

川浦の地すべり性崩壊と天然ダム
建設省土木研究所砂防部砂防研究室(1987年)

長野市鬼無里岩下集落西側の斜面崩壊跡地形

コラム 6

長野県史に描かれた鐘鋳堰の川筋

『長野県史通史編第二巻』「第一節公領と荘園」掲載の「中世の後丁周辺復元図」に描かれた鐘鋳堰上流部の流路は、旧妻科村と旧腰村との村境に描かれている。現在の県立長野商業高等学校北側の獅子沢の位置と重なる。その後流路は現在の国の合同庁舎敷地を横切り、長野市立図書館東で現在の鐘鋳堰流路と交わっている。

これは何を意味するものであろうか。当時編さんに携わった先生に問い合わせても答えは返ってこない。

当時何らかの史料があり描かれた流路なのか、それとも編さんの過ちなのかわからない。しかし中世よりここに村境が存在したことを考えると、単なる齟齬と捨て置くことはできない。第三章で筆者が示した中世鐘鋳堰の上流部の流路は、この県史の記載が大きなよりどころとなっている。

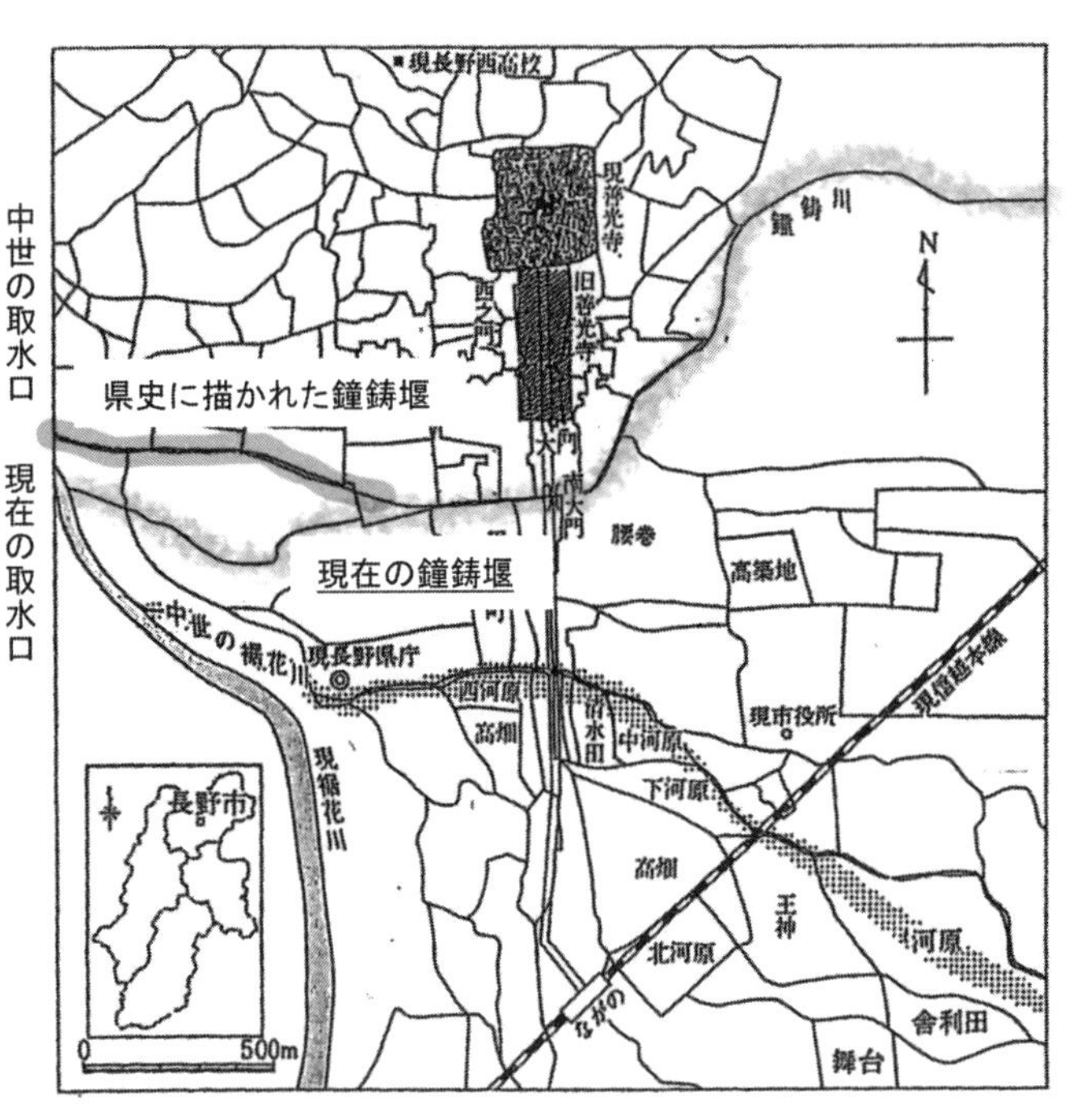

『長野県史通史遍第二巻』の中世後丁周辺復元図に筆者加筆

第四章

戌の満水に関する諸史料及び寛保満水図と御領分荒地引替願についての考察

『市誌研究ながの』第二五号に掲載されたものを転載

はじめに

戌の満水とは、寛保二年（一七四二）七月末から八月初めにかけて発生した大洪水のことで戌年に発生したために、戌の満水と呼ばれている。千曲川水系では仁和四年（八八八）の大洪水と並ぶ大きな被害を流域にもたらした。千曲川流域全体の建物被害は六千三百軒を数え、流死者は二千八百人を超えたといわれる(1)。停滞した秋雨前線を刺激した台風による豪雨で、信州、上州（群馬県）と武州（埼玉県・東京都）の一円に激甚な災害をもたらした。

松代藩の被害は、被災した村数が一八二ヶ村、田畑の損耗は六万一六二四石にのぼった。流死者は一二二〇人で家屋の被害は二千八百軒を超えた。九八八ヶ所で山抜けが発生し三万一六四一間の道が被害を受けた。被災した堤防は一万四八五間、さらに三万三七九七間の用水堰が使用不能となった(2)。松代城は、千曲川に臨んだ立地に築城されていたので、たびたび水害を蒙っていたが、この時の満水では、城内をはじめ藩主の居宅である御殿も大きな被害を受けていた。

山田啓一は所々に残る古記録から千曲川の洪水量は、犀川との合流点上流が毎秒一万三千から一万五千㎥、合流点下流が毎秒一万七千㎥と推定している(3)。そして犀川下流部では毎秒四千三百から四千五百㎥としている。今の河道整備基準は洪水調整を前提として合流点下流が毎秒九千㎥であるので、現代の流下能力の二倍近い洪水が押し寄せたことになる。また犀川の出水は比較的少なかったと言われているが、犀川の計画流量は毎秒四千㎥である。こちらもまた現在の河川の流下能力を超える洪水であったといえる。

この時の松代藩領内の田畑に関する被災状況を定量的に把握できるものに次の資料（以下これらを三種四史料と称す）がある。

①『寛保二壬戌年十一月信濃国水内郡・更級郡・埴科郡・高井郡之内領知水損之覚帳（以下、寛保二年十一月水損之覚帳）(4)』と『寛保二壬戌年十一月信濃国水内郡・更級郡・埴科郡・高井郡之内領知水損永荒覚帳（以下、寛保二年十一月水損永荒覚帳）(5)』

②『延享元甲子年四月信濃国水内郡・更級郡・埴科郡・高井郡之内領知村々高附帳（以下、延享元年四月領知村々高附帳）(6)』

③『延享元甲子年五月信濃国川中嶋領水内郡・更級郡・埴科郡・高井郡之内荒地帳（以下、延享元年五月川中嶋領之内荒地帳）(7)』

これらは、信濃国松代藩真田家文書目録に収録されているものの、『寛保二年十一月水損之覚帳』を除くと、既往の研究であまり注目されることがなかった文書である。本稿では、まずこれらの文書の作成意図と使用目的を論考し、つぎに戌の満水の被災状況を描いたとされる「寛保満水図」の由来を明確にする中で、戌の満水における松代藩の被災の実態をより詳細に解明してゆく。

【一】既往研究で周知されている災害史料と三種四史料との関係

『寛保二年十一月水損之覚帳』は『長野県史』[9]に全文が掲載されたことから、その後多くの文献や研究で引用される重要な史料である。これは災害報告とか災害記録ではなく、松代藩が被災三ヶ月後の十一月に、国役金の延納を幕府勘定所へ願い出た際に、村々の損耗状況を取りまとめて提出したものである。被災の状況により「山抜川欠荒地永荒（以下永荒）」、「石砂入四五年之内可立返（以下石砂入）」、「当戌年一毛損耗（以下一毛損耗）」に分類され、その石高が集計されていて被害の状況が良くわかる史料である。「永荒」は、耕地の流失等により長年にわたり耕作が不能となったものを意味し、「石砂入」とは、洪水により砂利が堆積し数年間耕作ができないもの、「一毛損耗」とは、湛水等により当年の収穫が望めないものを指している。

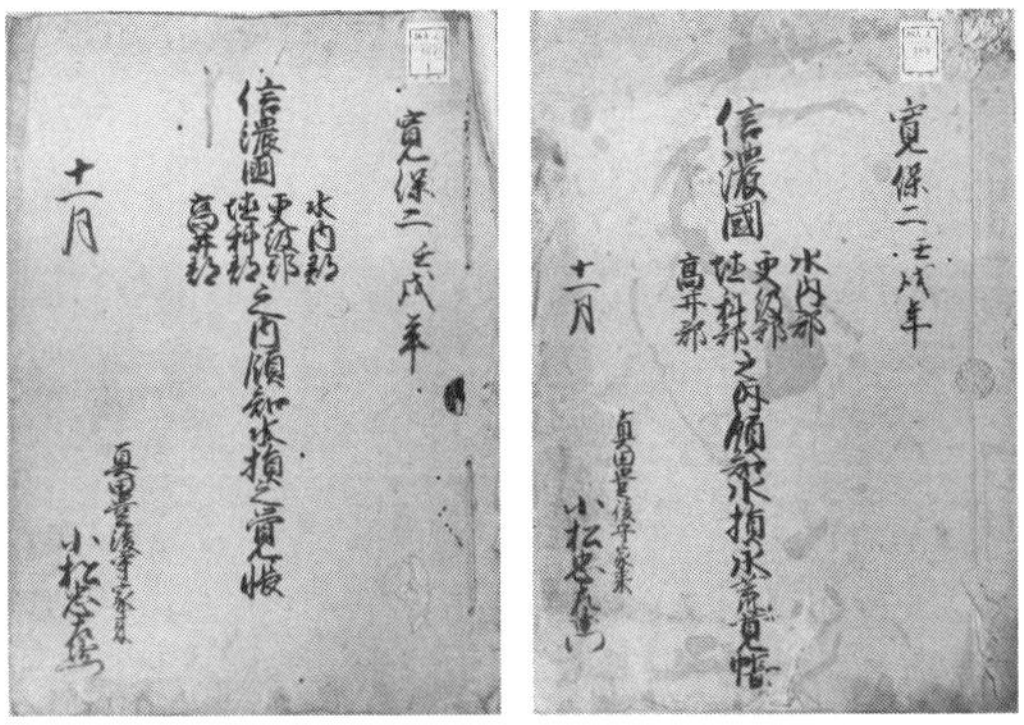

写真1　①『寛保二年十一月水損之覚帳』と『寛保二年十一月水損永荒覚帳』（国文学研究資料館所収）

『寛保二年十一月水損之覚帳』には、松代領内八五ヶ村の損耗状態が収録されている。この八五ヶ村の石高五万九二五二石余中、「永荒」一万三二〇八石余、「石砂入」二九二六石余、「一毛損耗」二万三五五九石余で、その合計は三万九五九五石余であった。

これは永荒高が村高の五割未満でかつ全損耗高が村高の五割を超えた村々の国役金の一年延納を願って幕府勘定所に提出したものである。文書中には「当戌年国役金之儀、来亥年迄上納御差延被下候様仕度奉存候」とある。

実は、真田家文書には**写真1**に示したように関連する史料がもう一点存在する。それが『寛保二年十一月水損永荒覚帳』である。『寛保二年十一月水損之覚帳』および『寛保二年十一月水損永荒覚帳』は、ともに寛保二年十一月に真田豊後守家来小松忠左衛門が幕府勘定所に提出したもので、一対として取り扱うべき史料である。

『寛保二年水損永荒覚帳』には、永荒高が村高の五割を超える激甚な被災を受けた村々（以下、過半の荒所村と称す）一九ヶ村の名が記載されていて、該当する石高は八二三四石余であった。これらの村は、永荒地が復興するまでの間、永荒の石高に相当する国役金の収納免除を願い出て認められている。「右荒所之分起返候迄国役金御免除被仰付、残高之分計国役金取立候様奉願候」とあり、起返が完了し荒所が復旧されるまでの間の長期の減免であった。**表1**に『寛保二年十一月水損永荒覚帳』記載の

表1　寛保二年過半の荒所村の荒廃状況（『寛保二年水損永荒覚帳』(7)より作製）（単位:石）

郡　名	村　名	石　高 A	山抜川欠 荒地永引 B	石砂入四五 年之内可立 返　C	小　計 D=B+C	永荒率 D／A %	残　高
水内郡	小市村	322.050	212.550	0.000	212.550	66.0	109.500
更級郡	五明村	737.700	439.302	50.150	489.452	66.3	248.248
	網掛村	347.384	210.243	54.280	264.523	76.1	82.861
	須坂村	253.120	168.840	18.730	187.570	74.1	65.550
	丹波島村	643.060	396.233	0.000	396.233	61.6	246.827
	綱島村	1111.370	989.894	0.000	989.894	89.1	121.476
	牛島村	815.265	674.874	0.000	674.874	82.8	140.391
	川合村	1230.030	997.607	0.000	997.607	81.1	232.423
	須牧村	25.740	25.740	0.000	25.740	100.0	0.000
	川合新田村	383.139	206.000	0.000	206.000	53.8	177.139
埴科郡	千本柳村	814.390	612.188	0.000	612.188	75.2	202.202
	岩野村	857.210	450.076	0.000	450.076	52.5	407.134
	西條村	1274.420	671.732	0.000	671.732	52.7	602.688
	紙屋町村	171.140	171.140	0.000	171.140	100.0	0.000
高井郡	小布施村之内	145.180	104.364	0.000	104.364	71.9	40.816
	相之島村之内	163.736	113.823	0.000	113.823	69.5	49.913
	幸高村之内	23.240	14.112	0.000	14.112	60.7	9.128
	大室村	999.910	563.655	75.380	639.035	63.9	360.875
	福島村	1317.630	895.888	118.105	1013.993	77.0	303.637
合　計		11,635.714	7,918.261	316.645	8,234.906	70.8	3,400.808

一九ヶ村の永荒高を示した。一九ヶ村中約半数の九ヶ村が千曲川左岸の村々で、そこには犀川下流部の五ヶ村、つまり小市村・川合新田村・丹波島村・綱島村・川合村が含まれていた。

この一対の史料の内、『寛保二年十一月水損之覚帳』だけが長野県史に採録されたことから、以後多くの研究(10)で『寛保二年十一月水損之覚帳』のみが引用される結果となった。

これら既往の研究では被害が特に甚大であった過半の荒所村一九ヶ村の情報が欠落し、最も激甚な被害を受けた村々の被災状況が加味されないまま今日に至っている。これにより、被害は千曲川右岸に集中しているとするものや、犀川下流域の降水量が比較的少なかったとする研究成果が散見される。甚大な被害を記録した『寛保二年十一月水損永荒覚帳』の被災状況を加味すると、松代領内に限ってではあるが、千曲川右岸の被災が左岸に比して顕著であったとすることには検討の余地が残る。また、長野市市街地西方の所謂西山地域や虫倉地域と称される範囲の被害や犀川下流部五ヶ村の被災も甚大であることから、山田らが示した犀川下流部での流量は過少で、毎秒四千五百㎥を大きく超えるものであったと考えられる。

一方、戌の満水から一年半ほど経過した延享元年（一七四四）の四月と五月に松代藩は性格の異なる水損調書をあいついで取りまとめている。それが**写真2**に示す、『延享元年四月領知村々高附帳』と、『延享元年五月川中嶋領之内荒地帳』である。

元来高附帳とは、領地内の村々の農業生産力である石高を集計したものであるが、『延享元年四月領知村々高附帳』には、荒地の石高も集計記載されていて、その記載内容は、「寛保満水図」(11)に認められた内容と一致する。また、『延享元年五月中嶋領之内荒地帳』の記載内容は『長野史料・天』(12)に収録された「松城四郡水害荒廃高調」と一致する。

「寛保満水図」は、長野市松代町の浦野家に伝来した浦野家旧蔵資料一四〇点の中のひとつで、災害前の領内を描いた「寛保満水図　一」と災害後の状況を描いた「寛保満水図　二」からなるもので、現在は長野市立博物館の収蔵となっている(13)。**図1**に「寛保満水図　一」を、**図2**に「寛保満水図　二」を示した。

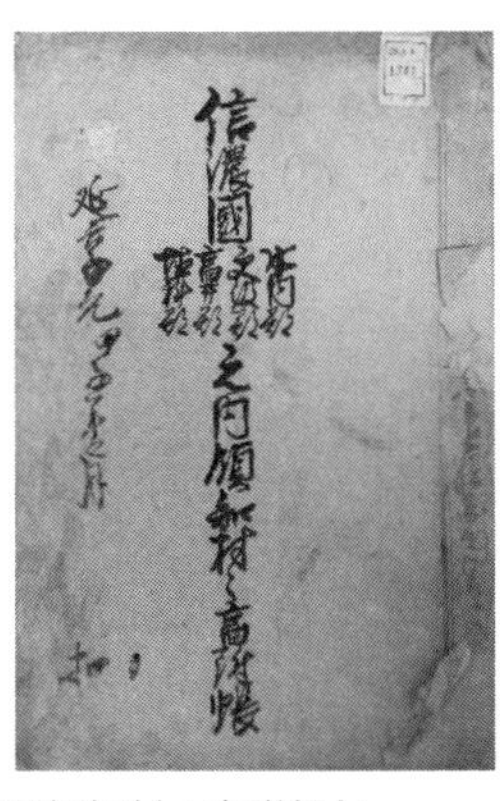

写真2　②『延享元年四月領知村々高附帳』と
③『延享元年五月川中嶋領之内荒地帳』
（国文学研究資料館所収）

原田和彦(14)は、この絵図の由来は不明とし、収納されていた袋に「寛保二戌年八月大満水之図也」とあるだけで、この水害図が戌の満水を示す図であるのか疑問点が多いとしている。そのひとつとして、絵図中に記された各村の石高が、前述した『寛保二年十一月水損之覚帳』の記載より少ないものが多いことを挙げている。そして結論においては、「この水害図の位置づけとして、戌の満水を示す災害絵図とは明確にできないものの、非常にそれとちかいものであろうと考えられる」と推測を述べるに留めている。

これに対して筆者は、『延享元年四月領知村々高附帳』の記載内容と、「寛保満水図」が村高・荒地高ともに完全に一致していることを確認した。よって「寛保満水図」は、被災から一年経た戌の満水の被災状況を描いた絵図であると断定することができる。

「寛保満水図　一」には各村の石高のみが記載されている。一方、「寛保満水図　二」は、千曲川と犀川の氾濫状況ならびに流入する支川の土砂災害の状況が面的に把握できるように描画されている。また山間部で発生した山抜けの状況も描かれている。そして領内の村々の石高とともに荒地高が村ごとに記入されていることが大きな特徴となっている。この史料の石高は村高・荒地高ともに本田のみの表示となっている。

『長野史料』は、長野高等女学校（現長野西高校）の初代校長渡辺敏が在地に残った史料を精力的に写しとったものである。『長野史料・天』には「松城四郡水害荒廃高調」があり、村毎の荒廃高が本田と新田とに区分して取りまとめられている。『長野史料』の目次には「延享元甲子年松城領荒廃調」と記されているが一次史料の存在が不明で、今まであまり重きを置かれなかった史料である。延享元年の松代藩の史料には、先に示した『延享元年四月領知村々高附帳』と『延享元年五月川中嶋領之内荒地帳』が存在するが、渡辺の「松城領荒廃調」は『延享元年五月川中嶋領之内荒地帳』の記載と完全に一致していて、これが「松城領荒廃調」の一次史料といえるものである。この荒地帳の内容は、戌の満水から一年経た時点での領内の荒地高を取りまとめたものである。

先に示した三種四史料に記された荒地の石高を、集計比較したものが補遺に示した**表4**（章末掲載）である。表の左側から、①『国役金延納方伺および免除伺』、②『延享元年四月領知村々高附帳（寛保満水図　二）』、③『延享元年五月川中嶋領之内荒地帳（松城四郡水害荒廃高調）』の各史料に記載された石高と荒地高を示した。各史料で石高の表示が異なっている。本田高のみを示すものと、本田ならびに改出新田高を取りまとめたものの二種類が存在する。本田高とは表高（拝領高）を意味し、松代藩が将軍より拝領した公式の石高で、大名の家格や負担すべき軍役の算出基準となるものである。これに対して表高に新田高

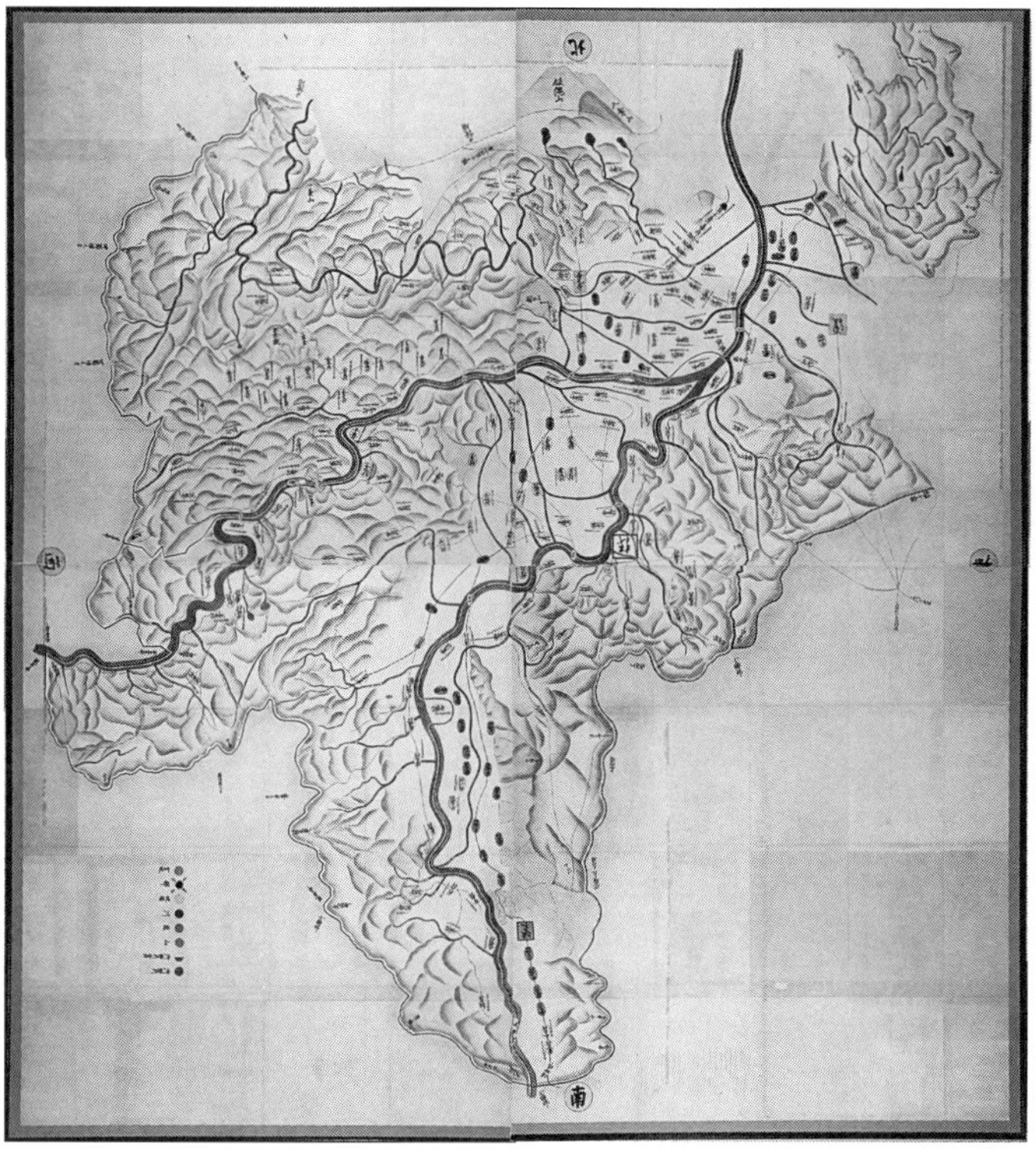

図1「寛保満水図　一」(11)（長野市立博物館収蔵）

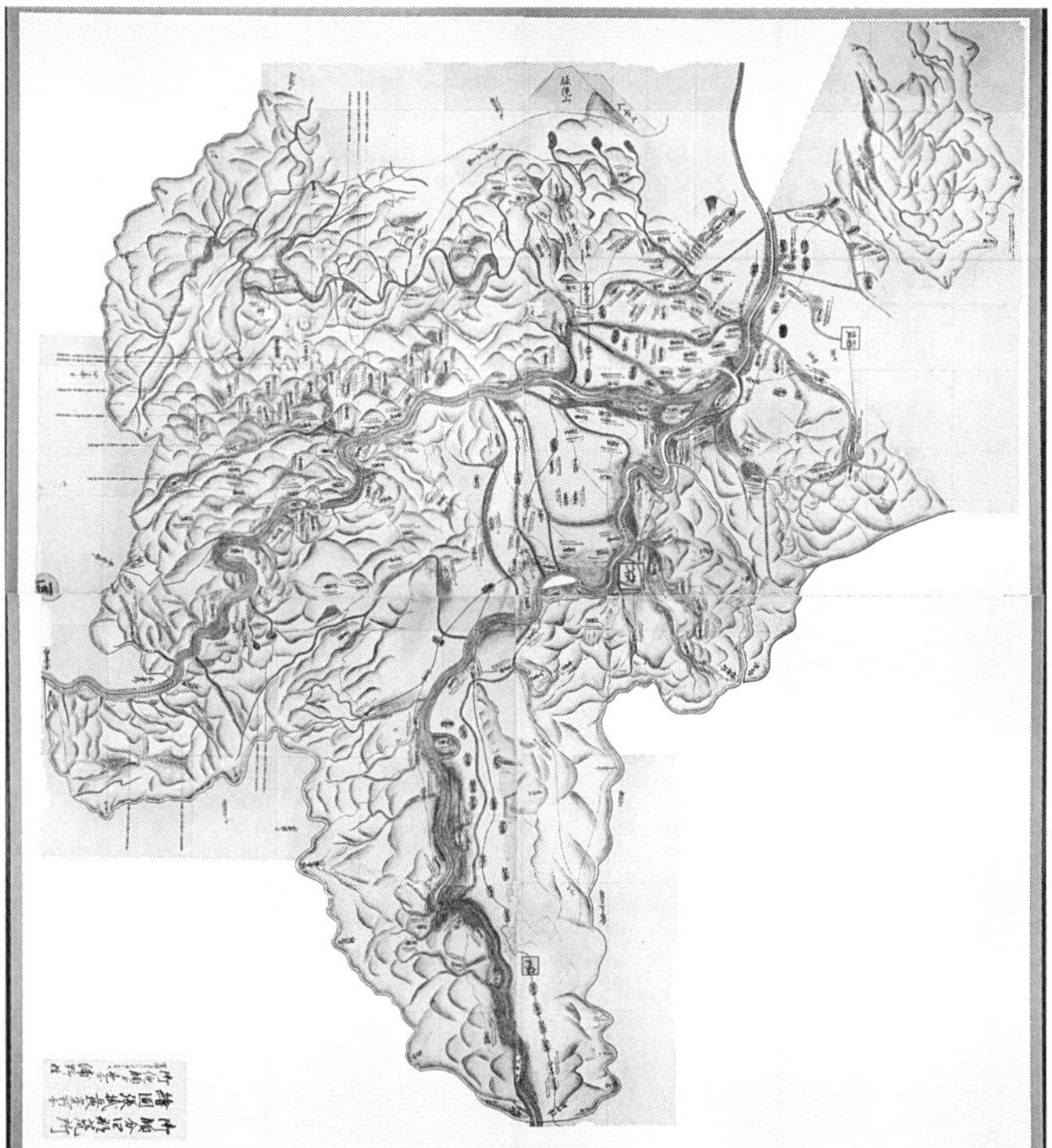

図2「寛保満水図　二」(11)（長野市立博物館収蔵）

等を合算した石高を内高(実高)と称し、年貢取立て等の実務の算定に用いられた。国役金もまた内高で賦課がされていた。

①『国役金延納方伺および免除伺』には、『寛保二年十一月水損之覚帳』もしくは『寛保二年十一月水損永荒覚帳』記載の石高及び荒所高を同一欄に示した。空欄の村は被災がなかった訳ではなく、延納及び免除対象外の比較的軽微な被災で済んだ村であることを示す。表示の石高は内高(実高)である。また、『寛保二年十一月水損永荒覚帳』には、その年限りの損耗を表す「一毛損耗高」の記載はない。よって両者の合計は松代領内全体の被災規模を示すものではないことに留意する必要がある。

国役金の延納方伺もしくは免除伺を出した村の分布をみると、埴科郡が全村に及ぶ二四ヶ村で八割の荒廃、高井郡が飛び地の湯田中・佐野村を除く一五ヶ村で七割の荒廃と壊滅的であった。更級郡は、六七ヶ村中三八ヶ村が名を連ね、千曲川および犀川沿いの村々は軒並み大きな荒廃高となっている。水内郡は比較的軽微で八七ヶ村中の約三割の二七ヶ村が延納もしくは減免となっていた。

②『延享元年四月領知村々高附帳(寛保満水図　二)』は、表高の表示であり、四郡全村の合計石高は拝領高の一〇万石である。荒地高も本田分の集計であるが、高附帳には朱書きで「一毛引ゟ増高入」、「新田引ゟ増高入」と「居屋敷引入」の内訳が記入されている。ここに「一毛引ゟ増高入」とは、戌年一毛損耗分から永荒分に組み入れられた荒地高を意味すると考えられる。「新田引ゟ増高入」とは新田の荒地高の一部を加算したという意味であろうか。「一毛引ゟ増高入」の合計は、一二五四石で水内郡が七八〇石と一番多く、埴科郡は三五石と僅かである。一方「新田引ゟ増高入」の合計は、八五八余石となっている。この内の過半の五二三石が更級郡での増入で、埴科郡のものはない。また「居屋敷引入」の内訳があるのは、埴科郡西条村二八〇石のみである。これらの朱書きの数値根拠が何れにあるのか不明であり、今後さらなる研究が必要であるが、内高表示を表高表示に集計する過程で何らかの目的により数値の操作がなされたものとみなすことができる。

③『延享元年五月川中嶋領之内荒地帳(松城四郡水害荒廃高調)』は内高(実高)表示で取りまとめられている。また荒地高は本田と新田とに分けた集計がされている。本田の荒地高の合計は、三万三一一石余で、『延享元年四月領知村々高附帳』の荒地合計とほぼ一致している。しかし各村の荒地石高を比較してみると、大豆島村や川合村のように『延享元年四月領知村々高附帳』と同じ石高が計上されているものがある一方で、多くの村の石高にはかなりの増減が認められる。

『延享元年四月領知村々高附帳』と『延享元年五月川中嶋領之内荒地帳』の本田荒地高に関して表中最右欄に示した増減比を見ると、各郡により明らかな増減傾向が読み取れる。③『延享元年五月川中嶋領之内荒地帳』の本田荒地高を基準として②『延享元年四月領知村々高附帳』の荒地高をみると、埴科郡が約二割増、次いで高井郡が一割増、更級郡が五分の割増となっている。一方で水内郡のみが約二割減の荒地高が集計されていた。都合領内全体の荒地石高の増減は僅かである。また、『延享元年四月領知村々高附帳』では領内一九五ヶ村全村で荒地高が計上されているが、『延享元年五月川中嶋領之内荒地帳』では、全村数の約一割にあたる二〇ヶ村で荒地無と報告されていた。

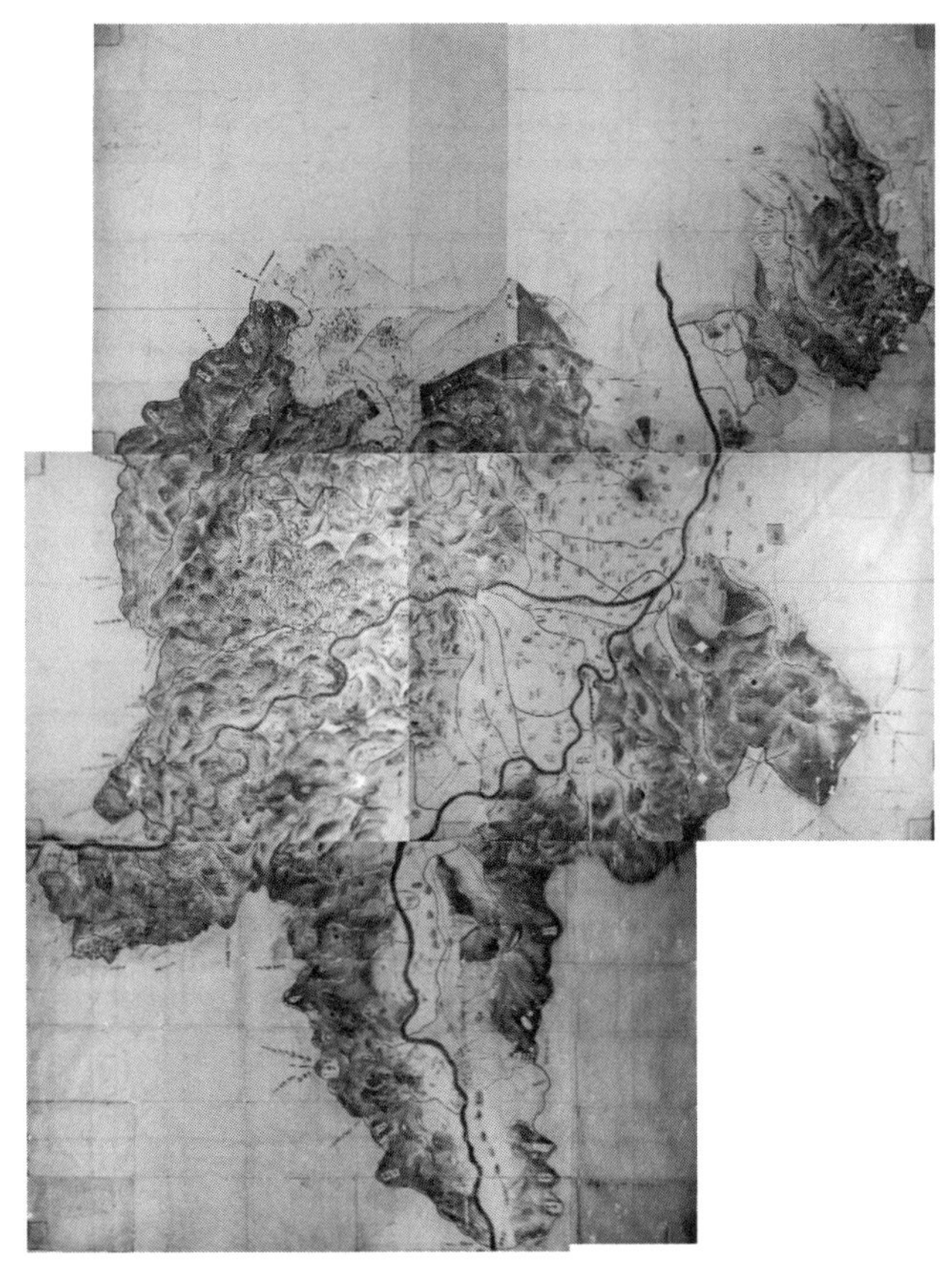

図3「元禄十年御領分図」(16)（国文学研究資料館所収）

【二】御領分荒地引替御願と寛保満水図の関係について

前節で述べたように集計対象とその内訳が異なる二つの荒地調書が、延享元年の四月と五月の両月に相次いで調製されている。それはなぜなのか、その由来について以下に論考を進める。

この鍵となるものが「寛保満水図」である。「寛保満水図」は、一枚畳八畳にも及ぶ大絵図で、この絵図の作成には松代領の戌の満水後の窮状を訴える藩の切迫した思いが込められていた。先に述べたように「寛保満水図」には、本田高のみの表高が記されていて、『延享元年四月領知村々高附帳』の記載内容と同じである。それでは「寛保満水図」は、なぜ表高での被災を記述したのか。その理由を考えてみる。

これは、「寛保満水図」や『延享元年四月領知村々高附帳』が、単なる災害記録や被災報告を目的としたものではなく、所領支配等の政策的な使用を目的として制作されたものと考えることができる。**図1**に示した「寛保満水図　一」には、凡例として朱の丸印が御料所（幕府領）、朱の半塗印には御料所と松代藩領の相給（一村が二つ以上の領主によって領知されること）を意味する御料所分村の記述があるが、松代藩領（私領）の区分を説明する凡例はない。これは、幕府領の範囲の説明に重きを置いた絵図の特徴と考えられる。松代藩は元禄十年（一六九七）幕府から信濃国絵図の作成を命じられ、領内絵図を作成した。[15] それが、図3に示した「御領分図」[16] である。図1に示した、「寛保満水図　一」と酷似し、「寛保満水図　一」が「御領分図」の複製品であることがわかる。

では何の目的でこの「御領分図」が戌の満水後に再び使用されたのか。その糸口となる「口上覚書」が『勘定所日記』に残っている。[17] それを以下に示す。

口上覚

寛保二戌年大水之節永荒地三万石余出来仕、御高並之御役
御勤難被遊旨被　仰立、荒地御引替御願被遊候処、御願書
御返被遊、御領内荒地絵図被　仰付被指上候、右躰之義付、
御勝手御指支故　御家督後御老中様御招請初事立候義何年
も不罷成、（中略）
一延享元子年三月廿七日、本多中務大輔様江御領内荒地替地
之御願書、小笠原縫殿助様を以被指出候処、御請取被成候、
同四月四日御留守居被召呼、御用人石原弥右衛門を以御願
難相成筋ニ付、御願書御返被成、御領分荒地場所絵図相認、
中務大輔様迄差出候様、右弥右衛門を以被仰出候、
同五月十九日、中務大輔様江荒地絵図被指出、小松忠左衛門
持参大屋数馬参会、御口上相述絵図差上候、御請取御承知
被成候由以同人被仰出候、神尾若狭守様・水野対馬守様江忠
左衛門参上、右之趣申上候処、若狭守様御留守ニ付御用人江
申置、対馬守様御承知被成候旨御挨拶有之段、平太夫・甚
平方より申来、高力摂津守様江茂忠左衛門伺候、絵図面被指
出候段為御知御口上相勤候所、御逢被成様子御尋、尤小笠
原石見守様江右之趣早速被仰達、御出精可被成由御申候段、
舎人方より申来、（後略、傍線筆者）

戌の満水による荒廃で深刻な財政難に陥った松代藩は、延享元年（一七四四）三月二十七日、拝領高に見合う役目を勤めることができないとして、領地（荒地）引替えを幕府に願い出た。松代藩は、第三代藩主真田伊豆守幸道の時代、幕府より度々課役を命じられていて、そのため、藩の財政が疲弊していた。加えて戌の満水により収納が著しく減少し、困窮の極みに陥っていた。[18] この時に願書と共に幕府に差出した絵図が「寛保満水図　一」と筆者は考えている。この「荒地御引替御願」、「御領分荒地引替御願一件」[19] として真田家文書に残されている。その記述の一部を以下に示す。

一本多中務大輔様江御領内荒地替地之御願書、小笠原縫殿助様
を以被差出候処、首尾能御請取被成候也、中務大輔様御門
前迠小松忠左衛門附置右之段申聞
私領分信州松代従前々、千曲川・犀川其外谷川等多荒地御
座候而収納不足仕候得共、近年迠年々御領分不納等御座候付、
年繰之様ニ仕相続候得共、去々年戌八月終ニ無御座大水ニ而
城内夥敷破損、其上家来共屋鋪数多及大破、諸道具衣類扶
持米等押流泥下ニ罷成、手前貯置候米穀等或押流或泥入罷成
候仕合御座候、去々戌暮拝借金被　仰付、家中町在手当申付、

私勝手共此節迚取続難有仕合奉存候、右之通領分収納不足
仕候付、最早繰回等茂不罷成、此末御奉公茂難相勤仕合御
座候、
一松代者段々地形下リニ而千曲川者小諸領上田領ニ而水茂浅ク
御座候得共、所々谷川落合候而、松代ニ者別而大川ニ罷成候、
其上領分村方地形高下御座候故、少シ水増候得而茂以之外相
防兼候処、去々年満水以来者就中川筋悪敷罷成、少々之雨ニ
茂所々江水押上迷惑仕候、
一犀川者従松本領諸方之谷川落合候而、流至極水早キ大川ニ而
御座候、依之満水之節者猶以平生共ニ所々江溢、千曲川ゟ者
相防申候儀不罷成、年々荒地相増候、
一私領分拾万石之内山中三万石与申候ハ皆山ニ而御座候、里
七万石与申候得共、小山并谷川多地形悪鋪御座候故、山抜川
欠年々相増申候、
一右千曲川犀川共松代領江流、領分之末ニ而両川落合一川ニ罷
成、飯山領之方江流申候故、飯山ニ而者犀川与申名者無御座
一筋ニ千曲川与申候、領分之内ニ而茂末江罷成候程水深罷成
候故、結局川幅狭罷成流申候、
一右両川流申候故、従古来松代之事川中嶋与申候而河原多荒地
夥鋪御座候、至而地窪成所ニ而御座候、其上千曲川之末ニ大
瀧与申候難所有之、何方江茂廻船一切不罷成候故、米直段至
極下直ニ而一入手廻シ悪鋪、家中之者共扶助仕候儀茂難罷成、
難儀至極奉存候、
右之通山里共ニ川々多、年々山抜川欠相増候上、去々年戌之
秋大水ニ而高辻三万石余永々難起返荒地罷成候、依之　御軍
役茂難相勤仕合御座候、何卒了罷成儀ニ御座候者、右荒地所々
替地被　仰付被下置候様奉願候、以上

三月廿七日　真田豊後守

一大名が幕府から拝領した領地を自らの意志で返納するという究極の手段を選択しなければならなかった松代藩の困窮に、戌の満水がもたらした荒廃の大きさを推し量ることができる。

このような究極の選択の背景には、過去に同様な荒地引替え（上知）が執行された実例があった。宝永四年（一七〇七）十一月の富士山大噴火の際に幕府が小田原藩に対して大規模な上知策を講じ災害復旧を幕府が実施している。この時発出された幕令が『御触書寛保集成』[20]に残されている。

覚

武州・相州・駿州三ヶ国の内、去る冬砂積り候村々、所務
成り難き程の私領は、村替下さるべく候間、その旨存ぜら
るべく候、委細は荻原近江守（勘定奉行）へ相談せらるべく
候、以上　閏正月

この御触書に基づき幕府は、小田原藩をはじめとする被災地を公収し領主たちには替地を与え、直轄による復興対策に乗出した。小田原藩内の五万六千石余（一九七ヶ村）の被災地を上知として幕領化し、関東郡代伊奈忠順の手で復興を進めた。それに代わる領地として三河・伊豆・播磨国内の五万六千石余を小

田原藩に与えた。後の享保元年(一七一六)幕府は被災地のおおよそ半分の、二万七九四八石余を小田原藩に還付している。[21]

さらに信濃国内でも上知が執行された実例があった。享保八年(一七二三)十一月飯山藩主本田助芳は、幕府老中安藤対馬守に所領の上知を願い出ている。享保二年、飯山藩二万石を拝領した本田氏は越後国糸魚川からの移封で一万石の加増を得た。

しかし、享保六年から八年に相次いで起きた千曲川の洪水で飯山藩の財政は逼迫していた。千曲川の川除普請は飯山藩だけの力では不可能であると判断した飯山藩は、千曲川右岸の高井郡二四ヶ村すべてと左岸の水内郡六ヶ村を幕府に返上するというものであった。享保九年八月には幕府より知行所内村々引替えの沙汰が飯山藩に下った。そして飯山藩はあらたに水内郡の三七ヶ村を拝領することとなった。この時、表高二万石の帳尻を合わせるため、一八ヶ村の本田高計五六四石余を新田高に移す操作が行われたという。[22]

松代藩は、二〇年前の前例をよりどころに上知を願い出たのであるが、享保八年の飯山藩の記録は享保十二年十二月の火災で焼失していてどのように替地が行われたのか分からないとしている。[19]

小田原藩は譜代の大名大久保家の所領で当時の藩主は大久保加賀守忠増で老中の要職にあった。富士山の大噴火という未曽有の災害に、東海道を守備する譜代大名に対する超法規的措置であったのであろう。また、飯山藩の本田氏も徳川譜代の大名の家系である。

これに対して松代真田藩は外様の大名であった。四月四日にはこの荒地引替願は、「御領分荒地有之付、御願書被差出候処、難罷成筋ニ付右御願書被差戻候由ニ而」と却下された。

『延享元年四月領知村々高附帳』には次の差込紙が残っている。

子四月十九日御領分荒地絵図ニ相添差出候帳面控、尤此通ニ相認跡部左衛門殿江茂御控壱帳指出候、朱書入郡方控ニ付相認置候、

これにより『延享元年四月領知村々高附帳』と「御領分荒地絵図」は対となるものであることがわかる。先に述べたように、「寛保満水図　二」と『延享元年四月領知村々高附帳』の記載内容は一致していることから、この時、幕府に差出された「御領分荒地絵図」なるものが、「寛保満水図　二」であると言える。

さらに『延享元年五月川中嶋領之内荒地帳』の末尾袋とじには、次の添書きが収められている。

中務大輔様江差上候ハ絵図面一枚差上候、右絵図面壱ヶ村切ニ本高并本新田荒地高書記、尤絵図之内ニメ書共ニ書載差出候、

一追而御吟味方有之候ハバ、本高荒地高絵図面ニ書印候通、帳面ニ致し差出候様被仰渡候ハバ、此帳之通可差出由ニ而帳面仕立置候、惣而　公辺之儀ハ此帳之通ニ相心得候様、郡奉行御代官迄申含候様従江戸申来ル、

これらは、『延享元年四月領知村々高附帳』と『延享元年五月

川中嶋領之内荒地帳』の作成由来を明確に示している。この時の松代藩の動向と各史料の関係を時系列にまとめると以下のとおりである。

延享元年	
三月二七日	(ア)幕府老中本多中務へ荒地替地願書を差出す。(『御領分荒地引替御願一件』、「寛保満水図 一」)
四月四日	(イ)老中本多中務御用人石原弥右衛門より荒地替願が却下された旨が伝わる。 (ウ)老中より荒地場所の絵図を認めて差し出すように指示がある。(『勘定所日記』)
四月十九日	(エ)御領分荒地絵図に添えて差出す帳面の控を跡部左衛門にも差出す。(『延享元年四月領知村々高附帳』)
五月十九日	(オ)老中本多中務に絵図を差出す。絵図には一村毎に表高と荒地高が書かれていた。(「寛保満水図 二」)
五月中	(カ)荒地引替願が絶望的と判断した松代藩は、引きつづき吟味がある場合に備えて、表高表示の調書を改め、内高表示のこの帳面を作った。(『延享元年五月川中嶋領之内荒地帳』) (キ)公儀とのやり取りはすべてこの帳面の通りにするので心得る旨を、郡奉行・代官まで周知するようにと江戸より指示がでる。

「御領分荒地引替御願書」は、川中島四郡の地理的・地形的説明が主体であった。幕閣に奥信濃の立地を説く必要があったのであろう。この説明を補足する目的で、「寛保満水図 一」が制作されたと筆者は考えている。荒地場所の絵図を認めたものが「寛保満水図 二」と考えられるが、**図2**で見る通り隅の余白部が大きく切り取られている。先に示した添書きには、「絵図之内ニ〆書共ニ書載差出候」とあるので、この余白に各郡の荒地石高の集計が記載されていたものと考えられるが、いつの時点でどのような理由により切り取られたものか不明である。

「御領分荒地引替御願書」の文末に戌の満水後の窮状を訴える件があるが、替地の対象となる村々の具体的な村名には言及していない。替地の願いが次の段階に進んだところで『延享元年四月領知村々高附帳』で荒地高を割増し荒廃の度合いを強調した埴科郡や高井郡の村々を上知する目論見であったのであろうか。松代城下を含む埴科郡を本当に返上する目論見であったか否かに議論の余地が残るが、千曲川の氾濫域で水害の常習地帯であった松代城下の上知を本気で目論んだとしても不自然ではない。この替地願が却下された三年後の延享四年(一七四七)に、松代藩は財政が逼迫する中であるにも関わらず、松代城下を守るため千曲川の瀬替え工事に着手している。(23)

【三】戌の満水以降の荒地高の推移について

戌の満水で永荒地となった田畑の起返りは容易に進まなかった。松代藩領内では、これに追い討ちを掛けるように大きな災害が頻発した。『天明五年 年暦御免除御伺荒所高増減差引帳(以下荒所高増減差引帳)』(24)には、寛保二年(一七四二)から天明四年(一七八四)までの四二年間における過半の荒所村の推移がまとめられている。これを**表2**および**3**にまとめた。**表2**には、過半の荒所村の村数と荒所高の推移を、**表3**には天明四年の時点で国役金の減免を受けた三九ヶ村について村毎の荒所高の推移を示す。

まず**表2**により、過半の荒所村の増減推移をみてみる。戌の満水から一五年後の宝暦七年（一七五七）五月と七月の二度にわたって川中島平を洪水が襲った。このとき松代領内の一〇〇ヶ村五万一一七二石の田畑が被害を受けている。宝暦九年（一七五九）には寛保二年減免の永荒地高八二三四石余も含め二万四千五百石余の永荒地が村高の過半を越えたとして、幕府勘定方に松代藩が国役金免除を願い出たが、認められることはなかった[25]。

続いて明和二年（一七六五）四月には一九二ヶ村五万三八六五石の田畑が被災した。九月には幕府勘定方池田喜八郎ならびに御普請役松井唯八・久保田定市らの見分を受け、水内郡中御所村、小柴見村等新たに二八ヶ村が過半の荒所村と認められ、永荒高一万三九三八石余に掛かる国役金の減免が上申された。これに寛保二年の荒所を加え四七ヶ村が過半の荒所村となり二万二一七三石を対象に国役金の減免が認められている。この他に、一四一ヶ村に二万一二六石余の永荒地が発生していたが、被災が村高の五分未満のため国役金減免の上申が見送られている。都合、四万二二九八石余の田畑が永荒地と化していた[26]。これは松代藩の実高一一万六四〇三石余の三割六分に当る石高であった。

明和五年（一七六八）五月には再び千曲川・犀川が出水し、一六五ヶ村三万八五三六石が被災した。この時、水内郡久保寺村、小根山村等四ヶ村一九〇五石余が新たに過半の荒所村として認められ、過半の荒れ所村は五一ヶ村、国役金の免除対象となる永荒地は二万五六八四石余に増加した。この豪雨では、水内郡瀬戸川村で大規模な山抜が発生し土尻川筋をせき止め、決壊災害を土尻川流域に及ぼした。その損耗高はおよそ千石、土中に押埋られた家屋は一四五軒に達した[27]。小根山村は三二三石が永荒れ化し、過半の荒所村となった。

明和七年（一七七〇）春には、寛保二年採択分を除く永荒地のうち畑地分は国役金免除から除外する旨の達しが公儀よりあり以下の対応が行われた。「寛保年中荒所之儀者田方ハ格別、畑方之分ハ御免除難被成下段被仰渡御座候付、畑高之分不残差除帳面認直指出申候、（中略）高四五三四石、此分当春御伺帳起高ニ罷成候[28]」。つづいて安永元年（一七七二）には、「堰・道・堤代高辻之分ハ御免除高之内相除候」とされ、併せて六六九八石余が減免対象から除外された。これにより安永二年には、一二ヶ村が過半の荒所村から除外され、三九ヶ村のみが減免の対象となった[29]。

この間も打ち続く災害により、永荒地の復興はなかなか進まなかった。安永元年には、「先達御届御座候荒地分、国役御普請起返りニも可成場所不残又々荒地ニ罷成候、此段申上候[30]」と報告されている。そのような中、安永四年（一七七五）十月には、「中

表2　戌の満水以降の過半の荒所村の推移　(単位:石)

御免所御伺年	西暦	過半(五分以上)の荒所村の永荒高の推移									備　　考
		村数	寛保二年八月	明和二年四月	明和五年五月	安永二年	安永四年	安永八年八月	天明三年七月	荒所石高	
寛保二年伺	1742	村数	19							19	過半(五分以上)の荒所村十九ヶ村に対し、国役金の免除が認められる
		増し高	8,234.906							8,234.906	
明和三年伺	1766	村数	19	28						47	この時、水内郡中御所村、小柴見村等二十八ヶ村が新たに加わる
		増し高	8,234.906	13,938.038						22,172.944	
明和六年伺	1768	村数	19	28	4					51	この時、水内郡久保寺村、小根山村等四ヶ村が新たに加わる
		前回高	8,234.906	13,938.038						22,172.944	
		増し高	344.500	1,261.000	1,905.649					3,511.149	
		高　計	8,579.406	15,199.038	1,905.649					25,684.093	
安永二年伺	1773	村数	51			−12				39	明和7年 寛保年中荒所之儀者田方ハ格別、畑方之分ハ御免除難被成下段被仰渡御座候付、畑高之分不残差除帳面認直指出申候、4,534.919石此分当春御伺帳起高ニ罷成候、 安永元年 堰・道・堤代高辻之分は御免除高之内相除候、 (都合十二ヶ村、6,698.884石が除外される)
		前回高	25,684.093							25,684.093	
		外し高				−6,698.884				−6,698.884	
		高　計	25,684.093			−6,698.884				18,985.209	
安永四年伺	1775	村数	39				−2			37	中御所村起返り地多く除外、粟佐村は御料所杭瀬下村との境論に付免除から除外される。
		前回高	18,985.209							18,985.209	
		外し高					−911.304			−911.304	
		高　計	18,985.209				−911.304			18,073.905	
天明元年伺	1781	村数	37					2		39	粟佐村(478.366石)、西寺尾村(592.101石)増し
		前回高	18,073.905							18,073.905	
		増し高	654.593					1,070.467		1,725.060	
		高　計	18,728.498					1,070.467		19,798.965	
天明四年伺	1784	村数	39							39	年暦御免除御伺荒所高増減差引帳(26A/え00486)[24]
		前回高	19,798.965							19,798.965	
		増し高	114.019							114.019	
		高　計	19,912.984							19,912.984	

表3　過半の荒所村の石高推移　『天明五年　年暦御免除御伺荒所高増減差引帳』(24)より　(単位:石)

郡名	村名	石高 A	寛保二年水損永荒覚帳	寛保二年水損之覚帳記載分	寛保二年分未の起返し	寛保二年戌荒所残	明和二年荒所増し	明和二年分未の起返し	明和二年酉荒所残	明和五年荒所増し	明和五年分未の起返し	明和五年子荒所残	安永八年亥荒所	天明三卯荒所	天明五年年暦御免除伺 B	永荒率 B/A	残高 A-B
水内郡	小市村	322.050	212.550		-2.832	209.718								19.827	229.545	71.3	92.505
	小柴見村	110.420		52.008	-2.478	49.530	17.529	0.000	17.529						67.059	60.7	43.361
	窪寺村	852.580		246.967	-14.531	232.436				203.500	0.000	203.500			435.936	51.1	416.644
	小根山村	633.110								365.173	-42.113	323.060			323.060	51.0	310.050
更級郡	五明村	737.700	489.452		-11.318	478.134				23.000	0.000	23.000			501.134	67.9	236.566
	網掛村	347.384	264.523		-5.707	258.816									258.816	74.5	88.568
	須坂村	253.120	187.570		-5.228	182.342								17.904	200.246	79.1	52.874
	丹波島村	643.060	396.233		-53.537	342.696				20.000	0.000	20.000	160.221		522.917	81.3	120.143
	綱島村	1111.370	989.894		-10.322	979.572				21.000	0.000	21.000	51.848	24.803	1077.223	96.9	34.147
	牛島村	815.265	674.874		-55.099	619.775				50.000	0.000	50.000			669.775	82.2	145.490
	川合村	1230.030	997.607		-12.459	985.148				32.000	0.000	32.000	144.042	30.164	1191.354	96.9	38.676
	須牧村	25.740	25.740		0.000	25.740									25.740	100.0	0.000
	川合新田村	383.139	206.000		-29.095	176.905				25.500	0.000	25.500	129.329		331.734	86.6	51.405
	力石村	635.830		196.933	-14.068	182.865	167.576	0.000	167.576	55.000	0.000	55.000			405.441	63.8	230.389
	本八幡村	2469.010		805.794	-124.036	681.758	464.986	0.000	464.986	122.000	0.000	122.000			1268.744	51.4	1200.266
	向八幡村	467.850		注1) 188.196	-21.033	167.163	206.114	-111.060	95.054						262.217	56.0	205.633
	青木島村	541.392		103.268	-4.877	98.391	383.712	0.000	383.712	30.000	0.000	30.000			512.103	94.6	29.289
	大豆島村	1258.612		587.446	-41.696	545.750	146.953	-100.000	46.953	170.000	-115.793	54.207			646.910	51.4	611.702
	小島田村	1792.815		609.653	-26.378	583.275	351.652	-100.005	251.647	80.000	0.000	80.000			914.922	51.0	877.893
	四屋村	803.143		390.924	-41.079	349.845	189.197	-151.790	37.407	108.000	0.000	108.000	27.541		522.793	65.1	280.350
	西寺尾村	1134.810		420.718	-181.500	239.218	282.268	-54.640	227.628	113.000	-34.596	78.404	46.851		592.101	52.2	542.709
埴科郡	千本柳村	814.390	612.188		-41.873	570.315				15.000	0.000	15.000			585.315	71.9	229.075
	岩野村	857.210	450.076		-33.287	416.789				25.500	0.000	25.500			442.289	51.6	414.921
	西條村	1274.420	671.732		-7.925	663.807							73.058		736.865	57.8	537.555
	紙屋町村	171.140	171.140		0.000	171.140									171.140	100.0	0.000
	鼠宿村	926.385		注1) 424.831	-9.611	415.220	229.943	0.000	229.943						645.163	69.6	281.222
	内川村	437.630		157.929	-28.854	129.075	226.031	-93.100	132.931						262.006	59.9	175.624
	雨宮村	1986.130		326.506	-11.335	315.171	761.515	-252.961	508.554	190.000	0.000	190.000			1013.725	51.0	972.405
	倉科村	862.080		212.080	-5.870	206.210	283.877	-39.070	244.807						451.017	52.3	411.063
	平林村	277.635		130.719	-5.517	125.202	21.703	0.000	21.703						146.905	52.9	130.730
	粟佐村	746.105		364.123	-130.150	233.973	159.794	-74.550	85.244	87.500	-53.665	33.835	125.314	21.321	499.687	67.0	246.418
高井郡	小布施村之内	145.180	104.364		-4.154	100.210							6.094		106.304	73.2	38.876
	相之島村之内	163.736	113.823		-3.918	109.905									109.905	67.1	53.831
	幸高村之内	23.240	14.112		-0.117	13.995									13.995	60.2	9.245
	大室村	999.910	639.035		-59.295	579.740				43.200	0.000	43.200	11.829		634.769	63.5	365.141
	福島村	1317.630	1013.993		-124.322	889.671				89.300	0.000	89.300			978.971	74.3	338.659
	川田村	2100.410		933.956	-119.121	814.835	183.228	-77.904	105.324	170.000	0.000	170.000			1090.159	51.9	1010.251
	小出村	455.740		173.161	-5.141	168.020	111.133	-44.790	66.343				50.631		284.994	62.5	170.746
	保科村	1451.040		435.320	-10.003	425.317	354.688	0.000	354.688						780.005	53.8	671.035
合計		31,578.441	8,234.906	6,760.532	-1,257.766	13,737.672	4,541.899	-1,099.870	3,442.029	2,038.673	-246.167	1,792.506	826.758	114.019	19,912.984	63.1	11,665.457
着色部計			8,234.906	0.000	-460.488	7,774.418	4099.837	-970.680	3,129.157	1,838.173	-157.906	1,680.267	826.758	114.019	19,912.984		

注1）網掛け部分は、村高に占める荒所石高が五分を超えた時点以降の期間を示す。網掛け部分の左端が過半の荒所村と認められた時点を示す。

注2）『寛保二年水損之覚帳』と齟齬があるが『年暦御免除御伺荒所高増減差引帳』の記載を表記した。

御所村当春地改ニ付起返り高茂多御座候付、右中御所村茂此度御伺帳之内相除可然哉、」と中御所村が復興し過半の荒所村から除外された。

一方、粟佐村は、「然処粟佐村之儀御料所杭瀬下村地論ニ付、此節江戸表出訴仕罷在候、杭瀬下村・粟佐村境論ニ付、此上御吟味より地改等可被仰付哉、難斗奉存候、右之節ニ至引高相減申立仕度儀茂可有御座候哉、国役御免除伺帳江結置候得而ハ右躰之節差支ニ可相成哉、依之此度国役金御免除御伺帳之内右粟佐村相除申度奉存候、」と、幕府領杭瀬下村との境論を理由に免除から除外されている。(31)

安永八年(一七七九)八月の千曲川・犀川の満水では一三七ヶ村三万八八六〇石の田畑が被災し、西寺尾村が過半の荒所村に加えられた。この時に粟佐村は改めて過半の荒所村に再編入された。(31)

次に、各村毎の荒所高の推移を**表3**で俯瞰してみる。これは天明四年(一七八四)の時点で国役金の減免を受けた三九ヶ村に関する荒所高の推移をまとめたもので、安永二年(一七七三)に免除から除外された一二ヶ村および安永四年(一七七五)に復興を達成した中御所村は含まれていない。表中の網掛けの部分は、村高に占める荒所石高が五分を超えた時点以降の期間を示す。つまり網掛け部の初見(表中の左端)が過半の荒所村と認められた時点を示している。

明和二年(一七六五)四月の災害の後に幕府勘定方池田喜八郎らの見分を受け、新たに過半の荒所村と認められた村々は、寛保二年の水損永荒覚帳記載の一九ヶ村以外の村で、寛保二年に過半の荒所村として認められた村に永荒れ地の増加は見られない。池田喜八郎らの査定は、減免の既得権を持つ過半の荒所村一九ヶ村以外の救済に重きを置いたものとなっている。これは、過半の荒所村の認定が実際の荒所の増減で決まるのではなく、災害で疲弊した村を救済する政策(御手当)的意図が多分に含まれていたものと考えられる。

『荒所高増減差引帳』では、未の起返しとして寛保二年荒所分、明和二年ならびに明和三年分として起返しによる荒所高の減分が記載されている。未の起返しの未とは安永四年(一七七五)のことと考えられ、堰・道・堤代の除外が主な要因であったと考えられるが、寛保二年分として一二五七石余、明和二年分として一〇九九石余および明和五年分二四六石余が起返しとして荒所石高より減じられている。これらは永荒地の採択基準の見直しによるもので、実質的な耕地の復興を示すものではない。

幕府勘定方は、度々永荒地の起返しの進捗状況の報告を松代藩に求めているが、松代藩はその都度「右荒所一向立帰り無御座候ニ付」とか「可立返候様無御座候」などと返答している。これにも御手当の継続の意向が含まれていて、多少の起返しは伏せられていたものと考えられ、復興の進捗状況を正確に反映していたとは言い難い面もあり、実際の永荒れ石高と多少の乖離があったもの思われる。一方、中御所村のように起返しが進み過半の永荒村を脱した村の記録も残っていることから、全体としては永荒地の増減を概ね反映したものとみなすことができる。

　このように耕作地の復興はなかなか進まず、戌の満水の爪痕が癒えることはなく、松代藩と領民の苦悩の歴史は続いたのである。

おわりに

　以上種々述べてきたことをまとめると以下の通りである。

一、戌の満水で荒廃した田畑の状況を示す三種四史料が真田家文書に存在する。

二、『寛保二年十一月水損之覚帳』と『寛保二年十一月水損永荒覚帳』は一対の史料で、国役金延納・免除のために作成されたものである。戌の満水に関する既往の研究では後者の史料が見落とされ、千曲川左岸および犀川下流部の被災状態が過少に評価されていて検討の余地がある。

三、『延享元年四月領知村々高附帳』と『延享元年五月川中嶋領之内荒地帳』は一ヶ月違いで調製された調書であるが、石高表示に表高と内高の違いがある。前者の荒地高計上に調整の跡がみられる。『延享元年四月領知村々高附帳』記載の荒地高は埴科郡が二割増で、水内郡は二割減の石高で取りまとめられていたがその意図および根拠は明確となっていない。

四、この二つの調書が作成された背景に、松代藩が延享元年三月に幕府に願い出た「御領分荒地引替御願」があった。四月には願い出が却下されたが、荒地場所の絵図をしたためて差し出すように求められた。これが「寛保満水図　二」である。

五、荒地引替を断念した松代藩は、内高計上の実情に沿った『延享元年五月川中嶋領之内荒地帳』を調製し、公儀とのやり取りはすべてこの帳面の通りにすることを決め藩内に周知した。

六、『延享元年四月領知村々高附帳』の荒地高の調整を鑑みると、松代藩は、松代城下を含む埴科郡を幕府に返上することを目論んだものと考えられる。この点に関しては、更なる検証が必要であるが、松代藩は戌の満水により城下を含む埴科郡等の返上を企図するほど疲弊困窮の極みにあった。しかし、「御領分荒地引替御願」は却下され、大きな課題を抱えたまま、荒廃した領地の立て直しに直面していったのである。

七、その後も大きな災害が頻発し、明和二年には四万二二九八石余の田畑が永荒地と化していた。これは松代藩の実高一一万六四〇三石余の三割六分に当る石高であった。明和五年には、過半の荒れ所村が五一ヶ村、国役金の免除対象となる永荒地は二万五六八四石余に増加した。このような状況の中、戌の満水の爪痕が癒えることはなく、松代藩と領民の苦悩は常態化していたのである。

注（参考文献）

（１）『長野市誌』「第四巻歴史編近世二」長野市　平成十六年
（２）「寛保二戌年水害御届書（矢沢家文書）」『戌の満水を歩く』信濃毎日新聞出版局　平成十四年
（３）山田啓一「千曲川における寛保２年（１７４２）洪水の規模推定について」『第９回日本土木史研究発表会論文集』土木学会　平成元年
（４）『信濃国松代真田家文書』、「２６Ａ／え００４６７」人間文化研究機構国文学研究資料館
（５）『信濃国松代真田家文書』「２６Ａ／え００４６８」
（６）『信濃国松代真田家文書』「２６Ａ／う０１３４１」
（７）『信濃国松代真田家文書』「２６Ａ／う０１３４２」
（８）『信濃国松代真田家文書目録・第二八集（史料館所蔵史料目録（その一））』国立史料館　昭和五十三年
（９）『長野県史』「近世史料編　第７巻（２）」　長野県　昭和五六年
（１０）たとえば『長野市誌第四巻近世二』、『更埴市史第二巻近世』、『長野県立歴史館研究紀要第二十号、戌の満水（寛保の洪水）試論』など
（１１）「寛保満水図」　長野市立博物館収蔵
（１２）渡辺敏『長野史料・天』　信濃教育博物館収蔵
（１３）『長野市立博物館収蔵資料目録・歴史１１　浦野家旧蔵資料』　長野市立博物館　平成二十四年
（１４）原田和彦「絵地図から見た寛保２年・戌の満水」『国立歴史民俗博物館研究報告第９６集』国立歴史民俗博物館　平成十四年
（１５）『松代藩の国絵図・城下絵図・町絵図』　真田宝物館　平成二十六年
（１６）『信濃国松代真田家文書』「２６Ａ／し００３９０～３９２」
（１７）古川貞雄『松代藩災害史料』「２　安永五年」長野市誌編さん室
（１８）大平喜間多『松代町史　上（復刻版）』　臨川書店　昭和六十一年
（１９）『信濃国松代真田家文書』「２６Ａ／う００８７７」
（２０）高柳真三『御触書寛保集成』「一三九八　宝永五子年閏正月」　岩波書店　昭和三十三年
（２１）『小田原市誌』「通史編近世」　小田原市　平成十一年
（２２）『飯山市誌』「歴史編（上）」　飯山市誌編纂委員会　平成五年
（２３）篠ノ井公民館東福寺分館『千曲川瀬直しにみる村人の暮らし』　銀河書房　平成六年
（２４）『信濃国松代真田家文書』「２６Ａ／え００４８６」
（２５）『宝暦九年旧松代藩御用部屋日記』　長野県立歴史館収蔵
（２６）古川貞雄『松代藩災害史料』「１　明和三年」　長野市誌編さん室
（２７）古川貞雄『松代藩災害史料』「７　寛政十三年」　長野市誌編さん室
（２８）古川貞雄『松代藩災害史料』「１　明和七年」　長野市誌編さん室
（２９）古川貞雄『松代藩災害史料』「１　安永三年」　長野市誌編さん室
（３０）古川貞雄『松代藩災害史料』「１　安永元年」　長野市誌編さん室
（３１）古川貞雄『松代藩災害史料』「１　安永四年」　長野市誌編さん室

補遺　表4　戌の満水で荒廃した田畑の状況を示す真田家文書三種四史料記載の荒廃高の比較（その1）

（単位:石）

郡名	村名	①国役金延納方伺および免除伺 信濃国水内郡更級郡埴科郡高井郡之内領知水損之覚帳　寛保二年（1742）十一月 / 信濃国水内郡更級郡埴科郡高井郡之内領知水損永荒覚帳　寛保二年（1742）十一月 石高 A	山抜川欠荒地永引 B	石砂入四五年之内可立返 C	小計 D=B+C	損耗率 D/A %	当戌年一毛損耗 E	荒廃高計 F	全損耗率 F/A%	②水内更級埴科高井郡之内領知村々高附帳 寛保満水絵図 二 延享元年（1744）四月 石高 I	荒地高 II	損耗率 II/I %	朱添書	③信濃国川中島領水内郡更級郡埴科郡高井郡之内荒地帳 長野史料・天の松城四郡水害荒廃高調 延享元年（1744）五月 石高 イ	本田荒地 ロ	本田損耗率 ロ/イ %	新田荒地 ハ	荒地高計 ニ=ロ+ハ	合計損耗率 ニ/イ %	高附帳荒地高調整痕 増減比 II/ロ
四郡全体	水内郡	13,011.992	2,944.961	442.320	3,387.281	26.0	3,955.380	7,342.661	56.4	39,869.660	7,025.829	17.6		43,339.799	8,900.343	20.5	324.689	9,225.031	21.3	0.79
	更級郡	30,874.679	9,348.587	1,192.500	10,541.087	34.1	9,521.095	20,062.182	65.0	35,138.183	12,311.711	35.0		44,635.981	11,744.809	26.3	2,358.429	14,103.238	31.6	1.05
	埴科郡	16,671.559	5,076.626	933.500	6,010.126	36.1	7,247.898	13,258.024	79.5	14,930.477	6,665.885	44.6		16,671.559	5,591.754	33.5	912.382	6,504.136	39.0	1.19
	高井郡	10,329.817	3,656.843	675.000	4,331.843	41.9	2,835.216	7,167.059	69.4	10,061.680	4,478.155	44.5		11,756.464	4,074.678	34.7	444.072	4,518.750	38.4	1.10
	合計	70,888.047	21,027.017	3,243.320	24,270.337	34.2	23,559.589	47,829.926	67.5	100,000.000	30,481.580	30.5		116,403.803	30,311.583	26.0	4,039.572	34,351.154	29.5	1.01
水内郡（八十七ヶ村）	石綿村									402.380	50.858	12.6		402.380	78.630	19.5	0.000	78.630	19.5	0.65
	北堀村									354.240	36.638	10.3		354.240	55.775	15.7	0.000	55.775	15.7	0.66
	下稲積村	101.080	29.297	0.000	29.297	29.0	27.648	56.945	56.3	101.080	9.400	9.3		101.080	29.297	29.0	0.000	29.297	29.0	0.32
	上稲積村									228.100	15.286	6.7		228.100	44.412	19.5	0.000	44.412	19.5	0.34
	下徳間村									550.990	26.360	4.8		590.990	56.421	9.5	0.000	56.421	9.5	0.47
	吉田村									840.400	83.560	9.9		840.400	115.503	13.7	0.000	115.503	13.7	0.72
	布野村	411.700	144.584	35.830	180.414	43.8	103.312	283.726	68.9	328.700	105.094	32.0		411.700	166.824	40.5	13.590	180.414	43.8	0.63
	里和田村									976.000	45.180	4.6		976.000	89.677	9.2	0.000	89.677	9.2	0.50
	桐原村									366.480	31.454	8.6		366.480	31.454	8.6	0.000	31.454	8.6	1.00
	上松村									954.980	20.976	2.2		954.980	38.105	4.0	0.000	38.105	4.0	0.55
	下山田村									202.760	19.433	9.6		202.760	23.450	11.6	0.000	23.450	11.6	0.83
	返目村									194.400	1.430	0.7		194.400	0.000	0.0	0.000	0.000	0.0	-
	檀田村									389.260	122.058	31.4		409.260	139.108	34.0	0.000	139.108	34.0	0.88
	中越村									268.040	4.680	1.7		268.040	0.000	0.0	0.000	0.000	0.0	-
	下平林村									351.860	7.134	2.0		351.860	11.734	3.3	0.000	11.734	3.3	0.61
	千田村之内									460.105	47.201	10.3		525.105	75.145	14.3	1.520	76.665	14.6	0.63
	市村	448.126	132.606	0.000	132.606	29.6	98.800	231.406	51.6	438.126	76.821	17.5	*	448.126	130.476	29.1	2.130	132.606	29.6	0.59
	中御所村之内	577.590	212.225	28.891	241.116	41.7	70.602	311.718	54.0	557.590	174.080	31.2	*	577.590	238.396	41.3	2.720	241.116	41.7	0.73
	腰村									283.150	1.797	0.6		288.150	0.000	0.0	0.000	0.000	0.0	-
	妻科村	636.680	140.275	35.930	176.205	27.7	154.002	330.207	51.9	631.680	113.485	18.0	*	636.680	155.803	24.5	0.000	155.803	24.5	0.73
	下東條村									810.110	55.044	6.8		810.110	61.440	7.6	0.000	61.440	7.6	0.90
	茂菅村	127.800	27.905	0.000	27.905	21.8	41.000	68.905	53.9	127.800	15.905	12.4		127.800	27.905	21.8	0.000	27.905	21.8	0.57
	小市村	322.050	212.550	-	212.550	66.0	-	-	-	312.050	203.800	65.3		322.050	212.550	66.0	0.000	212.550	66.0	0.96
	窪寺村	852.580	246.967	0.000	246.967	29.0	185.844	432.811	50.8	771.580	209.872	27.2	**	852.580	239.317	28.1	7.650	246.967	29.0	0.88
	小柴見村	110.420	52.008	0.000	52.008	47.1	10.000	62.008	56.2	105.420	48.935	46.4		110.420	52.008	47.1	0.000	52.008	47.1	0.94
	新安村									88.370	13.564	15.3		88.370	0.000	0.0	0.000	0.000	0.0	-
	鑪村									211.410	7.270	3.4		211.410	7.270	3.4	0.000	7.270	3.4	1.00
	桜村									420.330	137.266	32.7		428.330	141.550	33.0	0.000	141.550	33.0	0.97
	泉平村									115.240	15.043	13.1		115.240	24.073	20.9	0.000	24.073	20.9	0.62
	上ヶ屋村									562.200	81.388	14.5	*	562.200	94.034	16.7	0.000	94.034	16.7	0.87
	下曽山村									218.380	20.843	9.5		249.380	24.090	9.7	0.000	24.090	9.7	0.87
	上曽山村									203.560	33.103	16.3		203.560	38.003	18.7	0.000	38.003	18.7	0.87
	広瀬村									549.500	74.742	13.6	*	574.500	124.773	21.7	2.530	127.303	22.2	0.60
	入山村									870.210	182.506	21.0	*	980.210	359.305	36.7	12.105	371.410	37.9	0.51
	小鍋村	826.700	296.585	0.000	296.585	35.9	124.153	420.738	50.9	826.700	189.308	22.9	*	826.700	296.585	35.9	0.000	296.585	35.9	0.64
	栃原村									947.700	75.000	7.9	*	1,029.700	125.022	12.1	4.102	129.124	12.5	0.60
	鬼無里村									1,046.370	240.217	23.0	*	1,266.370	322.172	25.4	31.070	353.242	27.9	0.75
	日影村									555.190	113.065	20.4	*	657.190	174.072	26.5	18.030	192.102	29.2	0.65
	椿嶺村									286.780	2.191	0.8		286.780	0.000	0.0	0.000	0.000	0.0	-
	瀬戸川村	768.415	278.153	0.000	278.153	36.2	175.421	453.574	59.0	648.415	132.767	20.5		768.415	265.753	34.6	12.400	278.153	36.2	0.50
	小根山村									563.110	184.854	32.8	*	633.110	226.765	35.8	13.220	239.985	37.9	0.82
	竹生村									1,161.550	328.442	28.3		1,291.550	328.440	25.4	31.142	359.582	27.8	1.00
	伊折村	499.970	153.120	0.000	153.120	30.6	98.252	251.372	50.3	454.970	128.560	28.3	*	499.970	148.105	29.6	5.015	153.120	30.6	0.87

注1：網掛け部分は信濃国水内郡更級郡埴科郡高井郡之内領知水損永荒覚帳を示す。
注2：朱添書欄の*は一毛引ㇳ増高入を、**は新田引ㇳ増高入を、***は居屋敷引高入の朱書きが残る村を示す。
注3：四郡全体の合計石高と各村の石高の集計値に齟齬があるが原典に準拠して記載した。

補遺　表4　戌の満水で荒廃した田畑の状況を示す真田家文書三種四史料記載の荒廃高の比較（その2）

（単位:石）

郡名	村名	①国役金延納方伺および免除伺								②水内更級埴科高井郡之内領知村々高附帳				③信濃国川中島領水内郡更級郡埴科郡高井郡之内荒地帳						
		石高 A	山抜川欠荒地永引 B	石砂入四五年之内可立返 C	小計 D=B+C	損耗率 D／A %	当戌年一毛損耗 E	荒廃高計 F	全損耗率 F／A%	石高 I	荒地高 II	損耗率 II／I %	朱添書	石高 イ	本田荒地 ロ	本田損耗率 ロ／イ %	新田荒地 ハ	荒地高計 ニ=ロ+ハ	合計損耗率 ニ／イ %	増減比 II／ロ
水内郡（八十七ヶ村）	地京原村									602. 122	173. 425	28. 8	*	602. 122	243. 015	40. 4	0. 000	243. 015	40. 4	0. 71
	梅木村									411. 320	135. 116	32. 8	*	493. 320	198. 777	40. 3	6. 810	205. 587	41. 7	0. 68
	念仏寺村									468. 376	158. 654	33. 9	*	519. 376	213. 158	41. 0	5. 880	219. 038	42. 2	0. 74
	岩草村									372. 790	108. 967	29. 2		457. 790	173. 346	37. 9	5. 134	178. 479	39. 0	0. 63
	橋詰村									515. 675	225. 895	43. 8		572. 675	239. 810	41. 9	3. 210	243. 020	42. 4	0. 94
	五十平村	261. 110	94. 338	0. 000	94. 338	36. 1	37. 179	131. 517	50. 4	261. 110	75. 457	28. 9	*	261. 110	94. 338	36. 1	0. 000	94. 338	36. 1	0. 80
	瀬脇村									415. 384	98. 497	23. 7		449. 384	137. 111	30. 5	2. 322	139. 433	31. 0	0. 72
	大安寺村									201. 614	97. 648	48. 4		201. 614	94. 624	46. 9	0. 000	94. 624	46. 9	1. 03
	笹平村									36. 405	0. 800	2. 2		36. 405	0. 000	0. 0	0. 000	0. 000	0. 0	-
	五十里村	205. 031	81. 159	0. 000	81. 159	39. 6	25. 853	107. 012	52. 2	179. 031	76. 216	42. 6	*	205. 031	78. 289	38. 2	2. 870	81. 159	39. 6	0. 97
	中條村	786. 390	299. 104	0. 000	299. 104	38. 0	97. 713	396. 817	50. 5	643. 390	235. 959	36. 7	**	786. 390	292. 416	37. 2	6. 688	299. 104	38. 0	0. 81
	青木村	437. 240	164. 017	0. 000	164. 017	37. 5	64. 142	228. 159	52. 2	437. 240	129. 567	29. 6	*	437. 240	164. 017	37. 5	0. 000	164. 017	37. 5	0. 79
	奈良井村									344. 680	83. 657	24. 3		385. 680	83. 657	21. 7	3. 900	87. 557	22. 7	1. 00
	永井村									352. 490	115. 007	32. 6		455. 490	156. 593	34. 4	10. 980	167. 573	36. 8	0. 73
	越道村									420. 600	45. 849	10. 9		530. 600	111. 040	20. 9	2. 400	113. 440	21. 4	0. 41
	和佐尾村									197. 120	25. 919	13. 1		197. 120	0. 000	0. 0	0. 000	0. 000	0. 0	-
	上條村									174. 699	16. 401	9. 4		174. 699	17. 010	9. 7	0. 000	17. 010	9. 7	0. 96
	山上條村									298. 052	40. 695	13. 7		366. 052	40. 694	11. 1	3. 803	44. 497	12. 2	1. 00
	山穂刈村									142. 130	8. 380	5. 9		244. 130	8. 380	3. 4	4. 200	12. 580	5. 2	1. 00
	新町村									351. 439	15. 437	4. 4		396. 439	17. 108	4. 3	0. 000	17. 108	4. 3	0. 90
	風間村	690. 926	22. 852	18. 753	41. 605	6. 0	303. 947	345. 552	50. 0	405. 926	24. 780	6. 1	*	690. 926	35. 900	5. 2	5. 705	41. 605	6. 0	0. 69
	南俣村									316. 591	5. 500	1. 7	*	316. 591	0. 000	0. 0	0. 000	0. 000	0. 0	-
	南高田村									969. 018	47. 555	4. 9	*	969. 018	65. 920	6. 8	0. 000	65. 920	6. 8	0. 72
	北高田村									964. 850	11. 350	1. 2	*	964. 850	30. 642	3. 2	0. 000	30. 642	3. 2	0. 37
	西尾張部村									537. 500	21. 639	4. 0		537. 500	36. 545	6. 8	0. 000	36. 545	6. 8	0. 59
	南長池村	486. 960	21. 550	18. 582	40. 132	8. 2	223. 868	264. 000	54. 2	486. 960	15. 500	3. 2	*	486. 960	40. 132	8. 2	0. 000	40. 132	8. 2	0. 39
	北長池村	741. 240	57. 696	135. 852	193. 548	26. 1	226. 396	419. 944	56. 7	557. 240	89. 288	16. 0	*	741. 240	141. 843	19. 1	51. 705	193. 548	26. 1	0. 63
	北尾張部村									493. 012	10. 500	2. 1	*	493. 012	21. 870	4. 4	0. 000	21. 870	4. 4	0. 48
	小嶋村	730. 414	26. 286	23. 800	50. 086	6. 9	452. 990	503. 076	68. 9	730. 414	47. 724	6. 5		730. 414	50. 086	6. 9	0. 000	50. 086	6. 9	0. 95
	中俣村	652. 069	23. 079	28. 350	51. 429	7. 9	376. 630	428. 059	65. 6	587. 069	47. 673	8. 1	**	652. 069	46. 379	7. 1	5. 050	51. 429	7. 9	1. 03
	村山村	608. 120	153. 238	78. 550	231. 788	38. 1	239. 540	471. 328	77. 5	608. 120	321. 596	52. 9		608. 120	231. 788	38. 1	0. 000	231. 788	38. 1	1. 39
	南堀村	354. 500	17. 246	11. 282	28. 528	8. 0	177. 418	205. 946	58. 1	354. 500	112. 440	31. 7		354. 500	28. 528	8. 0	0. 000	28. 528	8. 0	3. 94
	下越村	246. 128	2. 500	0. 000	2. 500	1. 0	124. 500	127. 000	51. 6	246. 128	2. 500	1. 0	*	246. 128	2. 500	1. 0	0. 000	2. 500	1. 0	1. 00
	押鐘村	235. 687	24. 561	0. 000	24. 561	10. 4	109. 000	133. 561	56. 7	235. 687	22. 183	9. 4		235. 687	24. 561	10. 4	0. 000	24. 561	10. 4	0. 90
	北郷村	487. 080	13. 635	26. 500	40. 135	8. 2	213. 670	253. 805	52. 1	410. 080	54. 170	13. 2		487. 080	35. 733	7. 3	4. 402	40. 135	8. 2	1. 52
	宇木村	405. 986	17. 425	0. 000	17. 425	4. 3	193. 500	210. 925	52. 0	405. 986	20. 486	5. 0		405. 986	17. 425	4. 3	0. 000	17. 425	4. 3	1. 18
	三輪村									1, 123. 581	63. 218	5. 6		1, 123. 581	104. 213	9. 3	0. 000	104. 213	9. 3	0. 61
	吉窪村									405. 845	169. 660	41. 8		567. 845	169. 659	29. 9	14. 240	183. 899	32. 4	1. 00
	山中田中村									391. 255	72. 931	18. 6	*	469. 255	86. 722	18. 5	6. 303	93. 025	19. 8	0. 84
	宮之尾村									422. 618	137. 561	32. 5	*	471. 618	162. 848	34. 5	2. 330	165. 178	35. 0	0. 84
	黒沼村									636. 642	165. 026	25. 9	*	819. 642	202. 731	24. 7	11. 030	213. 761	26. 1	0. 81
	水内村									576. 670	130. 539	22. 6		645. 670	130. 539	20. 2	5. 903	136. 442	21. 1	1. 00
	久木村									111. 908	24. 337	21. 7		142. 908	24. 910	17. 4	2. 600	27. 510	19. 3	0. 98
	上野村之内									329. 127	53. 521	16. 3		382. 266	72. 074	18. 9	0. 000	72. 074	18. 9	0. 74
	水内郡合計	13, 011. 992	2, 944. 961	442. 320	3, 387. 281	26. 0	3, 955. 380	7, 342. 661	56. 4	39, 869. 660	7, 025. 830	17. 6		43, 339. 799	8, 900. 373	20. 5	324. 689	9, 225. 061	21. 3	0. 79
更級郡	五明村	737. 700	439. 302	50. 150	489. 452	66. 3	-	-	-	545. 700	405. 562	74. 3	**	737. 700	405. 561	55. 0	83. 891	489. 452	66. 3	1. 00
	上平村	596. 970	234. 555	26. 709	261. 264	43. 8	135. 300	396. 564	66. 4	529. 970	266. 032	50. 2		596. 970	233. 221	39. 1	28. 043	261. 264	43. 8	1. 14
	新山村	494. 760	90. 768	8. 954	99. 722	20. 2	151. 216	250. 938	50. 7	371. 760	75. 665	20. 4	*	494. 760	87. 637	17. 7	12. 085	99. 722	20. 2	0. 86
	山田村	792. 350	162. 232	0. 000	162. 232	20. 5	275. 230	437. 462	55. 2	591. 350	223. 371	37. 8		792. 350	136. 512	17. 2	25. 720	162. 232	20. 5	1. 64
	山田新田村	40. 556	0. 000	0. 000	0. 000	0. 0	23. 500	23. 500	57. 9	40. 556	8. 300	20. 5		40. 556	0. 000	0. 0	0. 000	0. 000	0. 0	-
	若宮村	455. 830	68. 109	65. 930	134. 039	29. 4	104. 155	238. 194	52. 3	310. 830	97. 636	31. 4	**	455. 830	102. 339	22. 5	31. 700	134. 039	29. 4	0. 95
	力石村	635. 830	196. 933	0. 000	196. 933	31. 0	204. 967	401. 900	63. 2	585. 830	227. 326	38. 8		635. 830	176. 698	27. 8	20. 235	196. 933	31. 0	1. 29

補遺　表4　戌の満水で荒廃した田畑の状況を示す真田家文書三種四史料記載の荒廃高の比較（その3）

（単位:石）

郡名	村名	①国役金延納方伺および免除伺 石高 A	山抜川欠荒地永引 B	石砂入四五年之内可立返 C	小計 D=B+C	損耗率 D／A %	当戌年一毛損耗 E	荒廃高計 F	全損耗率 F／A%	②水内更級埴科高井郡之内領知村々高附帳 石高 I	荒地高 II	損耗率 II／I %	未添書	③信濃国川中島領水内郡更級郡埴科郡高井郡之内荒地帳 石高 イ	本田荒地 ロ	本田損耗率 ロ/イ %	新田荒地 ハ	荒地高計 ニ=ロ+ハ	合計損耗率 ニ/イ %	増減比 II/ロ
更級郡（六十七ヶ村）	網掛村	347.384	210.243	54.280	264.523	76.1	–	–	–	306.384	203.583	66.4	*	347.384	231.198	66.6	33.330	264.528	76.1	0.88
	須坂村	253.120	168.840	18.730	187.570	74.1	–	–	–	253.120	170.463	67.3	*	253.120	187.570	74.1	0.000	187.570	74.1	0.91
	羽尾村	721.294	72.746	28.150	100.896	14.0	273.050	373.946	51.8	371.294	55.985	15.1	*	721.294	74.256	10.3	16.605	90.861	12.6	0.75
	本八幡村	2,469.010	730.494	75.300	805.794	32.6	625.450	1,431.244	58.0	2,156.010	701.355	32.5	**	2,469.010	701.300	28.4	41.055	742.355	30.1	1.00
	向八幡村	467.850	131.806	56.660	188.466	40.3	156.040	344.506	73.6	353.850	336.173	95.0		467.850	336.173	71.9	97.300	433.473	92.7	1.00
	桑原村	974.583	190.488	0.000	190.488	19.5	327.149	517.637	53.1	764.583	183.133	24.0	**	974.583	160.788	16.5	29.700	190.488	19.5	1.14
	石川村	523.020	43.218	0.000	43.218	8.3	226.500	269.718	51.6	494.020	129.787	26.3		523.020	129.787	24.8	8.705	138.492	26.5	1.00
	二柳村	1,075.310	33.833	53.680	87.513	8.1	570.620	658.133	61.2	862.310	51.159	5.9	*	1,075.310	51.150	4.8	3.405	54.555	5.1	1.00
	五明村	1,101.990	88.422	0.000	88.422	8.0	472.000	560.422	50.9	847.990	115.934	13.7		1,101.990	73.307	6.7	15.115	88.422	8.0	1.58
	高田村	830.700	20.041	0.000	20.041	2.4	417.000	437.041	52.6	816.700	11.184	1.4		830.700	20.041	2.4	0.000	20.041	2.4	0.56
	御幣川村	596.795	16.027	0.000	16.027	2.7	426.300	442.327	74.1	441.795	99.319	22.5		596.795	99.310	16.6	26.022	125.332	21.0	1.00
	会村	663.975	0.283	0.000	0.283	0.0	432.570	432.853	65.2	501.975	13.244	2.6		663.975	0.283	0.0	0.000	0.283	0.0	46.80
	原村									849.460	0.671	0.1		849.460	0.000	0.0	0.000	0.000	0.0	–
	小松原村	907.180	45.147	0.000	45.147	5.0	412.970	458.117	50.5	907.180	74.630	8.2		907.180	45.147	5.0	0.000	45.147	5.0	1.65
	丹波島村	643.060	396.233	–	396.233	61.6	–	–	–	570.060	392.032	68.8	*	643.060	375.200	58.3	21.033	396.233	61.6	1.04
	綱島村	1,111.370	989.894	–	989.894	89.1	–	–	–	941.370	913.628	97.1	*	1,111.370	882.070	79.4	117.824	999.894	90.0	1.04
	青木島村	541.392	103.268	0.000	103.268	19.1	185.300	288.568	53.3	517.392	168.446	32.6		541.392	169.026	31.2	13.011	182.037	33.6	1.00
	大豆島村	1,258.612	543.686	43.760	587.446	46.7	253.907	841.353	66.8	184.612	69.841	37.8	*	1,258.612	69.841	5.5	473.845	543.686	43.2	1.00
	真島村	1,638.692	348.073	51.920	399.993	24.4	846.624	1,246.617	76.1	1,568.692	868.409	55.4		1,638.692	548.840	33.5	42.203	591.043	36.1	1.58
	小島田村	1,792.815	471.383	138.270	609.653	34.0	560.942	1,170.595	65.3	1,496.815	607.199	40.6		1,792.815	525.746	29.3	83.907	609.653	34.0	1.15
	牧島村	254.790	57.489	36.580	94.069	36.9	68.570	162.639	63.8	189.790	87.890	46.3	**	254.740	87.890	34.5	6.179	94.069	36.9	1.00
	西寺尾村	1,134.810	312.528	108.190	420.718	37.1	467.720	888.438	78.3	853.810	479.465	56.2		1,134.810	358.468	31.6	62.240	420.708	37.1	1.34
	杵渕村	548.805	50.889	54.697	105.586	19.2	249.883	355.469	64.8	495.805	133.857	27.0		548.805	95.358	17.4	10.228	105.586	19.2	1.40
	東福寺村	2,184.620	468.090	169.730	637.820	29.2	927.500	1,565.320	71.7	1,404.620	608.360	43.3		2,184.620	526.770	24.1	111.860	638.630	29.2	1.15
	小森村	560.802	130.846	77.550	208.396	37.2	98.050	306.446	54.6	505.802	133.821	26.5	**	560.802	133.821	23.9	26.195	160.016	28.5	1.00
	横田村	524.900	123.080	73.260	196.340	37.4	161.390	357.730	68.2	354.900	143.953	40.6	**	524.900	141.308	26.9	55.032	196.340	37.4	1.02
	上布施村									241.940	6.300	2.6	*	241.940	0.000	0.0	0.000	0.000	0.0	–
	下氷鉋村									675.392	2.500	0.4		690.392	0.000	0.0	0.000	0.000	0.0	–
	牛島村	815.265	674.874	0.000	674.874	82.8	–	–	–	685.265	644.034	94.0	**	815.265	632.336	77.6	42.538	674.874	82.8	1.02
	赤田村									325.390	48.573	14.9		589.390	48.573	8.2	23.147	71.720	12.2	1.00
	田ノ口村									496.940	130.966	26.4		609.940	130.965	21.5	19.945	150.910	24.7	1.00
	平林村									361.920	27.370	7.6		395.920	27.370	6.9	9.747	37.117	9.4	1.00
	氷熊村									178.510	14.815	8.3		213.510	16.820	7.9	0.000	16.820	7.9	0.88
	藤牧村									282.910	2.000	0.7		348.910	0.000	0.0	0.000	0.000	0.0	–
	廣田村									580.790	0.741	0.1		752.790	0.741	0.1	0.000	0.741	0.1	1.00
	高野村									165.570	8.951	5.4		197.570	8.951	4.5	4.780	13.731	6.9	1.00
	竹房村									318.760	49.614	15.6		329.760	55.020	16.7	2.500	57.520	17.4	0.90
	吉原村									158.960	69.585	43.8		204.960	69.580	33.9	12.900	82.480	40.2	1.00
	須牧村	25.740	25.740	0.000	25.740	100.0	–	–	–	25.740	25.740	100.0		25.740	25.740	100.0	0.000	25.740	100.0	1.00
	大原村									251.900	76.540	30.4		271.900	84.790	31.2	1.950	86.740	31.9	0.90
	日名村									296.982	79.215	26.7		338.982	86.410	25.5	7.110	93.520	27.6	0.92
	鹿谷村									426.717	79.142	18.5		483.717	112.288	23.2	24.432	136.720	28.3	0.70
	大岡村									1,913.414	568.657	29.7		2,889.712	814.970	28.2	150.590	965.560	33.4	0.70
	下市場村									151.371	22.265	14.7		154.371	23.065	14.9	0.000	23.065	14.9	0.97
	牧田中村									289.220	21.010	7.3		304.220	22.510	7.4	0.000	22.510	7.4	0.93
	牧ノ島村									188.340	49.507	26.3		188.340	55.007	29.2	0.000	55.007	29.2	0.90
	安庭村									193.247	41.570	21.5		193.247	55.406	28.7	0.000	55.406	28.7	0.75
	吐唄村									6.550	0.820	12.5		11.750	0.000	0.0	0.000	0.000	0.0	–
	和田村									30.116	6.113	20.3		33.416	0.000	0.0	0.000	0.000	0.0	–
	四ツ屋村	803.143	390.924	0.000	390.924	48.7	177.692	568.616	70.8	745.143	433.058	58.1		803.143	364.854	45.4	26.070	390.924	48.7	1.19
	大塚村									986.572	2.356	0.2		986.572	0.000	0.0	0.000	0.000	0.0	–
	川合村	1,230.030	997.607	0.000	997.607	81.1	–	–	–	1,047.030	1,021.606	97.6		1,230.030	1,021.606	83.1	157.011	1,178.617	95.8	1.00

補遺　表4　戌の満水で荒廃した田畑の状況を示す真田家文書三種四史料記載の荒廃高の比較（その4）

（単位:石）

郡名	村名	①国役金延納方伺および免除伺 石高 A	山抜川欠荒地永引 B	石砂入四五年之内可立返 C	小計 D=B+C	損耗率 D／A %	当戌年一毛損耗 E	荒廃高計 F	全損耗率 F／A%	②水内更級埴科高井郡之内領知村々高附帳 石高 I	荒地高 II	損耗率 II／I %	朱添書	③信濃国川中島領水内郡更級郡埴科郡高井郡之内荒地帳 石高 イ	本田荒地 ロ	本田損耗率 ロ／イ %	新田荒地 ハ	荒地高計 ニ=ロ+ハ	合計損耗率 ニ／イ %	増減比 II／ロ
更級郡	川合新田村	383.139	206.000	0.000	206.000	53.8	–	–	–	177.139	175.809	99.2		383.139	177.139	46.2	121.638	298.777	78.0	0.99
	山布施村									530.380	100.348	18.9	*	1,011.380	261.480	25.9	110.220	371.700	36.8	0.38
	有旅村									291.881	53.651	18.4	*	746.881	65.595	8.8	32.440	98.035	13.1	0.82
	灰原村									53.383	1.000	1.9		68.383	0.000	0.0	0.000	0.000	0.0	–
	小田原村									24.015	9.198	38.3		46.015	0.000	0.0	0.000	0.000	0.0	–
	中牧村	736.487	114.496	0.000	114.496	15.5	289.500	403.996	54.9	539.487	354.077	65.6		736.487	297.809	40.4	92.446	390.255	53.0	1.19
	南牧村									319.482	77.317	24.2		345.482	77.317	22.4	8.105	85.422	24.7	1.00
	三水村									191.392	49.851	26.0		262.392	41.851	15.9	24.392	66.243	25.2	1.19
	更級郡合計	30,874.679	9,348.587	1,192.500	10,541.087	34.1	9,521.095	20,062.182	65.0	35,138.183	12,311.710	35.0		44,635.931	11,744.809	26.3	2,368.429	14,113.238	31.6	1.05
埴科郡（二十四ヶ村）	金井村之内	62.363	23.835	0.000	23.835	38.2	15.350	39.185	62.8	62.363	23.335	37.4		62.363	23.835	38.2	0.000	23.835	38.2	0.98
	鼠宿村	926.385	365.220	175.300	540.520	58.3	246.748	787.268	85.0	888.385	536.045	60.3		926.385	532.245	57.5	8.275	540.520	58.3	1.01
	千本柳村	814.390	612.188	0.000	612.188	75.2	–	–	–	364.390	364.390	100.0		814.390	364.390	44.7	424.770	789.160	96.9	1.00
	内川村	437.630	4.429	153.500	157.929	36.1	279.701	437.630	100.0	237.630	237.630	100.0		437.630	237.630	54.3	179.880	417.510	95.4	1.00
	粟佐村	746.105	310.423	53.700	364.123	48.8	302.620	666.743	89.4	531.105	239.405	45.1	*	746.105	239.405	32.1	58.775	298.180	40.0	1.00
	屋代村	1,703.084	298.995	115.350	414.345	24.3	912.370	1,326.715	77.9	1,614.084	475.179	29.4		1,703.084	490.075	28.8	22.320	512.395	30.1	0.97
	雨宮村	1,986.130	270.656	55.850	326.506	16.4	1010.330	1,336.836	67.3	1,986.130	663.600	33.4		1,986.130	326.506	16.4	0.000	326.506	16.4	2.03
	森村	1,389.480	193.478	0.000	193.478	13.9	1036.470	1,229.948	88.5	1,259.480	262.577	20.8		1,389.480	206.478	14.9	37.040	243.518	17.5	1.27
	倉科村	862.080	212.080	0.000	212.080	24.6	508.250	720.330	83.6	821.080	328.341	40.0		862.080	206.980	24.0	5.100	212.080	24.6	1.59
	生萱村	432.485	56.072	0.000	56.072	13.0	349.200	405.272	93.7	432.485	116.181	26.9		432.485	56.072	13.0	0.000	56.072	13.0	2.07
	土口村	292.760	20.905	75.180	96.085	32.8	176.642	272.727	93.2	277.760	77.737	28.0	*	292.760	83.975	28.7	4.400	88.375	30.2	0.93
	清野村	1,033.280	306.202	0.000	306.202	29.6	674.620	980.822	94.9	992.280	416.761	42.0		1,033.280	292.332	28.3	13.870	306.202	29.6	1.43
	岩野村	857.210	450.076	0.000	450.076	52.5	–	–	–	639.210	508.770	79.6		857.210	450.076	52.5	120.100	570.176	66.5	1.13
	西條村	1,274.420	671.732	0.000	671.732	52.7	–	–	–	1,274.420	602.754	47.3	***	1,274.420	602.754	47.3	0.000	602.754	47.3	1.00
	関屋村	339.300	113.018	0.000	113.018	33.3	164.951	277.969	81.9	319.300	171.770	53.8		339.300	113.018	33.3	0.000	113.018	33.3	1.52
	平林村	277.635	130.719	0.000	130.719	47.1	127.379	258.098	93.0	267.635	114.101	42.6		277.635	114.101	41.1	0.000	114.101	41.1	1.00
	桑根井村	145.995	12.816	0.000	12.816	8.8	84.580	97.396	66.7	127.995	8.886	6.9		145.995	8.886	6.1	0.000	8.886	6.1	1.00
	牧内村	157.735	48.369	0.000	48.369	30.7	90.700	139.069	88.2	139.735	69.033	49.4		157.735	48.369	30.7	0.000	48.369	30.7	1.43
	東條村	1,101.230	358.683	85.850	444.533	40.4	443.013	887.546	80.6	1,070.230	410.774	38.4	**	1,101.230	410.770	37.3	5.550	416.320	37.8	1.00
	加賀井村	142.960	47.132	0.000	47.132	33.0	78.155	125.287	87.6	142.960	103.067	72.1		142.960	40.132	28.1	0.000	40.132	28.1	2.57
	田中村	463.350	100.039	117.530	217.569	47.0	181.436	399.005	86.1	463.350	205.229	44.3		463.350	205.229	44.3	0.000	205.229	44.3	1.00
	東寺尾村	820.862	202.970	101.240	304.210	37.1	447.593	751.803	91.6	648.780	437.252	67.4		820.862	282.707	34.4	21.503	304.210	37.1	1.55
	柴村	233.550	95.449	0.000	95.449	40.9	117.790	213.239	91.3	198.550	121.929	61.4		233.550	84.649	36.2	10.800	95.449	40.9	1.44
	紙屋町村	171.140	171.140	0.000	171.140	100.0	–	–	–	171.140	171.140	100.0		171.140	171.140	100.0	0.000	171.140	100.0	1.00
	埴科郡合計	16,671.559	5,076.626	933.500	6,010.126	36.1	7,247.898	13,258.024	79.5	14,930.477	6,665.885	44.6		16,671.559	5,591.754	33.5	912.383	6,504.136	39.0	1.19
高井郡（十七ヶ村）	小布施村之内	145.180	104.364	0.000	104.364	71.9	–	–	–	127.180	89.367	70.3		145.180	89.367	61.6	7.090	96.457	66.4	1.00
	相之嶋村之内	163.736	113.823	0.000	23.240	14.2	–	–	–	116.736	97.058	83.1	**	163.736	89.323	54.6	24.500	113.823	69.5	1.09
	幸高村之内	23.240	14.112	0.000	23.240	100.0	–	–	–	23.240	23.240	100.0		23.240	23.240	100.0	0.000	23.240	100.0	1.00
	大室村	999.910	563.655	75.380	23.240	2.3	–	–	–	831.910	582.278	70.0	**	999.910	582.270	58.2	56.765	639.035	63.9	1.00
	川田村	2,100.410	808.226	125.730	933.956	44.5	761.388	1,695.344	80.7	2,023.410	1,332.736	65.9		2,100.410	1,220.436	58.1	37.020	1,257.456	59.9	1.09
	小出村	455.740	144.656	28.505	173.161	38.0	152.135	325.296	71.4	455.740	297.864	65.4		455.740	220.405	48.4	0.000	220.405	48.4	1.35
	保科村	1,451.040	381.790	53.530	435.320	30.0	725.293	1,160.613	80.0	1,356.040	683.973	50.4		1,451.040	539.860	37.2	46.010	585.870	40.4	1.27
	福嶋村	1,317.630	895.888	118.105	1,013.993	77.0	–	–	–	867.630	575.354	66.3	**	1,317.630	575.302	43.7	204.801	780.103	59.2	1.00
	八町村	621.380	223.211	25.113	248.324	40.0	65.960	314.284	50.6	611.380	226.052	37.0		621.380	226.053	36.4	3.500	229.553	36.9	1.00
	仁礼村	691.224	114.134	78.530	192.664	27.9	158.493	351.157	50.8	631.224	224.551	35.6		691.224	187.564	27.1	5.100	192.664	27.9	1.20
	宇原村	36.000	0.000	0.000	0.000	0.0	23.500	23.500	65.3	36.000	5.430	15.1		36.000	0.000	0.0	0.000	0.000	0.0	–
	仙仁村	121.310	36.008	0.000	36.008	29.7	26.453	62.461	51.5	96.310	26.115	27.1		121.310	27.158	22.4	8.850	36.008	29.7	0.96
	小河原村	1,510.443	163.064	93.010	256.074	17.0	502.042	758.116	50.2	1,160.443	150.791	13.0	*	1,510.443	150.791	10.0	18.805	169.596	11.2	1.00
	大熊村之内	559.420	93.912	77.097	171.009	30.6	286.798	457.807	81.8	449.420	22.817	5.1	*	559.420	22.810	4.1	5.725	28.535	5.1	1.00
	小沼村之内	133.154	0.000	0.000	0.000	0.0	133.154	133.154	100.0	88.154	20.400	23.1	**	133.154	0.000	0.0	0.000	0.000	0.0	–
	佐野村									759.003	77.592	10.2	**	969.003	77.592	8.0	21.153	98.745	10.2	1.00
	湯田中村									427.860	42.538	9.9		457.644	42.507	9.3	5.473	47.980	10.5	1.00
	高井郡合計	10,329.817	3,656.843	675.000	4,331.843	41.9	2,835.216	7,167.059	69.4	10,061.680	4,478.155	44.5		11,756.464	4,074.678	34.7	444.792	4,519.470	38.4	1.10

コラム 7

戊の満水は繰り返す

令和元年（二〇一九）十月に発生した台風十九号は最大級の勢力を維持したまま伊豆半島に上陸し関東地方を北東に進み、東北地方の太平洋岸を北上した。気象庁は長野県など十二都県の自治体に大雨特別警報を発表し、大雨・洪水レベルで最高の五に相当する対応を求めた。

気象庁は十一日、過去に同じような経路をたどり一二〇〇人を超える死者・行方不明者を出した「狩野川台風」と酷似するとし、記録的な豪雨が発生すると警戒を呼び掛けた。狩野川台風は伊豆地方を中心に南関東に甚大な被害を発生させた台風であったことから、千曲川流域での警戒意識は比較的小さかった。筆者は、この時「狩野川台風」の再来ではなく長野地域にとっては「戌の満水」再来だと直感した。関東地方のテレビ局の報道であれば「狩野川台風」でもよいのかもしれないがせめて在長のマスコミは「戌の満水」を念頭に警鐘を鳴らしてほしかった。

「戌の満水」とは、寛保二年（一七四二）七月末から八月始にかけて千曲川流域に甚大な被害をもたらした大洪水である。近年の研究では、本州の南海上をほぼまっすぐ北上して関東地方の西方に上陸し、北北東もしくは北東に進路をとる台風がもたらした水害の可能性が指摘されている。青木隆幸『長野県立歴史館研究紀要第二二号』。

類似する経路で襲来する台風で千曲川に大きな洪水を発生させたものに、昭和二十四年（一九四九）九月のキティ台風、昭和五十七年（一九八二）九月の一八号台風と先に述べた令和元年十月の十九号台風等がある。

昭和二十四年九月のキティ台風は、南佐久郡下においては年間降雨量の五割に相当する五一七㎜の降水量を記録した。千曲川水系の被害が著しく、千曲川は一日午前六時半に上高井郡日野村村山（現、須坂市村山）で本堤が決壊した。濁流は村山集落や豊洲村相之島地区（現、須坂市相之島）に流れ込み六五〇余の家屋が被災する激甚な災害をうけた。

昭和五十七年の台風十八号により千曲川は大水害に見舞われた。九月十二日の午後六時ごろ静岡県御前崎に上陸した台風は東日本を縦断して十三日朝青森県に達した。

千曲川の支流樽川は台風の襲来により堤防三ヶ所が決壊した。続いて下流の戸那子地区の堤防も約一〇〇ｍに渡って決壊した。洪水は木島地区に襲い掛り、浸水家屋七九一戸、被害総額七〇億円を超え

戌の満水は繰り返す

る惨事となった。

令和元年十月の十九号台風では、千曲川の左岸長野市穂保地区の堤防で越水が始まり、約七〇ｍにわたり決壊し、長沼・赤沼地区に濁流が溢れた。千曲市から飯山市にかけての千曲川流域で氾濫被害が多く、国が管理する千曲川の被災状況（国土交通省調べ）は、堤防決壊が一ヶ所、越水が七ヶ所、家屋全壊八四〇戸、家屋半壊二、三三五戸、床上浸水三、三一六戸、床下浸水三、四六二戸、および田畑等浸水が二、一六三haに上った。

これら千曲川下流域に大災害をもたらす台風の経路は、太平洋を駿河湾に向かってほぼまっすぐ北上して伊豆半島付近に上陸し、北北東もしくは北東に進路をとり関東地方をかすめる台風である。台風の反時計廻りに吹き寄せる湿った風が、関東と甲信地方の境に位置する関東山地に突き当たり積乱雲を連続的に発達させ、大量の雨を降らせる。関東山地西側に位置する千曲川は、未曾有の大洪水となる危険性が大きい。

このような経路をとる台風の再来に、千曲川流域に住む我々は、大いに警戒しなければならない。「戌の満水」は繰り返すのである。

昭和24年9月のキティ台風の進路図

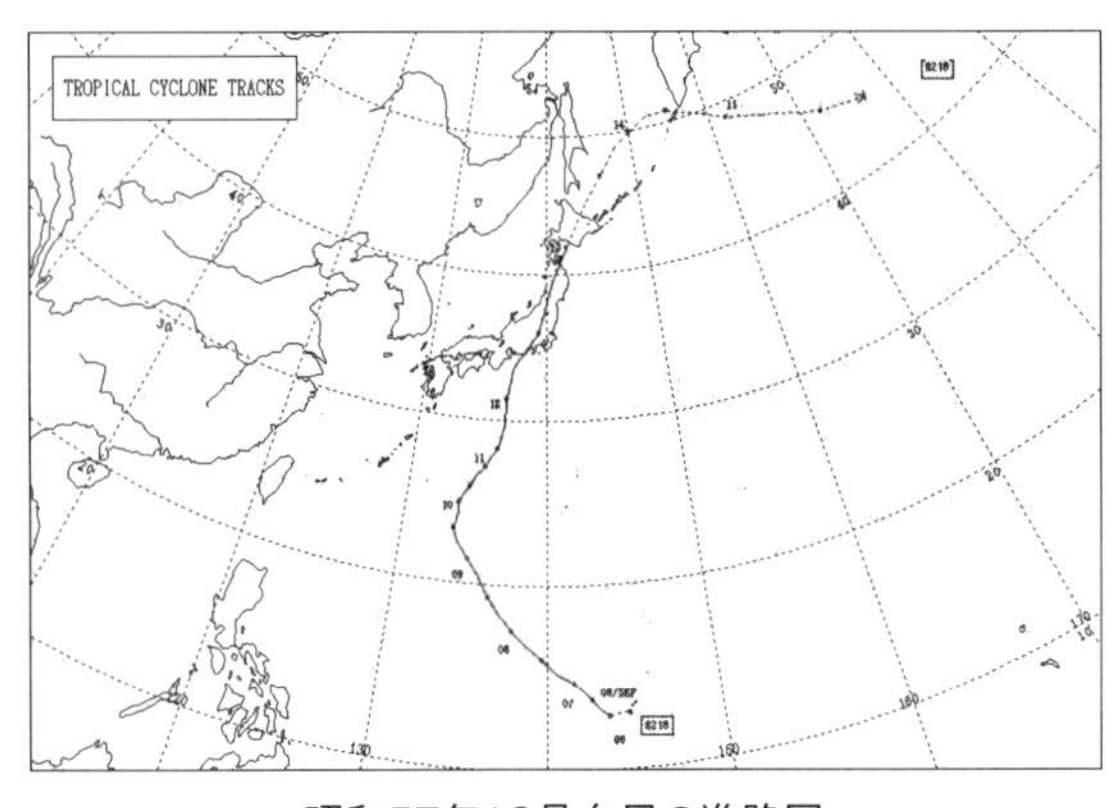

昭和57年18号台風の進路図

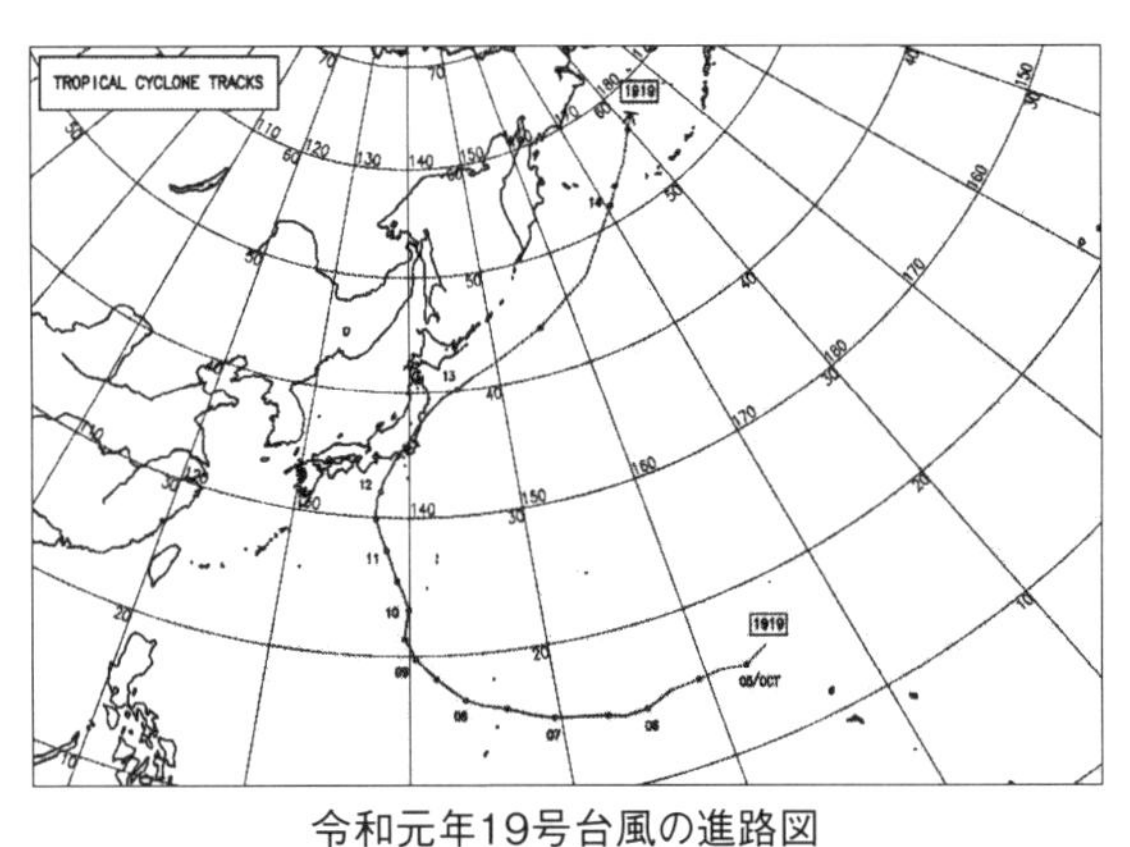

令和元年19号台風の進路図

千曲川下流域の堤防決壊を引き起こした台風の進路　気象庁 H.P. より

第五章

近世中期の煤鼻（裾花）川の災害

『市誌研究ながの』第二六号に掲載されたものを転載

はじめに

煤鼻川（現長野市裾花川）下流域では、慶長年間（一五九六～一六一五）に大規模な河道付け替え工事（以下瀬替えと称す）が行われ、河道を犀川に短絡する現在のような姿になった。この大開発プランは武田信玄がこの地を統治した永禄年間（一五五八～一五七〇）に武田家臣団の手により想起されたものと筆者は考えている。おおよそ四十年後の慶長八年（一六〇三）に、徳川家康の六男松平忠輝の川中島四郡移封を実現した徳川幕府の惣代官大官久保長安は、配下の所謂甲州系代官を動員しこの大開発プランの実現に着手した。その後を継いでこの大開発事業を完成させたのが忠輝の家臣で松城（現長野市松代）城代花井吉成・義雄父子であった。[1]

新しく開鑿された煤鼻川は、左右両岸に二線堤構造[2]と下流に霞堤[3]を持つ甲州流の流れを汲む治水技術により整備されていたものと考えられる。[1] しかしながら煤鼻川は、慶長の瀬替え以降三五〇年間余にわたり左岸待居堤下流に位置する八幡堰（川）と山王堰の取水部分とその直下の大口分水、ならびにその下流の中御所村岡田組（現長野市中御所岡田町）に築堤された川除堤（近世末には白岩向堤と呼ばれたが本稿では岡田堤と称す）の諸所で決壊災害を繰り返すのである。

本稿では、近世最大級の降雨災害であった寛保二年（一七四二）の戌の満水以降、文化・文政期までの洪水災害について、松代藩や地元に残る古文書と絵図面を基に、近世中期の煤鼻川の災害を時系列的に俯瞰し、煤鼻川の災害の歴史をより明確にしてゆく。

中御所村を中心とする煤鼻川下流部左岸地域には現在、県都長野の都市基盤を支える都市機能が集積している。たとえば行政機関、金融機関、報道機関、教育機関および交通インフラや地域拠点病院等が集中している。この長野市の都市基盤の維持を考えるうえで、この流域で繰り返された煤鼻川の災害の実態を明確にすることで今後の防災・減災の一助とすべく本稿を取りまとめた。

【一】　近世初頭の煤鼻川の瀬替え工事の問題点

煤鼻川の瀬替えは、分家独立間もない松平忠輝を支える幕府の経済力と、甲州系代官衆という当世一流の技術陣とにより計画実施された、言わば御公儀普請にも相当する磐石な体制での河川整備であったと筆者は考えている。

近世前期（一六八〇頃）の作とされる『百姓伝記』[4]には、

一、大河の堤をハ二重につきたるかよし。河のはゞひろく取りて、流れ田地と云て、二重堤のうちに田地をかまへ、万一の時ハ二つめの堤にて大水をふせき、流れ田地をすつへし。たとへ堤を二筋つかずとも、河のはゞをひろくとりて、つ

表1　近世煤鼻川の河川災害

年号	年	干	支	月	日	西暦	被災箇所及び特記記事	出典および参考文献
慶長	八	癸	卯			1603	花井煤鼻川改修に着手	中沢絵図[5]
	十五	庚	戌			1610	煤鼻川南流	つちくれ鑑[6]
	十六	辛	亥			1611	丹波島宿・市村の渡し開設（善光寺表参道完成）	長野市史考[7]
	十九	甲	寅			1614	煤鼻川右岸堤内用水路窪寺堰完成（煤鼻川大開発完了）	ふるさとの歴史・平柴と小柴見[8]
寛文	五	乙	巳	六		1665	妻科村川除け御普請施工	長野県史近世史料7-3[9] 近世美輪村史料集[10]
	十	庚	戌	六	八	1670	煤鼻川川欠、千曲川増水	ふるさとの歴史・平柴と小柴見[8] 長野市誌近世二[11]
延宝	二	甲	寅	五		1674	小柴見村煤鼻川川欠、犀川大洪水	ふるさとの歴史・平柴と小柴見[8]
貞享	四	丁	卯			1687	小柴見村煤鼻川川欠、煤鼻川堀切公儀普請始り	ふるさとの歴史・平柴と小柴見[8] 豪農大鈴木家文書[12]
元禄	七	甲	戌	八	三	1694	煤鼻川満水、千曲川洪水	長野史料[13]
	十四	辛	巳	八		1701	小柴見村煤鼻川川欠、犀川大洪水	ふるさとの歴史・平柴と小柴見[8]
	十五	壬	午	八	廿一	1702	小柴見村煤鼻川川欠、千曲川洪水	ふるさとの歴史・平柴と小柴見[8]
正徳	二	壬	辰			1712	煤花川大洪水、妻科・岡田・中御所百年巳来之水ヲ申事	七瀬町史[14]、豪農大鈴木家文書[12]
享保	六	辛	丑	七	十六	1721	小柴見村煤鼻川川欠、千曲川洪水	ふるさとの歴史・平柴と小柴見[8]
	十四	己	酉	二		1729	鐘居堰満水羽場押出普請願、千曲川雪解洪水	県史収集史料[15]、長野市誌近世二[11]
寛保	二	壬	戌	八	一	1742	戌の満水、妻科・中御所・小柴見・窪寺・南俣・千田水害 七瀬村峯村の観音堂流出、問御所村等裾花川自普請	松代藩災害史料[16]、長野市誌近世二[11] 七瀬町史[14]、万願留書帳[17]
宝暦	七	丁	丑	五		1757	煤鼻川・犀川大洪水（損耗高51,000余石） 煤花川および御料私領村絵図	長野市誌近世二[11] 市史収集史料[18]
明和	二	乙	酉	四	十五	1765	犀・千曲川大洪水（損耗高53,865石）、小柴見村荒所増大	長野市誌近世二[11]
	五	戊	子	五	五	1768	犀川大洪水、国役普請始まる。この時煤鼻川も洪水か？	長野市誌近世二[11]
安永	元	壬	辰	七	十九	1772	犀・千曲川大洪水、窪寺村煤鼻川川欠	長野市誌近世二[11]、安茂里史[19]
	八	己	亥	八	廿八	1779	千曲・犀川大洪水、国役普請施工、小柴見村・窪寺村煤鼻川川欠	長野市誌近世二[11]、安茂里史[19]
天明	三	癸	卯	七		1783	千曲・犀川増水、妻科村向御本田囲堤被災	徳武家文書[20]
	七	丁	未	四	廿五	1787	千曲・犀川大雨満水川除堤損5,250間、煤鼻川大満水	松代藩災害史料[16]、豪農大鈴木家文書[12]
寛政	元	己	酉	五	十七	1789	千曲・犀川大洪水丹波島国役普請、小柴見・窪寺村煤鼻川欠	長野市誌近世二[11]、安茂里史[19]
	二	庚	戌	八	廿	1790	千曲・犀川洪水、煤鼻洪水、鐘鋳・八幡堰被災	長野市誌近世二[11]
	三	辛	亥	三	七	1791	小柴見村煤鼻川出水	安茂里史[19]
				八	五		千曲・犀川大水害川除堤流出5,470間	松代藩災害史料[16]
	五	癸	丑	十二		1793	八幡堰満水	古牧誌[21]
	十	戊	午	四	六	1798	千曲・犀川川大雨洪水川除堤流損9,192間、小柴見村煤鼻川被災	松代藩災害史料[16]、安茂里史刊行会収集史料[22]
享和	元	辛	酉	六	廿三	1801	煤鼻川土石流発生、妻科村・中御所村川欠、市村被災	松代藩災害史料[16]、長野市誌近世二[11]
文化	四	丁	卯	五	廿三	1807	岡田御普請所決壊、七瀬・栗田・小柴見水害、国役普請始まる	近世栗田村古文書集成23)、松代藩災害史料16)
	五	戊	辰	六		1808	煤鼻川洪水中御所村川欠	松代藩災害史料[16]、長野市誌近世二[11]
	十四	丁	丑	正		1817	小柴見村煤鼻川出水	市誌収集資料[18]
文政	三	庚	辰	五		1820	煤鼻川洪水中御所村川欠	松代藩災害史料[16]
天保	九	戊	戌	八		1838	煤花川葮ヶ淵欠崩	安茂里史刊行会収集史料[22]
	十三	壬	寅	六		1842	煤花川中御所堤3箇所決壊	市史収集史料[18]、芹田地区ふるさと歴史探訪[24]
弘化	二	乙	巳			1845	小柴見村煤鼻川川欠	ふるさとの歴史・平柴と小柴見[8]
	四	丁	未	七	二十	1847	川浦・岩下せき止め湖決壊，中御所村岡田堤破堤	新収日本地震史料第5巻別巻6-1[25]
安政	元	甲	寅	三		1854	久保寺村葮ヶ淵破堤	安茂里史刊行会収集史料[22]
	六	己	未	五	十九	1859	中御所村岡田・九反堤決壊，中御所・栗田・七瀬水害	七瀬町史[14]
万延	元	庚	申	六	二三	1860	久保寺村葮ヶ淵～一之口破堤	安茂里史刊行会収集史料[22]
文久	二	壬	戌	二	二七	1862	煤花大洪水	信濃川百年史[26]
				七	二七		煤花川大洪水	長野県政史別巻[27]
慶応	元	乙	丑	閏五	二七	1865	煤花川大水害，七瀬・栗田・南俣被害甚大	近世栗田村古文書集成[23]、七瀬町史[14]
	二	丙	寅	五	十五	1866	中御所村岡田堤欠壊，中御所・栗田・千田・七瀬被害大	豪農大鈴木家文書[12]
明治	元	戊	辰	五		1868	煤花川出水，中御所村九反堤決壊	真田家文書（国文学研究資料館）[28]

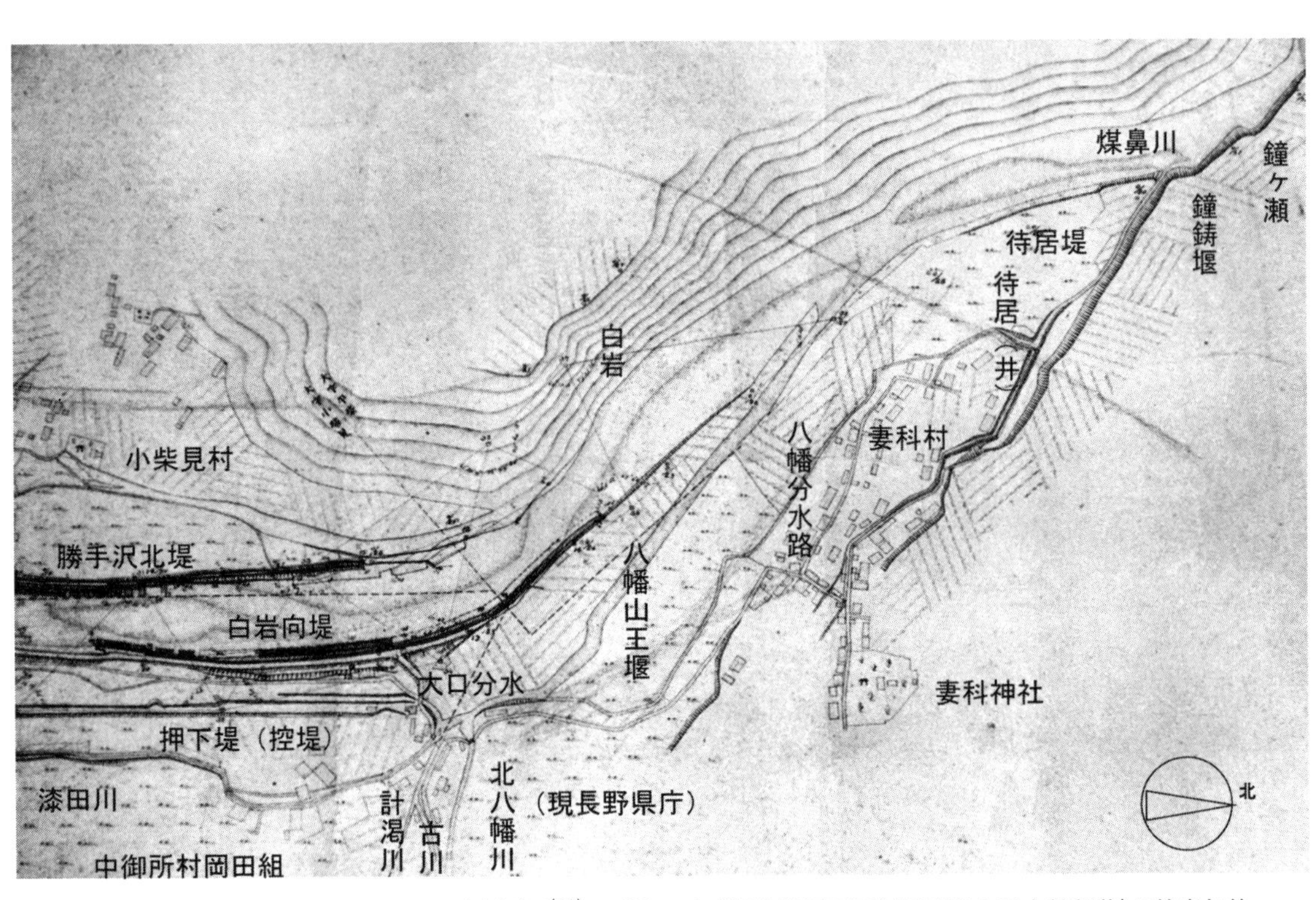

図1　煤鼻川左岸川除の欠陥・大口分水付近図(29)　明治33年「裾花川平面図」（長野県立歴史館収蔵）に筆者加筆

ねに八作毛を仕付よ。（後略）

とあり、煤鼻川は慶長の瀬替えを経て『百姓伝記』の教えの手本ともいえるような、左右両岸に二線堤を構えた高度の防災機能を有する河川に生まれ変わるはずであった。

ところが、その後の煤鼻川は決壊災害を繰り返した。**表1**に近世における煤鼻川の河川災害の発生状況をまとめてみた。慶長期以降享保期までの記録は十分でないが、左岸中御所村の堤防決壊は慶長以降天保期までの二三〇年間で一一回をこえ、弘化四年（一八四七）の善光寺地震以降明治初期までの二〇年間に五回を数える。氾濫の度に、旧煤鼻川の河道に位置する村々に洪水が押し寄せたのである。煤鼻川左岸は結果的に、非常に脆弱な河川構造となっていて大きな災害リスクを背負う形となったのである。

その原因は、慶長の瀬替え部左岸最上流に設置された鐘鋳堰取水部の直下に築かれた待居堤（現長野市妻科）の維持管理と八幡・山王堰の取水部の非合理性に起因したものであった。**図1**に明治三十三年（一九〇〇）の河川実測図(29)を示す。鐘鋳堰取水部下流の待居堤が不連続で、そこから八幡・山王堰が取水されている。明らかなる用水取水の欠陥が読み取れる。慶長の瀬替え当時は、鐘鋳堰と八幡・山王堰の用水路は一か所にまとめて煤鼻川から取水されていて、八幡・山王堰が煤鼻川から直接取水されることはなかったと筆者は考えている。八幡・山王堰は、鐘鋳堰の取水部から数百m下流の待井（分流堰）で分水され、妻科村聖徳の河岸段丘の崖下を流れていた。続いて、大口分水で八幡堰や計葛川や古川等の山王堰系の用水路に分かれ、旧煤鼻川流域の水田を潤していた。

ところが慶長期以降の新田開発の進展に伴い、八幡・山王堰系の用水路の灌漑地域で水需要が増大して、鐘鋳堰からの分水では田用水に供給不足が生じ、煤鼻川からの直接取水という強硬策取られたものと考えられる。

ではいつの時点から八幡・山王堰の直接取水が始まったのであろうか。寛文年間(一六六一～一六七二)の再建中の善光寺如来堂を描いたの絵図[30]では、鐘鋳堰と八幡堰がそれぞれ独立に煤鼻川の本川から直接取水されている。近世の早い時点ですでに第一線堤である待井堤が切り崩され、煤鼻川左岸の二線堤構造は崩壊したものと筆者は考えている。洪水のリスクを度外視した我田引水であった。

洪水の度に煤鼻川の濁流は、八幡・山王堰の流路に沿い大口分水まで押し寄せ氾濫を繰り返した。大口分水直下で、かつ煤鼻川の流向を南に向ける屈曲部の外周側に位置する岡田堤は、これに耐え切れず破堤を繰り返したのである。この状態は昭和の時代まで続いた。実は昭和十一年(一九三六)の鐘鋳堰頭首工建設以降、往時の形態が再現され現在に至っている。

煤鼻川をはじめ近世初頭に中部山岳地帯を中心に展開された扇状地の瀬替え手法の特徴は二つ。一つは渓谷を下り切った扇頂部で河道を人為的に付け替え、扇央部の洪水の直進を防ぎ、かつ扇央部の旧河道を用水路として整備して、扇央部の耕地利用の高度化を図っていること。二点目は田用水の取水に関し、渓谷の自然護岸の末端で河道がまだ固定されていて、かつ流水が扇状地内に伏流化する前で流量が豊富な地点である扇頂部に堰を設け取水する方法をとる点である。玉城・旗手[31]は、これらを甲州流の治水技術の特徴としている。煤鼻川は朝日山山麓の白岩と称される地点で流向を右に折り河道を犀川に短絡させて、旧河道を用水路として利用している。このような特徴は武田信玄が行った釜無川竜王の川除けに酷似している[1]。用水路の取水法を見ると、煤鼻川左岸は煤鼻渓谷の直下に位置する鐘ヶ瀬の河岸段丘と待居堤との接続部で、鐘鋳堰が取水されていた。

釜無川左岸における取水も同様な特徴を有する。赤岩の南端の竜王の鼻と信玄堤の接続部で竜王用水を取水している。この構造は初期の信玄堤で実現されていたと考えられる。さらに寛永・慶安期(一六二四～一六五一)には甲府郡代平岡和由、良辰父子が赤岩に取水用の隧道を開鑿して用水取水口の安定を図っている[32]。この平岡和由は慶長期の煤鼻川の瀬替えに動員された甲州系代官の一人であった。

このように初期の開発における釜無川の瀬替えと煤鼻川の瀬替えの治水技法に共通点が多い。しかし年月の経過とともに、防災の基盤は異なるあゆみを示すのである。それは、左岸最上流部の用水路の取水機能の維持とその下流に接続された川除け堤の保全の対応である。竜王用水と信玄堤の維持管理は武田家

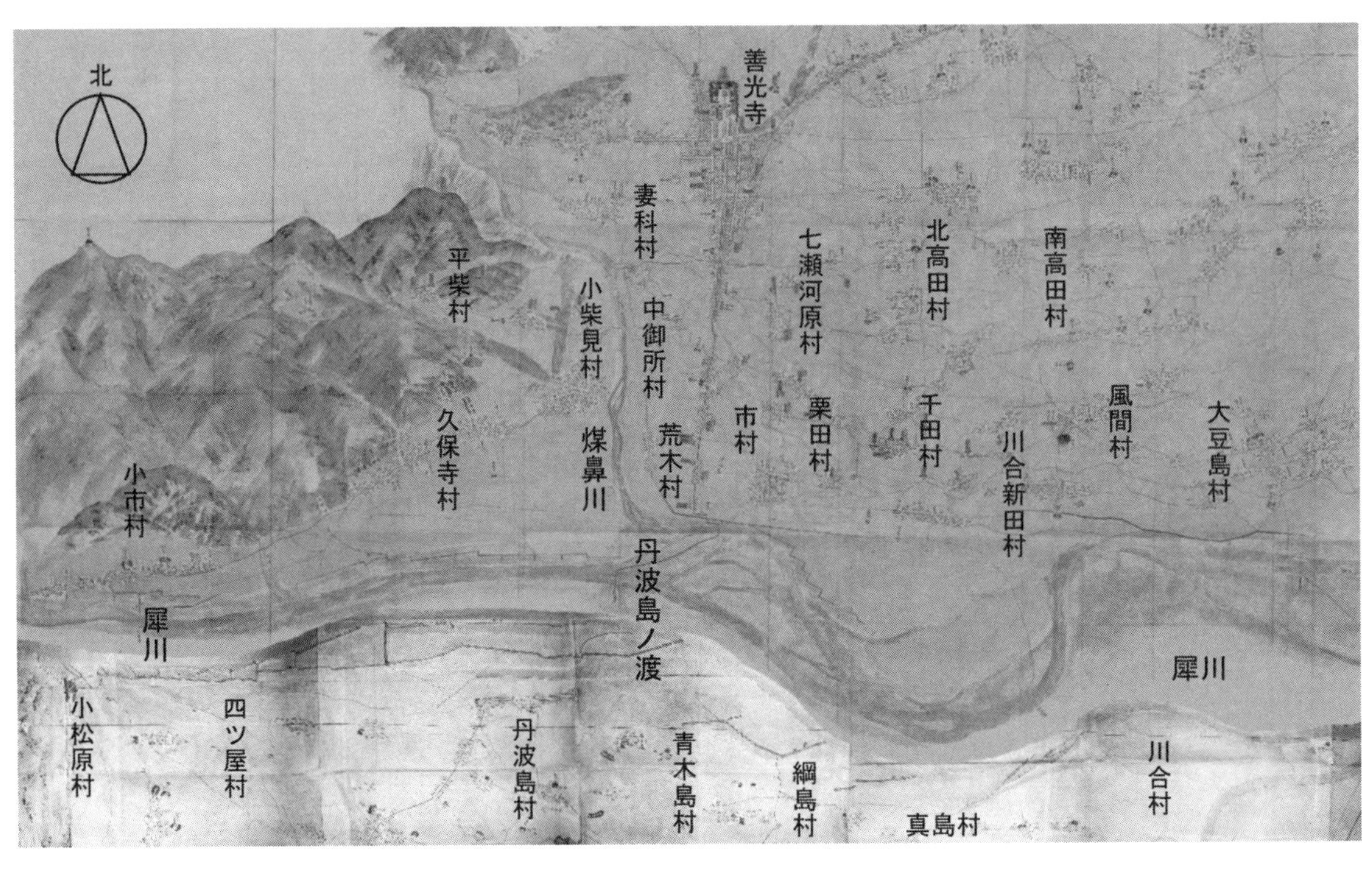

図2　松代封内測量図に描かれた煤鼻川と犀川の合流点

【犀川より上段】第七図為善光寺近傍諸村（京都大学総合博物館収蔵）(35)
【犀川より下段】第一図為城下近傍諸村（信濃教育博物館収蔵）(34)

滅亡後も徳川幕府ならびに甲府徳川家により精力的に実施された。武田信玄は、釜無川左岸流域の竜王河原宿に移住した村民に諸役免除を引替えに平時の堤防管理にあたらせ、出水時には近郷の人足を動員できる体制をとっている。そして、この水防体制の慣行は江戸時代まで維持されていたという(33)。

ところが、煤鼻川の開発流域には釜無流域に見られるような水防体制に関する慣行は見られない。これは、松平忠輝家臣団の成立により開発の初期に携わった甲州系代官衆が、開発が完成する以前に川中島の地を離れたことにより、甲州流の防災ソフト面の伝承がなされなかったことが一因であると考えられる。更に煤鼻川左岸流域の村々は、忠輝改易後複数の私領が隣り合う中に幕府領が点在する形態となり、一領主が治水にリーダーシップを取ることが難しい状況であったのであろう。

一方、新たに煤鼻川が合流した犀川の下流右岸域は、合流した煤鼻川の流勢に影響を受けた犀川の蛇行が進み村々の存亡をかけた戦いが始まるのである。煤鼻川と犀川合流点の状況を**図2**に示した。この図は弘化四年（一七四七）の善光寺地震から数年経た嘉永期の松代藩領内を実測して作成された『松代封内図』の第一図（城下近傍諸村図(34)）と第七図（善光寺近傍諸村図(35)）を筆者が合成し示したものである。煤鼻川合流点（丹波島ノ渡）より下流側に大きな砂州が描かれている。その対岸の、綱島村、真島村、川合村（いずれも現長野市）に犀川の流れが食い込んでいるのがわかる。犀川と千曲川との合流点に位置する牛島村（現長野市若

穂）の記録[36]によると、

　裾花川南流工事は、裾花川の流れが犀川の流路に略々直角に流突することによって氾濫の度に犀川南側へ押出し、以来河川洪水の時には、川中島平とその下流の被害がむしろ大きくなったと伝えられる。

としている。

　煤鼻川は、現在の計画高水量が六〇〇㎥毎秒で犀川の七分の一程度、勾配が一四〇分の一と犀川の三倍の小規模急流河川である。このような急流河川と緩流河川が合流するところでは、合流後の緩流河川側の岸に沿って流路が形成される。一方、急流河川の流速は緩流河川の流れに従い減速する。この流速低下により急流河川の運土力が落ちて堆砂が生じ、急流河川側に砂州が成長する。これにより合流点の流れは増々緩流河川側の岸に寄って行くのである。煤鼻川の流勢が勝り犀川の流れを南に押しやったわけではないが、昔の人にはそのように思えたのであろう。結果として、犀川左岸には大きな砂州が発達するとともに対岸の浸食が激しかった。**図2**に示した犀川左岸の川合新田村や大豆島村は、もとは犀川右岸の村であったが、犀川の浸食により村が流失し左岸に移った村々である。

【二】近世における川除普請の実施形態について

　江戸幕府における河川災害復旧工事の対応は次の五通りの対応がなされていた。それは、①公儀普請、②大名手伝普請、③国役普請、④領主普請、⑤自普請の五種類である。公儀普請とは、幕府が全費用を負担し復旧工事を行うことであるが、事例は極めて少なかったようである。大名手伝普請とは、幕府の一部費用負担の下で費用の大部分を特定の大名に課して復旧工事を行うことで、寛保二年（一七四二）の戌の満水における西国一〇藩による関東一円の復旧工事や、宝暦期の薩摩藩による木曽三川の治水工事等が実施された。

　国役普請とは、二〇万石以下の大名領等の災害復旧工事に当たり、幕府が工事費用の一〇分の一（初期には五分の一）を補助し、残りの金額を特定の国々に役金（これを国役金と称す）として課して川除工事を行う手法である。その成立は享保五年（一七二〇）五月で、幕府により国役普請制に関する幕令[37]が発布された。松代領内を流れる千曲川及び犀川筋で発生した災害と駿州の富士川・安倍川、遠州の大井川・天竜川の災害とを合わせて、復旧費用が五千両を超える場合、駿河・遠江・三河及び信濃の四ヶ国の国役金で復旧費をまかなった。また復旧費用が五千五〇〇両を超える場合は伊勢・伊豆の両国からも国役金が徴収された。なお享保十二年より相模国内の酒匂川が国役の対象河川となり相模国からも国役金が徴収された。しかし制度発足から一二年後の享保十七年には、幕府財政のひっ迫に加え普請役の不正の発覚が重なり、国役普請制が中止に追い込まれることとなった。国役普請制が中止になった後も、しばらくは国役金の徴収は続いていたが、国役普請が再開されたのは宝暦八年（一七五八）のことであった。その後、文政七年（一八二二）には再び国役普請が中断され、嘉永四年（一八五七）十二月に再開されている。[38] 国役金は諸国の災害発生状況により変動したが、一〇〇石当たり銀二〇～三〇匁が毎年徴収された。国役普請の費用は幕府が一割、残りを関連諸国が分担する共助の形がとられているが、実際には、普請が実施された地元の村に、村高百石に付き金一〇両の地元負担金が求められていてかなりの財政的負担であった。

松代藩領内では、二回の国役普請の中断期に大きな河川災害が発生している。第一期中断期には、「戌の満水」と呼ばれる大洪水が寛保二年（一七四二）に発生した。第二回目の中断は、文政四年の洪水の直後で、国役普請の請願に対して制度の中断が松代藩に伝えられている。また、未曽有の災害を引き起こした弘化四年（一八四七）の善光寺地震における岩倉山（虚空蔵山）の崩壊で生じた犀川の塞き止め湖の決壊、日影村岩下（現長野市鬼無里）で生じた煤鼻川の塞き止め湖の決壊による両河川の災害復旧対応時にも国役普請は中断中であった。

幕府は、「戌の満水」および「弘化四年の大水害」共に、被害の甚大性を鑑み国役普請並の対応を幕府主導で実施している。弘化四年の煤鼻川の国役普請の請願に対して幕府は、「其方領分煤鼻川通堤川除破損所此度限願之通御普請被仰付」と国役並の普請を採択している。しかし松代藩内では、何れの川除普請も国役普請と称していて明確な区分はなされてない。厳密には国役普請でないことから、『史料館所蔵史料目録・真田家文書』[39]では、「寛保三年一統御普請」、「弘化四年震災復旧川普請」と命名し他の国役普請と区分している。また、第二回目の中断直後の川除普請は松代藩独自の領主普請で「文政十年御手普請」としている。

領主普請には定式普請があって、毎年正月から三月ごろにかけて川除の修補が定期的に実施されていた。労務の負担については、村高一〇〇石に付き五〇人までが村役（無賃扱）、五一人から一〇〇人までは扶持（常用扱）人足、一〇一人以上は賃（請負扱）人足として所定の玄米もしくは代金が支払われた。諸色と称する資材類は地元負担で調達するが、大物は領主払いとなっていた。松代領の定式普請はどのように行われたのか定かでないが、御手普請といわれる藩直轄の普請形態があったようである。

自普請とは農民が自らすべてを負担して普請を行うことで、小規模の築堤や用水路の維持管理がそれにあたる。村囲いの堤防（二線堤の多く）の築堤や維持管理も村役として自普請で実施されたものが多い。自普請といえども松代藩の関与は大きく、天明三年（一七八三）までは、毎年村が藩へ見積もりを提出し、許可を得て実施したものを竣工後役人が見分し、掛った人夫賃や材料代の一分を郡役（こおりやく）の出役として認める仕組みがあった。これを出人足と称していた。しかし手続きが煩雑で村の負担が大きかったため、用水等の普請については、五ヶ年間単位で年平均の自普請量を定めて、これに基づき毎年実施する定例自普請制度に切り替えられている。御定式三歩立といって五ヶ年間の年平均自普請量の三割が郡役の出役として認められていた[40]。

【三】煤鼻川の「戌の満水」

戌の満水とは、寛保二年(一七四二)七月末から八月初めにかけて発生した大洪水のことで、戌年に発生したことで戌の満水と呼ばれている。この時の松代藩領内の荒廃状況に関しては、第四章「戌の満水に関する諸史料及び寛保満水図と御領分荒地引替願についての考察[41]」が詳しいので参考にされたい。

この時、煤鼻川も大きな被害を蒙っている。煤鼻川下流部の村々の被災状況を概観できる史料が三点存在する。ひとつは、「松代満水の記」とそれに付随する史料。二つ目は、長野市立博物館所蔵の「寛保満水図[42]」。そして三つ目が、真田家文書に残る「寛保二壬戌年信濃国水内郡・更級郡・埴科郡・高井郡之内領知水損之覚帳（以下、水損之覚帳）[43]」である。「松代満水の記」は、松代藩士原正盛が書き残したもので、『新編信濃史料叢書　第十九巻[44]』収録されたものと、『長野史料・天[45]』に史料の写しが残る。『新編信濃史料叢書』の「松代満水の記」には、「十万石御領分村々ヨリ届出之写」があり、村々の被災の状況が報告されている。『長

表2 「松代満水の記」に残る煤鼻川下流域の被災

村名	新編信濃史料叢書第十九巻収録の「松代満水の記」	長野史料の「松城満水記」と共に残る「水内郡水難」
小柴見村 久保寺村（窪寺村）	弐百弐拾間程煤鼻川堰形押切、見へ不申、両村六合場所五拾間金山沢抜押埋、六拾五間大沢損、弐百間寺沢用水堰土手一面埋り申候、百間余寺沢通屋舗大形砂入	煤鼻川押切弐百弐拾間堰方も押払申候、小柴見村立会ノ場ニ御座候
中御所村	煤鼻川出水、往還道諸所損、家居水入砂入、田畑水押	往還道諸所水押切、煤鼻川水居屋敷へ押込砂入罷成候
千田村	煤鼻川岡田村ヨリ水押切、田畑石砂入多数	煤鼻川岡田村より押切、当村田畑砂入在成候
南俣村	煤鼻川諸所押切、田畑砂入	煤鼻川下諸処押切、当村不残水入砂入田畑損
北高田村	湯福中沢古川八幡堰用水押切、田畑砂入、家拾四間砂入	潰家拾四軒、泥砂入罷成候、湯福川中沢古川八幡川出水、田畑水入泥入諸郷［　］
上高田村	田畑砂入泥入	田方八拾石押払不残砂地罷成候
北尾張部村	八幡川・浅川押出、并イブク川出水、田畑損	八幡川湯福川浅河原出水、田方六拾石畑方弐拾三石砂入罷成候

野史料』の「松代満水記」は『新編信濃史料叢書』と同文である。付随する史料に、「水内郡水難」等の各郡の水難状況を記した史料が付随する。『新編信濃史料叢書』の「届出之写」には、「惣村数〆百八十八ヶ村、但村続順ハ訴出次第筆記、依之次第不同」と記されていて、記載の順番は届出順で規則性はなく、災害報告の第一報の取りまとめと見ることができる。

これに対して、『長野史料』付随のものは、埴科・更級・高井・水内の郡ごとにまとめられていて編集工程が加わっていることから、時系列的にはこちらが後で、第一報の後に取りまとめられた第二報的なものと考えられる。各郡の水難の記載は、家屋の被害や流死者数の記述が中心で、田畑の被災に関して定量的な記述が少い。これは、第一報、第二報の時点では各村の損耗状況の掌握が進んでいなかったものと考えられる。

『新編信濃史料叢書』の「届出之写」と『長野史料・天』の「水難記」とで記載内容が若干異なることとから、煤鼻川下流域の水損にかかわる村々(いずれも現長野市)の記述について双方を並記したものが**表2**である。

先ず煤鼻川下流部右岸の小柴見村と久保寺村の被災状況であるが、『新編信濃史料叢書』と『長野史料・天』共に煤鼻川堰形が二二〇間(約四〇〇m)被災とあり記述の一致が見られる。

前者は堰形のみの被災、後者は煤鼻川の川除けが決壊しそれにより堰形も被災したと読み取れ食い違いがある。ここに堰形とは慶長期の瀬替えで完成した窪寺堰のことである。「小柴見村立会ノ場所」とあり、煤鼻川の押切は小柴見村と見ることができる。また、前者では金山沢が小柴見村と久保寺村に接する六個所で抜けて一帯を押埋めたことがわかる。しかし、『長野史料・天』のものにはその記述が見当たらない。このように双方に違いがあるが、本稿では両者の記述は補完関係にあると解釈して双方に欠落する事象を補い被災の状況を俯瞰してみることとする。

中御所村では岡田組で煤鼻川が氾濫し家屋敷や田畑に石砂が押し入り、往還道(現在の長野市中央通)に濁流が押し寄せた。その水下にあたる千田村や南俣村も濁流に呑まれた。田畑の被害は千田村が石砂入り多数、南俣村が全数となっている。これが煤鼻川左岸の典型的な災害パターンである。

北高田村は、煤鼻川から溢れ出た水が中沢川・古川・八幡川の用水路に押し寄せ、家屋一四軒に砂や泥が入り込んだほか田畑も浸水した。上高田村でも八〇石の田が被災した。これらもまた、煤鼻川左岸の災害の特徴で、大口分水を越水した洪水が八幡堰や山王堰系の旧煤鼻川河道にあたる用水路に押し出すのである。

北高田村に隣接した七瀬村は善光寺領であるので「松代満水の記」には登場しないが、『七瀬町史』[14]によると、七瀬峰村にあった七瀬観音堂が流され翌寛保三年に七瀬屋敷添(現長野市七瀬中町)へ移転落成したという。これも八幡堰等の押出のよる災害であった。北尾張部村では、長野市北部から流れ下る浅川や湯福

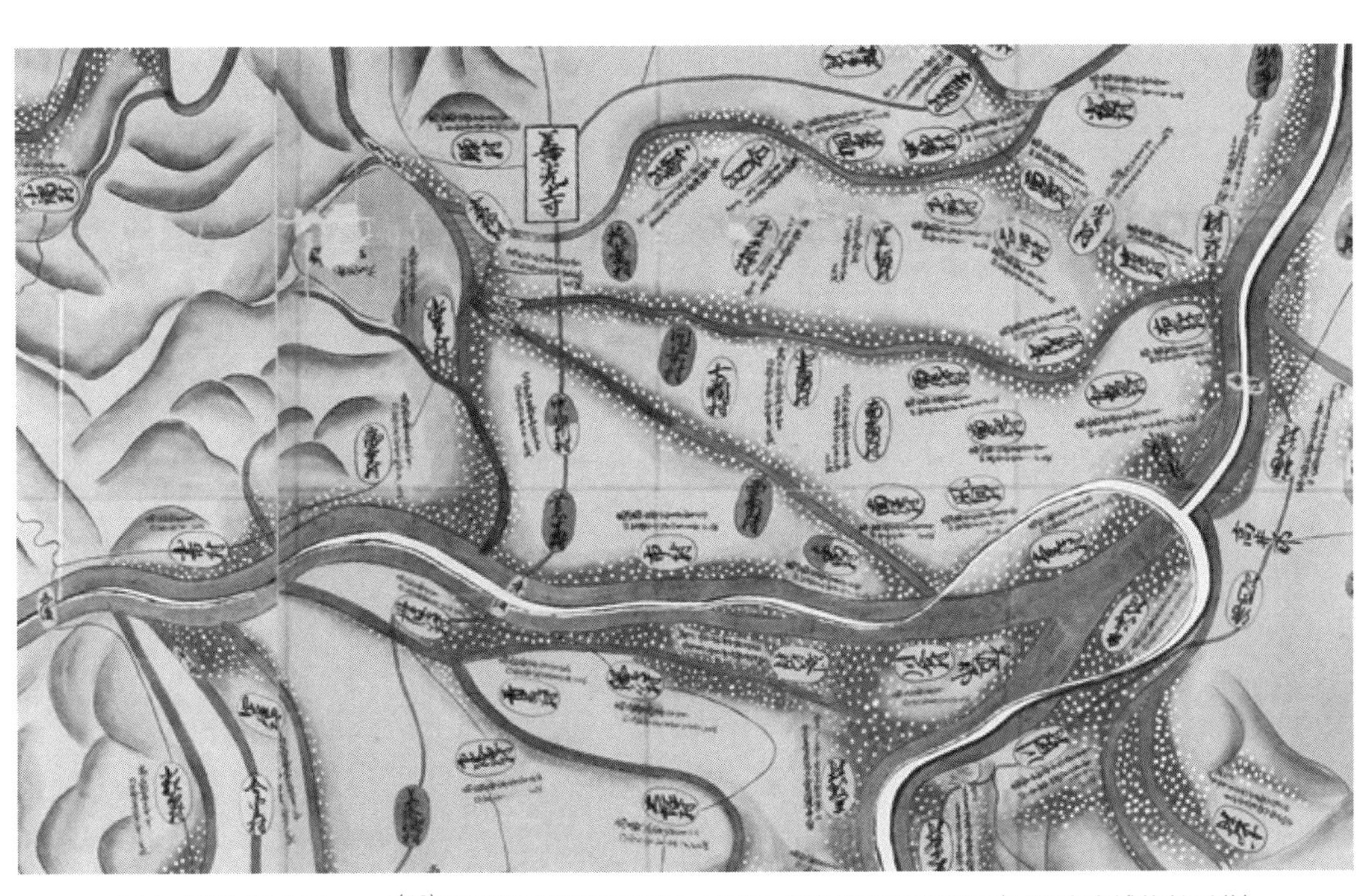

図3「寛保満水図　二」(42)（浦野家文書）に描かれた犀川・煤鼻川の氾濫状況（長野市立博物館所蔵）

川の出水があり、六〇石の田と二三石の畑に砂が入った。

松代藩が戌の満水による被災状況をしたため幕府へ提出した絵図に「寛保満水図　二」(42)がある。ここに描かれた、煤鼻川下流部と犀川下流部地域を拡大したものを図3に示した。『新編信濃史料叢書』の「届出之写」や長野史料の「水内郡水難」で報告された中御所村岡田組の被災や、八幡堰・山王堰などの旧煤鼻川の派川を利用した用水に押し寄せた洪水の溢水被害が読み取れる。右岸側でも小柴見村や久保寺村で発生した金山沢や太田沢などの土石流による押出も描かれている。また、犀川下流部右岸の被災も甚大で、丹波島村、綱島村、川合村や千曲川と落ち合う牛島の荒廃が大きく描かれている。

「水損之覚帳」には、寛保二年十一月時点での各村の耕地被害が集計されている。被災の状況により①山抜川欠荒地永荒（以下永荒）、②石砂入四五年之内可立返（以下石砂入）、③当戌年一毛損耗（以下一毛損耗）に分類され、その石高が集計されていて被害の状況が良くわかる史料である。「永荒」は、耕地の流失等により長年にわたり耕作が不能となったものを意味し、「石砂入」とは、洪水により砂利が堆積し数年間耕作ができないもの、「一毛損耗」とは、湛水等により当年の収穫が望めないものを指している。

「永荒」と「石砂入」の計を村高で除した損毛率は、右岸小柴見村が四七％、久保寺村二九％、左岸妻科村が二八％、中御所村四二％（松代領分のみ）、市村二九％にのぼった。「一毛損耗」

を含めた全損耗率は、右岸小柴見村が五六％、久保寺村五一％、左岸妻科村が五二％、中御所村五四％（松代領分のみ）、市村五二％と軒並み過半を上回っていた。

次に、戌の満水後の復旧状況をみる。代官大草太郎左衛門に松代藩領の被災地を見分させた幕府は、寛保三年に川除国役普請を始め六月に竣工させている[46]。先に示したように『信濃国松代真田家文書目録[39]』ではこれを「寛保三年一統普請」と分類している。これは、幕府が未曽有の水害に対して幕領・私領の区別なく統一的な川普請を行ったものである。この年代は幕府による国役普請が中断していた時期で、国役普請は実施されていないが、ほぼ国役普請に準じる復旧が成されたものとみられる。

またこれとは別に、松代藩は幕府より一万両の財政支援を受け、救難と復興対策を実施したようである。しかしその実施規模は明確でなく、煤鼻川流域の対応は不明である。煤鼻川の復旧に関しては、八幡堰の流域に位置する問御所村（椎谷藩領）が寛保三年に自普請で煤鼻川の堤防を普請したという記録[17]が残るのみである。

図4　宝暦六年「窪寺村絵図」[47]（国文学研究資料館所蔵）

【四】　戌の満水以後の水害と荒廃の拡大

戌の満水の爪痕は大きく復興がなかなか進まなかった。当時の煤鼻川の状況がわかる「久保寺村絵図[47]」を図４に示した。戌の満水から一四年経た宝暦六年（一七五六）に作成されたものである。

久保寺村は南に犀川、東が煤鼻川と接する村で、「久保寺村絵図」には荒廃した犀川と煤鼻川が描かれている。寛保二年（一七四二）以後宝暦六年までの間に大きな豪雨被害の記録が残っていないことから、この久保寺村絵図に描かれた被災状況は戌の満水の爪痕と考えられる。図の右手に描かれた煤鼻川は、上流の小柴見村と接する葭ヶ渕（現在のマルコメ味噌工場敷地）

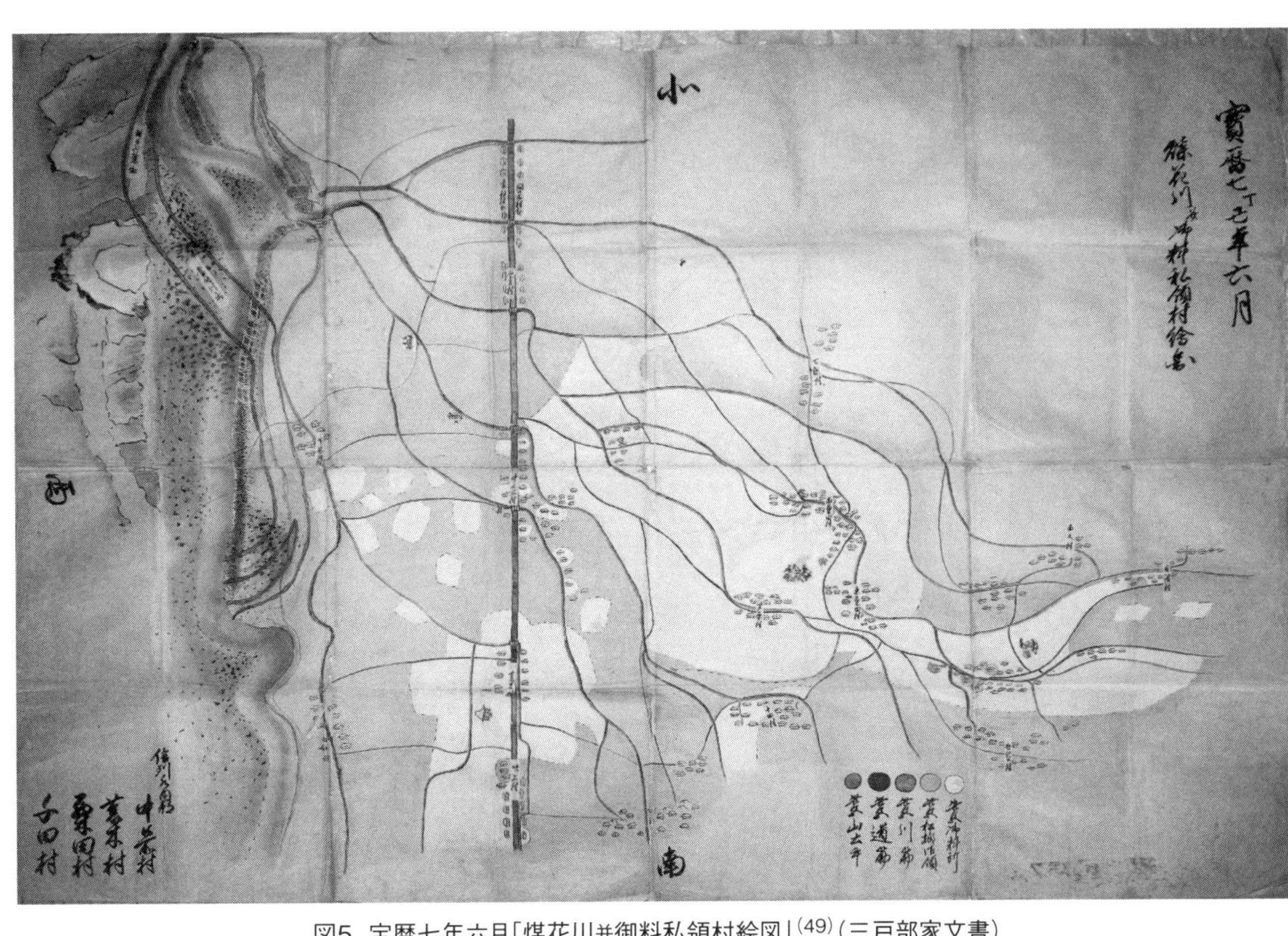

図5　宝暦七年六月「煤花川并御料私領村絵図」[49]（三戸部家文書）

あたりに大きな荒所が描かれている。『新編信濃史料叢書』の「届出之写」や『長野史料』の「水内郡水難」で報告された煤鼻川並びに久保寺堰の押切と金山沢（小柴見村と接する北側の村境）の押埋めの痕跡と思われる。また、久保寺村の北西山麓より犀川に注ぐ太田沢（右側）と黄金沢（左側）の押出による石砂入が描かれている。『新編信濃史料叢書』の「届出之写」にある寺沢（太田沢の右側）の押出に関する描写はない。久保寺村の中心部である大門地区を流れ下る寺沢の復旧はこのころまでに完了していたようである。それに対して黄金沢の押出は戌の満水の後の被災であろうか。犀川は久保寺村の南（図の下側）を流れているが、上流（図の左側）の小市村寄りが大きく荒廃している。小市村は寛保二年には過半の荒所村（国役金の賦課において永荒地の石高が村高の過半を超え、国役金の減免を受けた村）として認められていて、犀川の氾濫の様子がわかる絵図である。

　翌宝暦七年（一七五七）五月朔日から五日にかけ大雨となり千曲川・犀川が氾濫した。松代領内の被害は、以前からの永荒高三万四三五一石余に加え一万六八九三石余が新たに永荒となりその合計は五万一二四五石余となった。この際にも松代藩は、幕府から一万両を拝借し救難と復興にあたった[48]。この時、煤鼻川も洪水となったものと考えられる。当時の煤鼻川の様子を示す「煤花川并御領私領村絵図」[49]が幕府領であった栗田村（現長野市栗田）に残る（**図5**参照）。洪水から一ヶ月後の宝暦七年六月の日付が記されている。

この図の左側(西側)には煤鼻川が描かれていて、そこに「当時川成」と書かれた付箋が貼付されている。これによれば、煤鼻川の濁流が左岸の中御所村上岡田組の川除けを乗り越え、下岡田組(現長野放送付近)を濁流が飲み込んだことがわかる。「当時川成」の当時とは、一ヶ月前の洪水を意味していると考えられるが、一ヶ月で復旧を完了したとは考えづらいことから、護岸の復旧計画を示した絵図と解釈できる。これが栗田村に残り、幕府領と私領並びに煤鼻川の関係が示された絵図であることから、煤鼻川の復旧に栗田村が協働したのであろう。

つづいて宝暦七年七月二十四から二十五日の大雨により千曲川が大洪水となり松代城内に押し寄せた。更に、明和二年(一七六五)四月十五から十六日にも豪雨により犀川が氾濫を起こした。千曲川も出水しこの時にも松代城下に濁流が流れ込んだ。六月二十七日、松代藩は幕府に一万五千両の拝借を願い出たが、一万両に減額され拝借が認められた。この年の九月十三日には幕府御普請役松井唯八らが、二十一日には代官池田喜八郎が川中島の地を訪れ十月下旬まで領内の見分を実施した[50]。

この時、寛保二年の「水損永荒覚帳」で認められた過半の荒所村一九ヶ村(八二三四石九斗六合)に加え、宝暦七年と明和二年の災害で永荒地が石高の五分以上に増加した二八ヶ村(一万三九三八石三升八合)に国役金の免除が新たに認められた。これにより松代藩領の過半の荒所村は合計四七箇村(二万二一七二石九斗四升四合)となった。この時、煤鼻川流域では中御所村、小柴見村等が過半の荒所村として国役金の減免が認められている。小柴見村では翌明和三戌年に検地が実施され「小柴見村戌地改本田水帳[51]」が今に伝わる。これには、戌改石河原荒地引として、本田一三石二斗九升七合、新田五石が計上されているが、五二石にのぼった二四年前の戌の満水における永荒地の記載はない。

図6には同時期に作成された明和三年「小柴見村絵図[52]」を示した。図の中央に東西(図では水平)に貫く一筋が描かれている。これが久保寺堰である。これより東側を流れる(図では下側)の煤鼻川との間に石川原の表記がみられるが、戌の満水、宝暦七年ならびに明和二年の洪水により村高の過半を超えた永荒地の描写としては少な目にみえる。この時点ですでに戌の満水による永荒地の起返しはかなり進んでいたように読み取れる。

一方、明和四年(一七六七)幕府は松代藩に対して永荒地の起返りの状況を報告するように求めたが松代藩の答書は、「可立返候様無御座候、全永荒ニ相違無御座候[53]」で戌の満水より二十五年経た時点でも永荒地の復旧は進んでいないと報告している。これには、先に示した小柴見村の水帳の記述や絵図の描写との間に矛盾がのこる。

安永四年(一七七五)になると、「中御所村当春地改ニ付起返り高茂多御座候付、右中御所村茂此度御伺帳之内相除可然哉」と報告された[54]。中御所村は、起返りが進み過半の荒所村から除外されたのである。

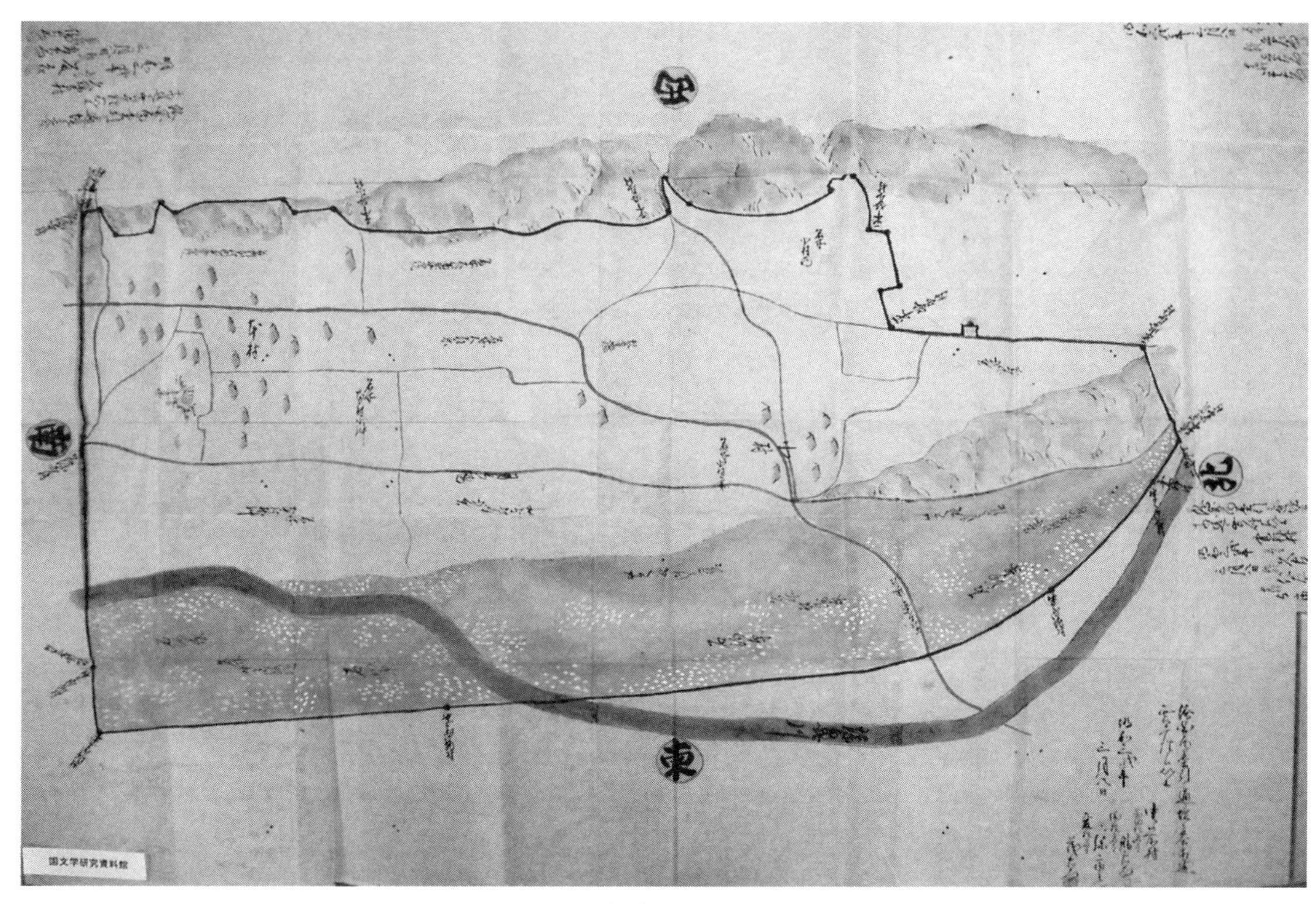

図6　明和三年三月「小柴見村絵図」(52)に描かれた煤鼻川（国文学研究資料館所蔵）

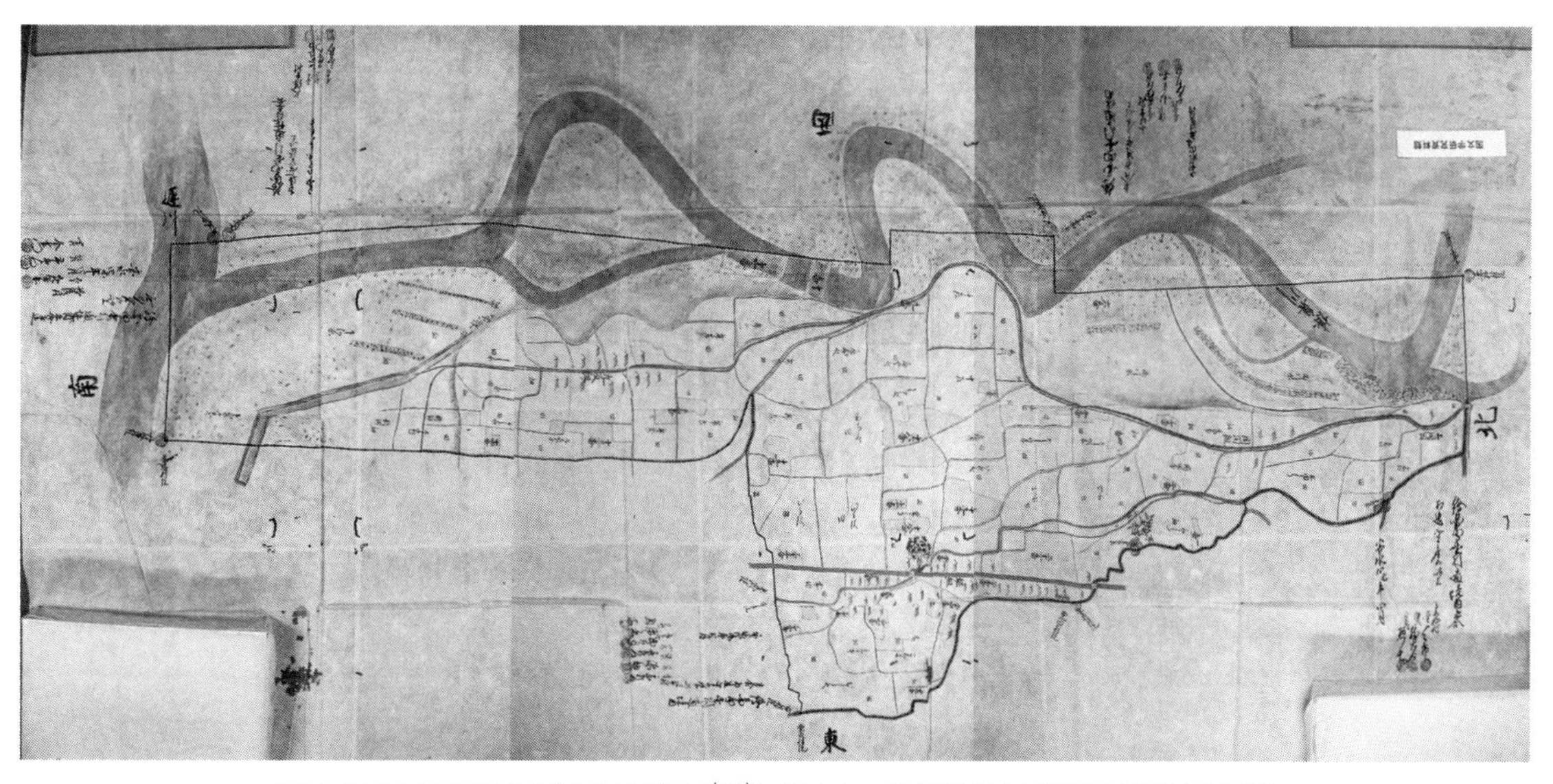

図7　安永四年四月「中御所村絵図」(55)に描かれた煤鼻川（国文学研究資料館所蔵）

図7は、安永四年の煤鼻川と中御所村を描いた絵図[55]である。中御所村の北に位置する岡田組と南の九反組の西側には煤鼻川沿いに川除け堤が描かれている。

安永八年（一七七九）八月二十四日から二十六日にかけ犀川の水深が一丈二尺（約三・六ｍ）に及ぶ洪水となり煤鼻川も満水となった。安永九年に四二ヶ村が国役川除普請を願出ている[56]。これが天明元年（一七八一）国役普請で、犀川右岸の四ツ屋村・丹波島村・綱島村・大塚村・青木島村・真島村・川合村と左岸の小市村・久保寺村・市村・河合新田村・大豆島村や千曲川合流点の牛島村が災害復旧の対象となったが煤鼻川の復旧は採択されていない。

寛政元年（一七八九）閏六月十七から十八日にかけ犀川が氾濫し「国役御普請所押流し、丹波島宿家際まで川落込」という状態になった。丹波島村・綱島村・川合村・大塚村・牛島村等が被災している。更に八月十九日から二十日にかけ再び出水があり、国役御普請所が一五ヶ村で被災した。犀川では丹波島村・真島村・牛島村・市村・川合新田村が被害を受けた。この復旧のために寛政二年国役普請が実施されている。煤鼻川では鐘鋳堰・八幡堰・窪寺堰などの用水揚口に大きな被害が出た。

【五】 文化・文政期の煤鼻川の災害

寛政七年（一七九五）煤鼻川右岸高台の小柴見村諏訪平に煤鼻川の川除け神社として小柴見神社が創建された。この前年二月に「当村為川除明神様連判人別帳[8]」が小柴見村より松代藩に出されている。これは、「寛政六年まで南組は平柴村明神氏子で、北組は中御所村笹焼明神の氏子であったが、煤鼻川が段々川欠となるので不便を感じ思いつき、諏訪平と称する所に少々の諏訪宮があったものを取り除き、塚六間七間・一畝一二歩の所に水害除けを兼ねながら両組み一同の明神として祭りたく御上様に願い奉る」という内容の連判人別帳である。煤鼻川を眼下に望むこの高台に、水の守り神である戸隠の九頭龍大権現を奉り、荒れ狂う煤鼻川の流れを鎮める願が込められていた。

しかしこの願いもむなしく、十九世紀の幕開けとなった享和元年（一八〇一）六月二十三日の夜、煤鼻川を大きな土石流が襲った。松代藩の『勘定所日記[57]』には次のような記録が残されている。

> 鬼無里村山奥ニ而山抜有之水湛居候哉、急ニ煤鼻川満水仕、大木・大石等押出（中略）右流末妻科・久保寺・中御所等之村々迄大木等押出候、

これは煤鼻川上流の鬼無里村・日影村から下流の中御所村・市村までの一四ヶ村が被害を受けた土石流の発生記録である。鬼無里村の山奥で土砂崩落が発生し裾花川を塞き止め大きな土石流を発生させたようである。この詳細は明確でないものの、『勘定所日記』には次の記載がある。

> 山抜け之場所之義、鬼無里村奥山戸隠表山続、甚深山之義ニ付、未聢与相分り兼候、追而詮議仕可申上候、

この記録だけでは塞き止め湖の詳細が定かでないが、被災村として鬼無里村の名があることから裾花川上流の奥裾花左岸での発生と判断できる。これは、弘化四年(一八四七)の善光寺地震のとき日影村アサオクボ地籍で発生した地すべりで生じた塞き止め湖の決壊災害と類似している。[58]弘化四年の塞き止め湖は、地震発生起因の山崩れが原因で発生後一一五日目に決壊したものである。

享和元年の塞き止め湖の湛水時間に関しては数日水湛とあるのみで、水湛の規模は不明である。しかし「大造之山抜け」と記載があり相当大規模の塞き止めであったと考えることができる。

この時の土石流の規模に関しては、常水より三、四丈(約九～一二m)出水と報告が残っている。弘化四年の土石流は、妻科村で三丈余となっていてほぼ同規模の洪水発生であった。被災状況は、鬼無里村で一八軒の民家に泥石が押入ったのを初めとして、妻科村一六軒、中御所村四七軒、市村八軒、合計一三三軒が水害を被っている。又、中流の鑪村では、宝暦年間より普請をしてきた御普請所が長さ六〇間(約一〇九m)あまり押し流された。大工・石屋・人夫等を頼んで普請したくても資金が無く難渋しているとし、御普請金二〇両の拝借を郡奉行に願い出ている。[59]

このころの善光寺近傍ならびに犀川・煤鼻川の様子を表す絵図(**図8**)が残っている。「五街道其外分間見取延絵図」の一部

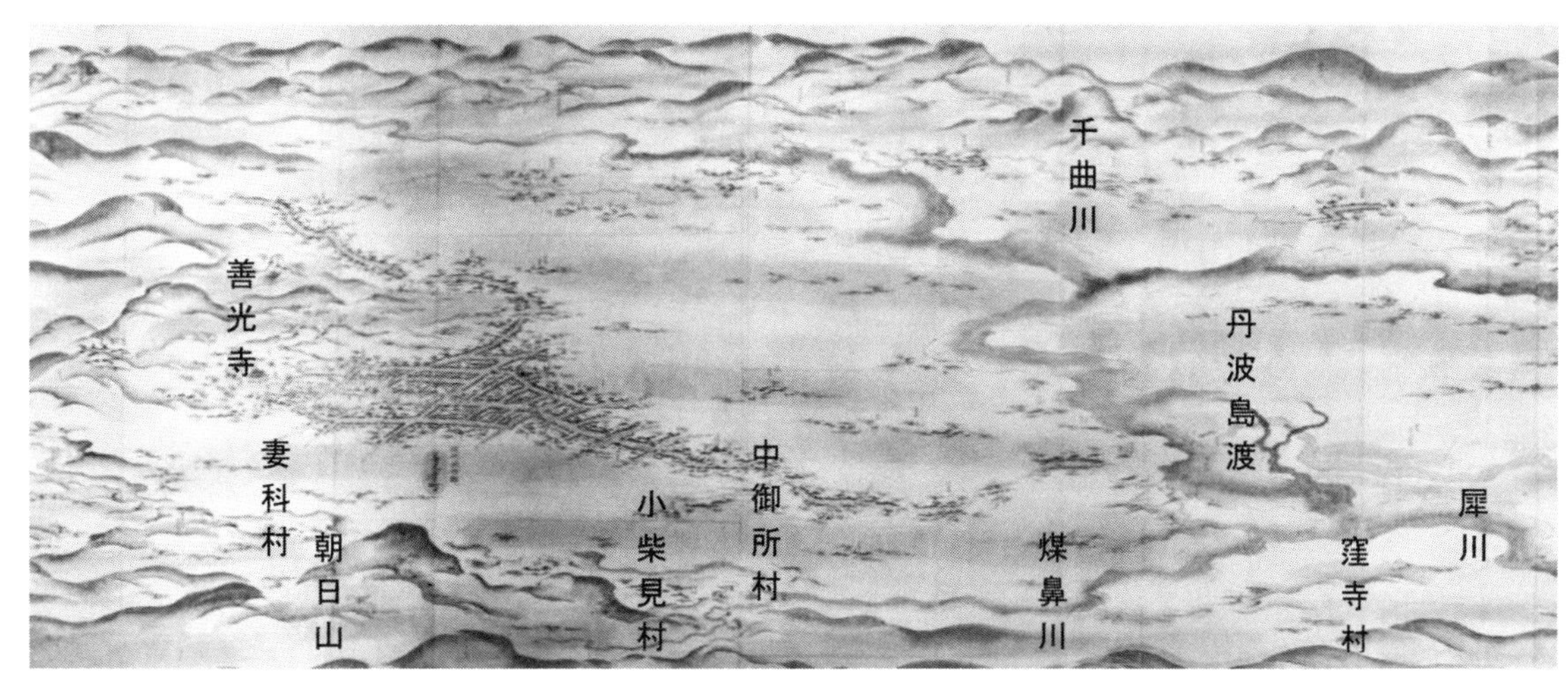

図8 「信州松本道分間見取絵図」[60]に描かれた犀川・煤鼻川(郵政資料館所蔵)

として調製された「信州松本道見取絵図」[60]である。幕府道中奉行の直轄事業として寛政十二年(一八〇〇)七月から文化三年(一八〇六)にかけて七ヶ年余の歳月を費し整備されたものである。

この国家事業に関する松代藩の対応は、文化二年(一八〇五)四月の『勘定所日記』次のような記録が残されている。[61]

五海道分間絵図被仰出、右節小諸より丹波嶋迄、稲荷山より松本迄見取絵図被仰出候由、御勘定上野権内様并御普請役三人・御書役両人廿三日小諸泊被相越候ニ付、村々尋答申渡田中井右衛門被差出候、

実測を基に、一八〇〇分の一の縮尺で作成された絵図(**図8**)は、諸街道の実状と近傍の山河の様子を忠実に伝えている。享和元年(一八〇一)六月の土石流発生直後の善光寺表参道と煤鼻川の姿を伝えるものである。一方犀川は、煤鼻川合流点に位置した丹波島宿付近まで大きく落ち込んだ様子が描かれている。これは、寛政元年(一七八九)閏六月の犀川洪水で、国役御普請所を押流し、丹波島宿家際まで川が落込んだという記録[62]と一致し、引き続き発生した寛政二年及び三年の犀川洪水後の爪痕が描かれたものと思われる。

更に、文化四年(一八〇七)五月二十二から二十三日かけて、大雨により煤鼻川が氾濫し濁流が村々を襲った。市村・千田村・新田川合村・中御所村・小柴見村・久保寺村及び妻科村の下流沿岸の村を含む長野市西方の五三ヶ村が被災した。雨はそのまま降り止まず、続く三十一日から六月一日にかけて再び大雨となり犀川・千曲川に洪水が発生した。犀川は常水より二丈(約六m)あまり、千曲川は一丈八尺(約五・四m)の増水であった。国役御普請所をはじめ各所の川除御普請所を押払う大災害となった。被災した村は五月二十三日の洪水も含め一五二ヶ村におよび、損耗高は六万一五〇石に達した。これは戌の満水の六万一六二四石に並ぶ大規模な被災であった。

千曲川の洪水は松代城下を襲い城内、侍屋敷ならびに町屋に及んだ。犀川では丹波島宿の街並み際まで本流が深く流れ込んだ。被害を受けた川除土堤および石堤の延長は二万二六九〇間(約四一km)でこの内の二七五〇間(約五km)が国役堤防であった。土砂崩れは一三一〇個所で発生し、流損した道形は三万二〇九〇間(約五八km)、被災した民家は三千軒に達した。[63]これらはいずれも戌の満水級の被災レベルである。ただし、流死者は五人で戌の満水の一二二〇人に対してごくわずかな被害に止まっている。

次にこの時の煤鼻川の被災状況を「倉石家里美家文書」[23]で見てみる。

当月廿二日ゟ廿三日両日無雨止降続煤花川洪水、岡田村水除御普請所押切、其上右村重助与申もの宅へ押掛ヶ、同村又右衛門与申もの之間通用路土手押切、字山王脇を見通し廿三日之夜五ツ時ゟ当村江水押仕、御田地荒所者勿論家内床上迠水湛、夏作物・夫食不残押流、末一図水湛、御田地荒所相

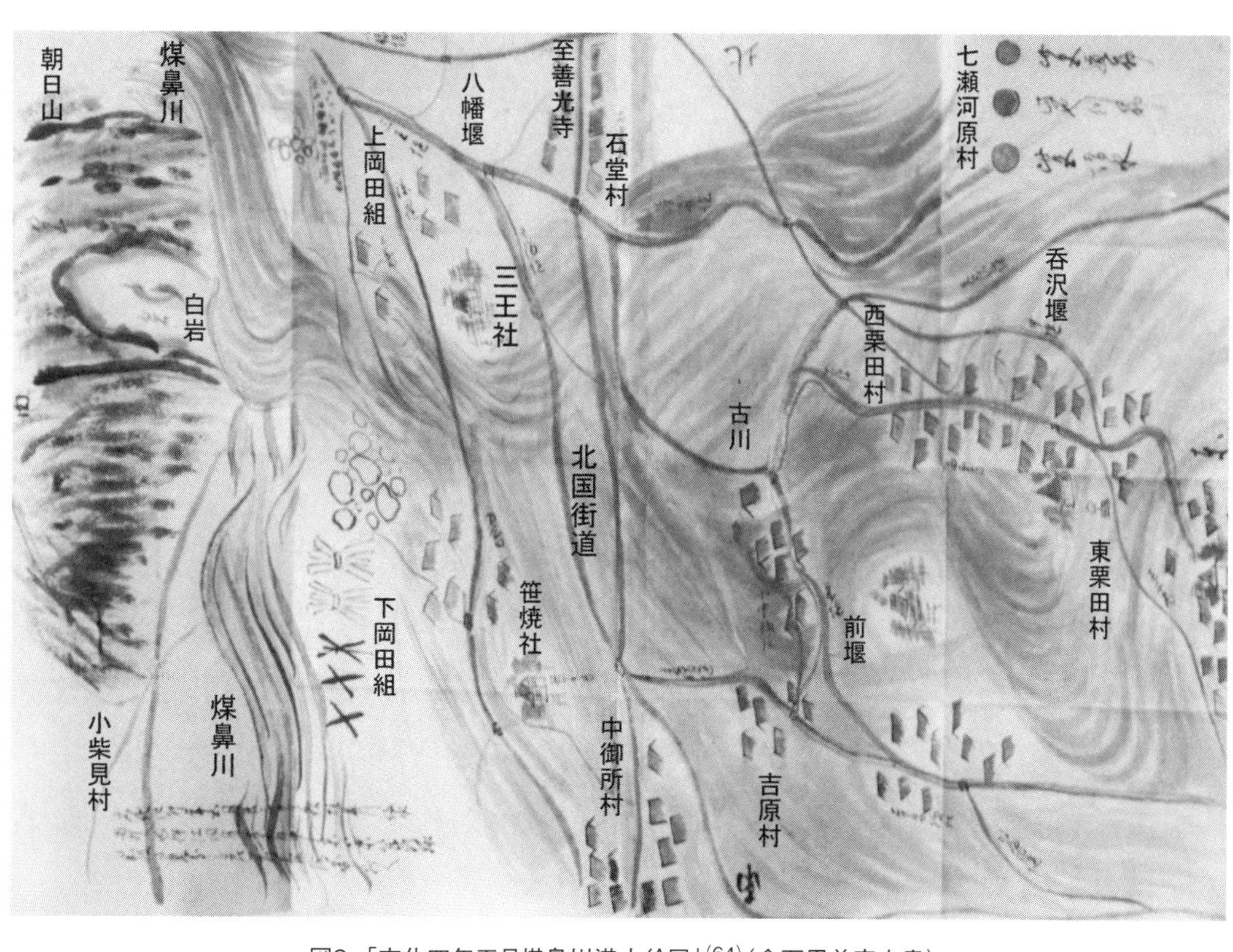

図9 「文化四年五月煤鼻川満水絵図」(64)（倉石里美家文書）

分リ兼候得共水難御訴奉申上、何分御勘弁被成下置、御慈悲ニ御見分奉願上候、以上、

文化四卯年五月廿五日　水内郡栗田村

煤鼻川は中御所村岡田組の堤防が五月二十三日の夜五ツ時（午後八時）ごろ決壊した。その濁流は上岡田組（現長野県庁南側）の集落を呑込み重助という農民の住宅を押し流した後、山王社南方（現八十二銀行北側）に向かい下岡田組を下り、北国街道（現中央通り）を押切、栗田・千田村方面に向かった。この様子を描いたものが図9に示した「煤鼻川満水絵図」[64]である。一見稚拙に見える絵図であるが、前述の「倉石里美家文書」に書かれた氾濫の状況を視覚的に伝える貴重な絵図で、文書に添えて惨状を代官所に訴えたものであろう。前述の松代藩の報告では、煤鼻川流域の村々の被災状況が、六月一日に発生した犀川・千曲川の水害報告と合わせてまとめられていてその規模を個々に知ることができない。よってここでは、栗田村（当時幕府領ならびに戸隠山神領）の被災報告[23]をみておく。

村内の耕地に湛水した洪水の最大水深は五尺（一・五ｍ）で三三五石余の田畑が被災した。栗田村の総石高が八八七石であるので約四割の損耗であった。家屋の被害は、全戸数一〇五軒の内六六軒が濁流に押し流された。村内の道に掛る橋は、石橋が一八橋の内一五橋が落橋し、土橋は一八橋の内一三橋が押流された。被災した村内では、刈取り作業中の雑穀が流出した。泥まみれになった穀物を水洗いの上乾燥したが雨に合い腐ったり発芽して用をなさなくなり、小前(こまえ)(小規模農民)は夫食(ふじき)(農民の食料一般)にも困窮した。これに対処するため栗田村は、村内に蓄えた貯穀一二七石の開封を五年分割の返納条件で幕府代官所に願い出て認められている。

翌文化五年再び川中島四郡に豪雨が襲った。六月十七、十八日にまず千曲川が氾濫した。つづいて二十三、二十四日犀川が濁流で溢れた。その四日後の二十八、二十九日に煤鼻川に洪水が発生し、中御所村・小柴見村・久保寺村の川除け御普請堤を押し流した。

久保寺村では早々に臨時自普請が実施された。その記録が補遺①に示す「出人足皆済一紙」[65]である。煤鼻川の川除けに延一五五八人の人足が動員されたが、その半分に当たる七七九人分が郡役の負担で残り半分が村独自の負担となっている。

「出人足皆済一紙」とは、郡役としての出役内訳を示したものである。この時は郡役として村高一〇〇石に対して一人足二〇〇日分の出役が課せられていた。その内の三分の一近く弐人八分八厘三毛が用水堰の定例自普請に充てられている。これは五年間の平均実績より定めた分担率で、実際には、二・八八三人に二〇〇日を掛けた五七六人工余を三歩(御定式三歩立)で割り返した一九二二人工が定例の自普請に費やされていたと考えられる。

また煤鼻川の臨時自普請並びに犀川の臨時自普請にも多くの人員が充当されている。臨時川除普請に出役した人足の内、煤鼻川の場合で五割(五分立)、犀川で七割(七分立)が郡役分としての計上が認められていた。この割合の違いは河川の重要度によるものである。残りの労務は村持ということであろう。郡役として未消化の一六六余人工は買役として籾四俵八升余が藩に物納されている。

文化五年(一八〇八)には妻科村でも臨時自普請が行われた[66]。前河原という場所で石積と笈枠が押し流され、五六間(約一〇一・八m)の石積堤と二八挺の三角笈が復旧された。また幅下沖の耕地囲土堤が危険となり厚さ二尺(約〇・六m)の腹付盛り土などが施された。これに要した人足は延一九六七人であった。

ここで注目したいのは、久保寺村の「出人足皆済一紙」での郡役が、村高百石に対して一人工二〇〇日分の出役であったが、更級郡の例では村高百石に対して三人工二〇〇日分の課役[40]で久保寺村のもの方が少ない。また、久保寺村の煤鼻川臨時自普請に掛った人足の五歩が郡役として認められている。当時、久保寺村は難渋村(年貢などの納税ができないほど困窮した村を郡奉行の支配から勘定奉行の管理下におき、村経営の再建を図る事)に対する御手充(租税の軽減措置)が認められていたので[67]、郡役の一部が御手充として減免されたり、自普請の一部が郡役の出役としてみとめられていたのかもしれない。なおこの時期、中御所村も難渋村としての御手充を受けていた。

このように郡役は村の困窮状況により課役の軽重が使い分けられていた。さらに自普請に対する村の負担率は河川の重要度により区分がされていたのである。

文化五年には煤鼻川で初めて国役普請が採択され、犀川との合流点近くの久保寺村地籍の石積堤と合掌枠の築造工事が実施されている。その記録が補遺②に示す「国役川除御普請公儀御仕様通出来形御勘定帳」である。[68]文化五年の久保寺村国役普請は、犀川と煤鼻川の合計であるが延五五〇九人の人足と金一六三両余の工事費が費やされた。このうち金八五両余が私領出金として差し引かれた。久保寺村の石高は八五二余石であるので百石当たり一〇両の分担金であった。これは基本的に受益者である村が負担するが、困窮する村の場合藩が肩代わりする場合もあった。[69]残りの一割が幕府負担金、九割が諸国役金で賄われた。国役普請といえども地元には大きな負担となっている。特に石高に比して普請の規模が比較的軽微の場合は、本件のように五割を超える地元負担となっている。

文政三年(一八二〇)五月二十六日から二十七日にかけまたも煤鼻川は濁流で溢れた。今度の大雨は犀川より北の山沿いの村々が大きな被害を受けた。煤鼻川では中御所村や久保寺村の御普請所が被災した。翌文政四年の国役普請では久保寺村、小柴見村および中御所村の川除けの復旧が国役普請に盛り込まれている。[70]

久保寺村では、字柴田という所で高さ六尺(約一・八m)の石積が長さ九八間(約一七八・二m)に渡り流され石積みが復旧され、合掌枠が九八間全長に配置された。壱ノ口堤(現在の長野県環境研究所付近)の喜惣治地先では高さ六尺の石積が二個所(長さ六〇間(約一〇九・一m)と一七間(約三〇・九m))被災し、喜惣治地先より弐左衛門地先までの間(現在の長安橋付近)で高さ四尺五寸(約一・四m)の堤防が一三間(約二三・六m)決壊し石積が長さ七三間(約一三二・七m)に渡り破損した。これらの復旧に合わせ、菱牛五三組が設置された。久保寺村では犀川の国役普請と合わせ、金二一九七両余が費やされ、その内の金八五両余が高一〇〇石当たり一〇両として課せられた私領出金であった。

このように繰り返される煤鼻川の氾濫により、沿岸の村々は困窮の極みに陥っていた。国役普請等の川除け工事の執行により地元には経済的波及効果があった反面、私領出金等の負担も大きく村の経営は厳しかったのである。

おわりに

慶長の瀬替え以降、煤鼻川下流左岸は度々大きな河川災害を被った。中御所村の堤防決壊は慶長以降天保期までの二三〇年間で一一回を超えた。

煤鼻川は、慶長の瀬替えを経て左右両岸に二線堤を配置した河川構造を実現し、高度の防災機能を有する河川に生まれ変わるはずであった。しかし、慶長以後間もない近世の早い時点で、鐘鋳堰取水部直下の待居堤が切り崩され、八幡・山王堰の煤鼻川直接取水が開始され、二線堤構造が崩壊した。これにより煤鼻本川から溢れた濁流は下流の大口分水と中御所村岡田堤に襲いかかり類似災害を繰り返した。

特に顕著な災害は、寛保二年（一七四二）八月の所謂戌の満水、宝暦七年（一七五七）七月、明和二年（一七六五）四月の発災で、これらの災害により中御所村と小柴見村・久保寺村が被災し、長期に渡り耕作が不能になった田畑（永荒）の石高が村高の半数以上となり、過半の荒所村に認定され、国役金の減免が認められた。

安永四年（一七七五）には起返りが進み中御所村が過半の荒所村から除外された。しかし、十九世紀の初頭享和元年（一八〇一）六月、鬼無里村の奥山で発生した山崩れでできた塞き止め湖が決壊し、煤鼻川に土石流が発生して下流の村々が被災した。その傷跡も癒えぬ文化四年（一八〇七）五月・五年六月には戌の満水の被災規模に匹敵する大洪水が発生した。この時煤鼻川で初めて国役普請が実施されている。つづいて発生した文政三年（一八二〇）五月の洪水では煤鼻川で再び国役普請が採択された。

このように被災を繰り返す中、村々の生産力は衰え疲弊の極みにあった。ここに川普請の負担が重くのしかかり、中御所村や久保寺村は難渋村に指定され、藩の管理下で村経営の再建を図った。

平成三十年（二〇一八）の夏は、全国各地で豪雨による甚大な災害が多発し、悲惨な状況が繰り返し報道された。現代の河川整備水準でも防ぐことができない自然の猛威を実感した。裾花川下流域も同様で、更なる備えの必要性を痛感する。これには、過去の災害事例を研究し繰り返された災害に学び、ハード・ソフト両面からの対応が求められる。

注（参考文献）

（1）宮下秀樹『土木学会論文集 D2・第69巻第1号』「江戸時代初頭における煤鼻（裾花）川の開発形態」土木学会 平成二十五年

（2）二線堤とは、「本川堤防以外で洪水氾濫の拡大を防止する機能を有する盛土構造物」と定義されている。『土木研究所資料 Vol.2451』「二線堤の全国実態と具体事例」建設省土木研究所 平成九年

（3）霞堤とは、「堤防の下流端を開放し、次の堤防の上流端を堤内に延長して重複せしめるように造った不連続堤」と定義されている。宮本武之助『治水工学第五編第四章』大正五年
霞堤の形態は釜無川の信玄堤の一部がその始まりといわれるが、霞堤の名称は、西師意が明治二十四年出版した『治水論』の記述が始まりといわれている。大熊孝『第7回土木史研究発表会論文集』「霞堤の機能と語源に関する研究」土木学会 昭和六十二年

（4）岡光夫・守田志郎『日本農書全集 第十六巻』「百姓伝記巻七防水集」農山漁村文化協会 昭和五十四年

（5）藤田延雄『下堰沿革史』「中沢絵図」下堰改良区 昭和三十三年

（6）落合保孝『つちくれ鑑』長野市松代史跡文化財開発委員会文化資料部 平成六年

（7）小林計一郎『長野市考』吉川弘文館 昭和四十四年

（8）宮島治郎右衛門『ふるさとの歴史』昭和四十年

（9）『長野県史』「近世史料七（三）」長野県

（10）下田 巌『近世美輪村史料集』長野郷土史研究会 昭和四十七年

（11）『長野市誌』「第四巻近世二」長野市誌編纂委員会 平成十三年

（12）森安彦『豪農大鈴木家文書』鈴木陽 昭和五十七年

（13）渡辺敏『長野史料・天』信濃教育博物館所蔵

（14）七瀬町史編纂委員会『七瀬町史』七瀬町公民館 昭和五十九年

（15）『長野県史収集資料』長野県立歴史館収蔵

（16）古川貞雄『松代藩災害史料』長野市誌編さん室

（17）『第一回近世庶民史料展覧会出品・近世善光寺町史料抄』「万願書留帳」（山崎家文書）長野市公民館 昭和三十年

（18）『長野市誌収集資料』長野市公文書収蔵

（19）安茂里史編纂委員会『安茂里史』安茂里史刊行会 平成七年

（20）『長野県史収集資料』「徳武文書」長野県立歴史館収蔵

（21）古牧誌編集委員会『古牧誌』古牧誌刊行会 昭和五十六年

（22）『安茂里史刊行会収集史料』長野市安茂里公民館収蔵

（23）青木正義『近世栗田村古文書集成』銀河書房 昭和五十八年

（24）宮島甚一郎『芹田地区ふるさと歴史探訪』第一印刷 平成八年

（25）東京大学地震研究所『新収日本地震史料』「第五巻別巻六ノ一」（社）日本電気協会 昭和六十三年

（26）建設省北陸地方建設局『信濃川百年史』北陸建設弘済会 昭和五十三年

（27）『長野県政史別巻』長野県 昭和四十七年

（28）『真田家文書』「２６Ａ／い１８８６」人間文化研究機構国文学研究資料館所蔵

（29）『長野県行政文書』「明治三十三年 裾花川平面図」長野県立歴史館所蔵

（30）原田伴彦『中部の市街古図』鹿島出版会 昭和五十四年

（31）玉城哲、旗手勲『風土～大地と人間の歴史』平凡社 昭和四十九年

（32）中村正賢『武田信玄と治水』山梨県林業研究会 昭和四十年

（33）安達 満『近世甲斐の治水と開発』「甲斐における治水体制の一考」山梨日日新聞社 平成五年

（34）『松代封内図』「第一図為城下近傍諸村」信濃教育博物館所蔵

（35）『松代封内図』「第七図為善光寺近傍所村」京都大学総合博物館所蔵

（36）牛島区誌編集委員会『輪中の村 牛島区誌』昭和六十年

（37）高柳真三『御触書寛保集成』岩波書店 昭和三十三年

（38）大谷貞夫『近世日本治水史の研究』有斐閣出版 昭和六十一年

（39）『信濃国松代真田家文書目録・第四十三集（史料館所蔵史料目録）』「真田家文書目録（その四）解題」国立史料館 昭和六十一年

（40）更級埴科地方誌刊行会『更級埴科地方誌』「第三巻近世上」昭和五十五年

（41）宮下秀樹『市誌研究ながの 第25号』「戌の満水に関する諸史料及び寛保満水図と御領分荒地引替願についての考察」長野市公文書館 平成三十年

（42）『寛保満水図』長野市立博物館所蔵

（43）『信濃国松代真田家文書』「２６Ａ／え００４６８」人間文化研究機構国文学研究資料館

（44）『新編信濃史料叢書 第十一巻』信濃史料刊行会 昭和五十年

（45）渡辺敏『長野史料・天』信濃教育博物館所蔵

（46）古川貞雄『松代藩災害史料』「2、安永五年七月」長野市誌編さん室

（47）『真田家文書』「２６Ａ／し００２３０ 宝暦六年久保寺村絵図」人間文化研究機構国文学研究資料館

（48）『長野市誌』「第四巻近世二」長野市 平成十三年

（49）「煤鼻川并御料私領絵図」三戸部家所蔵

（50）古川貞雄『松代藩災害史料』「1、明和三年十月」長野市誌編さん室『信濃国松代真田家文書』「２６Ａ／う００８４７」、「２６Ａ／う００８４８」

（51）『安茂里史刊行会収集史料』「明和三年小柴見村戌地改本田水帳」長野市安茂里公民館収蔵

（52）「真田家文書」「26A／し00293ー2　明和三年小柴見村絵図」人間文化研究機構国文学研究資料館
（53）古川貞雄『松代藩災害史料』「1、明和四年十月」長野市誌編さん室
（54）古川貞雄『松代藩災害史料』「2、安永四年十月」長野市誌編さん室
（55）『真田家文書』「26A／し00139　中御所村絵図」人間文化研究機構国文学研究資料館
（56）『信濃国松代真田家文書』「26A／い01754」人間文化研究機構国文学研究資料館
（57）古川貞雄『松代藩災害史料』「7、享和元年六月」長野市誌編さん室
（58）宮下秀樹『土木学会論文集　D2第70巻第1号』「化四年善光寺地震による煤花（裾花）川の土砂災害とその後の対応」平成二十六年
（59）『長野県史』「近世史料編第七巻三」長野県
（60）『信州松本道分間絵図』郵政資料館所蔵
（61）古川貞雄『松代藩災害史料』「8文化二年四月」長野市誌編さん室
（62）古川貞雄『松代藩災害史料』「4、寛政元年六月」長野市誌編さん室
（63）古川貞雄『松代藩災害史料』「8、文化四年六月」長野市誌編さん室
（64）「文化四年五月　煤鼻川満水絵図」倉石里美家所蔵
（65）『安茂里史刊行会収集史料』「文化四年十二月出人足皆済一紙」長野市安茂里公民館収蔵
（66）『長野県史・近世史料編　第七巻三』「文化五年閏六月耕地囲煤花川除臨時自普請御人足御書上帳」長野県
（67）福澤徹三『信濃国松代藩地域の研究・Ⅲ近世後期大名家の領政機構』「第一章文化・文政期の松代藩の在地支配構造」岩田書院 平成二十三年
（68）「真田家文書」「26A／い01732　文化五年八月　窪寺村国役御普請仕様帳写」人間文化研究機構国文学研究資料館
（69）古川貞雄『松代藩災害史料』「3、天明元年閏五月」長野市誌編さん室
（70）「真田家文書」「26A／い01749　文政五年六月　千曲川犀川煤花川附拾五箇村国役川除御普請公儀御仕様通出来形御勘定帳」人間文化研究機構国文学研究資料館

補遺①

「文化四年十二月出人足皆済一紙」　　『安茂里史刊行会収集史料』

皆済一紙

一八人七分九厘　　久保寺村

　内

　弐人八分八厘三毛　　当村用水堰等定例自普請
　　　　　　　　　　　人足去丑ゟ巳迄五ヶ年引

残五人九分七毛

此勤千百八拾壱人四歩　　但出人足壱人弐百日勤

内

四拾九人　　品々御用勤人足継合如此

七百七拾九人　　当村煤花川除臨時自普請勤人足
　　　　　　　〆千五百五拾八人分五歩立ニ〆如此

百八拾六人九歩　　当村犀川川除臨時自普請勤人足
　　　　　　　〆弐百六拾七人分七歩立ニ〆如此

百六拾六人五歩　　買役

此籾四俵八升壱合三勺　　但弐百人籾五俵割合

小以

右之通当卯郡役出人足之内、品々勤辻継合差引相極買役籾

上納皆済一紙如此候、以上、

補遺②

「文政五年六月　千曲川・犀川・煤花川附拾五箇村国役川除御普請公儀御仕様通出来形御勘定帳」

『真田家文書26A／い01749』

高八百五拾弐石五斗八升　　真田弾正忠領分信州水内郡
　　　　　　　　　　　　　　　窪寺村

犀川通

字西河原村前　　高　六尺

一堤上切所長延弐百拾八間　　平均　馬踏五尺　弐ヶ所
　　　　　　　　　　　　　　中敷壱丈壱尺

　此土砂百四拾五坪三合

　　内

　　長六拾四間　上之方

　　長五拾四間　下之方

字泥沢向　　高　五尺

一堤切所長百拾間　　平均　馬踏七尺　壱ヶ所
　　　　　　　　　　　　　中敷壱丈五尺

　此土砂百六拾八坪

　弐口

　土砂三百拾三坪三合

　人足千五百六拾六人五分　　但土砂取此立付共壱坪五人

笈牛築包

一石積長延百弐拾間長七拾間　平均　高　四尺
　　　　　　　　　　　　　　　　　馬踏五尺
　　　　　　　　　　　　　　　　敷　九尺

此石坪五拾四坪四合

内

長五拾間　　　　　　　　　　　　　　高　五尺

此石坪五拾四坪四合　　　　　平均　馬踏六尺
　　　　　　　　　　　　　　　　敷　壱丈五尺

煤鼻川落合

合掌枠築包

一石積長延四拾間　　　　　　　　高　六尺
　　　　　　　　　　　　　平均　馬踏九尺　三ヶ所
　　　　　　　　　　　　　　　　敷　壱丈五尺

此石坪八拾坪

三口

石坪百九拾三坪四合

内五拾九坪

人足千四百七拾五人　但岩取壱坪弐拾五人

百三拾四坪四合

人足弐千百五拾人四分　但河原石取壱坪拾六人

一笈牛七拾組

内　三拾五組　字泥沢向壱ヶ所

弐拾五組　字西河原向壱ヶ所

拾組　同所下壱ヶ所

是者内六組ハ石積三分、残拾組ハ砂利俵詰之分

右入用

（中略）

大工　四拾人

賃永九百六拾八文　但壱人永弐拾四文弐厘

是者間ニ壱人ツヽ

人足六拾人

是ハ間ニ壱人五分ツヽ

右寄

永七拾壱貫九百五拾六文四厘

人足五千五百八人九分

賃永九拾壱貫八百拾五文　壱人銀壱匁［　　］六拾文

小以金百六拾三両永弐拾壱文四厘

内金八拾五両壱分永八文　高百石拾両　私領出金

残金七拾八両弐分永拾三文四厘

右之通此度国役川除被成下御普請候、

公義御仕様帳写本書引合令印形渡置者也、

第六章

中御所村岡田組 百姓重助の苦闘

『市誌研究ながの』第二七号に掲載されたものを転載

はじめに

重助は中御所村岡田組上岡田（現長野市中御所岡田町）の百姓である。生年不詳、文政七年（一八二四）中風を患い四年間の闘病の末、文政十年に没する。当時の中御所村は、文化・文政期（一八〇四～一八三〇）の度重なる煤鼻川（現長野市裾花川）の氾濫で難渋村[1]と化していた。

ここに、隣村との境論[2]や所謂論所堤[3]と呼ばれる騒動を繰り返すなか、川除堤の保守と荒地開発に私財を投じ田畑を守る百姓がいた。その人が重助である。荒廃した石河原にひとり立向かい鍬を入れた重助の願はただ一つ、開発した荒地を高請[4]して、中御所村を以前のような実り豊な村にすることであった。重助は荒れ狂う煤鼻川の濁流と対峙し、二〇年間の奮闘の末、志し半ばでこの世を去った。後には多額の借財だけが残り一家は潰れ百姓[5]に墜ちた。そして、弘化四年（一八四七）、善光寺地震で生じた煤鼻川のせき止め湖の決壊で、重助の願いは全て濁流の中に消えた。

【一】中御所村の難渋

近世中期の松代領内の多くの村々は、戌の満水が残した爪あとに苦しんでいた。戌の満水とは、寛保二年（一七四二）七月末から八月初めにかけて発生した大洪水のことで、戌年に発生したことで戌の満水と呼ばれている。中御所村では岡田組で煤鼻川が氾濫し家屋敷や田畑に石砂が押し入り、往還道（現在の長野市中央通）に濁流が押し寄せた。[6]

復興まで長い年月を要する「永荒」と「石砂入」の合計を村高で除した損毛率は、中御所村四二％（松代領分のみ）、一年限定の「一毛損耗」を含めた全損耗率は、中御所村五四％（同上）、と過半を上回っていた。それから十五年後の宝暦七年（一七五七）五月朔日から五日にかけ大雨となり千曲川・犀川が氾濫した。この時、煤鼻川も洪水となったものと考えられる。更に、明和二年（一七六五）四月十五から十六日にも豪雨により犀川が氾濫を起こしている。

中御所村は、寛保二年に加え宝暦七年と明和二年の災害で永荒地が石高の五分以上に増加し、過半の荒所村として国役金の減免が認められていた。[7]安永四年（一七七五）になると、中御所村は、起返りが進み三百六拾八石九斗四升あった荒所引き高が百三拾五石五斗壱升七合まで改善され「中御所村当春地改ニ付起返り高茂多御座候付、右中御所村茂此度御伺帳之内相除可然哉」[8]と、過半の荒所村から除外された。ところが、安永九年（一七八〇）十二月、中御所村が難渋し御手充が必要であるとし、安永四年検地を見直し諸役を減免するようにと願い出ている。[9]

戌の満水以降耕地の復興が進まないなか松代藩は、天明二年（一七八二）二月、「荒地開発拝借御定法」[10]を定め、村々や百姓が荒地開発をする際に必要となる費用を拝借金として貸し付や、年貢の軽減などの優遇策を実施している。

このころの松代領内は水害だけでなく、旱魃が多発して多くの干損被害が発生し、農民は困窮の極みにあった。そこに天明三年四月にはじまった浅間山の噴火を緒に、天候不順が続き、所謂天明の大飢饉が始まった。農民は食べるものも不足する中で年貢等の負担に耐えられず借金がかさみ欠落するものや、田畑屋敷をやむなく没収される潰れ百姓が多発していた。中御所村もその例外ではなかった。

天明七年(一七八七)十二月には、代官野村善太夫支配の成沢文治が難渋村々に対する御手充に関する伺出を代官に提出している。中御所村に関しては、昨年暮れに三拾七表四升の御手充引きを行ったが更に、潰難渋を引請た者に天明七年より四年間、籾弐拾六表の御手充が必要だとしている。(11)

寛政十一年(一七九九)暮、中御所村は以前からの困窮に加え煤鼻川の出水が重なり、藩より拝借した二口の拝借金を返済することができなくなった。翌十二年九月、代官所は詮議のうえ格段の温情を以て新たな拝借金に組替えて再度貸付を実施した。一口は無利子で金五拾五両銀弐分拾壱匁九分を三〇年賦で、もう一口は金六拾三両銀三匁七分二厘を壱割三分の返礼金付三〇年賦であった。(12)

【二】文化・文政期の煤鼻川の氾濫

その後も中御所村を苦しめる災害は続いた。享和元年(一八〇一)六月二十三日の夜、煤鼻川を大きな土石流が襲った。鬼無里村の山奥で土砂崩落が発生し裾花川を塞き止め大きな土石流を発生させたものである。妻科村一六軒、中御所村四七軒、市村八軒、合計一三三軒が水害を被っている。

更に、文化四年(一八〇七)五月二十二から二十三日かけて、大雨により煤鼻川が氾濫し濁流が村々を襲った。市村・千田村・新田川合村・中御所村・小柴見村・久保寺村及び妻科村の下流沿岸の村を含む長野市西方の五三ヶ村が被災した。雨はそのまま降り止まず、続く三十一日から六月一日にかけて再び大雨となり犀川・千曲川に洪水が発生した。犀川は常水より弐丈(約六m)あまり、千曲川は壱丈八尺(約五・四m)の増水であった。国役御普請所をはじめ各所の川除御普請所を押払う大災害となった。被災した村は五月二十三日の洪水も含め一五二ヶ村におよび、損耗高は六万一五〇石に達した。これは戌の満水の六万一六二四石に並ぶ大規模な被災であった。

この時の煤鼻川の被災状況を「倉石家里美家文書」(13)で見てみる。

当月廿二日ゟ廿三日両日無雨止降続煤花川洪水、岡田村水除御普請所押切、其上右村重助与申もの宅へ押掛ヶ、同村又右衛門与申もの之間通用路土手押切、字山王脇を見通し廿三日之夜五ツ時ゟ当村江水押仕、御田地荒所者勿論家内床上迠水湛、夏作物・夫食不残押流、末一図水湛、御田地荒所相

分リ兼候得共水難御訴奉申上、何分御勘弁被成下置、御慈悲ニ御見分奉願上候、以上、

文化四卯年五月廿五日

水内郡栗田村

煤鼻川は中御所村岡田組の堤防が五月二十三日の夜五ツ時(午後八時)ごろ決壊した。その濁流は上岡田組(現長野県庁南側)の集落を呑込み重助という農民の住宅を押し流した後、山王社南方(現八十二銀行北側)に向かい下岡田組を下り、北国街道(現中央通り)を押切、栗田・千田村方面に向かった。

文政三年(一八二〇)五月二十六日から二十七日にかけてまたもや煤鼻川は濁流で溢れた。今度の大雨は犀川より北の山沿いの村々が大きな被害を受けた。煤鼻川では中御所村や久保寺村の御普請所が被災した。翌文政四年の国役普請では久保寺村、小柴見村および中御所村の川除けの復旧が国役普請に盛り込まれている。[14]

【三】小柴見村に残る二つの川除け絵図面

文化・文政期(一八〇四〜一八三〇)の煤鼻川の様子を描いた絵図面が小柴見村に二つ残っている。一つは、**図1**に示した文化七年(一八一〇)四月に作成された中御所村と小柴見村との間の村境を定めた絵図。[15]もう一つは、**図4**の文政期の煤鼻川の川除御普請所の絵図。[16]この図には作成年月が記載されていないものの文政期の煤鼻川の川除御普請所を描いたものと考えられる。

この二つの絵図はそれぞれ画風が異なることから一見関連性がないように見えるが、**図2**及び**図3**に示したように、村境と御普請所ならびに窪寺堰等のアウトラインを抽出して重ね合わせてみると見事に一致し、文政期の絵図が文化七年の絵図に基づき制作されていることがわかる。

これらは、文化四年(一八〇七)と文政三年(一八二〇)の煤鼻川の大洪水後、中御所村岡田組と小柴見村に整備された御普請所の状況が確認できる貴重な絵図面である。岡田組の御普請所は煤鼻川最大の難所に当たり洪水の度に繰り返し甚大な被害を蒙っていた。文化四年六月に栗田村三役人が中之条代官所に宛てた災害状況届[17]に次の記述がある。

(前略)当五月廿三日之夜煤花川洪水いたし岡田村御普請所押流、其外ニ重土手同村通用路押切、山王脇を見通し当村へ水押仕、前書之通水難ニ御座候而、(後略)

これによると、文化四年五月の煤鼻川洪水で、中御所村岡田組地先の御普請堤が押し流されたばかりでなく、背後の二重土手が破堤したことがわかる。

二重土手とは控堤のことで第二線堤を意味するものと見なすことができ、文化四年以前から煤鼻川左岸中御所村地先には、霞堤を有する二線堤構造の川除けシステムが構築されていた。

文化七年の左岸川除整備の状況を**図2**で見ると、下流側(図の左下)下岡田地先に古石堤と記された洪水戻しの機能を有する霞状堤防の原型があり、その上流に御普請所と明記された土手が

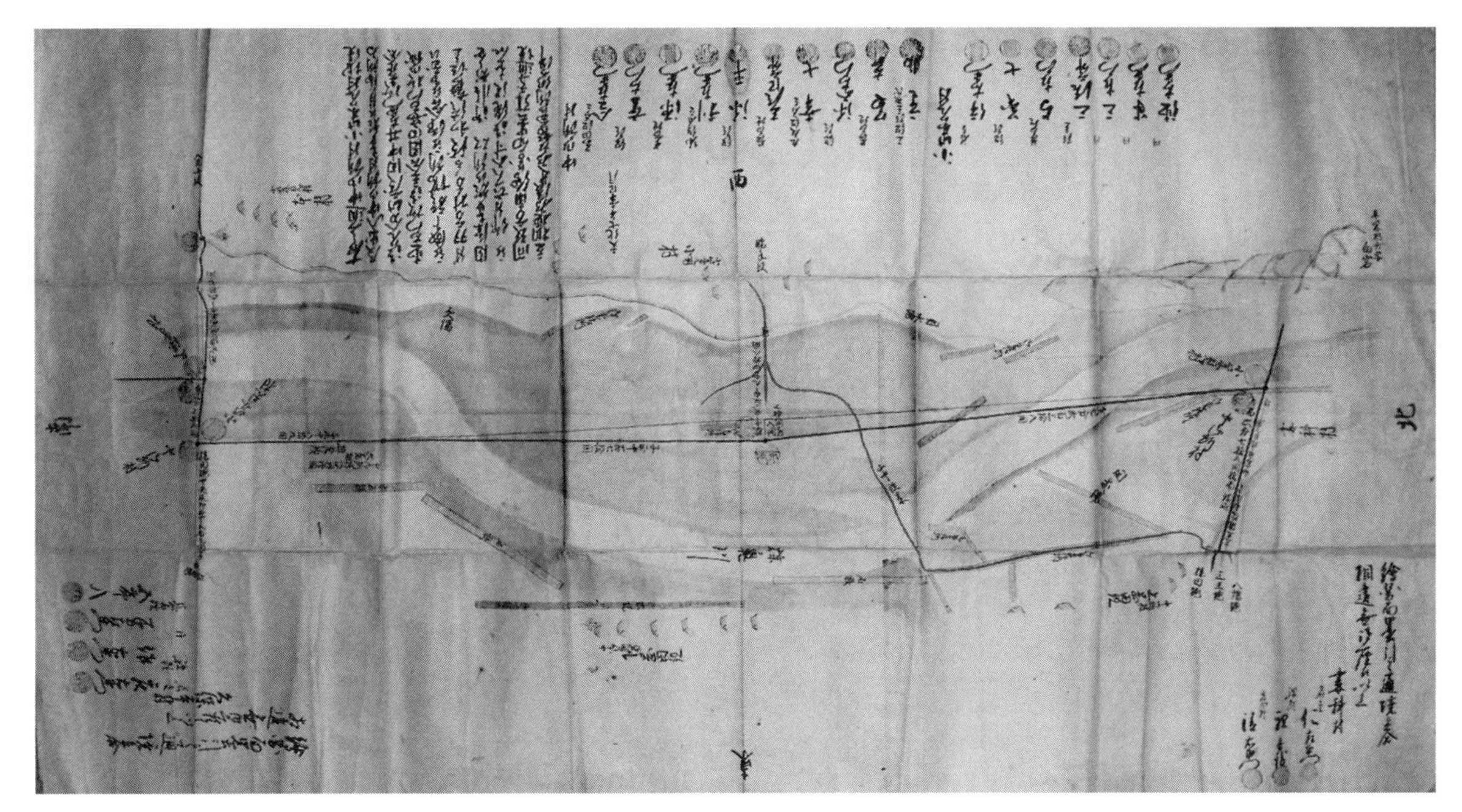

図1　文化七年四月「小柴見村・中御所村和談成立絵図」(15)（村田家文書）

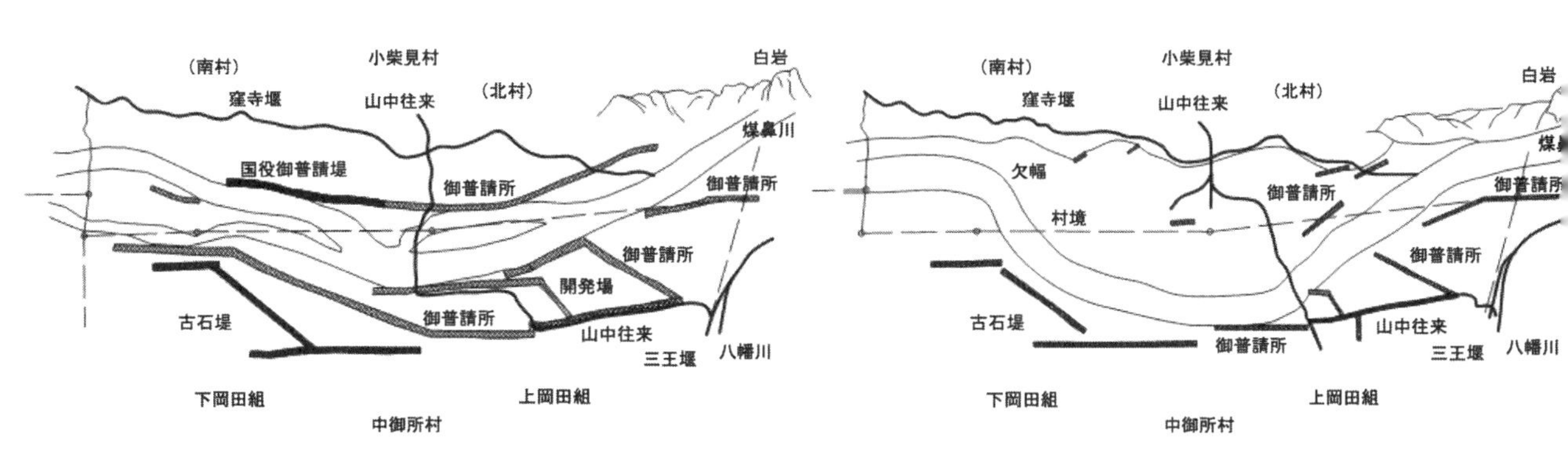

図3　文化期御普請堤のアウトライン

図2　文政期御普請堤のアウトライン

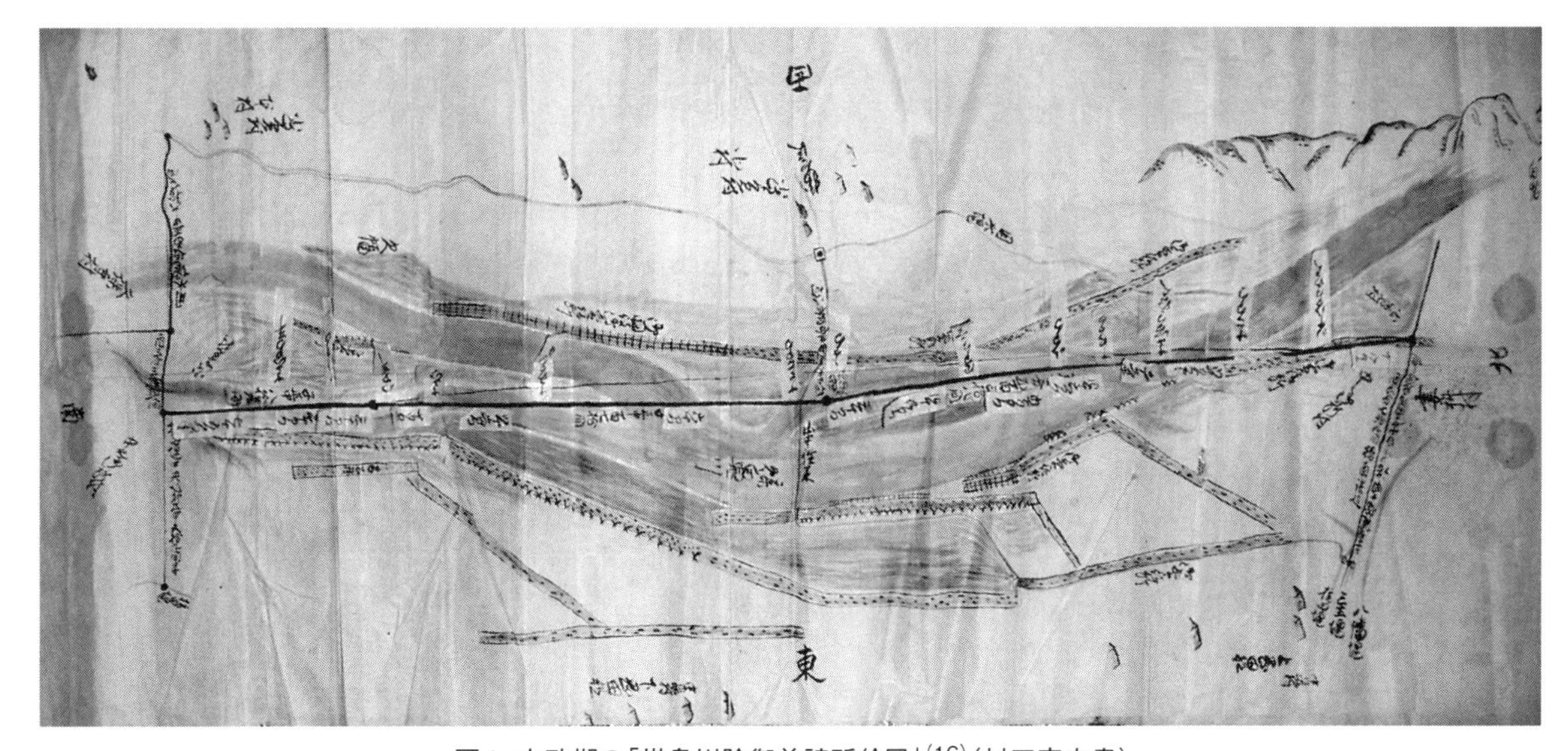

図4　文政期の「煤鼻川除御普請所絵図」(16)（村田家文書）

	内　　容	原　典
	文化四年五月栗田村災害届	倉石家文書
	文化四年六月栗田村災害救済願	倉石家文書
	久保寺村出人足皆済一紙	久保寺村文書
	妻科村耕地囲煤花急難除臨時自普請御人足御書上帳	徳武家文書
	村界について中御所村が郡奉行所に訴え、仲裁に入った四ツ屋村と後町村に小柴見村が境は昔通りと説明した。	宮島家文書
	金89両余30年賦借用に付	真田家文書
	小柴見村と中御所村の境のについて、明和3戌年の地押と村絵図面の通り認めていただきますようにとお願いした。	宮島家文書
		村田家文書
	双方ともにわがままを申して見分を願い、見分の場において差し支えに至り仕方なく示談したとは、上様を恐れ奉ることなく不届ききわまりなと、お叱りを受けたが今は農繁期であるのでご慈悲をもってご沙汰に及ばずと、和談が認められた。	真田家文書
	金三拾両拝借壱割御礼金付	真田家文書
	金拾両拝借壱割御礼金付	真田家文書
	小柴見村川辺の荒所を開発したいが自力には難儀。借金もできないので仕様通りに丈夫にならない。そこで入用金の内金二十五両の御手当拝借をお願いした。	村田家文書
	中御所村より瀬堀し川筋を変えたいと申し込みあり、去る春に承知和談し両村立会の上瀬堀の場所を見極めた。ところが中御所村が約束を破ったので破談となった。堀川を認めるのであれば小柴見村の水除普請と荒所開発も認めるようにと願い出る。	村田家文書
	川筋が真っすぐになれば下流の両岸の耕地が削られることもなく荒地開発もできるようになることから、中御所村と和談しました。両村親密に何事も仲良くして手前勝手を慎み言いつけを守りますので、御普請を手当していただきますようにとお願いした。	村田家文書
	白岩より川筋を直すことで中御所村とその下流の村々の田地も災害から逃れることができます。小柴見村が熟得し双方和談となり堀川普請をお願いして御見分を頂きました。小柴見村とは双方熟和して取り計らうので早速御普請を仰せ付けていただきますようにと願い上る。	村田家文書
	文化十年の煤花川堀浚渫〆切普請の出来が悪く、満水となって水制や石積みが水破し、六千坪余の耕地に石砂が押入り、普請と耕地開発に多くの費用が掛り難渋しています。御慈悲を以て十年間定例普請を実施していただく様に願い上る。	中御所村文書
	小柴見村半左衛門石積御普請請証文	宮島家文書
	重助が造った土手が山王・八幡堰の簗手の下流を堰き止めて泥が溜まり洪水の時は水はけが悪くなった。この土手を取り壊し元通りに掘り割るようにと、両堰の関係者が掛け合ってきた。妻科村の三郎右衛門らが取り計らい連印を以て一札を差出した。	倉石家文書
	小柴見村煤花川出水につき人足御救免願	宮島家文書
	五月廿六～廿七日煤花川満水	真田家文書
	大雨田畑水損・川欠・居家水入水難村々訴出につき郡奉行見分出役上申ならびに出役宛申渡	
	中御所村字白岩石砂原内開発冥加籾壱俵を含む新田川欠永引皆起高八俵余上納増	真田家文書
	小柴見村・窪寺村と中御所村の三村が話し合い、今後御普請所が流出し再度工事するする場合には、双方後退して堤防を造ることで示談をした。去る辰年（文政3年）に大洪水が発生し左右岸の堤防が決壊した後、約定に違反し小柴見村が前方張り出した堤防を造ったので巻渕と言う所の石積笈立が水破流失した。この始末を問いただしてもらうようにとお願いした。	宮島家文書
	難渋手入村増加取締りにつき代官・懸り合勘定役へ仰渡ならびに村々へ申渡 難渋手入村その外一統村々へ申渡	
	小柴見村煤鼻川川除工事の丁張掛をお願いしたところ、以前に約定相違いを仕出かした普請であると中御所村が申し出ました。国役御普請世話役の窪寺村勇左衛門・市村茂右衛門が立入り取りまとめたが示談にならなかった。この春中に上様より頂きました六諭の書物を拝読して考え直し、両村が翻意して示談和睦しました。これにより連印を以て願上げいたします。	村田家文書
	上記文書に記された絵図面がこれか	真田家文書
	当村の煤鼻川の国役御普請所の件、去年中より出水の度に訴えている通り大分流失した。中御所村と異論に及んでいる間は、御普請を願い出ても実施してもらえなかったが、この度大野吉郎右衛門様ならびに市村茂右衛門・久保寺勇左衛門立入り和談となりました。御検使様の御見分を頂き、御普請を実施してもらえるようにお願いいたします。	村田家文書
	当村の煤鼻川の国役御普請所の件ですが、大分流失してしまいました。中御所村と異論に及んでいる間は、御普請を願い出ても実施してもらえませんでしたが、七月中和談しました。御検使様に御見分を願出ましたが只今まで見分してもらえず難渋しています。秋になるのに未だ被災地が水中で難儀しているのでご検討のうえ御見分をお願いします。	村田家文書
	久保寺村出人足皆済一紙	久保寺村文書
	久保寺村出人足皆済一紙	久保寺村文書
	開発冥加籾壱俵弐斗八升上納	真田家文書
	大借財ニ付、開発地・居屋敷村方へ差出し御救方願書	中御所村文書
	文化4卯年の大洪水で金百両を超える普請を重助が引き受け、この金額の内五拾両は御下金、残金は五拾両。文政3辰年の大洪水の時、ご普請所が流失した節も普請を重助に仰せ付つかり、荒所の石河原として四拾程借金をしました。巳年（文政4年）より子年（文政11年）までの8ヶ年の間、開発場ならびに川除御普請所の維持に一年に34拾両づつ掛け開墾を続けました。小柴見村に掛合って川筋の直線化の合意を取り付け、浚渫工事に金百両余りを見積もって頂き金四拾両を頂戴し普請を引受ました。その外金六拾両が他借です。重助は中風にかかり高請のことばかり気にしながら病死しました。重助の大借金により、これらの開発場ならびに屋敷まで残さず村方へ差出ました。所有していた酒造の免許を他人に譲渡して金五拾両を拝借人に返納しました。この上は、重助の後継ぎも立ち行くようにお願い申し上げます。	中御所村文書
		久保寺村文書
		徳武家文書
	病死した重助の件、去九ヶ年以前辰年（文政3年）より災難が続き、所持の御田地を村役まで差出し破産しました。弁済と言いましても、当人の行いが悪く不行き届きで借金が嵩んだわけでなく、一連の川除普請・開発等に多分の支出を蒙り、借財が嵩り破産になりました。現金が手に入ったので、先年手当てして頂いた拝借五拾両にて村方が貸し付けた分を、去年中に元金を返済しました。借金が多分にあり後を継ぐことも難しく、余義なく所有の田地・開発場所まで村役の元へ差出したところ、村方にて処理しかね願出ました。御情により拝借した元金五拾両（壱割三分御礼金附）や他借等を片付、不足分は村方にて返済金を納めてきました。お情けにより百姓に戻れるようにしていただきたく、村一同願出ました。格別の憐れみをもって重助の跡目の者が立帰ることができるようにしたく、村方の願書に添て、お伺いをいたします。	真田家文書
	当村有地御改願出の節、御見分御改絵図、境目腰村・善光寺領大門町・同領東後町・同領西町・同領長野村・同領七瀬村・同領平業村・中御所村・堀出雲守領分中御所村・堀出雲守領分中御所村・松代御領所栗田村・同権堂村村々役人立合印形	真田家文書
	山王堰分水使用油屋と新古水車人和談につき一札	栗田区文書

表1　文化・文政期の煤鼻川下流域の様子を記した史料

元号	年	支	月	西暦年	文書名	差出人	宛先
文化	四	卯	五	1807	乍恐以書付御届奉上候	栗田村三役	中之条代官所
	五	辰	六	1808	乍恐以書付御届奉上候	栗田村三役	中之条代官所
			十二		出人足		
			閏六		耕地囲煤花川除臨時自普請 御人足御書上帳		
	六	巳	十	1809	一札之事書上帳	小柴見村三役	四ツ屋村 後町村
					差上申拝借証文之御事	岡田組三役他7名	御勘定所拝借 御掛り御役所
	七	牛	三	1810	乍恐御尋ニ付以口上書御答上候御事	小柴見村三役	御郡御奉行所
			四		和談成立絵図	小柴見村・中御所村	御郡御奉行所
			五		乍恐以口上書御請申上候御事	小柴見村・中御所村	御郡御奉行所
	九	申	七	1812	中御所村煤鼻川川欠跡干揚り地開発	中御所村	御郡方三人
			十		中御所村煤鼻川川欠跡干揚り地 開発金拝借伺		
	十	酉	閏二	1813	乍恐以口上書奉願上候御事	小柴見村三役	堀内与一右衛門
			十一		乍恐以口上書奉願上候御事	小柴見村三役	御郡御奉行所
			十一		乍恐以口上書奉願上候御事	小柴見村三役	御見分衆中
			閏十一		乍恐以口上書奉願上候御事	中御所村三役・重助	御見分衆中
	十一	戌	九	1814	乍恐口上書を以奉願上候御事	中御所村長百姓・重助	平出喜左衛門 田中喜右衛門 小野唯右衛門
	十二	亥	九	1815	小柴見村半左衛門上候御事	小柴見村半左衛門	小柴見村 御役人
	十三	子	十二	1816	一札之事	重助・中御所村三役	栗田村他9ヶ村
	十四	丑	一	1817	一札	小柴見村三役人	御郡御奉行所
文政	三	辰	五	1820			
			六		勘定所元〆日記「口上覚」	郡奉行	中御所村他
	四	巳	五	1821	勘定所元〆日記「口上覚」	中御所村	御三役
	五	牛	六	1822	乍恐以口上書奉願候御事	中御所村	道橋御奉行所？
			十二		勘定所元〆日記申渡		代官・勘定役
	五	牛	七	1824	乍恐以口上書奉願上候御事	小柴見村・中御所村	道橋御奉行所
			七？		御普請所絵図	小柴見村・中御所村	
			七	1824	乍恐以口上書奉願候御事	小柴見村三役	道橋御奉行所
			八	1824	乍恐以口上書奉願候御事	小柴見村三役	道橋御奉行所
	八		十二	1825	出人足		
	九		十二	1826	出人足		
	十	亥	十	1827	開発冥加籾等上納	中御所村	
					御内々奉御免入候御事	中之御所村七兵衛	
					御内々奉御覧入候御事	中御所村七兵衛	
	十一		十二	1828	久保寺村出人足皆済一紙		
					妻科村煤花川除自普請積		
	十二	丑	十二	1829	勘定所元〆日記「口上覚」	山田兵次	
天保	四	巳	二	1833	妻科村地境争論有地改絵図	妻科村三役他10名	
	二	丑	二	1841	差出申一札之事	漆田水車人七兵衛他	山王堰触頭宛

上岡田地先まで描かれている。この土手の上を山中往来が通っていた。山中往来は善光寺から所謂西山地域を結ぶ脇街道で小柴見村と中御所村を煤鼻の渡しで繋いでいた。この御普請所は、先に示した栗田村の被害届にあった二重土手であり、川除け土手(第一線堤)でなく居屋敷囲・耕地囲の目的で先行して復旧に着手されたものと考えられる堤防である。この堤内地に百姓重助の屋敷があった。

　この上流部には出し状に張り出された突堤が築かれている。川表には川除け堤の配置が見られないが、上流の妻科村側から延びる川除けの御普請所が徐々に築かれている。対岸が所謂白岩である。ここの堤内地側には八幡・山王堰の大口分水があり洪水時に余水を逃がす霞堤状の構造となっていることがわかる。

　一方、文政期の絵図(**図3**)に描かれた左岸の御普請所を見ると、まずその左岸側に三段の雁行する御普請所があり古石堤付近の最下流部は霞堤状となっている。これらは文化七年以降から文政期に松代藩の御手普請により復旧された川除け堤である。この川除けの第一線堤と控土手の間を荒所開発場として整備が進められた。八幡・山王堰大口分水下から煤鼻の渡し(山中往来の渡河地点)がこれに当たり、現在の長野県長野保健所(旧長野県長野建設事務所)付近から長野市立山王小学校のグラウンド辺りである。

　再び文化七年の絵図で右岸小柴見村側を見ると、窪寺堰付近まで氾濫原となっている。窪寺堰は慶長の瀬替えの時に整備された用水路で過半が盛土をした上に堰が築かれた所謂付堰である。これにより右岸の控堤の機能を受け持つものであった[18]。これが機能して洪水をくい止めていたのであろう。ここに小規模の御普請堤が三ヶ所築かれている。この時点では、水際の第一線堤となる御普請堤が白岩と煤鼻の渡しの間に僅かに構築されているのみである。

　一方、文政期の絵図に描かれた右岸の御普請所を見ると、煤鼻の渡しの上下流に連続した川除け堤防が整備されたことがわかる。煤鼻の渡しの下流に国役御普請所の記載がある。文政五年の国役普請で第五章補遺[19]に示した窪寺村の御普請同様に小柴見村の川除けも目論見に盛られたのであろう。

　このように小柴見村に伝わる二つの絵図面から文化・文政期を通じて煤鼻川の下流部は徐々に復旧されたことがわかる。しかしながらこの復興過程には、煤鼻川下流部で最大の難所に位置する中御所村岡田組の農民の苦闘と、小柴見村と中御所村の対立・確執の歴史があった。近世中期以降は、度重なる河川災害で荒廃した村々を中心に隣村との境界争いが各地で繰り返された。国文学史料館収蔵の真田家文書[20]には、境論や論所に分類される記録が一四〇点ほど収録されている。

　ここでは、**表1**に示した二〇余の史料を基に、文化・文政期の災害復興に伴う小柴見村と中御所村の対立を見てゆく。これらの文書は、農民や村落の切実な思いが赤裸々に表現されていて当時の人々の川除普請に取り組む姿を伺い知ることができる貴重な史料であるので、やや助長となるが全文を以下に示すこととする。

【四】小柴見村と中御所村の境論

文化四年五月の大洪水から二年経た文化六年に煤鼻川右岸の小柴見村と左岸の中御所村の間で境論が起きた。左記に述べたように文化四年の氾濫では岡田組の御普請所が流出し控堤も押し切られる被害を受けた中御所村では、川除け普請を進めるうえで対岸の小柴見村との境を固める必要があった。この地域は煤鼻川の最大の難所であるにも関わらず、両村が対峙する位置の川除け堤の整備は遅れ、文化五年の国役普請にも盛り込まれないばかりか、上下流の妻科村や窪寺村が既に実施していた臨時自普請による築堤もなかったようである(**図2**参照)。ここでは両村の利害が錯綜し和談が成立していなかった。

この境論で中御所村は松代藩郡奉行所に訴えを起こした。そこで郡奉行所は四ツ屋村と後町村を仲裁人に立てて解決しようとしたが和談とはならなかった。文化六年十月には小柴見村から仲裁人宛てに当村の境は古来より伝承されてきた通りとの一札が入れられている。(21)

翌七年三月には郡奉行所の御尋に小柴見村が次のように口上書を以て答上を発している。(22)（史料原文を現代文に改めた。以下同じ）

> 小柴見村と中御所村の境につきましてお尋ねを頂きましたが、当村の境は明和三戌年の地押と村絵図面の通り守ってきました。しかしながら中御所村の絵図面を拝見したところ小柴見村の絵図面と異なり間違ったものに印が押されていたことから、この度のお尋ねに一言の申し開きもできませんでした。なにとぞ恩情をもって明和三戌年の絵図面どおりに決めていただきますようお願い申し上げます。さらに上下流の境も決めなければなりません。上流の境は白岩より十三間ほど下まで当村の無反別の土地です。下流の境は中御所村の絵図面のとおり古石積外側の合領(椎谷藩領地のことか)の岸が境です。なにとぞ恩情をもって小柴見村の絵図面をご覧いただきご検討の上、境を認めていただきますように重ねてお願い申し上げます。

ここで小柴見村がいう明和三戌年(一七六六)の村絵図面とは、**図5**に示した「小柴見村絵図」(23)を意味している。また中御所村が所持した絵図面とは、**図6**に示した安永四年(一七七五)の「中御所村絵図」(24)と思われる。その後二ヶ月を経ても和談が進まず、ついに郡奉行所よりお叱りを蒙る事となった。その時、両村が差出した文書が以下のものである。(25)

> 両村の境界に関して昨年中御所村より訴状が出されたことにつきまして、双方が代官所に呼出され、ご理解を賜りました。その上仲裁人も仰せ付けてもらいましたが和解とならず、再び仲裁をお願いしたところ勘定所に呼出され色々

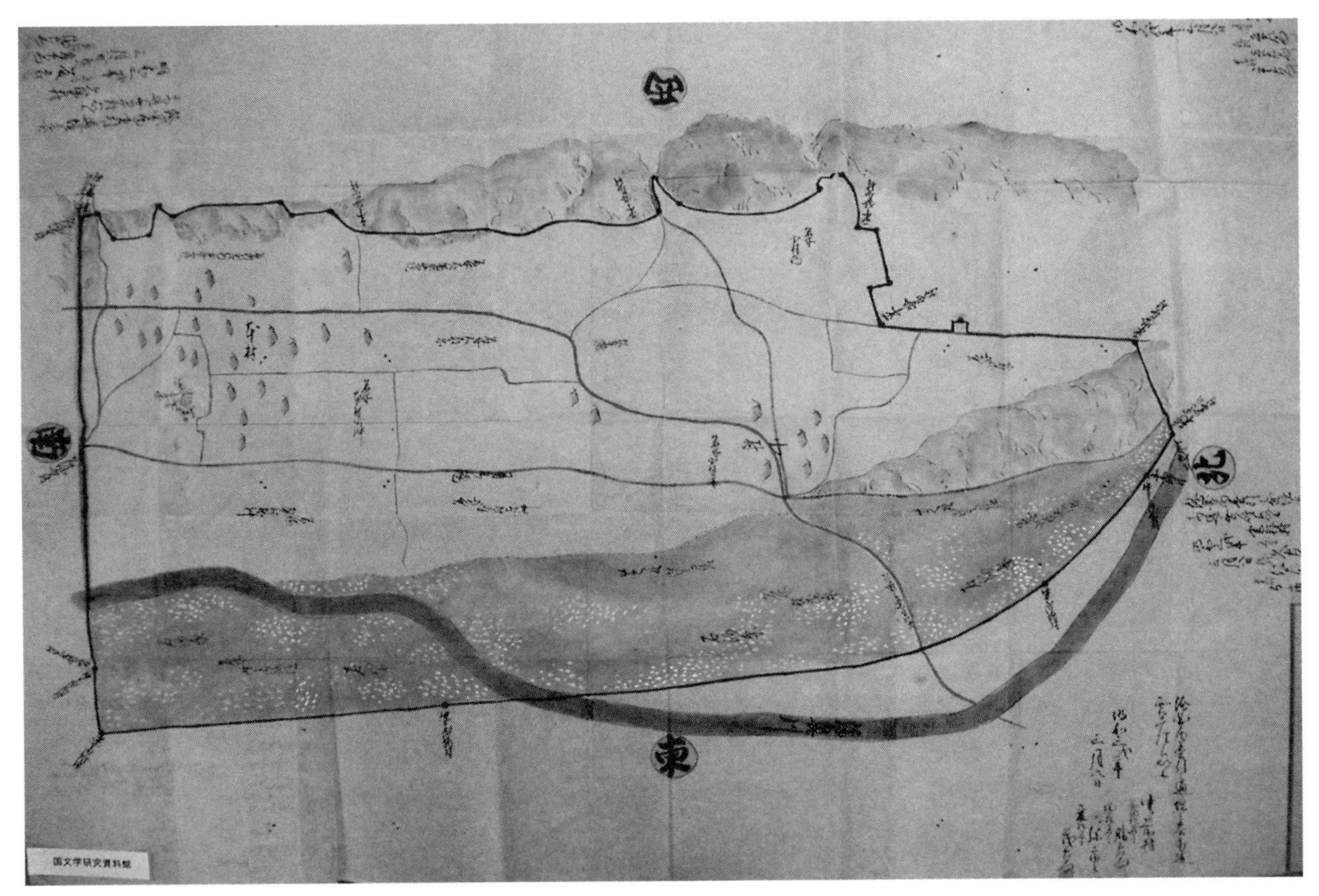

図5　明和三年(1766)小柴見村絵図[23]　国文学研究資料館収蔵

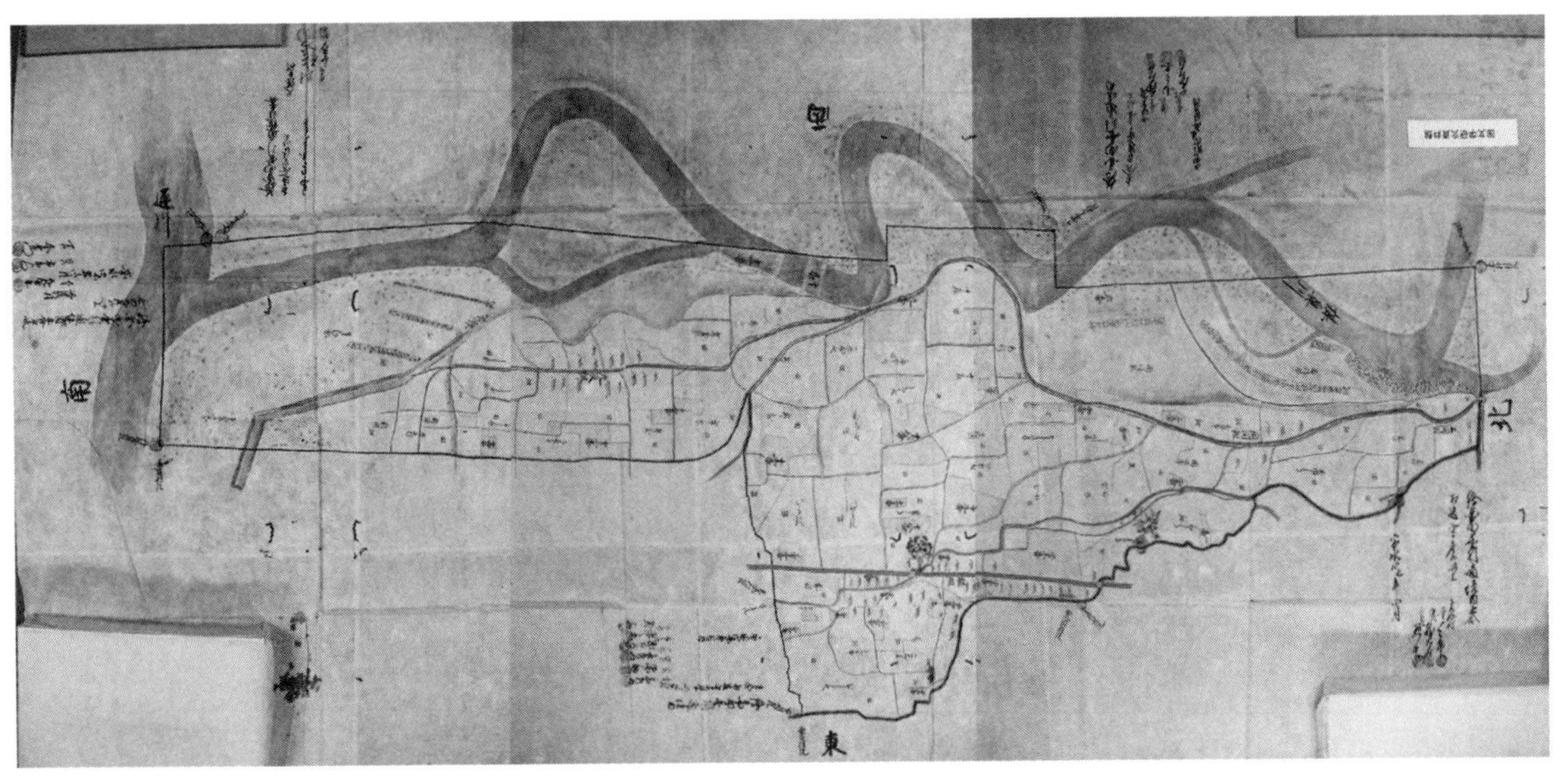

図6　安永四年(1775)中御所村絵図[24]　国文学研究資料館収蔵

とご理解の思し召しをいただいたところです。度重ねて見分をお願いし、今年四月に勘定奉行様と徒目付様に御見分いただきましたところ、訴答ともに考え違いがあり案内先で申し開きもできませんでした。両村集まり和解の話し合いをしたく、ご見分様へ内々に相談したところ和解になるのであればと、内分に仰せ付けがありました。両村和談し先日絵図面を差し上げ和解することを聞いていただきたく、報告書を見てくださるようにお願いしたところですが、本日呼出され仰せ渡されたことは、昨年中より重ねて示談するように申し渡してあったのに、双方ともにわがままを申して見分を願い、見分の場において差障りに至り、仕方なく示談したとは、上様を恐れ奉ることなく不届ききわまりないことから、厳しく問い正すところであるが、今は農繁期であるのでご慈悲をもってご沙汰(処分)に及ばずと、和談のことを認めていただきました。

重ね重ねありがたく感謝し、これからは両村双方が境界を大切に守り、少したりとも上様に迷惑をかけないようにします。万一心得違いがあった場合には厳しく対処していただけるようにお願いし、後日の為に書面に連印し提出します。

この時作成された絵図面が**図1**の和談成立絵図である。これに伴い両岸の川除け普請は徐々に整備されたものと考えられる。二年後の文化九年には中御所村が、煤鼻川欠跡の干揚り場の開発を行うために金四〇両の拝借伺を松代藩に出している。[26]十年閏二月には小柴見村も堀内与一右衛門宛てに開発・自普請の入用金二五両の拝借を願い出ている。[27]

小柴見村川辺の荒所に石をのせ敷均し、出水の節に濁り水を引入れ土砂を溜め田畑の開発を行いたいが、地ならし等に多くの人手が必要で自力では難儀です。自普請の人足代に御手当をもらっていますが、前々の立換えを引くと十分でなく借金もできないので仕様通りの丈夫なものになりません。殊に昨年暮れには御手当をもらえませんでした。よって温情を以て入用金の内金二五両の御手当拝借をお願いします。

洪水で押し流された石河原を耕作地に復興するために、荒所に砂利を敷き均し、その上に耕作土を客土する手法として、出水時の泥水を荒所に導き湛水させ沈殿堆砂させる工法(流水客土)がとられたようである。大胆かつ合理的な工法である。煤鼻川のような急流河川では河川の運土作用が大きく効率的であったのであろう。霞堤内の遊水地の荒地に良質な土壌を生み出す優れた工法である。このような流水客土工法で荒所を開発するには第一線堤である川除堤の存在が不可欠であることから、このころには煤鼻の渡しから上流の右岸小柴見側には岡田堤に対峙する第一線堤(後の勝手沢上流堤)が徐々に築堤されていたのであろう。

【五】 文化十年の瀬替え騒動

川除け普請や荒所開発が進む中、文化八年(一八一一)ごろから中御所村が煤鼻川の本流を堀川して河道の直線化を図りたいと小柴見村に申し出を重ねた。これに対して小柴見村が反発し、村三役人が郡奉行所に口上書を差し出した。[28]

中御所村側へ瀬が寄っているので瀬堀して川筋を変えたいと度々中御所村が申し込みあったが、小柴見村側の耕地が低い所に川筋が落入るので川欠け場所の開発もできなくなるが、中御所村の難渋にも違いないので去る春に承知和談し、両村立会の上瀬堀の場所を見極め一同願書を相認めました。ところが中御所村が見極めの場所と違う場所に瀬堀を行うというので余儀なく破談となりました。上様の御慈悲により和談をしますが中御所村の堀川を認めるのであれば、小柴見村の水除普請と荒所開発も引き続きできるよう願い上げます。

これに対応して十一月中に見分が実施され小柴見村は郡奉行所の仰せに従い和談することを伝えている。[29]

小柴見村の煤鼻川の件ですが、中御所村が堀川を行いたいと文化八年からあれやこれやと相談にきていますが、小柴見村側の岸も当時は本流でなかったものの、川跡で窪地となっています。今は川とは成っていませんが堤防の普請がなかなか進まず困っている所です。よって甚だ迷惑しており和談もすることもできずにいます。この度は上様よりご理解とご配慮をいただきましてありがとうございます。当村が難渋するとの思いのみ申し上げてすみませんでした。当川筋が真っすぐになれば、下流の両岸の耕地が削られることもなく当村の荒地開発もできるようになることから、仰せ付けの趣旨をよく考えてこの度中御所村と和談しました。当村としても洪水対策をしていただきますようにお願いし、この度詳細なご見分をしていただきました。恩情をもってこれ以上の水害を防ぐように御慈悲をもって御普請していただきますようにお願いします。そうであるからには、村中が申し合わせ如何なる努力もして荒所の開発を計画し、当然ではありますが両村親密に何事も仲良くして手前勝手を慎み、言いつけを守りますのでご配慮していただき、御普請を手当していただきますようにお願い申し上げます。

これにより翌月に中御所村からも和談した旨が見分衆に報告され早急の普請の実施を願い出た。[30]

岡田組白岩刎先川筋常水にても水当たりが強く、その上川筋も大きく曲がっている所なので所々に(流れが)突き当たり田地が削り取られるので絶えず御手当御普請をしてもらってきました。白岩より川筋を直すことで中御所村とその下流の村々の田地も災害から逃れることができます。その上両岸の荒所開発もできるようになるので小柴見村へ申し込みましたが和談となりませんでした。この度、上様の仰せ含みで小柴見村が熟得し双方和談となり堀川普請をお願いして御見分を頂きました。この場所は難所であるので御普請も大掛かりとなり難渋で、毎年絶えず自普請をしてきましたので経済的にも差障りがあるので御普請の御手当を御赦しお願いします。小柴見村とは双方熟和して取り計らいますので早速御普請を仰せ付けていただきますようにお願い申し上げます。

このようにして文化十年の堀川普請が実施された。この普請には中御所村上岡田組の百姓重助が大きく関わっていた。この重助とは前に示した文化四年五月の大洪水で栗田村の届け出に「岡田村水除御普請所押切、其上右村重助与申もの宅へ押掛ヶ、同村又右衛門与申もの之間通用路土手押切」と記載が残る人物である。右の見分衆に宛てた口上書は中御所村の三役と重助の連名で発信されている。一年後の文化十一年九月、その後の経過報告と更なる願い上げが松代藩の平出喜左衛門らに提出された(31)。

私の開発が出来上がり今年高請したく願い上げます。大掛かりな御普請もしていただき、度々満水があっても本田及び古開発場に支障がありませんでした。前述の開発場は善光寺領白岩(現長野市平柴)刎ね先にて煤花川一の難所の妻科村境から二五〇間余(約六四〇メートル)の所で、私一人で御普請所を修繕し荒地開発人足を兼ねながら頑張ることについては予想を超えた費用が掛かり、家計を逼迫し難渋しています。文化四年から十一年迄の経費を調べた別帳はご覧になった通り高額となっています。殊に文化十年の煤花川堀浚渫〆切普請の願い出にご温情を頂き努力してきましたが出来が悪く、満水となって水制や石積みが水破し、六千坪余(約二ヘクタール)の耕地に石砂が押入り、普請と耕地開発に多くの費用が必要で前述の帳面の他に金三〇両が掛り難渋しています。堀川で川筋が良くなり村方の住居や本田は難を凌いでいますが、御普請所が弱体となり水を保てないので大勢の人夫を雇なければならないので難渋しています。御慈悲を以て十年間定例普請を実施していただく様に願い上げます。然る上は、この難所を長きに凌ぎ御普請所を維持し本田に水難が掛らないように努力して行きますので御慈悲を仰ぎます。

ここでは荒所開発を軌道に乗せた重助が、開発場の高請を願い上げている。これは無反別の開発地を検地帳に登録してもらうことにより権利化を図るものである。小柴見村との間で生じた悶着の末ようやく実施に漕ぎ着けた堀川普請も出来が悪く洪水により六千坪の耕地が被災したようで、度重なる出費に一人苦しむ重助の姿を垣間見ることができる。

この重助の開発は、煤鼻川左岸一帯の村々にも利害の軋轢を生じさせた。重助の開発場の上流に八幡・山王堰の大口分水(現長野県庁南西隣り)があった。文化十三年に両堰の村々から抗議が寄せられた。その時に、関係する十ヶ村に重助が差出した念書が次のものである。[32]

私は八幡・山王両堰口袖の簗手下流の川除御普請所が近年跡形もなく壊れた堤防の復旧をした上で水田の開発をしています。簗手の下流を堰き止めて開発用水を取水したため簗手下に泥が溜まり洪水の時は水はけが悪くなり、殊に流に逆らうように土手を作った為に水が淀むようになりました。洪水の時には今回作った土手の所に洪水が押し寄せ土手が決壊すれば近隣住居に被害が及ぶので、この土手を取り壊し袖簗手の下を元通りに掘り割るようにと、両堰ならびに妻科村・問御所村・七瀬村から願い出がありましたが、対応が十分でなく話が縺れて当村の役人まで掛け合ってきました。これにより、妻科村の三郎右衛門と伊兵衛が相談し両堰の関係者に詫びを申し込んだところ、関係者が寄合相談しましたが山王堰の村々と七瀬村・問御所村の得心が得られませんでした。そこで三郎右衛門と伊兵衛が取り計らい両堰の関係者が相談し、各々に承知してもらいました。以後、この土手が両堰の支障とならぬよう、簗手下に土が埋まったり、洪水で両堰口や土堤が危なくなった時は、新設の土手の然る場所を切り払い氾濫しないように取り計らいます。その時には一言も異論を申しませんので、後日の為に一同連印を以て一札差出ます。

と、一札を差し入れ何とか隣村の承諾を得ることができ、この一件はひとまず落着した。

【六】 文政五年国役普請出入り

文政三年(一八二〇)五月二十六日煤鼻川は再び大洪水に見舞われ二十七日、岡田堤はまたもや決壊した。松代藩は幕府に対して国役普請の採択を上申した。文政四年の国役普請である。この時、煤鼻川右岸の小柴見村と窪寺の御普請堤と左岸岡田組の川除けが目論見に盛り込まれた。ここでまたしても小柴見村と中御所村の間でいざこざが再燃した。中御所村から道橋奉行所宛てに、小柴見村の非道を糺す願文が発せられた。その顛末を次の文書で確認してみよう。[33]

中御所村の煤鼻川を十五年以前(文化四、五年のころ)に岡田組の重助が開発した時、小柴見村と紛争におよび苦労していたところ仲立ちする人があり、川幅三〇間と定めて両村互いに普請と荒所の開発をしました。川幅が狭く川水が溢れ出水の度に御普請所が大破しました。中御所村側は地盤が低く、御普請所が水破する度に洪水が御本田一体に襲い掛り、松代領ならびに他藩の領地である下流の村々が大変難渋し、殊に北國往還の道まで水が溜まることもありました。小柴見村の本田は山沿いの高台にあり洪水が押し寄せることがないといえども、川沿いの開発場は川幅が狭くなり堤防が持たなく洪水が押し寄せることもあり、小柴見村・窪寺村と中御所村の三村が話し合いの結果、今後御普請所が水破流出し再度工事する場合には、双方後退して堤防を接続して造ることとで示談をしました。去る辰年（文政三年）に大洪水が発生し、左右岸の堤防が決壊したので復旧工事をお願いしたところ、御情をもって国役御普請に計画を盛り込んでいただきありがとうございました。ところが、この場所へ丁張係の宮沢清弥様・大野吉郎右衛門様が出向て来るので、各々の村が内々に丁張を掛けましたが、中御所村はかねてより三ヶ村の約束を守り従来の堤防より十五間後退して丁張を掛けたのに、小柴見村においては、従来の堤防に接続するように丁張を掛けるようにお願いしました。三ヶ村の取極めを破ったのでその場で抗議し且又出向いたお役人にもいろいろとご理解をいただき、窪寺村世話役勇左衛門・市村世話役茂右衛門一同が集まり、いろいろご意見を頂き双方納得の上示談して丁張掛を受けました。その後、田辺東一郎様がご見分のときに、国役御普請係の菊池幸助様・海沼与兵衛様に仕方なくこれらの事情を申し上げたところ、普請中に言い争いが起こると御普請に差障りがあるのでなるべく差控えるように仰せ付けられました。殊に小柴見村の普請は大工事で特別であるので差控える必要があり、この件の取り扱いについては両村の和解が上手く進んでいない中ですが差控えていました。しかしながら小柴見村は同調せず、たびたび不正に市村茂右衛門・窪寺村勇左衛門に取り入り度々国役御普請係りへ申し入れ画策をしました。中御所村一同承知できないところでありますが、国役御普請が中止になることなどを恐れ両人に従いました。小柴見村においては表向き仲裁を受入ましたが、問題の個所においては前方に張り出した堤防を造り、約定に違反して誠に心外したところです。以前と同様に三ヶ村で示談した上、今後の普請は左右両岸ともに後退すると約定を交したのに国役御普請の工事にあたり、お互いに認めた最初の丁張を掛替た上に取扱人が取り決めた場所と違うところに堤防を造ったので、当五月の出水で国役御普請字巻渕と言う所の石積笈立が水破流失し困っています。小柴見村の出張った堤防によって中御所村の堤防が持たなく水破してしまいました。中御所村全員が抗議し小前まで承服せず困っています。上様にご迷惑をかけ申し訳ありませんが仕方なくお願い申し上げます。何分御見分を頂き、関係者一同招集してこの始末を問いただしてもらうようにお願い申し上げます。

文書中には「小柴見村出普請故、当村方普請所不相保、水破仕候様」とあり、出普請という表現がなされている。出普請の定義が明確ではないが本文の趣意からみて前方に張り出した築堤を意味しているものと考えられる。小柴見村の国役御普請所は煤鼻の渡しの下流部で後に勝手沢下流堤と称されたもので、現在の小柴見団地東隣の堤防である。字巻渕の位置は明確でないが、現在の長野南社会保険事務所の辺りのことであろう。国役普請中の騒動は厳禁で「御普請中異論ニ相成候而者御普請差障ニ茂可相成間、可成丈差扣罷在候様被　仰含被成下置、殊ニ其村方之儀ハ大御普請格別ニ付、差扣候様御理解被成下置候、右之始末ニ御座候而者両村示談之趣意無御座候得共、差扣罷在候」と中御所村は不本意ながら小柴見村の工事を容認したが腹の虫は治まらなかったようである。この中御所村の問い糺しに対する小柴見村の反論書は見当たらない。ここでは、中御所村の言い分が全て正しいのかどうか不明であるが、大規模な国役普請の採択を得た小柴見村はかなり強気にでたのであろう。

文政六年八月二十一日またもや煤鼻川を洪水が襲った。この時に小柴見村と中御所村が連名で道橋奉行所に差出した口上書が以下のものである。(34)

> 文政四年の国役普請目論見の時に計画に入れていただいた小柴見村煤鼻川川除工事の丁張掛をお願いしたところ、以前に両村申し合わせの約定相違いを仕出かした普請であると中御所村が申し出て、御検使様が巡視すると連絡があり、これを聞き入れ、工事に差障りがあるので御普請中は差控えるように関係者に指示されましたので差控えたところです。そのようにことごとく食い違いがあるので中御所村の御普請所と耕地に差障りがあり難渋していることを調停していただきたいと願い申しあげました。見分をしていただき、その上で分地境の絵図面を相認たうえ差し出すように指示されました。そのようなか国役御普請世話役の窪寺村勇左衛門・市村茂右衛門が立入り取りまとめましたが示談となりませんでした。この春中に上様より頂きました「六諭」の書物を拝読して考え直しました。上様に御苦悩かけることも考えることなく、隣村との些細なことで言い争いをしましたが、勇左衛門・茂右衛門が引続き立入り御趣意を以て説得したので両村が翻意して示談和睦しました。今後は煤鼻川の普請においては対岸が難渋になるような普請を行わないようどんなことでも相談仕合少しも言い争いせず、上様を悩ますようなお願いを決してしません。これにより連印を以て願い申し上げます。

このころに作成された絵図面(16)が**図4**と考えられる。小柴見村に国役御普請所の記載がある。左岸の岡田堤には国役御普請所の記載はないが、小柴見村の国役御普請所と同じ井桁のハッチングが対岸にも見受けられる(現在の山王小学校の校庭脇)。治まる様子が見えない両村の論争に奉行所はかなり手を焼いていたのであろう。「上様ゟ頂戴仕六諭之御書物段々拝読仕追日勘弁仕聊之儀」とあり、「六諭」の書を読んで頭を冷やすように両村を諫めたのであろう。「六諭」とは明の洪武帝が発布した「孝順父母、尊敬長上、和睦郷里、教訓子孫、各安生理、毋作非為」(父母に孝順せよ、長上を尊敬せよ、郷里に和睦せよ、子孫を教訓せよ、各々生理に安んぜよ、非為をなすなかれ)の六言をさし、その解説書に「六諭衍儀」がある。和睦郷里を諭したのであろう。ようやく和談に漕ぎつけた両村は早速御普請所の復旧を嘆願したが、容易には復旧の手が及ばなかったようで、以下の文書が残っている[36]。

当村の煤鼻川の国役御普請所の件ですが、去年中より出水の度に訴えている通り大分流失してしまいました。中御所村と異論に及んでいる間は、御普請を願い出ても実施してもらえませんでしたが、七月中和談ができ、御検使様に御見分を願い出ましたが只今まで見分してもらえず難渋しています。秋になるのに未だ被災地が水中で難儀していますのでご検討のうえ御見分をお願い申し上げます

文政七年は幕府の国役普請制度が破たんし、改正幕令が発布された年で、一万石以上の私領の国役普請は中止されていた。当然、松代藩の文政六年の国役普請願も却下されていた。その後、松代藩独自の事業として文政十年の御手普請が実施されている。ここに煤鼻川の御普請が組み込まれていたかどうかは定かでない。**図7**に示した文政八年の「小柴見村絵図」を見ると国役御普請所の下流部の過半が消失し窪寺堰の際まで石河原となっている。「最早秋吟ニ罷成水中ニ御座候得者何分御勘弁之上御検使様奉願候」とあり、この辺が秋になっても水中に没したままであったのであろう。

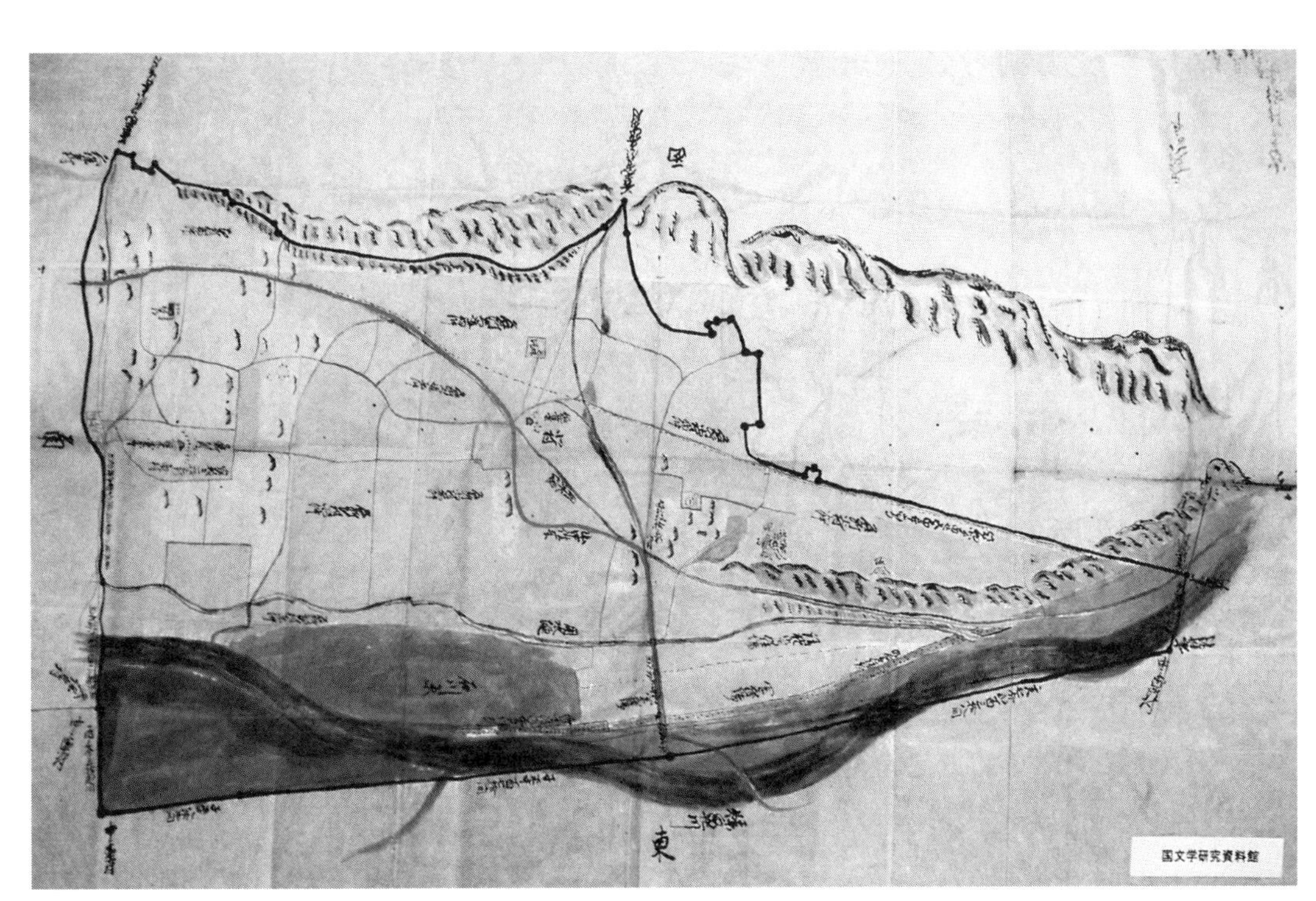

図7　文政八年(1825)小柴見村絵図[35]　国文学研究資料館所蔵

【七】 岡田組百姓重助の難渋

小柴見村と中御所村の和談が成立し荒所開発も軌道にのったこのころ、岡田組重助に不幸が襲った。中風に罹り世を去ったのである。一家には多額の借財のみが残された。この窮状を重助の弟である七兵衛が訴えた。残された文書は下書と思われ、宛先の記載がないが、おそらく郡奉行所か勘定奉行所に宛てたものと考えられる。(37)

中御所村につきましては以前の石高合計が五五三石二斗のところ、徐々に洪水で荒地になり、石高を減じていただきましたが暮らし向きが厳しいことを理由に、大嶋茂左衛門様がご支配の村々に仰せ付け段々御手当を頂き石高の減免の他に籾五、六〇俵を支給してもらいました。その上、川除け普請も実施していただき川筋が整備され徐々に荒地が元通りなってきました。安永年間末年の地押改めでは石高四三〇石と水帳を定めていただき、大小の百姓は感謝しておりました。しかしながら文化四卯年の大洪水では以前決壊した個所がまたしても切込、領地内を押し流し他領も被災し難渋しています。災害復旧工事をお願いし、必要経費を見積もって頂き金一〇〇両を超える工事を重助が引き受けるように仰せ付がありました。この金額の内五〇両は御下金、残金は五〇両です。兄重助の住宅が川筋になり酒造蔵・物置・諸道具などが流出し住めなくなりました。屋敷を移転したいところですが、屋敷を引き払うには多くの費用が掛かかることを見分した上で配慮していただき、荒地開発(冥加)の為ご普請金の内から五〇両の金を出して危難を凌ぐことができました。秋には石高合計の内から一八〇石を毎年減じていただき、村一同感謝をしていました。またしても辰年(文政三年)の大洪水の時、この御普請所が流失したので、又御普請をして頂き、その節も工事を重助に仰せ付けて、重助の屋敷は勿論御領地分と他領の耕地を守る堤防を造っていただきました。調達費用に支払うように下さった金額の外に平出左衛門様に開発するように仰せ付けられた荒所の石河原に四〇両程借金をして支払いをしました。合計費用が増大しましたが堤防を整備し開発を進め巳年(文政四年)より子年(文政十一年)までの八ヶ年の間、開発場ならびに川除御普請所の維持することを第一に心掛けて、一年に三、四〇両づつ埋め合わせをしながら開墾を続けました。工事に必要となる費用を村方に負担してもらうこともなく、重助が一人で努力して御普請所を維持してきました。重助の願は、中御所村の石高を何とか以前の五五三石にすることで、小柴見村に掛合って川筋の直線化の合意を取り付け、早速川の締切りと浚渫工事を願い出て、金一〇〇両余りと見積もって頂き、尚又施工を引受けるように仰せ付けられました。完成後金四〇両を手元に頂戴し、残金に困らぬように親類が相談したうえで、金六〇両を他から借りて徐々に支払いをしながら新田開発をしました。その場所は現在、小作人が七〇俵余りを収穫するようになり、高請してもらうように村役人に相談したところ、川沿いの荒地であるので高請できないと断られました。兄重助は川普請と荒地開発をして高請をしてもらうことが長年の願いでした。村役人が高請を断ったころ、中風にかかり高請のことばかり気にしながら病死しました。死後親類が話し合い、中町の弟七左衛門が内々に金井左源太様にお願いしたところ、高請の話を聞いていただき、町田源左衛門様・伊東小右衛門様・小野只右衛門様にご見分に出掛けてきていただき、高請をするように仰せ付けていただき有難く感謝しています。しかしながら重助の大借金により、これらの開発場ならびに屋敷まで残さず村方へ差出、去る七年前の巳年(文政四年)の救済願に対して援助をしていただきましたが、内々に金を貸してくれる人も無く大変難渋しています。ことに重助の後家と伊右衛門の後家の二人を私が預かることになり、お情けを頂き村方へ支給していただいている御手当の中から毎年三俵もらい受けていますが、恐れながらこれだけでは暮らしが成り立たず、年々赤字になり一同長続きしそうもなく難渋しています。このような中、新酒造り中止の通達が届き、これまで所有していた酒造の免許を他人に譲渡して金五〇両を得て、村役人を通じ拝借人に返納しました。前に申し上げた通り百姓もできないような状態となるといえども、度重なる恩がありますので進んでお納めしたところです。この上は、御救いを頂いてきました重助の後継ぎも立ち行くようにご温情をいただけますようにお願い申し上げます。

過去二〇余年にわたる重助の苦難が切々と述べられている。これによると弘化四年と文政三年の災害ならびに文政十年の堀川普請で重助は藩より普請を請け負ったことがわかる。文化四年は一〇〇両余、文政三年は総額不明、文政七年が一〇〇両余の川除け普請であった。この費用が全て重助に支払われたわけでなく、文化四年が五〇両、文政三年が四〇両、文政七年が六〇両、合計一五〇両の大金を重助一人の個人的借財で賄っている。また、文政十一年までの八年間に進めた開発場の開墾に年三、四〇両を埋め合わせたことも加えると四百両近くの私財を投入していたことがわかる。開発場の高請を重助が強く望んだのも尤もな話である。最終的には開発場を中御所村が差し押さえ、酒造権の売却で得た五〇両を村が藩に代納し重助一家は潰れ百姓となった。ここで注目したいのは、重助の後家らに村が藩から支給された御手当の中から年間三俵の援助をしていたことである。「村方江被下置候御手充之内三表宛年々貰らへ受罷在候得共、右等ニ而両人之者乍恐煙リ立兼、年々引負ニ罷成私一同取続兼必至ニ難渋仕候」とあり、手当が十分でなく困窮していたようであるが、近世後期にこのような公助・共助の福祉的手当が成されていたことに注目したい。

この七兵衛の訴えと相まって中御所村からも重助の跡継ぎに関する願い出があり、松代藩の山田兵次が勘定奉行に上申した口上が以下に残っている。(38)

中御所村岡田組の病死した重助の件、去九ヶ年以前辰年(文政三年)より災難が続き、所持の御田地を村役まで差出し破産しました。弁済と言いましても、当人の行いが悪く不行き届きで借金が嵩んだわけでなく、一連の川除普請・開発等に多分の支出を蒙り、借財が嵩なり破産になりました。先年に御情をもって手当てして頂いた拝借五〇両(壱割三分御礼金附)を村方が貸し付けていましたが、現金が手に入ったので去年中に元金を返済しました。村方にても重助破産のこと気の毒に思い、本家七兵衛二男をもって相続し立帰り百姓にしたく、親類・組合が村役のところへ願い出ました。村方においても何卒格別の恩情をもって重助の跡目の者を立帰御百姓にしてくださいと願い、村中でよく話し合った上で連印をもって願い出ました。村方と審議したところ、重助の住居は煤鼻の川原で甚だ危険な場所で、洪水の時には田地は言うに及ばず住居も危険となり甚だ難渋しています。多くの本田が被災し村方が願い出て川除御普請が行われましたが、重助のことは住居へも差障り川下の村々へも難渋になる場所なので、別段に計画を立て数年間にわたり、石積・土堤等の普請を行いました。荒地跡は収益を上げるようになり、新田開発に努力していたところ、ほどなく当人が中風を患い四ヶ年の間難渋して病死し、死後に至りました。借金が多分にあり後を継ぐことも難しく、余義なく所有の田地・開発場所まで村役の元へ差出したところ、村方にて処理しかね願い出ました。御情により拝借した元金五〇両(壱割三分御礼金附)や他借等を片付、是迄に毎年開発場から上がってきた籾をもって管理して、不足分は村方にて返済金を納めてきましたが、一つも不心得によって負債が多くなったということはありません。全ての荒地を開発しようとしたため川除普請等に多くの費用をかけ、あれこれと開発に努力して多くのことをやったので、夫銀(税金)を支払う費用も多くなりました。当人が存命であれば破産にもならず、何かと凌ぐこともできるところ、間もなく当人が病身となり長々と患い、死後に至り借財があり余儀なく破産となりました。村方においても気の毒になり去年中に幸之(七兵衛の二男のことか)を跡目とし、さきほどの拝借元金五拾両を返上したので借財もだいぶ減りました。この上は開発場を耕作しても村方へ弁済金が掛らなく継続できるように、その上重助の開発場もこれまでいろいろと努力して多くの高請をしてもらいました。これまで以上に開発に力を入れて、追々なお又高請したく心懸けているところなので、なるべくお情けにより百姓に戻れるようにしていただきたく、村一同願い出ました。あわせて潰れ百姓が更生することは容易でないところですが、段々と申立てましたと通り重助の件は並方ならぬ始末でありますので、何とも残念なことですので、格別の憐れみをもって重助の跡目の者が立帰ることができるようにしたく、村方の願書に添えて、お伺いをいたします。

「当人儀全身持不埒ニ而借財相嵩り候儀ニも無之、一躰川除普請・開発等ニ多分之入料相掛り候故、借財相嵩り潰ニ相立候儀」とあり、情状酌量を進言している。当時は、天候不順、災害多発により難渋する百姓ばかりでなく、徐々に発達してきた金融・貨幣経済のなかで奢侈(しゃし)（身分不相応の浪費）・不埒(ふらち)（道に背くこと）で身を持ち崩す百姓が多く、潰れ百姓としての行政処分が後を絶たなかった。(39) しかし重助はこれと異なり私財を投じての荒所開発に無理がたたり病死したものであった。

　つづいて山田兵次は、過去の御手当の返納方法について次の様に上申している。(38)

去ル辰年より戌年迄七ヶ年御手充〆
一籾百三拾八表壱斗九升弐合
　内
　九拾弐表
　此分格段之以　御情被下切ニ被成下候之様、
残四拾六表壱斗九升弐合
　此分上納方以　御情左之通被成下候様、
「取立方書取ニ而御余計懸り江御差図」(頭書)
当丑年(文政十二年)より申年(天保七年)迄八ヶ年之間、年々壱表ツヽ上納、籾ニシテ八表是迄拝借御割合上納、当年より八ヶ年之間年々金三両ツヽ上納ニ御座候処、申年済切ニ罷成候間、酉より三ヶ年ニ上納為仕度奉存候、
　但　酉年　拾弐表
　　　戌年　拾弐表
　　　亥年　拾四表壱斗九升弐合
右奉伺候通、各段之以　御憐愍御聞済被成下、渇々ニ茂取続立帰御百姓為相勤度、村方書類相添、此段奉伺候、以上、

過去七年にわたる御手当（税の減免分）の合計一三八俵余の三分の二を棒引きした上で、残りの三分の一を八年間据え置き（この間は年一俵づつ返済）、九年目（天保八年）から十一年目（天保十年）の三年間で完済するという恩情ある措置を提案している。

　これに対して奉行所内で評議が行われ、「可為伺之通候」との裁定が下り、重助の跡目に七兵衛二男が就き帰農が認められた。

　近世中期以降国役制度の確立により川除普請の機序は、農民からの請願が中心となった。実際には各村々からの請願となるが、そこには我田引水的な目論見も多かったのであろう。藩はその採択に技術的な判断基準を持っていたのであろうか。文政期に実務に供されていた地方書に「算法地方大成」があるが、そのなかの普請心得の事に以下の記述がある。

一、川除ハ上一里、下半里程の間を心付べし。其所の勝手よき様に普請いたすときハ、川上・川下の田畑へ障に成事もあり。兼て水の深さ并何ヶ年跡の出水ハ何方まで水湛へ、何日雨降し節ハ何時迄出水し、降止て何日目に水落し抔調べし。また石川ハ水落早し、泥砂川ハ水落遅く次第に満水強く田畑の内へ水押になるものなり。泥砂利川堤切所ハ大水の節、堤九合或ハ壱盃の満水の洩水、又ハ馬踏低き所より越水にて押切ものなり。左様の節の手当も兼て用意有べし。且川下より湛へ水ハ田畑の損じ少なく、堤切所よりのあふれ水ハ損じ甚多し。一旦切所と成てハ取繕ひ普請いたすといへども、洪水の節、其所より兎角破損いたすものなり。随分年入置べし。

この記述のように上下流の流れを良く勘案して川筋を見直すといった行為がなされたかどうかについては、文化・文政期の煤鼻川流域に残された文書からは読み取ることはできない。請願型の川除け需要に対して藩はどのような技術的対応をしたのか定かではない。当時は、流域全体の川除けの骨格も脆弱ながら整っていたと考えられ、被災した川除の災害復旧のみを目的とする部分的な対応が多かったのかもしれない。藩の対応はもっぱら利害の調整が主であった。それよりも増して大きな力となっていたものが近隣の村々の仲立ちであった。文化六年の境論では四ツ屋村五右衛門と後町村六左衛門が仲裁人となった。文化十三年の山王・八幡堰村々の一件では、妻科村の三郎右衛門と伊兵衛が取り計らい落着した。文政七年の国役普請における出普請騒動では、窪寺村の勇左衛門と市村の茂右衛門が国役普請の世話役として仲裁に入っている。農民同士の利害調整には、近隣の村々の共助互助で解決する方法がとられていて、まさに「六諭」の教えなのかもしれない。

時が過ぎ重助跡目の御手当完済期限の三年後にあたる天保十三年(一八四二)再び煤鼻川が災害に見舞われた。[40]

当村之儀六月中満水仕、字巻渕土堤三ヶ所切川ニ罷成御本田名所巻渕沖ゟ中須沖南前沖通迠御高百五拾石程并新田名所岡田西沖ゟ九反西沖通迠不残石砂入罷成、大小御百姓難渋至極ニ奉付候間以　御情　大検見様於　御廻村向御検使様被置御見分之上幾重ニも□幾重ニも　御憐愍之　御意奉仰候、以上

天保十三寅年八月　　中御所村

またしても岡田組の巻渕土手が三箇所で決壊し中御所村は、新田本田ともに被災した。つづいて弘化四年(一八四七)七月、善光寺地震により日影村岩下で発生した地すべりで堰き止められた煤鼻川が百十五日後に決壊した大洪水で、中御所村をはじめとする左岸の村々は壊滅的な災害を蒙った。これにより重助の願は煤鼻川の濁流にのまれすべて全て流れ去ったのである。

なお弘化四年の煤鼻川の災害については第七章「弘化四年善光寺地震による煤花(裾花)川の土砂災害とその後の対応」[41]に示す。

おわりに

煤鼻川の御普請を巡る小柴見村と中御所村の騒動は重助の死により意外な結末となった。これら地元に残された文書から垣間見ることができるものは、煤鼻川最大の難所である岡田堤を舞台に繰り広げられた、近世後期の川除け普請の実態とそこに死活を掛けた苦悩する農民の姿である。そこには国役普請、御手普請、自普請といった災害復旧体制における、幕府、藩、村落と一農民の関わりにおいて、地方書や幕府令など行政実務的な文書からは伺知ることができない生々しいやり取りの現実があった。自分達の土地や暮らしは自らが護るという防災や災害復旧の原点がそこにあった。

注（参考文献）

（1）難渋村とは、村の財政が悪化して立ち行かなくなった村を藩の管理下におき、村経営の再建を図る村の事

（2）境論とは、田畑などの土地の境界争いの事。本文では特に、隣村との間で繰り返された村境に関する争いを意味する。

（3）論所堤とは、災害リスクが顕在化し左右岸で双方の利害が異なる堤防の構築にあたり、左右岸の農民等があるときは反目し又、あるときは双方和談を繰り返しながら整備が進められた川除け堤防のことを意味する。

（4）高請とは、検地によって等級をつけられ、石盛を決定されて検地帳に登録された土地を村高に入れることを高請という。

（5）潰れ百姓とは、年貢の未納や借金の返済が不能となった農民が、田畑・家屋敷を村に差出し一軒前の百姓であることを放棄すること。また、年貢や借金の負担に耐え切れず、それを放置したまま出奔することを欠け落ちという。残された負債は村の負担となり多くの村の財政が悪化していた。

（6）宮下秀樹『市誌研究ながの　第26号』「近世中期の煤鼻（裾花）川の災害」長野市公文書館 平成三十一年

（7）宮下秀樹『市誌研究ながの　第25号』「戌の満水に関する諸史料及び寛保満水図と御領分荒地引替願についての考察」長野市公文書館 平成三十年

（8）古川貞雄『松代藩災害史料』「2、安永四年十月」長野市誌編さん室

（9）古川貞雄『松代藩災害史料』「2、安永九年十二月」長野市誌編さん室

（10）古川貞雄『松代藩災害史料』「3、天明二年二月」長野市誌編さん室

（11）古川貞雄『松代藩災害史料』「4、天明七年十二月」長野市誌編さん室

（12）『真田家文書』「26A／や〇〇〇七〇―十四・十五、差上申拝借金証文之御事」人間文化研究機構国文学研究資料館

（13）青木正義『近世栗田村古文書集成』銀河書房 昭和五十八年

（14）『真田家文書』「26A／い〇一七四九 千曲川犀川煤花川附拾五箇村国役川除御普請公儀御仕様通出来形御勘定帳 文政五年六月」人間文化研究機構国文学研究資料館

（15）『村田家文書』「文化七年和談成立絵図」小柴見区村田家所蔵

（16）『村田家文書』「文政期御普請所絵図」小柴見区村田家所蔵

（17）青木正義『近世栗田村古文書集成』銀河書房 昭和五十八年

（18）宮下秀樹『土木学会論文集　D2・第69巻第1号』「江戸時代初頭における煤鼻（裾花）川の開発形態」土木学会 平成二十五年

（19）『真田家文書』「26A／い01749　文政五年六月　千曲川・犀川・煤花川附拾五箇村　国役川除御普請公儀御仕様通出来形御勘定帳」

（20）『信濃国松代真田家文書目録・第四十三集　（史料館所蔵史料目録）』「真田家文書目録（その四）解題」国立史料館 昭和六十一年

（21）『一札之事』宮島家文書 文化六年十月

（22）『乍恐御尋ニ付以口上書御答上候御事』宮島家文書 文化七年三月

（23）『真田家文書』「26A／し00293-2　明和三年小柴見村絵図」人間文化研究機構国文学研究資料館

（24）『真田家文書』「26A／し00139　中御所村絵図」人間文化研究機構国文学研究資料館

（25）『真田家文書』「26A／く01677　乍恐以口上書御請申上候御事」人間文化研究機構国文学研究資料館

（26）古川貞雄『松代藩災害史料』「10、文化九年七月」長野市誌編さん室

（27）『乍恐以口上書奉願上候御事』村田家文書 文化十年閏二月

（28）『乍恐以口上書奉願上候御事』村田家文書 文化十年十一月

（29）『乍恐以口上書奉願上候御事』村田家文書 文化十年十一月

（30）『乍恐以口上書奉願上候御事』村田家文書 文化十年閏十一月　村田家文書

（31）『乍恐口上書を以奉願上候御事』中御所村文書 文化十一年九月

（32）『一札之事』倉石家文書 文化十三年十二月

（33）『乍恐以口上書奉願候御事』宮島家文書 文政五年六月

（34）『乍恐以口上書奉願上候御事』村田家文書文政七年七月

（35）『真田家文書』、「26A／し00138　文政八年年小柴見村絵図」、人間文化研究機構国文学研究資料館

（36）『乍恐以口上書奉願上候御事』村田家文書 文政七年八月

（37）『御内々奉御覧入候御事』中御所村有文書 文政十年

（38）古川貞雄『松代藩災害史料』「14、文政十二年十二月」長野市誌編さん室

（39）福澤徹三『信濃国松代藩地域の研究Ⅳ、藩地域の農政と学問・金融』「第一章　松代藩難渋村対策の制度的変遷」岩田書院　平成二十六年

（40）『乍恐以書付奉願上候』坂本家文書 天保十三年八月

（41）宮下秀樹『土木学会論文集　D2第70巻第1号』「化四年善光寺地震による煤花（裾花）川の土砂災害とその後の対応」平成二十六年

第七章

弘化四年善光寺地震による煤花（裾花）川の土砂災害とその後の対応

宮下秀樹・山浦直人・井上公夫共著

『土木学会論文集D2（土木史）Vol.70．No.1』に掲載されたものを転載

はじめに

弘化四年三月二十四日夜四ッ時（一八四七年五月八日午後十時頃）に発生した善光寺地震（M＝七・四）[1]は、北信濃一円に大きな震災を及ぼした。震度七の激震が襲った善光寺町は、善光寺御開帳の時期と重なり、参詣に訪れていた多くの旅人等が震災の犠牲となった。また、震源が浅い内陸直下型の地震であったため、震央部（長野市浅川地域）の西方に広がる犀川丘陵地域に大きな土砂災害を発生させた。地震発生後二〇日目に決壊した犀川の岩倉山（虚空蔵山）せき止め湖の洪水災害は特に甚大で、記録が残る歴史地震の中で最大のせき止め湖決壊災害を犀川・千曲川下流域に発生させている[2]（**図1**参照）。

善光寺地震に関しては、松代藩真田家文書を中心に公的記録が豊富に残されたことに加え、刷り物、紀行文等の見聞録が多数存在し、その実態をかなり詳細に知ることができる。これらの史料の解読や取りまとめは、古くから多角的に進められていて[3]、土砂災害を含め多くの研究成果[4]がある。

図1に示したように長野市街地西方を流域とする一級河川裾花川（以後当時の記述に従い煤花川という）の流域においても地震により河川のせき止め災害が発生していて、煤花川河川改修史において善光寺地震が重要な意味を有している。第一章では、煤花川末流部が慶長七〜十九年（一六〇二〜一六一四年）に人工

図1　長野市域と煤花川・犀川・千曲川の関係

的に付け替えられた河川であることを示した。[5]この末流部においても善光寺地震の直後に発生したせき止め湖決壊による甚大な災害が発生している。しかし、前述の犀川岩倉山のせき止め湖決壊による氾濫があまりにも激甚であったことから、煤花川のせき止め湖決壊による洪水災害の実態は史料のなかに埋もれ先行研究は少ない。

本研究では、各所に散在する史料と既往の研究資料の中から、煤花川の土砂災害とその後の川除対応に焦点をあて時系列的に俯瞰し、煤花川河川改修史における善光寺地震がもたらした実態を体系的にまとめる。そのなかで、氾濫流域の村々の農民による苦闘の結果、末流部左岸の二線堤構造が復旧された過程を明らかにする。

【一】 善光寺地震における土砂災害の概要

地震発生三ヵ月半後の七月十六日に真田松代藩が幕府へ報告[6]した被災状況によると、『山抜崩大小四万千五拾壱箇所、山抜崩堰留水湛大小五拾三箇所(但堀割候分其外共水路相附申候)、往来道筋地裂抜崩流破延長拾六万四千七百四拾壱間余』とあり、松代藩内のみで四万箇所以上の被害が報告されていて、善光寺地震における土砂災害の大きさが伺える。

善光寺地震は、長野盆地西縁に分布する活断層が一、〇〇〇年弱の間隔で繰り返す地震の一つとされ、断層を境に西側の山地部は隆起し、東側の盆地部は沈降しているとされる。佃ら[7]は、この相対変位量を一、〇〇〇年間で三mとしている。弘化四年の地震では、長野市街地西部の山地部の揺れが大きく、特に犀川丘陵地域で土砂災害が多発した。

この震災の状況を表したものに、信州地震大絵図[8]がある。この大絵図は、震災後松代藩が作製した縦一・九m、横四・二mの災害絵図であるが、松代藩領を中心に飯山藩、須坂藩、松本藩、善光寺領および幕府領等広範囲の地域の火災、土砂災害ならびに水害の発生状況を詳細に描いている。

図2には信州地震大絵図のうち、一級河川信濃川水系に属する、犀川末流部および土尻川、煤花川流域の部分図を示した。地震直後に発生した家屋倒壊と火災で二千四百八十六人[9]が死亡した善光寺領の延焼部分が朱で塗られている。夥しい土砂崩れ・地滑りの被災個所が赤茶色で、せき止め湖決壊で発生した洪水被災地はこげ茶色で表示されている。

図2下端中央やや左側には、善光寺地震最大の土砂災害である岩倉山の崩落により生じた犀川せき止め湖が画かれている。このせき止め湖の湛水規模に関しては種々の既往研究がある。たとえば、井上[10]は推定移動土砂量八、四〇〇万㎥、最大湛水水深六五m、推定湛水量三・五億㎥としている。また山浦[11]は、推定移動土砂量三、〇〇〇～四、〇〇〇万㎥とし、寺沢[12]の推定をもとに湛水延長約二三・三五㎞、最大湛水水深七〇m、推定湛水量二～三億㎥としている。このせき止め湖は、地震発生後二〇日目の

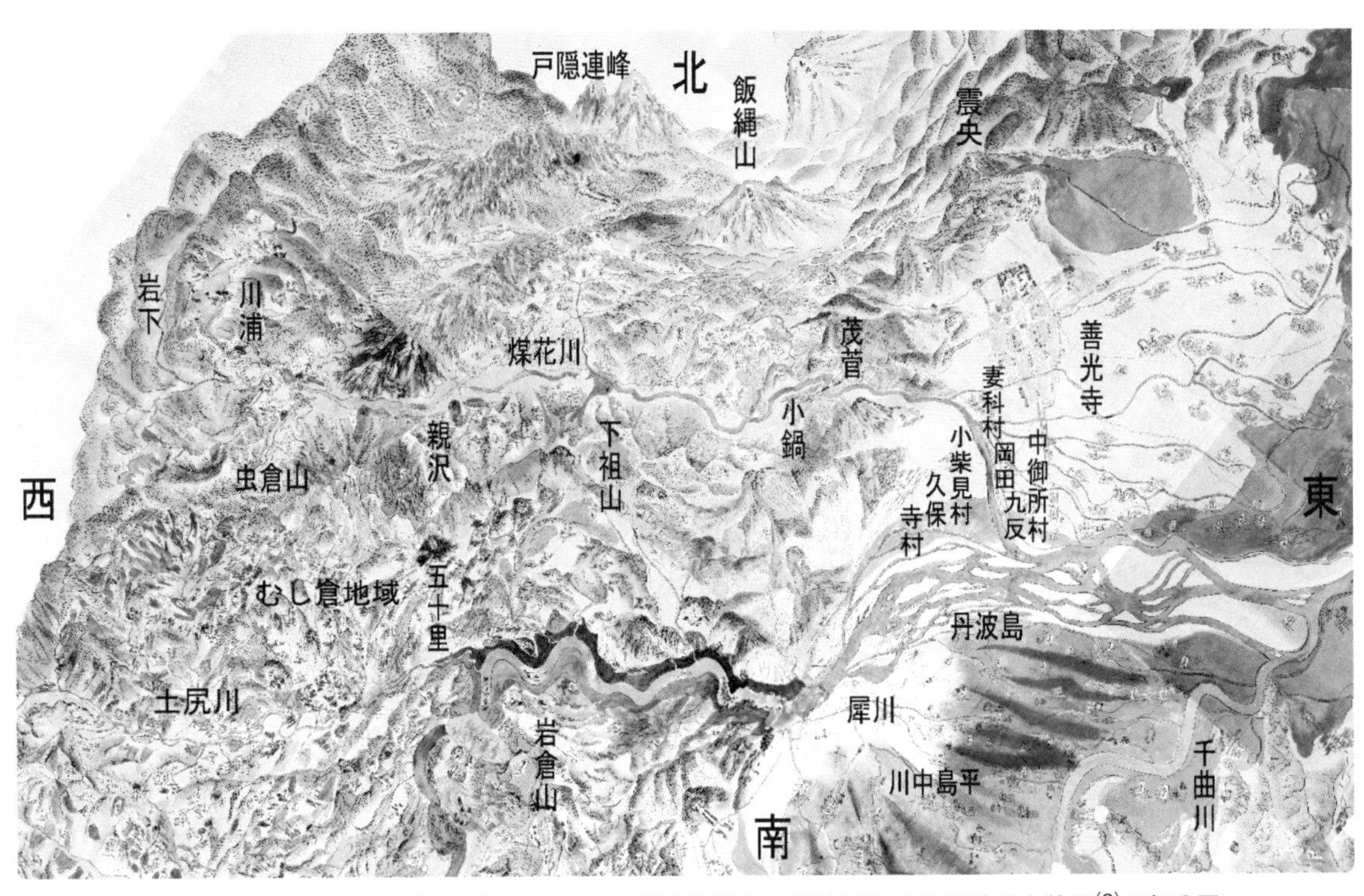

図2　煤花川流域の土砂災害と犀川のせき止め湖決壊災害の状況を描いた信州地震大絵図(8)の部分図
（真田宝物館所蔵　同館提供写真に一部筆者加筆、方位調整のため原典を左45°回転修正）

四月十三日に決壊し下流の犀川・千曲川流域に大洪水を発生させた。

この岩倉山せき止め湖下流で犀川に合流する土尻川も、その流域で多数の土砂災害を発生させている。この中に、激震地虫倉山（図2中段左側）が存在する。虫倉山は標高一、三七八ｍで、南麓には大峰面群とよばれる海成の隆起準平原が広がっている。大峰面群が分布する地盤の下部の山体は第三紀層の砂岩、泥岩層で構成され慢性的な地すべり多発地帯となっている。(13)

土尻川では、五十里でせき止めが発生し、湛水長一二〇〜一四〇ｍ、最大湛水水深二三ｍの河道閉塞が起きたが、地震発生後一七日目の四月十日に決壊をしている。(14)

【二】善光寺地震における煤花川流域の災害

虫倉山の北側山麓を煤花川が東流している。煤花川は、戸隠連峰高妻山を源とする、延長五〇㎞、流域面積二八〇㎢の一級河川である。流末部は長野市街地西方を南流して丹波島地先で犀川に合流している。この煤花川流域では、**図2**に示した日影村岩下（鬼無里村川浦）、鬼無里村親沢、下祖山村菖蒲沢、小鍋村および茂菅村（何れも現在は長野市）でせき止め災害が発生した。(15)

以下、**表1**に示した善光寺地震発生後弘化四年末までの煤花川災害の実況を俯瞰する。

表1　弘化四年善光寺地震発生後の煤花川災害実況

年	月	日	記事	史料名	出典
弘化四丁未年（1847年）	三	廿四	夜四ツ時（午後10時）善光寺地震発生M7.4	新編日本被害地震総覧［増補改訂版］[1]	
			岩倉山大崩壊で犀川せき止め発生	河原綱徳著むし倉日記[17]	むし倉日記 信濃教育会編
			土尻川五十里でせき止め発生		
			煤花川鬼無里村川浦，親沢，下祖山村菖蒲沢，小鍋村，茂菅村でせき止め発生		
		廿五	茂菅村のせき止め当日決通，菖蒲沢半日で決通		
		廿八	朝卯の刻煤花川小鍋村せき止め欠通	六川御役所御用米売上[18]	新収日本地震史料 第五巻別巻六ノ二
	四	十	土尻川，五十里でせき止め湖決壊（一丈以上の鉄砲水）	真田家文書[14]	新収日本地震史料 第五巻別巻六ノ一
		十三	犀川岩倉山堰き止め湖決壊，鉄砲水大水害		
	五	廿八	川浦せき止め見聞（未松代より御検分も無御座由） 長サ二十五町程，横巾三町程，深サ三丈程，水中家九軒	芦澤不朽著帰郷日記[20]	長野郷土史研究会 古文書講習会資料
	六	三	松代藩道橋方，川浦せき止め御検分 水嵩川上江ニ拾町川幅四町深サ十八丈程水湛	地震災害測量絵図[22]	長野市鬼無里民族 ふるさと資料館所蔵
		七	第12回目幕府報告　沢之湛留御届	真田家文書[19]	新収日本地震史料 第五巻別巻六ノ一
	七	廿	夕方川浦塞き止湖決壊・煤花川大洪水 堰留候場所幅拾五間余深サ四丈程押破大水一時ニ押出 久保寺村幷中御所村地内国役御普請所手限普請所川除土堤石積等数多押流，同村之内岡田組江掛り切川ニ相成	真田家文書[23]	
			山抜ニ而地震節煤花河湛水留水仕候常水凡壱丈余出水	妻科村斉藤家文書[32]	新収日本地震史料 第五巻別巻六ノ二
		廿七	煤花川出水之儀付郡奉行別紙之通申聞候御届之儀 宜御取計可被成候（三家老）　小山田壱岐様・望月主水様	真田家文書[23]	新収日本地震史料 第五巻別巻六ノ一
		廿九	煤花川出水先御届		
			中御所村煤花川出水御検分願	中御所村文書[24]	長野市誌編纂収集史料
	八	二	御本文之趣致承知候、恩田頼母　　御用番様	真田家文書[23]	新収日本地震史料 第五巻別巻六ノ一
		六	先御届候		
			評議　御同意存候　壱岐　　主水様		
			煤花煤鼻之事　煤花の表記を煤鼻に差し替えにつき勘弁願う		
			災害第一報御届書御用番戸田山城守様へ持参御取次差出		
		七	煤花川洪水先御届之儀別紙之通評議取計申候		
		九	災害第二報阿部伊勢守様へ御取次面会，被成御落手候		
		十八	普請のため勘定方、丹波島着	真田家文書[25]	
		十九	勘定方、煤花川川除普請の場十九日見分丁張		
			先月廿日右関留之場所押切，居家五軒引水ニ罷成，相残リ四軒並ニ御高辻之内多分，今以水中ニ罷成居候処 先達而中御見分之上，御掘割御積立被ニ成下置，難有仕合奉存候，〆人足千七百六拾四人，金拾七両弐分八匁四分	鬼無里村文書[33]	鬼無里村史
	九	十二	御勝手方阿部伊勢守様ヨリ御留守居壱人御呼出申来候 其方領分煤鼻川通堤川除破損所此度限願之通御普請被	真田家文書[26]	新収日本地震史料 第五巻別巻六ノ一
		十八	煤花川堤川除破損所，此度限御普請御願之通，御目付演説	鎌原洞山地震記事[27]	大日本地震資料巻之十三
	十	廿九	被災詳細報告幕府提出 御届書御用番青山下野守様御勝手御懸阿部伊勢守様江持参差出	真田家文書[31]	新収日本地震史料 第五巻別巻六ノ一
	十一		犀川川除普請入用藤代金請取証文綴　藤代金請取証文　（い**1502**） （金四六両余，久保寺村，小柴見，中御所他分）布野村瀬左衛門	真田家文書[28]	人間文化研究機構 国文学研究資料館所蔵
	十二		犀川・煤花川川除普請入用材木代金請取証文綴　（く**1375**） 材木買上代金請取証文久保寺村民弥（銀三二二匁余，煤花川除普請分） 材木買上代金請取証文小柴見村三役人（銀一貫余，煤花川除普請分） 材木買上代金請取証文中御所村三役人（銀二貫余，煤花川除普請分）		
			弘化四年堤川除普請諸色代金・人足賃金請取証文綴　（く**1582**） 煤花川通石積・菱牛立込人足賃金請取証文久保寺村名主（金四両余） 材木藤縄代・人足賃金請取証文小柴見村三役人（金五六両余） 諸色代金・人足賃金請取証文中御所村三役人（金二三二両余）		
			大地震犀川煤花川大破国役御普請人足諸入用取調帳	栗田村文書[30]	近世栗田村古文書集成
			国役普請完了，弘化四年中の普請の金高は壱万四千両也	真田家文書[25]	新収日本地震史料 第五巻別巻六ノ一

親沢は虫倉山北山麓の地で、土石流が発生し煤花川を埋塞したものである。土石流の流下長は一・五km[16]で、下り瀬および落合の集落を巻き込んだようであるが詳細は不明である。下祖山村菖蒲沢のせき止めについては、当時松代藩の家老であった河原綱徳が記した「むし倉日記[17]」に次のようにある。

同村の内ヤハズ山抜覆菖蒲澤へ押出し、煤花川迄崩落候処、高サ凡二十丁程も可有之相見へ、家数十三軒程押埋、家内絶切候家四軒程御座候旨。樂眞院と申寺一ヶ寺埋、大木大石等押下し候へ共、田畑損所ハ僅ニ御座候。此処ニて煤花川押留、川向ハ神領下ニレ木村と申小村ニて、押埋候家も有之由、半日程堰留候へ共、押破り、川筋差支無御座候様子ニ御座候。

同じく「むし倉日記」では、茂菅村の状況を以下に記している。

善光寺領朝日山抜所甚多、岩石も抜落候へ共、煤花川迄抜落堰留候迄ニハ無御座候。茂菅より小鍋村道筋往来の橋上小鍋村の方より山抜崩、煤花川堰留、一旦水湛候処、村方より人夫出し不日に掘割候故、川上ニ格別水難無之相済候旨。尤右川中へ抜落掘割場所ハ、川形十二三間程横幅四五間程高サ二丈餘の由、一村のミの人数ニて掘割候故骨折候由。

これらより、下祖山のせき止めは半日、茂菅村はせき止め無で、小鍋村が不日となっている。実際には地震発生後五日目の三月廿八日朝に決通している[18]。

煤花川最大の土砂災害は、日影村岩下(対岸が鬼無里村川浦)のせき止め災害である。湛水規模は、『水嵩川上江二拾町(二、一六〇m)川幅四町(四三二m)深サ十八丈(五四m)程』[19]で地震発生後一一五日目の七月廿日夕に決壊し、下流の一三ヶ村に大きな被害を出している。

先に発生した犀川岩倉山の大災害の対応に追われた松代藩は、岩下のせき止めに関しては対応が遅れていたようである。五月廿八日に岩下を見分した芦澤不朽[20]は帰郷日記に以下のように記している。

一、川浦村より松代へ御届書之由左之通。長サ二十五町程、横巾三町程、深サ三丈程、水中家九間、右湛水の中ニ家根四五軒見え候。未松代より御見分も無御座よし。此先ニも右様ニ抜落水湛候処数ヶ所有之候由にて、一同ニ押切候ハバ七里程谷下善光寺のツマナシという処へ押出さんとて、川下より折々見届ニ参候由。此処ハ谷の西方巌石一同ニ抜落、谷川を押埋め、其東の方岸低き処滝になり通水付居候間、押切体更に無之、右水中九軒の人一人も不出由。

ここにツマナシとは、妻科村の通称で現在の長野県庁が位置する村のことである。下流の妻科村の人々が心配し様子を見届けに来ていたことがわかる。そしてこの時には、既に埋塞部の東側に滝ができ越水が生じていたようである。

六月三日には、ようやく松代藩の御勘定役馬場忠吾、道橋御元中沢義市、御立合倉田介九郎、其外御手附衆が岩下に派遣された[21]。その時の検分絵図が**図3**に示した「地震災害測量絵図[22]」である。これに基づき、六月七日に松代藩より幕府に第一二回目の災害報告「沢之湛留御届」[19]が提出されている。

七月十四日から降り続いた長雨により廿日夕、岩下のせき止め湖はついに決壊した。松代藩より、煤花川氾濫について以下に示す七月廿九日付の第一報[23]が、八月六日に幕府に提出されている。


私領分信州水内郡煤鼻川上日影村之内字岩下組地内地震ニ而追々抜崩、右川筋三町程押埋、川幅四町程川上江弐拾町程之間水嵩拾八丈程湛水ニ相成居候段先達而御届申上置候処、去十四日より雨天打続十九日頻之大雨洪水ニ而廿日夕右堰留候場所幅拾五間余深サ四丈程押破大水一時ニ押出、川下数箇村田畑押流或石砂泥入其外山崩川欠等之損地夥敷出来、殊ニ同郡久保寺村并中御所村地内国役御普請所手限普請所川除土堤石積等数多押流、同村岡田組江掛り切川ニ相成、耕地江川筋相立北国往還江押出通路差支候程之儀ニ付民家石砂泥水入数多有之、尤右押破候場所追々欠崩候様子ニ而水勢未難見極旨訴出候、委細之儀は追而可申上候得共先此段御届上候

また、六日には松代藩内で第二報に関する評議が行われている。その記録の中に「煤鼻煤花之事」[23]と題する記録があり、過去の水害の際に提出した損耗届けの記述に倣い煤花川の表記を煤鼻川と訂正する旨の指示応答の経過が残されていて興味深い。その結果、煤鼻川の表記を用いることとして国役普請による救済を幕府に求めている。間もなく、川除普請のため幕府より勘定方が八月十八日丹波島に到着し、翌十九日には煤花川川除普請の場にて見分丁張が実施された[25]。つづいて幕府は、九月十二日に国役普請による川除普請採択を決定し、勝手方阿部伊勢守より『其方領分煤鼻川通堤川除破損所此度限願之通御普請被』と松代藩に伝えられた[26]。

これにより、煤花川末流部右岸の小柴見村、久保寺村および左岸の中御所村岡田組、九反組で国役普請が実施されている[28]。これには中御所村の東方に隣接する栗田村等からも多くの人足が徴庸されている。幕府直轄領であった栗田村は、幕府勘定所普請役小林大二郎[29]より煤花川川除普請の内二〇間(三六m)六五坪(三九一㎥)を助役するように申し渡され引き受けたが、坪当たり四人掛りで五匁六分の費用が必要なところ、四匁五分九厘しかもらえず、一匁を村で負担したようである。人足賃銭日々一人前並百弐拾四文で、栗田村の負担は総額で三五貫二六六文であったことが記録に残されている[30]。これら地元に残る文書では、すでに地元で常態化していた煤花川の表記が慣用的に用いられたようである。その後、明治初頭にはこの表記も裾花川に替わって行く。

十月廿九日には、松代藩より詳細な被災報告が幕府になされた[31](**表1**)。そして、復旧費用一万四千両を費やし十二月に弘化四年の国役普請が竣工している[25]。

【三】　日影村岩下のせき止め湖とその決壊

長野市鬼無里ふるさと資料館所蔵の「地震災害測量絵図[22]」には、善光寺地震によって生じた日影村岩下の山崩れによってせき止められた煤花川の姿が詳細かつ正確に描かれている。これを**図3**に示した。絵図は煤花川を中心に右岸に日影村、左岸に鬼無里村が画かれている。日影村側中央よりやや下にアサヲクボと記された位置に水湛と記された入江状の湛水湖の一部が示されている。この西側の斜面が三百間(五四〇m)に渡り崩落し煤花川をせき止めた。このアサヲクボとは日影村字麻苧久保である。

一方、**図4**に示す二万五千分の一の地形図を見ると、根上の集落よりおよそ一㎞上流の位置に標高約八〇〇mの等高線で囲まれた窪地が画かれている。これが弘化の善光寺地震で出来たせき止め湖のなごりであり、麻苧久保の地である。この下流側の標高より、崩積土の頂部の高さは標高八〇〇mと同定できる。この絵図が画かれたのは六月三日で地震の二ヵ月半後である。絵図には前述の芦澤不朽の帰郷日記にも記載があった東側の滝を意味すると思われる『水出口幅三間(五・四m)程』の記述があり、このころにはせき止め湖も満杯となりオーバーフローしていたことが読み取れる。また、**図3**の災害絵図では河道閉塞土塊の下流から幾筋もの漏水が発生していたことが画かれていて、工学的にも重要な情報が網羅的に伝達されていた。このような流出や漏水に伴いせき止め湖の水位も一丈(三m)程低下したものと推定すると、水面高は標高七九七mを得る。

次に、**図4**の地形図上に推定最大水位八〇〇mの等高線で囲った範囲を見ると、これは絵図に描かれた湛水範囲と見事に一致する。まず、右岸の岩下集落の下流側に示された沢筋による入江の存在、岩下集落と湛水湖との間に存在する微高地、入川村の水際の位置等が一致する。左岸の川浦村は、四軒を残し九軒が水没したという古記録[19]と一致する。そして、せき止めの最上流は土倉村付近であることが判る。

七月廿日の決壊時の最大水位を標高八〇〇mと同定したせき止め湖の規模を、二万五千分の一の地形図で判読すると以下の通りとなる。湛水長さは絵図と一致しL＝二・二㎞(弐拾町)であるが、幅は絵図に示された『此差渡三町程』に比して狭いW＝一八〇mで、面積はA＝三二万㎡、最大深さはH＝五四m(拾八丈)、これより推定される湛水量は概ねV＝五六〇万㎥を得る。既往の研究[10]では、これを湛水面積九八万㎡、湛水量一、六〇〇万㎥としている。これは麻苧久保より一㎞ほど上流に位置する岩下集落の北西側山麓で弘化の善光寺地震以前に発生したものと考えられる大規模な山腹崩壊地形と河道閉塞痕を、弘化の地震によるせき止め湖跡と見なしていたことによる。

このせき止め位置の三・八㎞上流に奥裾花ダムが昭和五十四年に完成した。その貯水規模は、堤高五九m、貯水高五四m、総貯水容量五四〇万㎥で、弘化四年善光寺地震の時にはこれに匹

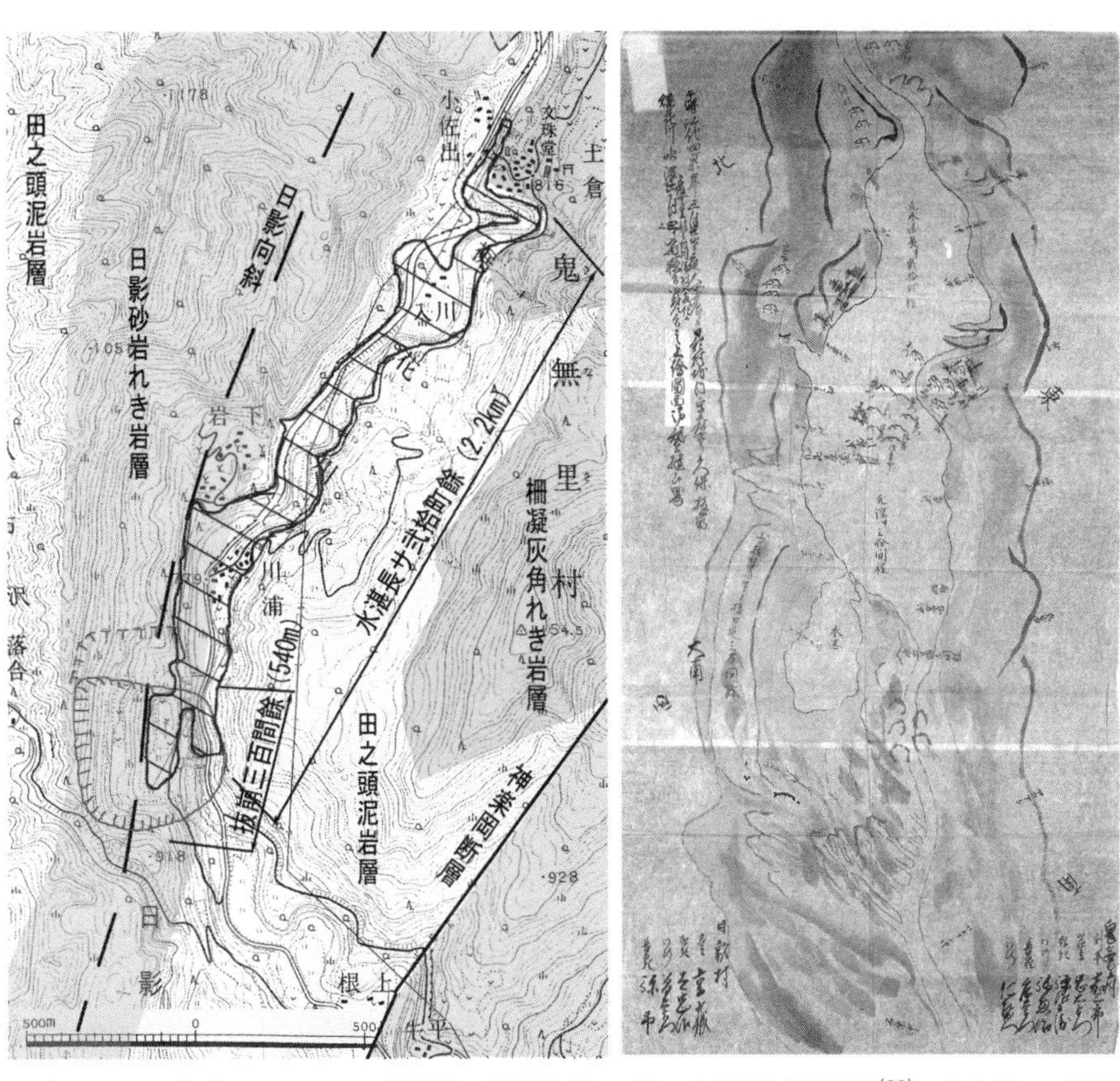

図4　2万5千分の一の地形図に再現した河道閉塞と湛水範囲（2013年筆者作製）

図3　地震災害測量図[22]　鬼無里ふるさと資料館所蔵

敵する湛水湖が出現したことになる。

七月廿日の決壊は、前述した七月廿九日付の幕府報告にあるとおり『幅拾五間(二七m)余深サ四丈(一二m)程押破』で、前記拾八丈(五四m)の湛水の全てが一時に洪水となって下流に押出された訳ではなかったようで、河道を閉塞した土砂の多くが残った状態にあった。このようなことが幸いし、決壊後の洪水段波のピーク流量は、犀川岩倉山せき止め湖の場合と異なり比較的少なく、下流域の壊滅的な被災を免れたものと考えられる。下流の扇状地の扇頂部に位置する妻科村における洪水段波の水位は『常水凡壱丈(三m)余出水』と報告されている。[32]

一方、せき止め跡地は『先月廿日右関留之場所押切、居家五軒引水ニ罷成、相残リ四軒並ニ御高辻之内多分、今以水中ニ罷成居候処、先達而中御見分之上、御掘割御積立被成下置、難有仕合奉存候』という状況で、鬼無里村が埋塞部の開鑿に人足千七百六拾四人、金拾七両弐分銀八匁四分が必要と見積もり、松代藩に救済を求めた。[33]

図2の日影村岩下には、土砂崩れが三ヶ所画かれている。麻苧久保で二ヶ所、岩下の集落上流で一ヶ所である。**図3**では、麻苧久保の抜け所の記載に『上ノ抜口より下ノ抜口迄三百間(五四〇m)餘』とあり、麻苧久保の上流と下流の二ヶ所で山崩れが発生していたことがわかる。

図5に、二千五百分の一の地形図に再現した麻苧久保付近の大規模崩落と河道閉塞の拡大図を示す。麻苧久保の入り江湖は

写真1　現在の麻苧久保の窪地　下流(下ノ抜口)より上流側を望む(2013年筆者撮影)

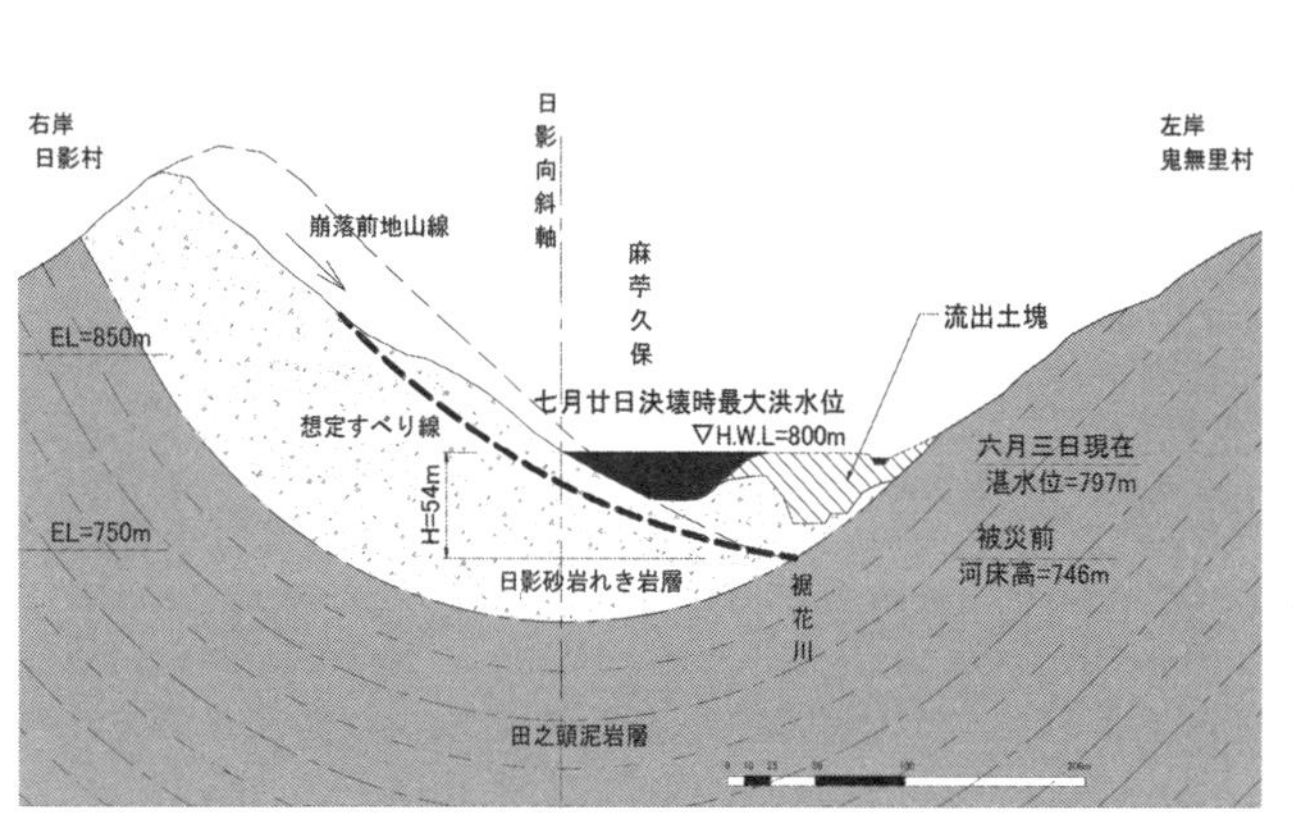

図6　現存する麻苧久保湛水湖跡(図-5のA-A断面)　2013年筆者作成

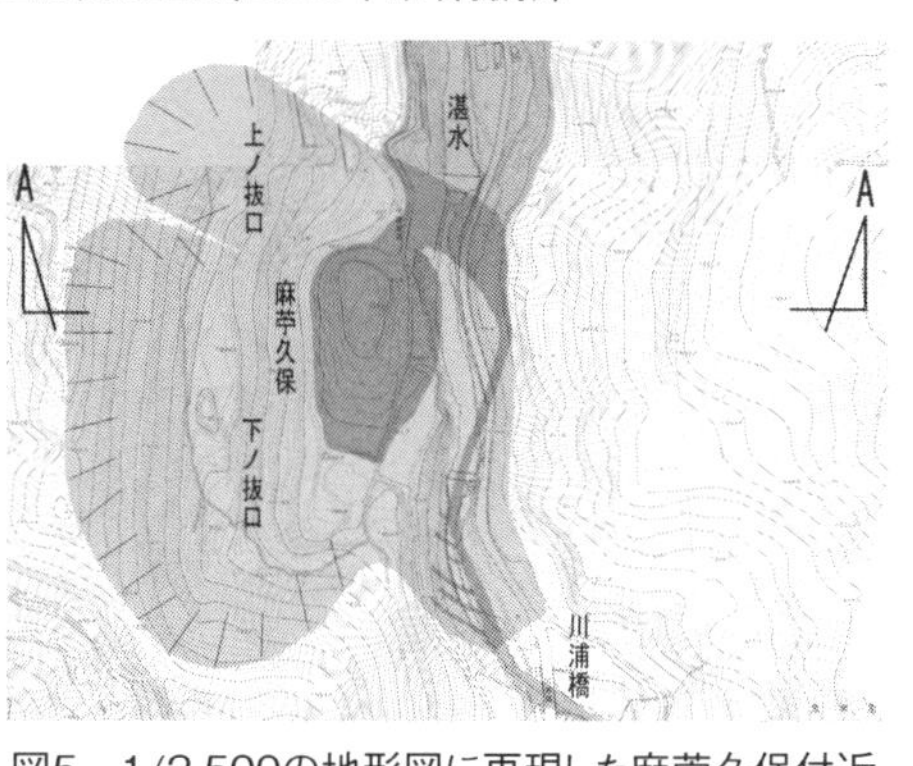

図5　1/2,500の地形図に再現した麻苧久保付近の大規模崩落と河道閉塞
(長野市平18関公第31号に一部筆者加筆)

L＝二〇〇m、W＝一二〇m、H＝二五mの規模で面積がA＝二〇、〇〇〇㎡である。このような入江状の湛水湖が形成された理由は、先に「下ノ抜口」が崩落した後に「上ノ抜口」が崩落し、湛水湖に狭さく部ができたのではないかと推定している。

この跡地は**図6**の断面図に示すように、現在もすり鉢状の窪地となっていて隣接道路との比高は一二mである(**写真1**)。これが現在も池にならないということは、湖底以深の崩積層の透水性がかなり大きいことを意味していて、湛水当時もかなりの漏水があったと考えられる。

【四】　せき止め湖決壊による裾花川の災害と復旧

表2には、裾花川のせき止め湖に関する諸データと洪水による被災の概要をまとめた。また、参考として約三ヶ月前に決壊した犀川岩倉山のせき止め災害のものを併記し、両者の規模の比を求めてみた。これより、裾花川および犀川の洪水被害の特徴を以下にまとめた。

(一)　湛水規模に関して

a．せき止め土砂量V_1に比した湛水量V_2は、裾花川が三倍弱で犀川が一七倍弱となっていて、その比率は犀川が裾花の六倍程度となっている。

b．決壊に至るまでの湛水継続時間は、裾花川が犀川の約六倍

表2　弘化四年善光寺地震における煤花川と犀川のせき止め湖決壊災害の比較

被災項目		煤花川（岩下・川浦）※1	犀川（岩倉山）※2	比（煤花川/犀川）
せき止め湖決壊データ	せき止め湖決壊日	7月20日夕	4月13日午後4時	—
	せき止め時間	984万秒	162万秒	6/1
	推定せき止め土量 V_1	200万 m^3	2,100万 m^3 ※3	1/10
	推定最大湛水量 V_2	560万 m^3	たとえば35,000万 m^3 ※3	1/63
	湛水延長	2.2km	23.35km	1/11
	湛水深さ	54m（流出分は12m）	70m	1/1.3(1/6)
	扇頂部洪水嵩高	3m	20m	1/6.7
	湛水部平均河床勾配	1/40	1/330	8/1
	扇頂部計画高水流量（現在）	600m^3	4,000m^3	1/6.7
	氾濫原平均河床勾配（現在）	1/140（白岩より丹波島）	1/450（犀川部分のみ）	3.2/1
洪水被災概要	幕府宛被害報告日	10月29日	7月9日	—
	被災村数	13ヶ村	80ヶ村	1/6
	損耗高	4,780石余	38,840石余	1/8
	内　田	3,180石余	27,913石余	1/9
	畑	1,600余	10,927石余	1/7
	民家流失	1軒	2,471軒	1/2,470
	民家石砂泥水入	205軒	2,507軒	1/12
	水車家水入	10ヶ所	40棟	1/4
	土蔵水入	8棟	322棟	1/40
	川除石積上切押流共	1,270間余	2,900間	1/2.3
	内　国役御普請所	670間余	80間	8.4/1
	川除土堤押流	1,750間余	24,356間	1/14
	内　国役御普請所	250間余	2,947間	1/12
	川除岸刎押流	16ヶ所	477ヶ所	1/30
	内　国役御普請所	11ヶ所	—	—
	菱牛石積流失	—	308ヶ所	—
	石枠合掌枠流失	—	1,236組	—
	岸囲打杭笈牛差出流失	—	8,145間	—
	用水堰押埋延長	278間余	31,482間	1/113
	大小橋流損	9ヶ所	260ヶ所	1/29
	大小橋破損	—	181ヶ所	—
	往来道形水破	480間余	33,489間	1/70
	流死	無御座候	22人	—
	死牛馬	無御座候	231疋	—

ここに※1は、真田家文書　御参府御在府日記（十月廿九日）(31)　真田宝物館所蔵
※2は、真田家文書　御参府御在府日記（七月拾六日）(6)　真田宝物館所蔵
※3は、地震地すべり(10)

である。

c. せき止め湖決壊災害に関する既往の研究[34]では、V_2／V_1と湛水継続時間に相関を認めているが、煤花川と犀川のせき止め湖決壊災害の関係においても、V_2／V_1の違いが湛水継続時間の違いとして表れている。

d. 扇頂部の洪水水深は、煤花川が犀川の六分の一となっていて洪水段波のエネルギーは比較的少なかった。

㈡ 氾濫被害に関して

a. 被災村数および損耗高よりみて、洪水の面的な被災の実態は煤花川が犀川の六分の一～八分の一の規模にある。

b. 煤花川の民家流出は極端に少ない。これは前記㈠d. に示した扇頂部洪水水深の違いと、湛水量の比六三分の一と上記の面的な被災比六分の一～八分の一との関係より類推できる氾濫水深が一〇分の一程度で相対的に小さいことによる。

c. 田用水路の被災は犀川が圧倒的に多く、平坦地で用水路の利活度が大きかった土地利用形態を反映している。

d. 橋および道路等の交通施設の被災は、煤花川が比較的軽微であった。これは、前記b. と同じ要因が考えられる。

㈢ 河川施設の被害に関して

河川施設の被害は、煤花川の石堤被害が比較的大きく、土堤の被害が少ない。これは被災氾濫原を流れる河川の河床勾配に起因した築堤構造の違いを反映したものと考えられる。末流部の延長が三km(左右岸合計で六km)程度の煤花川で、石堤流出が千弐百七拾間(二・三km)であることから、延長の約四割弱の石堤が被災していたと判断できる。特に煤花川の石堤被害の半分は、過去に国役普請によって造られた石堤の被災であった。それに対して、犀川には、国役普請による石堤はほとんど存在しなかったようである。

図8には被災五年後に書かれた御普請所絵図[35]を示す。これは嘉永五年(一八五二年)に松代藩道橋奉行方が作製した犀川絵図と対をなす煤花川の絵図で、犀川絵図の凡例には、黒色が未年(一八四七年)御普請堤、茶色が古御普請堤、朱色が申年(一八四八年)より御手普請と記されている。御普請堤とは、国役金で作られた幕府直轄の川除堤で、御手普請とは松代藩による川除堤のことである。ここに古御普請堤とは文政期(一八一九～一八二九年)に実施された国役普請を意味している。煤花川は文政期にも大きな洪水災害を被っていて、その時実施された国役普請を示すものが**図7**の御普請所絵図[36]である。

現在**図8**は、茶色部分が不鮮明で黒色との識別が難しいところがあるが、中御所村岡田組の白岩向堤と称される部分が弘化四(未)年の国役普請として復旧されていたことがわかる。文政期の川除普請では、岡田組地先の白岩向堤から横捲り堤までの間に控堤が築かれ二線堤構造が完成したが[5]、この時期にはまだ

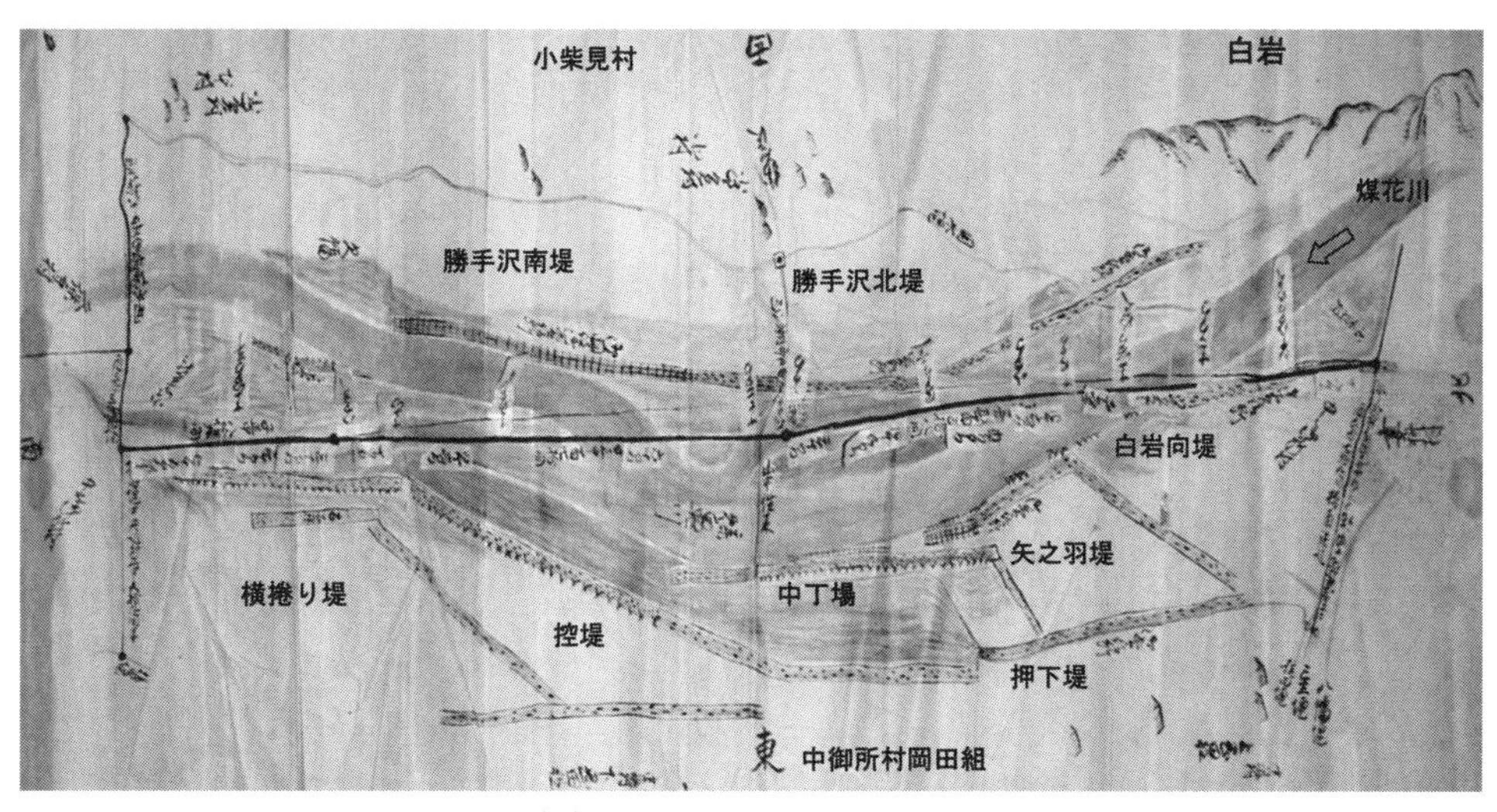

図7　文政期の煤花川御普請所絵図[36]　2006年筆者撮影（川除堤の名称は江戸時代末期のものを示す）

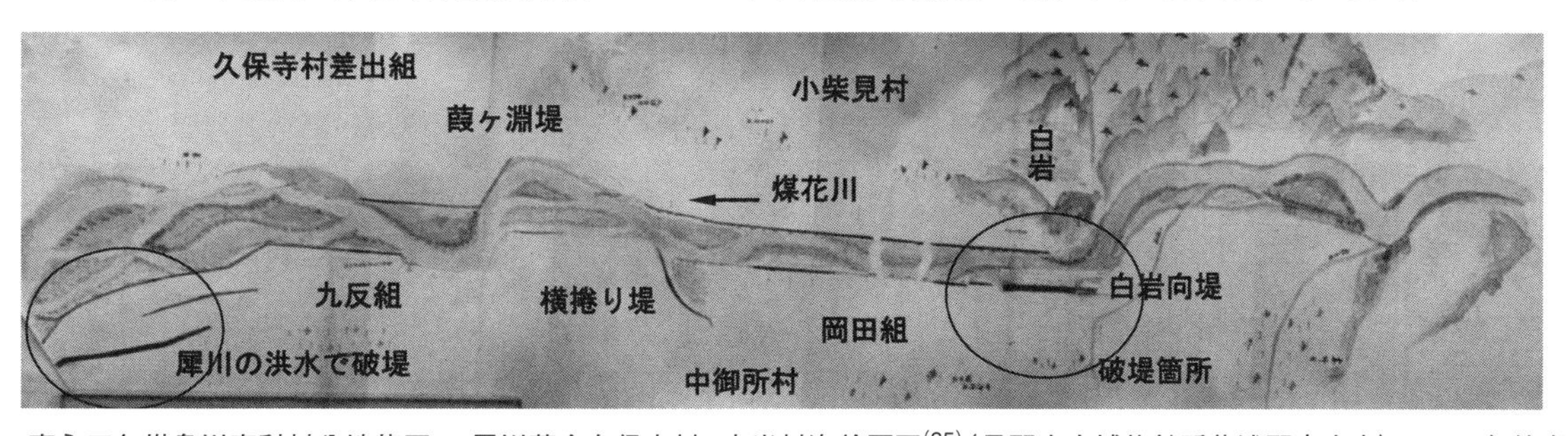

図8　嘉永五年煤鼻川妻科村分地龍王ヨリ犀川落合久保寺村ノ内米村迄絵図面[35]（長野市立博物館所蔵浦野家文書）2009年筆者撮影

控堤の復旧に至っていない。また、犀川合流部の九反組下流部もこの年の国役普請であるが、これは犀川の氾濫によるものである。

真田家文書「犀川煤花川筋村々御普請仕立御入料〆出」[37]によると、嘉永二年～四年の御手普請の費用は、久保寺村が金九百六拾三両三分銀五匁七歩、中御所村岡田組が、金三百三拾九両三分銀拾四匁壱厘、で中御所村九反組が、金百九拾九両弐分銀三匁三歩弐厘となっている。ただし、久保寺村分には犀川分も含まれている。

【五】　善光寺地震以後の江戸時代末期の煤花川川除

地震により荒廃した山地は放置され現在のように計画的に整備されることは無かったため、震災後は洪水による災害が頻繁に発生している。善光寺地震以降明治初年までの間に煤花川で発生した洪水を表3に示した。

これによると三年を下回る間隔で洪水が発生している。災被個所の大部分は左岸中御所村の岡田組と九反組で、決壊を繰り返している。右岸の久保寺村は、差出組の葭ヶ渕堤とその下流の一之口堤が被災しているが限定的であった。この期間の最大級の災害は、慶応元年閏五月と二年五月（一八六五～一八六六年）に連続して発生した大洪水であった。六月十日に

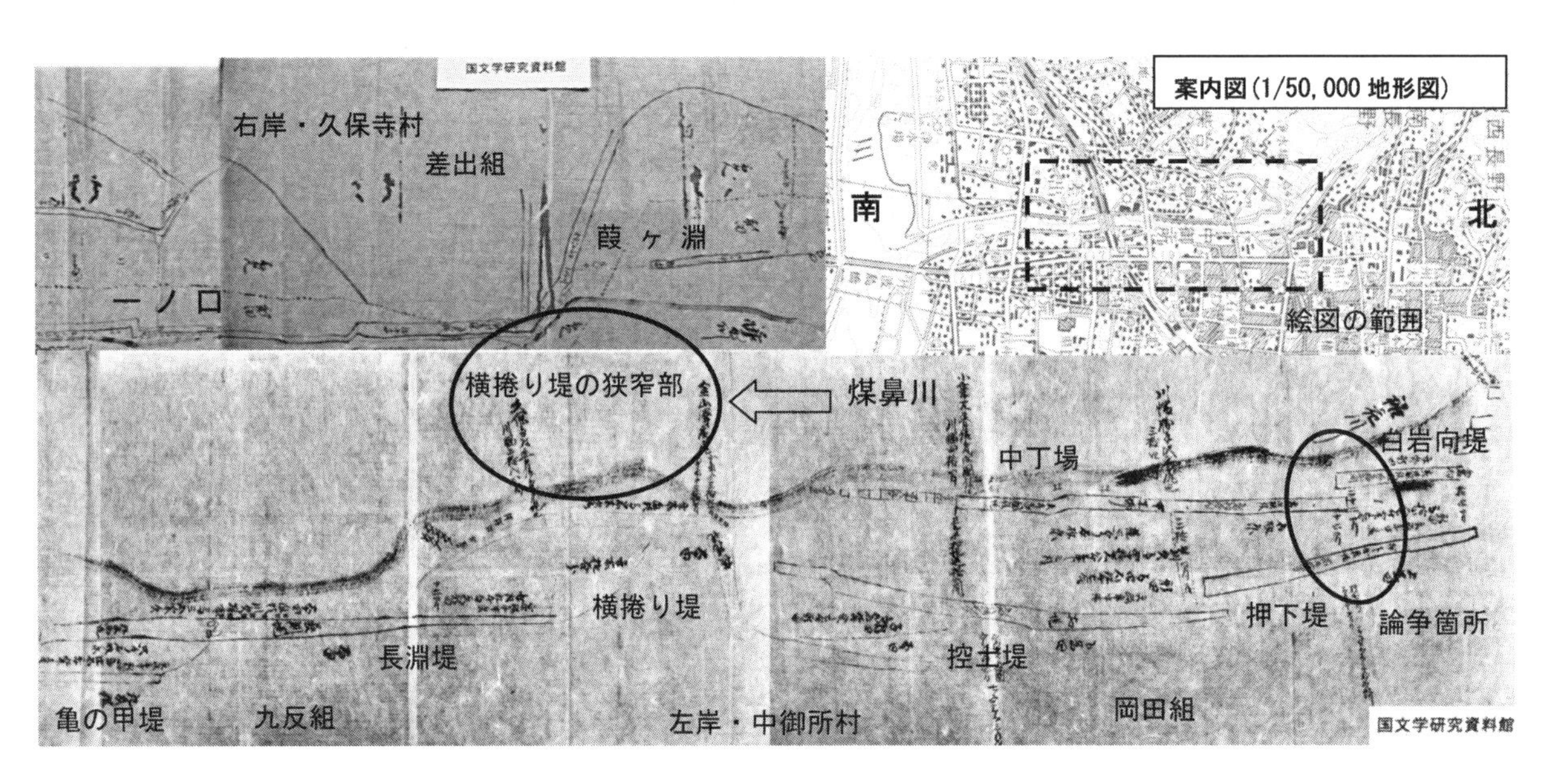

図9　慶応期の洪水に対する明治4年堤川除普請所絵図(46)(人間文化研究機構国文学研究資料館所蔵真田家文書)
2006年筆者撮影

は、幕府により国役普請が採択され、再び国役による川除普請が実施されている。

表4には、各所に保存されている古文書の中で、嘉永元年から明治初期における煤花川川除に関連する文書を列記した。やはり慶応両年の災害以降の史料が多い。ここで注目したいのは、煤花川左岸域に位置する栗田村、千田村、風間村等の慶応期の文書である。元年には災害による窮状を訴える文書が出されている。翌二年五月には左岸地域の村々(文書ではこれを押下村々と称している)より、御用水煤花川組合が管轄する左岸横捲り堤と右岸久保寺村の葭ヶ渕堤との間の川幅が狭く、洪水流下に差支えがあるとして用水組合の惣代に拡幅を願い出ている。(44)

取極申一札之事

御用水煤花川組合中御所村字横捲リ土堤、煤花川筋水行差支候押下村々相見込、依之川幅水行差支丈取除キ願立仕度、今般押下村々急難除場所ニ而、挙而各々方御惣代ニ相頼候上者、入用之義者高割ニ而出金可仕候、為念頼書一札差出し申所如件、

また、同年十一月には、二年連続で決壊した中御所村岡田組地先の白岩向堤の背後に、新規に控堤(押下堤)横巾七間長二〇〇間の大土堤を築堤するために、敷地の永久借地料として金五拾両(趣意金)を地元の中御所村に支払うとする文書(45)が出されている。

表3　弘化四年善光寺地震以降明治初年までの煤花川の洪水記録

年号	年	干	支	月	日	西暦	被災箇所	出典
弘化	四	丁	未	七	二十	1847	川浦・岩下せき止め湖決壊，中御所村岡田堤破堤	新収日本地震史料第5巻別巻6-1[23]
安政	元	甲	寅	三		1854	久保寺村葮ヶ淵破堤	安茂里史刊行会収集史料[38]
	六	己	未	五	十九	1859	中御所村岡田・九反堤決壊，中御所・栗田・七瀬水害	七瀬町史[39]
万延	元	庚	申	六	二三	1860	久保寺村葮ヶ淵～一之口破堤	安茂里史刊行会収集史料[38]
文久	二	壬	戌	二	二七	1862	煤花大洪水	信濃川百年史[40]
				七	二七		煤花川大洪水	長野県政史別巻[41]
慶応	元	乙	丑	閏五	二七	1865	煤花川大水害，七瀬・栗田・南俣被害甚大	近世栗田村古文書集成[30]七瀬町史[39]
	二	丙	寅	五	十五	1866	中御所村岡田堤欠壊，中御所・栗田・千田・七瀬被害大	豪農大鈴木家文書[42]
明治	元	戊	辰	五		1868	煤花川出水，中御所村九反堤決壊	真田家文書（国文学研究資料館）[43]

表4　嘉永元年から明治初期における煤花川川除関連古文書リスト

年号	年	干支		月	西暦	番号	史料名	出典
嘉永	元年	戊	申		1848	真田家文書	犀川煤花川筋村々御普請仕立御入料金〆出	A
	二	己	酉	六月	1849	真田家文書	村々千曲川除御普請出来形御書上目録	A
安政	元	甲	寅	三月	1854	久保寺村文書	葮ヶ淵破堤・諸御願書留帳	E
	四	丁	巳	十二月	1857	久保寺村文書	久保寺村出人足皆済一紙久	E
	五	戊	午	五月	1858	村田家文書	小柴見村定例自普請人足御立方極帳	E
				五月		久保寺村文書	久保寺村定例自普請人足御立方極帳	E
				十二月		久保寺村文書	久保寺村出人足皆済一紙	E
	六	己	未	五月十九日	1859	鈴木家文書	煤花川欠壊、岡田・中御所・九反・栗田・七瀬水害	F
				十二月		久保寺村文書	久保寺村出人足皆済一紙	E
万延	元	庚	申		1860	久保寺村文書	葮ヶ淵～一之口破堤・諸御願書留帳	E
				六月		千田村文書	犀川煤花川満水水押し難渋につき千田村等5カ村新規土堤自普請願	D
				七月五日		宮島家文書	小柴見村御用日記小柴見村勝手沢下流堤川欠検分願	E
文久	二	壬	戌	閏八月	1862	久保田家文書	問御所村水損御手当願	B
慶応	元	乙	丑	五月	1865	久保田家文書	乍恐以仕訳書奉願上候（煤花川出水問御所村泥砂水につき）	B
						栗田村文書	乍恐以書付御届申上候（栗田村洪水被害届）	C
				六月		千田村文書	千田村煤花川満水ニ付家数損人書上帳	D
				九月		千田村文書	煤花川押切水損御見聞差上絵図	D
	二	丙	寅	五月廿七日	1866	千田村文書	取極申一札之事（千田村等煤花川巾切広嘆願一件栗田村常右衛門等へ惣代依頼）	D
				十一月		風間村文書	差出申一札之事（両風間村煤花川普請新規普請趣意会）	D
				六月十日		真田家文書	幕府老中申渡書（真田家領分七ヶ村国役普請，願いの通り許可の旨）	A
	三	丁	卯	二月	1867	宮島家文書	小柴見村御用日記小柴見村自普請所起工願・完成報告	E
				十月		千田村文書	千田村他中御所村新土堤切払願	D
明治	元	戊	辰	八月	1868	真田家文書	辰五月中ヨリ犀川煤花川除水破流失之分御書上	A
	二	己	巳	十月	1869	真田家文書	裾花川通信州市村中御所村組合御普請願目論見帳	A
	三	庚	午	五月	1870	久保寺村文書	久保寺村煤花川除自普請帳	E
				八月		真田家文書	普請内借金請取証文綴（久保寺村・中御所村他）	A
				十月		真田家文書	当藩管轄所信州水内郡久保寺村外弐ヶ村更科郡川合新田御普請願目論見帳	A
				十二月		久保寺村文書	久保寺村出人足皆済一紙	E
	四	辛	未	二月十四日	1871	真田家文書	千曲・犀・煤花三川御普請御入用辻取調書 （文政元年より同六年までの入料金書上。年平均二二五両）	A
						真田家文書	普請皆済金請取白紙証文（犀川・煤花川通各村内，去年堤川除普請諸色代金，人足賃金）中御所村・久保寺村他村三役人	A
						真田家文書	千曲川通犀川通裾花川通犀川用水堰信州更級郡埴科郡高井郡水内郡村々川除普請附調帳	A
						真田家文書	長野県公用状（中御所村，当県移管につき当夏仕越普請も当県にて扱うべきとの書面なれど，貴県にて扱われたく関係書類返信の旨）中御所村普請目論見帳写	A
						真田家文書	犀川千曲川通り諸村普請所鹿絵図（中御所村，久保寺村他）	A
						真田家文書	中御所村堤川除普請所絵図	A
						真田家文書	久保寺村堤川除普請所絵図	A
				五月		久保寺村文書	久保寺村煤花川除自普請帳	E
	五	壬	申	四月	1872	真田家文書	千曲・犀川川除幷堰用水普請中借証文綴 煤花川普請金中借証文（金二三両余，中御所村川除普請）	A

※出典は、A：国文学研究資料館所蔵[28]、B：長野県立歴史館所蔵[49]、C：近世栗田村古文書集成[30]、
D：長野市誌編纂収集資料[30]、E：安茂里史刊行会収集資料[38]

一、金五拾両也　　趣意金

右者煠花川昨今両年大満水仕、其御村方分地字白岩向御普請所土堤切所ニ相成、押下村々難渋ニ付、表川除御〆切裏山中往来道土堤、先年栗田村・千田・七瀬・妻科・南俣右五ヶ村組合之処、当七月より両風間村新規ニ組合ニ相成、元形ニ而保気可申儀ニ付、御本田御高地横七間長弐百間土堤式広ゲ、大土堤表根竪枠引込ニ致度、組合一同評議致候処、左候得者地所潰高格段相増候ニ付、御上様ニ而御引高被成候共、跡借役永久御勤被成候儀、難渋之御村方御迷惑之義ニ付、千田村市左衛門、東風間村健治郎、西風間村紋兵衛、妻科村惣左衛門立入、双方申談趣意金五拾両差出、永久借地普請致度、示談取極申候、就而ハ此上普請致度節者、前以及御示談候者地元村ニ而　御上様御願立可被下候、数ヶ村之義御座候得者、猥之義無之様取計可申、旦又後来出水之節、急難防ニ罷出候共村々役人附添不締向無之様可致候、為後日一札差出申候所依而如件、

この時、栗田・千田・七瀬・妻科・南俣の五ヶ村からなる御用水煠花川組合に、東風間村および西風間村が加わり、七ヶ村で構成する用水組合となった。しかし地元の中御所村はこの組合に参加していない。

図9には、慶応期の大洪水の後の煠花川川除普請所を表した絵図[46]を示した。図下段右側には、左岸中御所村岡田組の川除堤が、左側には九反組の川除堤が画かれている。また図の上段左側には、右岸久保寺村の葭ヶ淵堤と一之口堤が位置していた。この絵図とは別に明治三年に作製された犀川千曲川通り諸村普請所麁絵図[47]が残されていて、このうちの中御所村の図に、左岸第一線堤として、白岩向(一七二間、三一三m)、中丁場(二四六間、四四七m)、長淵~亀の甲(四一二間、七四九m)の各堤と、霞堤である横捲り堤(二九四間、五三五m)、ならびに第二線堤の押下(一九六間、三五六m)、控(二六一間、四七五m)の各堤が明記されている。

前述の御用水煠花川組合が作った第二線堤が、**図9**下段右端の押下堤である。川表の白石向、中丁場の各堤は国役普請で築堤されている。ここに慶応三年十月に事件が発生した。その時に松代藩の郡奉行および道橋奉行に提出された訴状が「千田村等四ヶ村煠花川中御所村新土堤切払い願い[48]」である。その全文を巻末の補遺に示す。

これは、第一線堤である白岩向堤と中丁場堤の不連続部分に、長二〇間(三六m)余横五間(九m)余の矢之羽堤と称する河道に対して斜めの堤防を、御用水煠花川組合が築堤した第二線堤である押下堤との間に、中御所村が無断で築堤したことによる争いである(**図8**中に楕円で示した論争箇所参照)。

矢之羽土堤は、下流の新田(文政期以降のもの)を洪水から守ろうとするもので、秋の農繁期で用水組合の目が届かぬうちに中御所村が強行したものであった。この矢之羽堤は、**図7**に示した文政期の御普請絵図[36]で存在が確認できる。よって、善光寺

地震の被災前には築堤されていた川除堤の一つであったことがわかる。中御所村は既得権として矢之羽堤を築堤しようとしたと考えられる。訴状はこの築堤の中止を訴えるものであった。更に、前年に願い出た横捲り堤狭さく部の拡幅も今だ以て御沙汰が無いとし、再び出水すると難渋すると訴えている。この訴えに対する松代藩の対応は定かでないが、**図９**には矢之羽堤の痕跡はなく無事撤去されたものと思われる。

その後、明治元年にも五月より洪水が発生し中御所村の岡田組と九反組が被災している（**表５**参照）。この年の被災は中御所村九反組が大きく、岡田組は僅かであった。よって前述の明治三年の犀川千曲川通り諸村普請所麁絵図[47]および**図９**で確認できるように、このころまでには煤花川左岸岡田組地先の二線堤構造は完全に復旧していて、これらによる治水機能が有効に働いた結果と考えることができる。

表5　辰五月ヨリ犀川煤花川除水破流出分御書上[43]

被災内容	久保寺村	中御所村	
		岡田組	九反組
堤切所	430間	10間	226間
同欠所	250間	—	160間
菱牛立石積	130組	60組	75組
大楯枠	—	2組	—
楯枠	12組	—	—
沈枠	15組	8組	8組

【六】　結論

弘化四年善光寺地震で発生した煤花川の土砂災害についてまとめてみた。その結果明確になった点は以下のとおりである。

一、地震後発生した鬼無里日影村のせき止め湖を画いた「地震災害絵図」は精確に被災の状況を記録して、現在の地形と整合する。これより判明した最大湛水面積はA＝三二万㎡で、これより推定される湛水量は概ねV＝五六〇万㎥となる。

二、煤花川のせき止め湖決壊による洪水被害は、犀川岩倉山せき止め湖の決壊と比較して、おおむね一〇分の一の規模にある。氾濫部河川の河床勾配を反映した護岸構造の違いがあり、犀川に比して煤花川の石堤被災が多い。このうち半数が過去の国役普請で築堤されたものであった。

三、地震後明治初年までの間（約二〇年）に、流域山地の荒廃により、煤花川は洪水を繰り返した。その発生頻度は一回／三年を上回った。特に、慶長元年および二年には連続した二度の大洪水を発生させていて、再び国役普請が実施された。

四、中御所村岡田組地先の第二線堤は、押下村々（下流域の村々）七ヶ村による用水組合により造られたが、地元中御所村との調整に苦慮した記録が複数存在する。このような農民の苦闘により煤花川左岸の二線堤構造は復旧された。

補遺

「千田村等四ヶ村煤花川中御所村新土堤切払い願い」(48)

乍恐以書附御聴置奉申上候

中御所村西白岩先煤花川除土堤　御普請所東、先年栗田・千田・妻科・南俣・七瀬五ヶ村組合ニ而、山中往来形り扣土堤築立罷有、然ル処一昨年丑年煤花大満水ニ而御普請所扣土堤一時ニ水破仕、土手形相失押下村々数耕地荒処者勿論、人家水浸或ハ流失仕候次第ニ而、村々難渋至極奉存候、則引続直様以　御情御手厚御普請被成下置、猶又右組合ニ而も扣土堤再建普請行届無間茂、昨寅五月中又候右川大出水ニ而、御国役土堤　御普請所并扣土堤共切川ニ相成、一昨丑年より押下村々別而荒処・悪地罷成、既ニ人家立退候程之次第、不得止事組合村ハ勿論、押下村々多人数罷出命を限り立働、切所悪水除〆切普請仕、漸々相防候迄ニ而、然ル処新規ニ風間両組相組合七ヶ村ニ而、地元中御所村江示談之上、長弐百間・横七間又々扣土堤築立、表根竪枠臥普請中之処、秋物仕附中相休、当十七日組合村々場所江罷出見候処、御普請所御国役土堤齟齬江、右七ヶ村扣土堤元付凡長弐拾間余・横五間余矢乃羽土堤、右地元村ニ而地引央持普請手始有之、一同相驚右同村江七ヶ村ニ而普請迷惑之趣相届候所、先方ニ而申聞候者、地主銘々荒所開発仕候ニ付、泥留矢之羽土堤普請仕度旨願呉候趣願出ニ付、御願立仕候所　御聴届ニ罷成候ニ付、普請仕候趣申聞候得者、難打捨一同相談仕見候所、引続同組西川幅漸々拾八間程強水之節湛上逆水ニ而、一昨丑・寅両年切川ニ罷成、数耕地押払候者歴前之儀与奉存候、此上万一今日ニ茂水難引受候得者、数耕地荒所ハ不及申、住馴候人家ニも銘々立離、年寄・妻子引連立退候而茂最早イ場も無之、哀当惑ニ罷在候程之仕合、然ルヲ矢之羽土堤普請中御所村三組ニ而築始メ、後難之仕向を受、左候共私共土堤組合ニ而前奉申上候通、普請仕残出来致度人足為相登候ハヽ、矢之羽普請相見留順々相響村々一統之人気相狂候難計、殊更中御所村之外新田僅之耕地与、押下村々五ッ壱分・六ッ弐分之高免ト掛合セ、以　御仁恵　御賢察被成下置度、余りハ押下数ヶ村歎敷奉存候、剰横捲り土堤川幅纔ニ而強水之節湛上、上続キ土堤数度水破仕、必至難渋至極奉存候、依之可相成御義御座候ハヽ、中御所村江御理解被成下置、横捲り土堤数拾間切払取川幅広度趣、去寅年中組合并川向久保寺一同ニ而奉願置候得共、今以　御沙汰無御座、其上無沙汰ニ私共自普請土堤ヲ取付　御国役　御普請所土堤齟齬江新規矢之羽土堤築立候義今般　御聞届相成、左候得者不斗大出水御座候而、当今ニも如何様之難渋相嵩ニ候も難計、村々一統途方呉罷在候次第、乍恐御聴置奉申上候、此上幽ニ茂御百性相続仕度奉存候間、　御慈悲之　御意奉仰候、以上

慶応三卯年十月

注（参考文献）

（1）宇佐美龍夫『新編日本被害地震総覧［増補改訂版］』東京大学出版会　平成八年
（2）たとえば、震災予防調査会『大日本地震史料、巻之十三～十六』丸善　明治三十七年
（3）たとえば、東京大学地震研究所『新収日本地震史料、第五巻別巻六ノ二』（社）日本電気協会、昭和六十三年
（4）たとえば、善光寺地震災害研究グループ（望月巧一、赤羽貞幸、山浦直人ほか）『善光寺地震と山崩れ』長野県地質ボーリング業協会　平成六年。
（5）宮下秀樹「江戸時代初頭における煤鼻（裾花）川の開発形態」『土木学会論文集D2（土木史）』Vol.69,No.1、土木学会　平成二十五年
（6）前掲（3）日記（御在府）
（7）佃栄吉・粟田康夫・奥村晃史「長野断層系から発生する善光寺型地震の再来間隔と断層変位量の推定」『地震予知連絡会会報』Vol.44　地質調査所　平成二年。
（8）松代文化施設等管理事務所「信州地震大絵図」真田宝物館所蔵
（9）坂口家文書「弘化四丁未年善光寺地震有増記」長野県史近世史料編第七巻（三）、長野県史刊行会昭和五十七年。
（10）井上公夫『地震地すべり』「付属資料1　歴史地震による大規模土砂移動カルテ表」No174およびNo178　日本地すべり学会　平成二十四年
（11）山浦直人『善光寺地震と虚空蔵山の崩壊』第3部第1章5　涌池史跡公園記録誌編集委員会　平成二十三年
（12）寺沢章「岩倉山崩壊時の犀川水湛面」『信濃教育第六〇四号』信濃毎日新聞　昭和十二年。
（13）前掲（4）6―1（1）
（14）前掲（3）日記（御在邑）
（15）前掲（4）6―1（6）
（16）前掲（4）7（3）
（17）信濃教育会『河原綱徳稿弘化震災記むし倉日記』信濃毎日新聞　昭和六年
（18）東京大学地震研究所『新収日本地震史料、第五巻別巻六ノ二』（社）日本電気協会　昭和六十三年。
（19）前掲（3）日記（御在邑）
（20）小林一郎「芦澤不朽の日記」『古文書講習会テキスト』長野郷土史研究会　平成二十五年
（21）東松露香『弘化四年善光寺地震（復刻版）』信濃毎日新聞　昭和五十二年
（22）「地震災害絵図」鬼無里ふるさと資料館所蔵
（23）前掲（3）御届書并御伺之類、および日記（御在邑）
（24）『中御所村文書』長野市公文書館所蔵
（25）前掲（3）御願川除御普請仕立中日記
（26）前掲（3）江戸写大地震一件下
（27）前掲（2）巻之十三　鎌原洞山地震記事
（28）史料館『史料館所蔵史料目録第４３集』国文学研究資料館、平成二年。
（29）村上直・馬場憲一『江戸幕府勘定所史料―会計便覧―』吉川弘文館　昭和六十一年。
（30）青木正義『近世栗田村古文書集成』銀河書房　昭和五十八年。
（31）前掲（3）御届書并御伺之類
（32）前掲（18）斉藤武家文書、
（33）鬼無里村編集委員会『鬼無里村史』鬼無里村　平成八年
（34）井上公夫『地震砂防、第5章』古今書院、平成十二年
（35）浦野家文書「嘉永五年煤鼻川妻科村分地龍王ヨリ久保寺村ノ内米村迄絵図面」長野市立博物館所蔵
（36）村田家文書「文政期御普請所絵図」小柴見区村田家
（37）真田家文書「犀川煤花川筋村々御普請仕立御入料〆出（い１８８１）」人間文化研究機構国文学研究資料館所蔵
（38）『安茂里史刊行会収集史料』長野市安茂里公民館
（39）七瀬町史編纂委員会『七瀬町史』七瀬町公民館、昭和五十九年
（40）建設省北陸地方建設局『信濃川百年史』北陸建設弘済会、昭和五十四年
（41）長野県『長野県政史別巻』長野県　昭和四十七年
（42）森安彦『豪農大鈴木家文書』鈴木陽　昭和五十七年
（43）真田家文書「辰五月中ヨリ犀川煤花川除水破流失之分御書上（い１８８６）」人間文化研究機構国文学研究資料館所蔵
（44）上千田小林家文書「取極申一札之事（複写）」長野市公文書館
（45）風間共有文書「差出申一札之事（複写）」長野市公文書館
（46）真田家文書「明治四年中御所村・久保寺村堤川除普請所絵図」人間文化研究機構国文学研究資料館所蔵
（47）真田家文書「明治三年犀川千曲川通り諸村普請所麁絵図、中御所村他」人間文化研究機構国文学研究資料館所蔵
（48）長野市誌編纂委員会『長野市誌、第１３巻』平成十三年
（49）『久保田家文書』長野県立歴史館所蔵
（50）『長野市誌編纂収集資料』長野市公文書館

コラム 8

秘法「九頭龍大神瀬引川除祭式」

江戸時代、戸隠山に集まる修験者や山伏たちが、その活動の記録をまとめ布教の手本としたものの一つである「戸隠霊験談」という古文書が長野市戸隠中社の二沢家に伝わる。

この「戸隠霊験談」は善光寺地震（弘化四年）のころに書かれた古文書といわれ、九頭龍権現の霊験を広く布教するために用いられたものといわれる。戸隠霊験談には三一の事例が示されていて、水に関する霊験事例が一八書かれている。そのうち洪水で氾濫する川の流れを鎮めるための祈祷である「瀬引きの秘法」に関するものが八話書かれているという。

戸隠霊験談翻刻

いにし松本領松川組の高瀬川細野の村へきれこみ、数多の人扶かけて河普請しけれども中く人力の及ばざりければ、当山宝泉院え瀬引の祈祷をたのみ来りしゆへ、宝泉院主彼地えゆきてみけるに水勢はげしくたやすからず思ひけれども、不得止事を深く祈念し、七ヶ年に一度づく此処にて瀬引の法を修し法味を

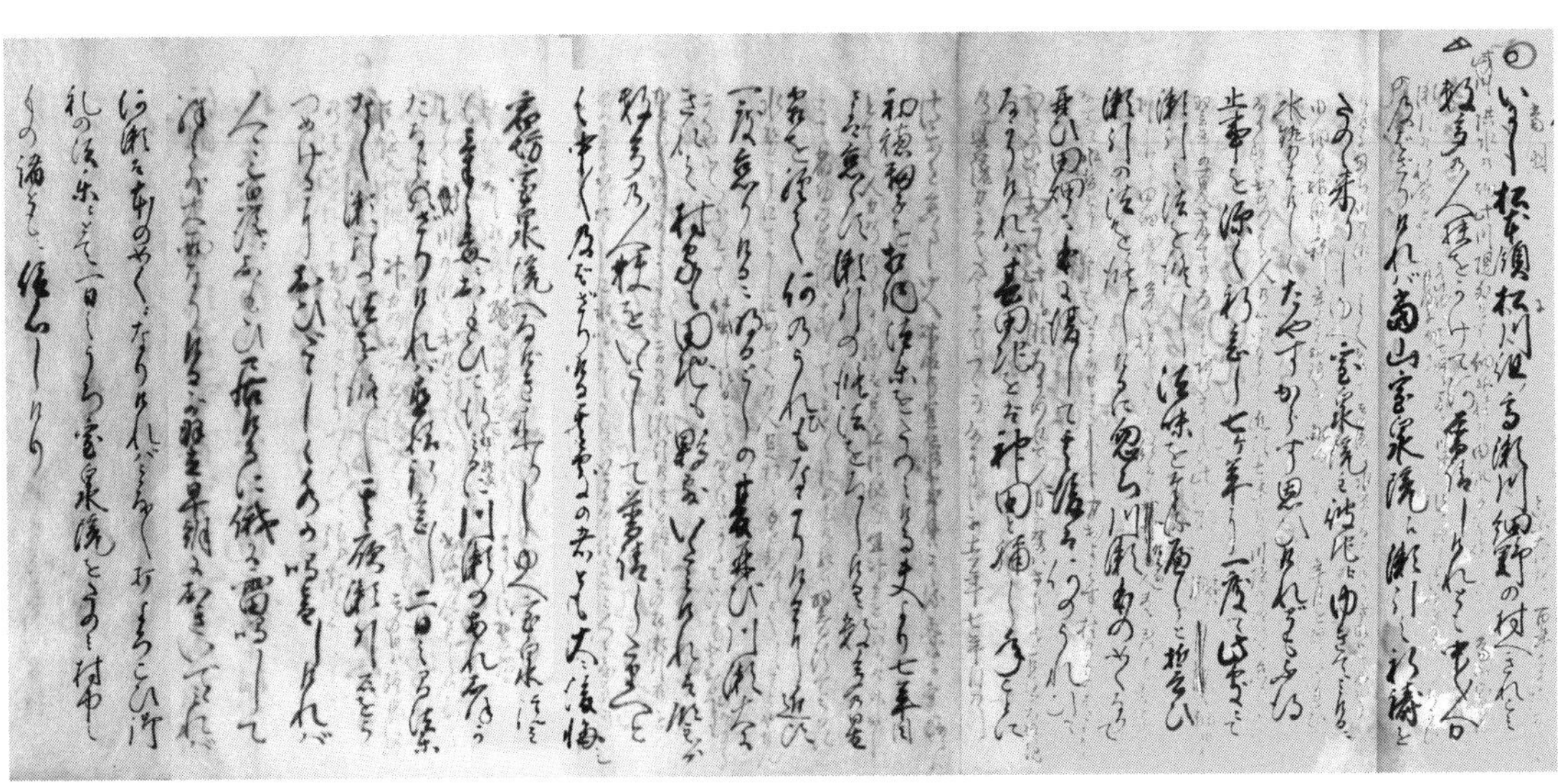

「戸隠霊験談」の一部（戸隠中社二沢家蔵）

奉るべしと誓ひ、瀬引の法を修しけるに、忽ち川瀬本の如くなりて再び田畑も本に復して其後は何のうれひもなかりければ、其田地をば神田と称し年ごとに初穂籾子を相納、法楽をたのみける。夫より七年目には怠らず瀬引の修法をなしけるに、数多の星霜を経て何のうれひもなかりけるに、近比一度怠りけるに明るとしの夏再び川瀬大いにきれて村家も田地も夥敷いたみければ、領主より数多の人扶をいだして普請したまへども中く及ばざりける。其処の者ども大いに後悔し宿坊宝泉院へなげき来たりしゆへ、宝泉院主も気の毒におもひて行みるに、川瀬のあれおほかたならざりければ、直様祈念し二日の間法楽なし瀬引の法を修し其夜瀬引石をうづめけるに。おびただしく水の鳴音しければ人々不思議におもひ居けるに、俄に雷鳴して殊の外大雨なりけるが翌早朝におきいでてみれば川瀬は本の如くになりければ、みなく打よろこび御礼の法楽にとて一日のうち宝泉院をたのみ村中のもの諸ともに信心しけり。

翻刻：二沢久昭氏　『長野』五六号より

また、戸隠宝光社の越志家には「九頭龍大神瀬引川除祭式」という古文書が伝わっている。この文書には、「当社社伝、他見を許さず」という断り書きが書かれているという。戸隠の僧侶や修験者たちが行った瀬引きの祈祷の極意を伝える秘伝の書で、堤防の補強工事をするときや、洪水で荒れ狂う川の水の流れを鎮めるとき、現地おもむき祭事を行った。この祭事執行の手引き書が「九頭龍大神瀬引川除祭式」と言われるものである。

この祭事に先立ち、鎮め物として、瀬引川除祭式に基づいて二四の方位を示した文字を書き入れた、栗などの板で作った箱を用意する。その箱の底に、幣束と大麻、榊、五穀、洗米、ニワトリの卵、金銭、玉石を入れ納める。次に「九頭龍大神川除所」と書かれた杭を塚に打って、それを中心に五本の杭を打つ。この時、杭の方角を間違えると川の瀬が違ってしまうらしい。そのあと、塚の回りの一間四方を竹のしめを飾って、鎮め物をのせる。

祭式では奏上する祝詞が書かれていて、九頭龍大神を初めとする戸隠の神ゝなど二四座三一の神様を招き、瀬引きの法が始まる。

『戸隠信仰の光』より

裾花川右岸の段丘上に建つ小柴見村の川除神社でも「九頭龍大神瀬引川除祭式」のごとき祭事が執り行われたのであろうか。

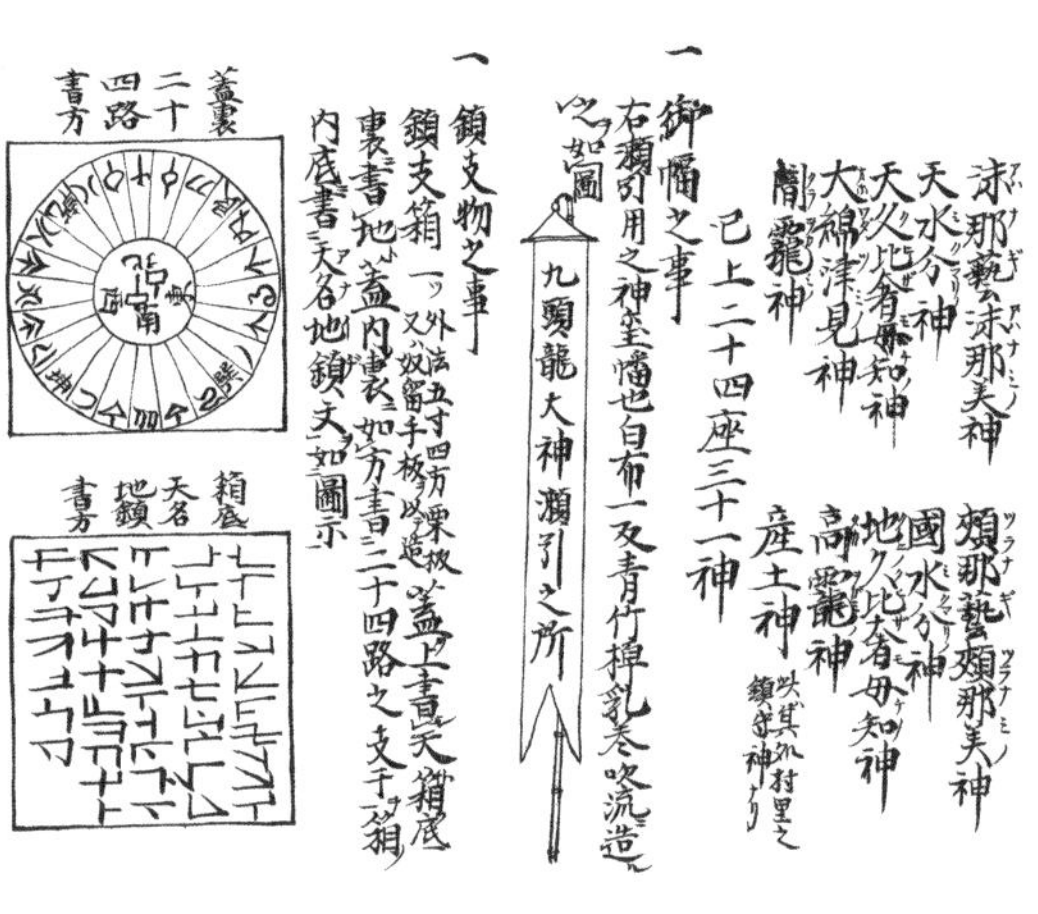

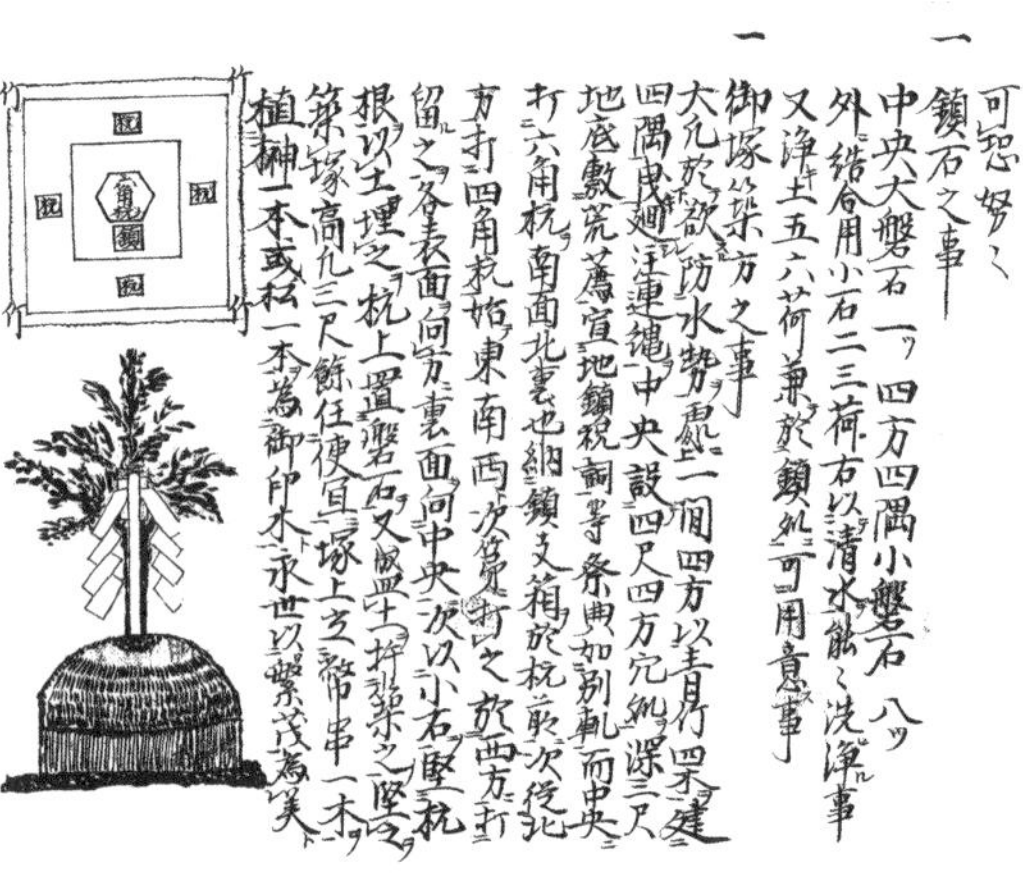

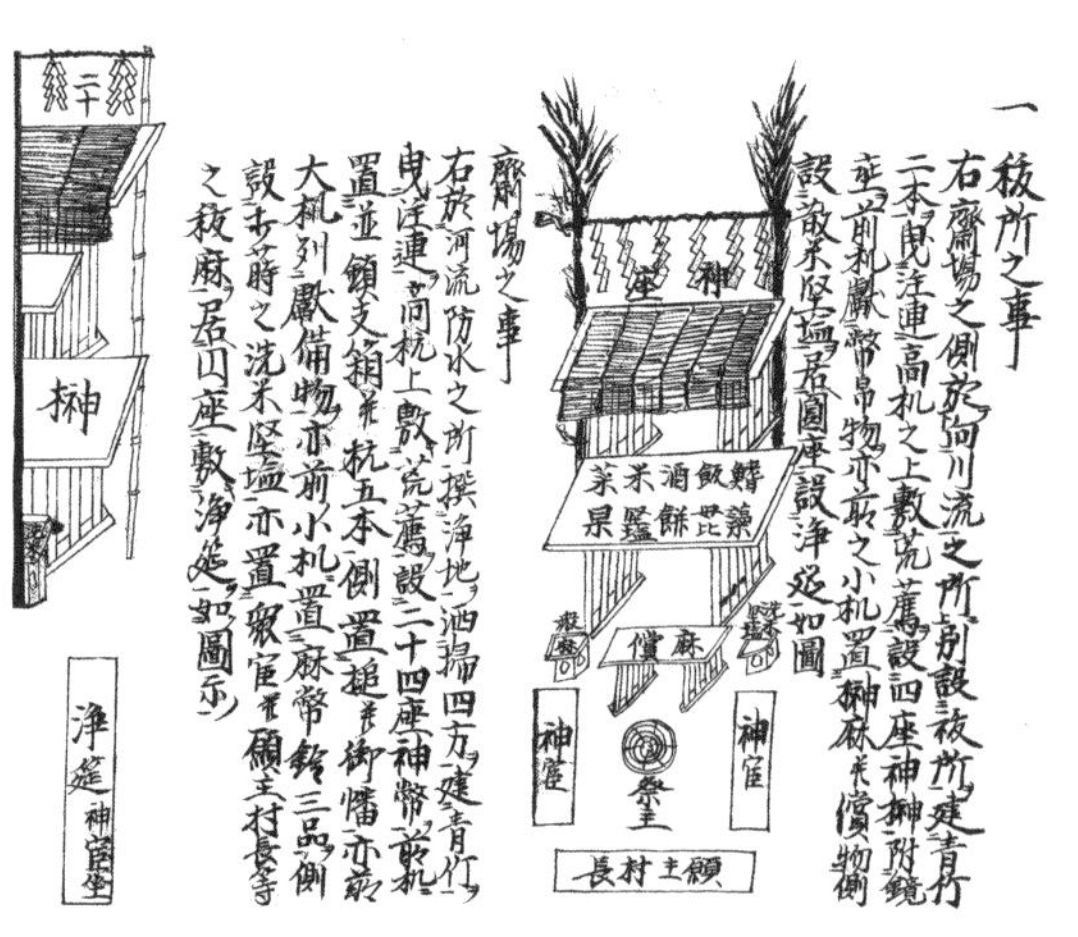

「九頭龍大神瀬引川除祭式」の一部（戸隠神社宝光社越志家蔵）

第八章

煤鼻之渡し・相生の橋

『市誌研究ながの』第二八号に掲載されたものを転載

はじめに

煤鼻川之渡しは、近世に煤鼻川（現裾花川）の中御所村岡田組と小柴見村（共に現長野市）の間にあった渡し場である。現在の長野市立山王小学校グラウンドの西南に位置した。

この付近の煤鼻川は近世初頭に甲斐武田家の遺臣らにより付け替えられた人工河道で、その時旧岡田村が河道開鑿のため分断され、東側は中御所村岡田組に、西側は小柴見村北組に再編されたものと筆者は考えている[1]。元来岡田村と一村で地続きであった小柴見村北組や隣接する平柴村（当時小柴見から分村）は、岡田組へ出作農業を行う者などの往来が盛んであった。小柴見村から分村し、善光寺のお花山[2]として寺領となった平柴村の人々は、善光寺との往来に煤鼻川を渡った。それに加えて小田切、七二会（共に現長野市）等の所謂西山地域の住人や、大町・安曇野方面の人々が峰街道を使って善光寺界隈に出向く場合には小柴見村を通り、煤鼻川を渡った。この道筋を山中往来あるいは小市往来と称し、そこに煤鼻川之渡しがあった。

明治になり地域経済の発展に伴い街道交通に利便性が求められるようになり、裾花川（明治以降は裾花川と記す）にも近代的な木橋が架けられた。それが相生橋である。

筆者は長年、裾花川の河川災害史・河川改修史を研究してきた。本稿は煤鼻川之渡し、ならびに相生橋について地元小柴見村に残された文書や資料を中心に、裾花川の渡河の歴史を取りまとめたものである。そこには、繰り返された河川災害に屈することなく、渡河インフラの整備とその維持管理に奔走した往時の人々の営みがあった。

【一】山中往来の煤鼻之渡し

山中往来とは、近世の善光寺と長野市西部の所謂西山地区を結ぶ脇街道のことで、明治に入って高府街道・大町街道と名を変えた道筋である。山中往来が煤鼻川を渡る小柴見村に渡し場があった。以下、本稿ではこれを「煤鼻之渡し」と称する。**図1**には、長野県立歴史館に残る「鶴賀村問御所図」[3]を示した。

この図の作成年代は不明であるが明治初期のものとされている。作成の由来は定かでないが、絵図に山中往来と煤鼻之渡しが描かれていて、煤鼻之渡しの説明に好適であるので冒頭に示すこととした。

図1に描かれた煤鼻川は、近世初頭に朝日山山麓の白岩と称される場所から犀川と合流するまでの直線部を人工的に開鑿されたもので、中世以前は白岩付近から東方の千曲川に向けて乱流していた。小柴見村における煤鼻之渡しは、この煤鼻川の開鑿に伴い開設されたものと考えられるが、元和八年（一六二二）「松代封内図」や「正保信濃国絵図」（一六四八年ごろ）には、山中往来や煤鼻之渡しは描かれていない。

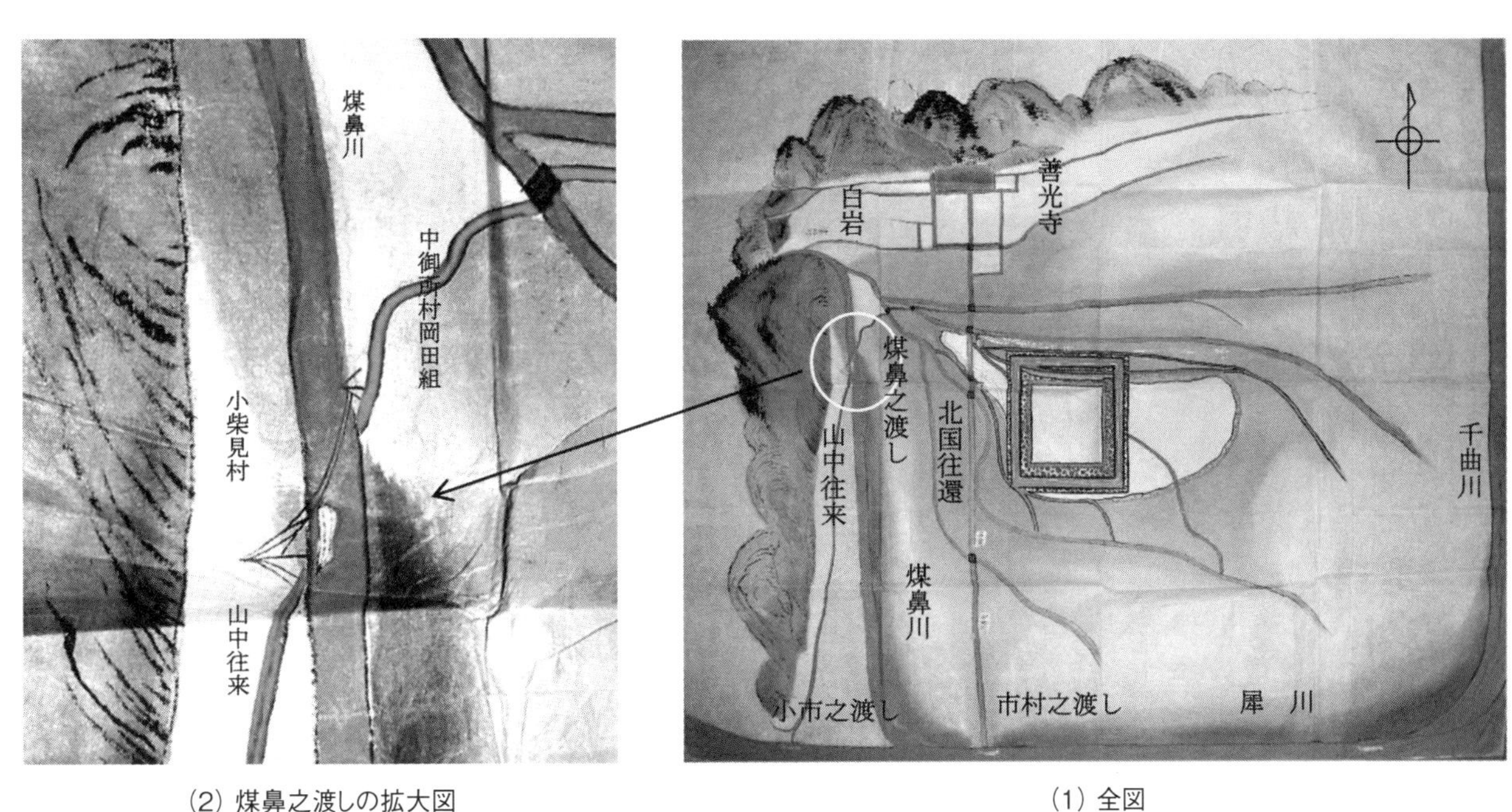

(2) 煤鼻之渡しの拡大図

(1) 全図

図1　「鶴賀村問御所図」(3)(長野県立歴史館蔵に一部筆者加筆)

煤鼻川の瀬替えから約八〇年後の元禄十年(一六九七)に松代藩が調製した「御領分図」には小柴見村で煤鼻川を渡る道筋が描かれている。明和三年(一七六六)の「小柴見村絵図」(4)には、煤鼻川の付近に「善光寺海道」と記された道筋がある。新町(現長野市信州新町)から笹平を通り善光寺に向かう脇街道を善光寺街道と呼ぶ時代があった(5)。そこに煤鼻之渡しがあった。

時代がくだり、文化七年(一八一〇)に小柴見村と中御所村の間で起こった境論の際に調製された「和談成立絵図」(6)には、小柴見村から中御所村岡田組に向かう、山中往来と記された街道筋が描かれている。文政八年(一八二五)の「小柴見村絵図」(7)にも山中往来の記述が残る。

管見によれば、地元に残る古文書の中で煤鼻之渡しに関する文書の初見は、寛保二年(一七四二)十一月に小柴見村の肝煎が奉行所に差出した「口上書」(8)と思われる。この年の八月に発生した「戌の満水」で煤鼻川流域も大きな被害を蒙ったが、この時小柴見村が所有する渡し舟も破損したようである。

出水後の石川原に残った流木を小柴見村が揚げ置いたところ、上流の茂菅村の役人達が、その流木は茂菅村から流出したものだとして該当する木を持ち帰った。小柴見村も渡し舟が破損したので囲っておいたところ、小鍋村の申し出により奉行に呼び出され問いただされた。その時、当村には船もなく困っているところで小柴見村にも流木を分けてくださいと奉行に願い出ている。この顛末は不明であるが、戌の満水の復興とともに渡し舟も修復されたのであろう。

小柴見村には、宝暦十一・十二両年（一七六一・一七六二）に渡り松代藩へ船銀を上納した時の「受取証文」[9]が残っている。

覚　　小柴見村

一銀四匁弐分六厘　　両替四貫六百文

此銭参百弐拾六文

右之通午船銀上納慥受取申候、以上、

宝暦十二年午年五月十日　　長岡三郎兵衛㊞

右上納令承知候、以上

渡　友右衛門㊞

祢　要左衛門㊞

成　勘左衛門㊞

宝暦十一年の「船銀受取証文」も同じ金額が記されていて、上納金の年額はこの頃一定であった。現代の円に換算すると一万円余りの上納である（金一両＝一五万円とする。以下同じ）。

【二】松代藩における煤鼻之渡しの位置づけ

松代藩は千曲川に矢代・赤坂・寺尾・関崎及び布野の五ヵ所の本渡しを設けた。犀川では、小市・市村の本渡しを設営し、地域内外の人と物の移動の利便を確保する共に通行の統制・制御を行った。これを松代封内七渡と称した。他に千曲川筋の網掛村・力石村・若宮村・千本柳村・向八幡村・杭瀬下村・岩野村・

表1　小柴見村に残る煤鼻川之渡しに関する古文書

元号	年	支	月	西暦年	文書名	差出人	宛先	出典/所収
寛保	2	戌	11	1742	乍恐以口上書奉願候御事[8]	小柴見村三役人	御奉行所	宮島家文書
宝暦	12	午	5	1762	上納船銀請取証文[9]	長岡三郎兵衛　他3名	小柴見村	宮島家文書
明和	6	丑		1769	馬橋取替勧化帳[11]	小柴見村	村々　御名主中	宮島家文書
寛政	12		1	1800	乍恐以口上書奉願候御事[12]	小柴見村三役人	代官所他4奉行所	村田家文書
文化	2	丑	1	1805	船請負文書[13]	小市村　預主　儀左衛門	請人　仁兵衛　他	宮島家文書
天保	11	子	10	1840	和談為取替規定一札之事[14]	中御所村 世話人七兵衛他2名	小柴見村名主　他2名	宮島家文書
弘化	2	巳	3	1845	以口上書御願申入候[15]	小柴見村水主梅吉	小柴見村御役人衆	宮島家文書
文久	元	酉	12	1861	煤鼻川渡船奉加記録帳[16]	小柴見村三役	御役人衆中	宮島家文書
					小市村煤花川舟賃取集覚帳[17]	倉並村　名主　嘉金治		太田家文書
文久	3	亥	9	1863	乍恐以書付奉願上候[18]	平柴村願人組頭源七他6名	久保田司馬太郎他1名	鈴木家文書
元治	元	子	2	1864	渡舟場規定取極メ帳[19]	小柴見村　水主	小柴見村　役元	村田家文書
不明			3		（煤鼻川渡し之事故）[20]		小柴見村清兵衛他3名	宮島家文書
明治	3	午	4	1870	乍恐以書付御訴奉上候[21]	山平林村、小柴見村、久保寺村	郡政御役所	宮島家文書

中沢村・牛島村の九ヵ村に野渡しと称する主に地域間の交通の利便確保と統制を目的とした渡し場があった。犀川の野渡しは日名村・下市場村・水内村・笹平村及び大豆島村の五ヵ村に設置されていて松代藩の支配下にあった。[10]

松代藩は、煤鼻之渡しを、出水時のみ舟を出す渡し場として設営をしていたようである。松代封内七渡に準ずる渡しとして位置づけられていたのである。北国往還（街道）に位置する市村の渡しが犀川の増水により通行できない時に、その上流にある小市の渡し舟を利用して旅人等が犀川を渡る手段がとられた。この時、小市と善光寺を結ぶ山中往来を通行する者のために、煤鼻之渡し場に舟を出す施策がとられていた。

七渡しの船賃は、平時が一〇文（現代の三七五円程度）、出水時が二二文。煤鼻川の渡しにも同様な船賃が設定されていた。[10]これは、旅人が通行する場合で、近隣の人々は、別途村々が納める繋籾（銭）と称する村毎に一括して船賃を納入する仕組みがあり、その都度の課金は免れていた

前節で紹介した「船銀受取証文」で小柴見村が松代藩に上納し、藩が一年に受け取った額が銭三二六文であり、一人分の船賃二二文で割ると一五人分程度となる。年間の通行人の数としては少ないように思われる。上納した額は船賃の一部が納められたものと考えられ、その納付割合は不明であるが、仮に三割を藩が受取ったとすると、出水時の年間通行人は五〇人程度となる。

【三】　小柴見地区に残る古文書にみる煤鼻之渡し

地元小柴見村には表1にあげる渡し場に関連する古文書が残されている。これらの古文書より、煤鼻之渡しについて概観する。

(一)煤鼻之渡しに置かれた舟について

煤鼻之渡しに配備された舟は一艘。舟は猪牙（ちょき）舟と呼ばれ舳先がとがった細長い小舟が用いられた。文化二年（一八〇五）に新調した舟は、長さ六間半（一一・八m）、鋪内法（船底幅）五尺（一・五m）、代金八両一分一〇匁五分（約一二六万円）、（「船請負文書」[13]）。文久元年（一八六一）の新調では、長さ七間（一二・七m）、鋪内法五尺、代金十五両二分銭一五貫文（約二八九万円）（『煤鼻川渡船奉加記録帳』[16]）。

『朝陽館漫筆』[10]では、野渡しにおける舟は官より給すとなっているが、煤鼻之渡しに関して記載はない。元治元年（一八六四）の『渡舟場規定取極メ帳』[19]によると、「新舟作建之節ハ、繋場所無心仕拵可候、尤世話之儀者村方ニ而可致候」とあり、村役人が新造船の代金を「繋場所」（繋籾を納めてくれる村々）から寄付を募る仕組みとなっていた。文久元年（一八六一）の新調では、『煤鼻川渡船奉加記録帳』に名が残る近隣の村一四ヵ村から、合計金五両三分二朱銀五五匁五分（約一〇二万円）の寄付金を集めている。舟代金の約三割五分を寄付で賄ったことになる。

(二)煤鼻之渡しの設営・運営について

煤鼻之渡しに置かれた水主（かこ）は一人。市村の渡しが一五人、小市の渡しが一六人の水主を要していたことからその運営規模はかなり小さかった。ただし、煤鼻之渡しでは出水時には必要に応じ水主の裁量で臨時の水主を雇うことが認められていた。また満水時には村人に応援を求めることも認められていた[19]。

煤鼻之渡しの繋場所としては、山中の村々だけでなく、松代藩領内外の里村も含まれていた。天保十一年（一八四〇）の善光寺町の繋銭は一六貫二〇〇文（約六〇万円）、七瀬村は籾二斗五升（五、〇〇〇円弱）、箱清水村は籾一斗二升（約二、三〇〇円）であった（『和談為取替規定一札之事』[14]）。幕府旗本の知行所であった塩崎村の記録[22]では、宝暦十三年（一七六三）銭二〇〇文（約七、五〇〇円）、幕府領栗田村は天保五年（一八三四）に銭一一貫文（四一万円余）の繋銭を納めている[23]。村間の往来の多寡により繋銭の額が異なっている。米の収穫が少ない山中の村は大豆で船賃を納めた。文久元年（一八六一）の倉並村（現長野市七二会）では、小市の渡しに大豆一石一斗、煤鼻之渡しに大豆二斗を舟賃として納め、入作人も含めた村内四八人に割り当て徴収している。一人当たり二升七合の勘定であった（『小市村煤花川舟賃取集覚帳』[17]）。

この繋銭は、水主が取揚げ高の四分の一を受取り、残りは村の元役が預かり、船場の整備に必要な材料費に充てたほか、臨時雇いの人夫賃、藩への冥加上納金等にも充てられた（『以口上書御願申入候』[15]）。

(三)煤鼻之渡しに掛けられた冬橋について

冬場の渇水期には煤鼻川の流量が減るので、冬季限定の簡易な橋が掛けられていた。これらの設置費用も繋銭の一部が充当されていた。寛政十二年（一八〇〇）には、小柴見村の三役から奉行宛てに次の願書が出されている（『乍恐以口上書奉願候御事』[12]）。

> 当村は小村ですので、煤鼻川出水の節は、公用でお通りになる方々の川越し人足、また冬の橋掛け人足などいろいろと入用になります。つきましては郡役一名分免除していただきたく、お願い申し上げます。

このころには冬季限定の橋が掛けられていたことがわかる。費用は村持で負担が大きいので、郡役一名分（一人工二〇〇日分の出役）の減免を願い出ている。

『渡舟場規定取極メ帳』では、「冬橋之儀者村方ニ而差出し、諸入用分ハ其方ニ而出し可申候」とあり、労務は村が負担し、材料費は水主が負担するとしている。

これとは別に、煤鼻川には煤鼻之渡し場以外にも冬場の橋が平柴村の手で掛けられていた。平柴村は朝日山山麓の傾斜地に位置する村で水田がなかった。そのため煤鼻川の対岸の中御所村や妻科村等で出作農業を営んでいた。秋には川を渡って収穫した作物を自村に持ち帰る必要があった。そこで毎年、煤鼻川に独自に冬橋を二箇所に掛けていた。ところが文久三年（一八六三）の秋には領主である善光寺から、橋に使用する松材の採取許可がおりなかった。そこで「累年之通り小松木御下ヶ被成下置候様奉願上候」と願い出ている（「乍恐以書付奉願上候」[18]）。このころは、弘化四年（一八四七）の善光寺地震による後遺症で煤鼻川流域の山肌の崩壊が頻発し少々の降雨でも洪水の発生が繰り返されていた。文久三年以前の五年間に発生した煤鼻川の洪水は五度に及んだ。このような状況のなかで善光寺側は許可を渋ったのかもしれない。

㈣煤鼻之渡しに掛けられた橋について

一方、本格的な橋を掛ける試みが三度あった。一度目は、明和六年（一七六九）の煤鼻川馬橋掛替えである。その時の資金を募った『馬橋取替勧化帳』[11]には、

> 煤鼻川木橋長々相用候処くされ申候に付、今般木橋相調申候、当村計りにて出来兼候付、山中筋、御方様江少々御無心仕り掛替申度奉存候、各々様方へ御心持を以て随分念入れ拵え申し度、人相廻わし申候、御相談之上木代遣わされ下さるべく候、右之者共行き暮れ申候はば御心置き無く、一夜づつ御留め下さるべく願い奉候、以上、

とあり、長く使用してきた橋を掛替えたことがわかる。この時、無心に応じた村は西山の村々を中心に四六ヵ村に上った。

天保十一年（一八四〇）に中御所村岡田組七兵衛らを世話人として煤鼻之渡しに本格的な橋を掛ける計画が持ち上がった。七兵衛は災害が打ち続く煤鼻川の左岸岡田組の荒地を、実り多き水田に復興することを夢見て独自に立ち上がり、道半ばで世を去った重助[24]（第六章参照）の弟である。

煤鼻川架橋の計画を松代藩に願出たが、多くの支障があるとして試しに仮の橋を掛けることとなった。ところが小柴見村の水主の既得権益と折り合いがつかなかった。七兵衛らは詫びを入れたうえで、本橋を掛ける場合の条件を規定に定め示談が成立した（「和談為取替規定一札之事」[14]）。しかし、この本格的な橋の架設は実現しなかったようである。この二年後の天保十三年（一八四二）六月、煤鼻川が洪水で氾濫し中御所村の川除け堤が三箇所で決壊した。中御所村は新橋建設どころでなくなったのであろう。

三年後の弘化二年（一八四五）小柴見村の水主梅吉が村方に対して、繋籾を今までどおりの受け取りたい旨を願い出た文書「以口上書御願申入候」[15]が残っている。「近年川並悪鋪相成通用差支候義も間々有之」と村方に相談して、「板橋掛渡通用宜敷相成候」と記されている。「板橋」とは、どのような橋であったのであろうか。まさに「板材を用いた橋」ということであるが、一方、「土橋」は、一般には木の橋の一種で、橋面に土をかけてならした橋と説明されることから、「板橋」は、橋面に板が敷かれた木橋ということになる。しかし、梅吉の願文では「右ニ付渡船場・舟橋ニ

不拘取揚銭之義ハ、日々取揚高四分一私江被下」とあり、また「船剥換之節者是迄通村々ゟ奉加仕」と記されていることから、この時煤鼻之渡しに掛けられた橋は、船橋であったと考えられる。

二年後の弘化四年(一八四七)七月、善光寺地震で日影村岩下に発生した地すべりにより、堰き止められた煤鼻川が一一五日後に決壊した大洪水で、中御所村をはじめとする左岸の村々は壊滅的な災害を蒙った[25]。この時、煤鼻川はおよそ一一五日間流れる水もなく干上がっていた。その間に煤鼻之渡しの舟橋は岡に揚げられていたものと考えられるが、左右岸の堤防もろとも濁流の中に消えたのであろう。

先に紹介した文久元年(一八六一)の新調では、『煤鼻川渡船奉加記録帳』の冒頭に「当村煤花川渡船年来相立故及破船、此度新船作立水主ヨリ相願候」とあり、弘化四年の大災害の後、徐々に復興が進むなかで、渡し舟も再建されたのであろう。

【四】 煤鼻之渡しで起きた事故

ある年の三月、煤鼻之渡舟が大風により沈没して五十平村(現長野市七二会)の亀治が溺死する事故が起きた。その時に水主に下された措置の記録が残っている[20]。

小柴見村　水主の清兵衛に対して

煤鼻川留船之処、五十平村吉郎左衛門子、亀治其外の者共之頼みに任せ渡船致候に、大風にて船へ水入り乗り沈み、亀治溺死致し候節、救い揚げ候儀不行届に付、厳重申付くべき処、寺院縋り之趣きも之ありに付、温情を以て押込み之を申付く、

東福寺村　水主の長兵衛に対して

前断亀治溺死之節同船致し、救い揚げ候儀致し得ず、身分柄不届付申付方之ある処、寺院縋り之趣きも之あり、温情を以て押込み之を申付く、

小柴見村　惣吉子の惣太郎ならびに源作子の庄作に対して

同断留船之処清兵衛頼みに任せ、渡船手伝い致し不都束に付、急度叱り置く、右之通り申付條其旨存ずべき者哉、

この事故がいつ起きたのか不明であるが、元治元年(一八六四)の「渡舟場規定」の内容と一致している。この時、煤鼻之渡しは留船であったこと、清兵衛と長兵衛の二人の水主が乗船し、かつ小柴見村の若者二人が渡船を手伝っていたことからして、煤鼻川は満水の状態であったものと考えられる。亀治の頼みにより舟を出した清兵衛等は洪水のなかで亀治を助けることができなかったのであろう。裁定は、清兵衛と長兵衛の両名が寺へ縋ったので、押込み(謹慎)を言い渡された。

更に、明治三年(一八七〇)四月、雪どけで増水した煤鼻川で事故が起こった(「乍恐以書付御訴奉上候」[21])。山平林村(現長野市山平林)から家族連れで善光寺詣に訪れた老母が、板橋を踏み外し濁流に墜ちたもので、老母はおよそ百間(約一八〇m)ほど流され安茂里村内の米村という所で引き揚げられたが、その後

の手当のかいなく命を落としている。その時の様子を山平林村、小柴見村および久保寺村の三役達が郡政役所に差出した訴え状で見てみる。

> (前略)親子兄弟五人連に而昨晦日出宅仕り、小市村渡船場相越、久保寺村より小柴見村江罷越候処、煤花川壱枚板橋相懸り居り、右橋中程江相渡候処、老母りく眼中廻り候哉、右川中江落入候に付、打驚候哉、女房りん続いて落入、相流れ候に付、弟良作直様飛入り、女房りん引上申候。運平儀ハ子きち川端に差出、飛入り、老母引上申候処、波荒く儘々相流れ候得共、浅瀬之所に而漸々上り候儀に而、老母引上候儀不行届、然処老母儀ハ凡百間程も相流れ、久保寺村地内に而同村順之助と申見付、引上呉、(中略)
> 前条之親子兄弟連に而右橋中程に而、眼中廻り候哉、落入死去仕り候儀に付、同体余人江何に而も恨等申含儀ハ一切無御座、是迄之定業に而死去仕候儀と奉存、依之容体書差添、三ヶ村連印仕り、乍恐此段御訴奉申上候、

ここでは渡し場の管理に言及がないことから、煤鼻之渡しで発生した事故でなく、冬場の作場渡しの簡易な板橋でおきた惨事と思われる。通行人の自己責任として処理されたのであろう。

善光寺詣も命がけの時代であった。この時代煤鼻川を渡ることには、渡船、渡橋に関わらず常に危険を伴うものであった。人々の願いは、安全にいつでも渡ることができる渡河手段の実現であったのであろう。

【五】初代相生橋登場

明治八年(一八七五)に煤鼻之渡しに待望の近代木造橋が架設された。落成した新橋の渡り初めの様子を八月六日付の『長野毎日新聞(後の信濃毎日新聞)』[26]が伝えている。記事は橋の様子を、

> 橋はさほど堅固にあらねども、名にしおう荒川なれば、第一基礎を固くし水害を防ぐの手当をなし、川橋を二つに架け、一は一二間一は一〇間ありと、余程の大水にも橋の落ちる心配は無しという。

と報じている。「さほど堅固でない橋」との表現が少々気になるが、この橋の姿は明治の初期に作られた「すごろく」[27]に描かれていた(図2参照)。

この初代相生橋は、明治十四年(一八八一)の長野県行政文書『道路橋梁堤防川除修繕願之部』[28]で裾花川の護岸工事の目論見書に記載がありその姿を見ることができる(図3参照)。この史料より、架橋地点が現在の相生橋とほぼ同じ位置であることがわかる。

前述の新聞記事の冒頭で「県下小柴見村と妻科村の間なる裾花川の新橋落成し」とあることから、『安茂里史』[26]では架橋地点を現在よりはるかに上流の妻科地籍と接する地点としているが誤りである。もともと煤鼻之渡しが位置した山中往来は、煤鼻川を渡ったあと左岸堤防の上を通り妻科村新田町辺りに通じて

図2　明治初期のすごろくに描かれた相生橋（旧若林民俗資料館蔵）[27]

図3　明治14年道路橋梁堤防川除修繕願之部[28]の相生橋

いた。よって、新聞は小柴見村と妻科村の間と報じたのであろう。更に、『写真集安茂里の100年』[29]では、前述の長野県行政文書の記載をもとに二代目の橋が現在の位置に架け替えられたとしているが、これもまた誤りである。

明治十五年調製の『安茂里村誌』[30]では、相生橋の記述で「長野より大町への道に属す。村の子の方裾花川に架す、深さ二尺、広さ一二間、橋長三三間、幅九尺土造なり」とある。広さ一二間の意味が方杖で支持された支間中央の長さを意味するのか定かでないが、明治八年の初代の相生橋を意味していると考えられる。

平柴地区にはその時の『裾花川相生橋目論見帳』[31]が残されていた。現在その所在が不明となっているが、写しが残されていて往時の姿を垣間見ることができる。写しには図面の半部のみが残された状態で全体像が定かでない。残された材料調書と図半分から筆者が再現した初代相生橋の姿を**図4**に、使用材料を**表2**に示す。

橋長三三間、東側の一〇間が桁橋、西側の主径間が二二間で、前述の新聞記事と異なる。幅員は九尺であった。かなりスレンダーな構造で如何にも心もとない。構造形式としては、刎橋風でもあり方杖橋の一種とも思われるが、現在においてはあまりお目にかかれない形式である。長合木と記された二組からなる主構の上部に横構（横繋ぎ）はなく、主構は自立していた。支間中央部が一二間と長く、かなり揺れが大きかったものと思われる。工事費は四八六円余で半分の二四三円が県費で賄われ残りが地元負担となっていた。

目論見書には、三等県道裾花川字相生橋の名称があり、このころ山中往来は県道に認定されていた。また、相生橋の名はこの時から用いられている。このころ小柴見村は、平柴村、久保寺村及び小市村と合併協議を進めていた。明治七年七月には、安茂里村と称する合併の許可を得ていた[32]。相生橋の「あ」は右岸安茂里の「あ」、「お」は左岸岡田組の「お」、両岸の地名の頭文字をとり、「あ・い・お・い」橋と命名されたのではないかと筆者は想像している。相生とは、一ッの根元から二つの幹が分かれて共に栄える、もしくは再び合体することを意味する言葉である。二七〇年ほど前の慶長年間に旧岡田村が解体され、小柴見村北組と中御所村岡田組に分村された両村が、再び橋で繋がったことを歓迎し命名されたのかもしれない。こうしていつでも安全に裾花川を渡れる初代相生橋が完成したのである。

明治十六年(一八八三)に県内に存在する橋梁の数を調査した資料を丸山清俊が写し取った『十郡橋梁写[33]』には、一、七五九橋の調査結果が残っている。この内、橋長十五間以上が五三橋、一〇間以上一五間未満が七八橋、一〇間未満が一、六二三橋と記載されている。相生橋の橋長二三間を超える橋は二〇橋未満で、半数近くが千曲川等の大河川に掛けられた船橋であった。明治の初期に橋長二三間の近代木橋による相生橋の架橋は、かなり先進的な取り組みであったといえる。五年前の山平林村りくの

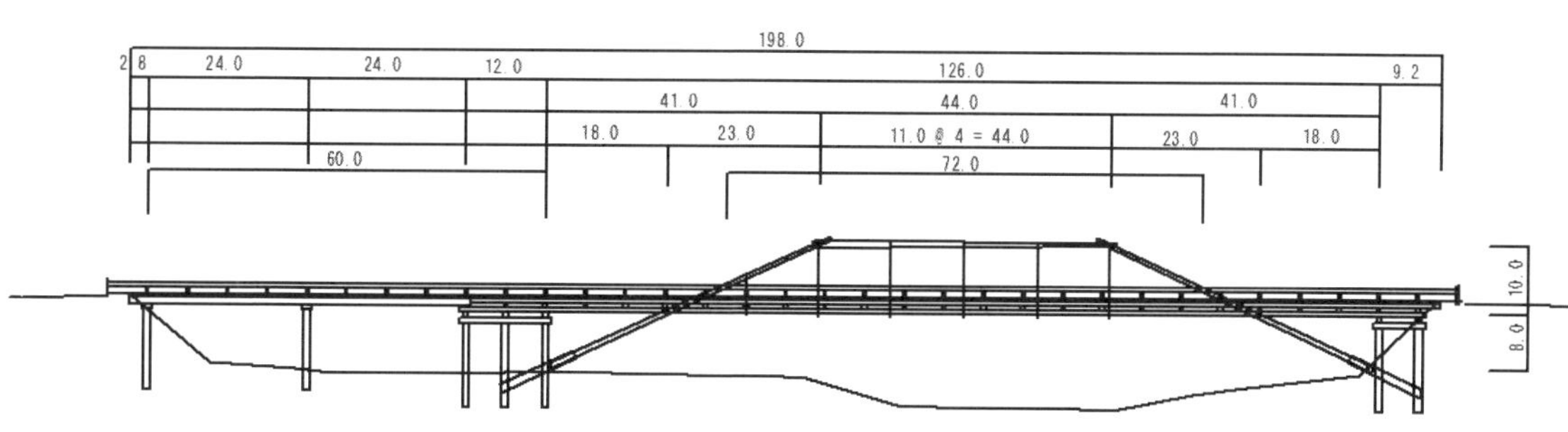

図4　初代相生橋側面図(筆者復元)単位:尺

表2　相生橋目論見帳記載の上部構造部材表[31]

部材名	材質	長さ	断面(末口)	数量	仕　法	金　額
張合木	唐松	7間4尺	5寸	6	大橋の方両側三本づつ遣う	場所にある古木用い
長合木根固木	唐松	2間	尺5寸	4	西橋臺中橋臺共二本を遣う	代金24円　@6円
梁請桁木	唐松	4間3尺	5寸・6寸角	8	張合木内法四本ニテ両側分	代金14円20銭　@1円77銭5厘
梁請桁木	唐松	2間	5寸・6寸角	7	西橋臺の方三本中橋臺の方四本ニテ両側分	代金3円50銭　@50銭
梁木	唐松	9尺	6寸	24	中橋臺中央ヨリ西橋臺迄間ニ送り一本遣い	代金6円48銭　@27銭
行桁	唐松	2間	6寸	36	中橋臺中央ヨリ西橋臺迄三側遣い	代金17円28銭　@48銭
行桁	唐松			6	中橋臺ヨリ東橋臺迄三側二継遣い	代金36円50銭2厘　@5円96銭7厘
橋板	唐松	9尺	巾1尺・厚2寸	208	橋板張に遣う	代金52円61銭4厘　@33銭3厘
木加り	松木	2間	8分3寸	18	橋板一枚に付三ヶ所づつ切遣い	代金77銭4厘　@4銭3厘
男柱・袖柱	唐松	6尺	7寸角	8	是ハ前後四本を二ヶ所の分	代金2円60銭　@32銭5厘
高欄短柱	唐松	3尺5寸	三寸五分角	66	片側三十三本壱間送り一本を両側分	代金2円64銭　@4銭
同笠木	唐松	2間	4寸角	36	片側両袖共十八挺　両側分	代金9円25銭2厘　@25銭7厘

溺死の無念が人々の心を動かしたのであろうか。

【六】二代目相生橋

明治十八年（一八八五）六月二十三日以来、降り続いた雨は、七月に入ってもおさまることなく、千曲川・犀川筋に大きな災害をもたらした。この時、裾花川も増水した。七月一日からは長野町と大町を結ぶ県道の通行が不能となった。初代相生橋の様子は定かでないが、相当の被害を受けたものと思われる。

翌十九年には裾花川に二代目相生橋が誕生した。二代目相生橋に関する記録は、長野県統計書に残されていた。『長野県統計書に見る明治・大正時代の長野県道路橋架設状況について』[34]によると、明治二十年（一八八七）の記録には、相生橋の記載があり、橋長三四間、幅員一八尺と記載されている。統計書の取りまとめは隔年であることから、十九年から二十年の間に二代目相生橋が架設されたことになる。

図5　「朝日山阿弥陀堂の景」に見える相生橋[35]

平柴にある朝日山阿弥陀寺が明治十九年に作成し参拝者に頒布した「朝日山阿弥陀堂の景」[35]には、朝日山のふもとの裾花川に架かる相生橋が描かれている（**図5**参照）。構造は木造の桁橋風で明らかに初代相生橋ではない。その下流（左下）には、営業運転開始間近の信越線裾花鉄橋が描かれていた。

明治二十四年（一八九一）七月十九日、裾花川は洪水により左岸中御所上岡田で堤防が決壊している。午後二時過ぎ上岡田地先の第一線堤（本堤）を切り崩し、二線堤（控堤）との間の田畑に浸水し、住民らは水防に奔走した。その甲斐もなく午後八時に至り二線堤が破堤し、濁流が堤内地に溢れ出した。水先は、石堂、長野駅周辺に向かい芹田村（現在の中御所、栗田、若里、芹田地区）の大半を覆い尽くした。鉄道局敷地にあった官舎近傍の湛水深は人の胸以上に達していた[36]。

この水災の一ヵ月後に長野県により調製された測量図が「裾花川安茂里村近傍平面図　第56号甲」[37]である（**図6**）。被災の状況が生々しく描かれている。上岡田の第一線堤を乗りこえた水は第二線堤との間を流れ下っている。更に第二線堤を突破し

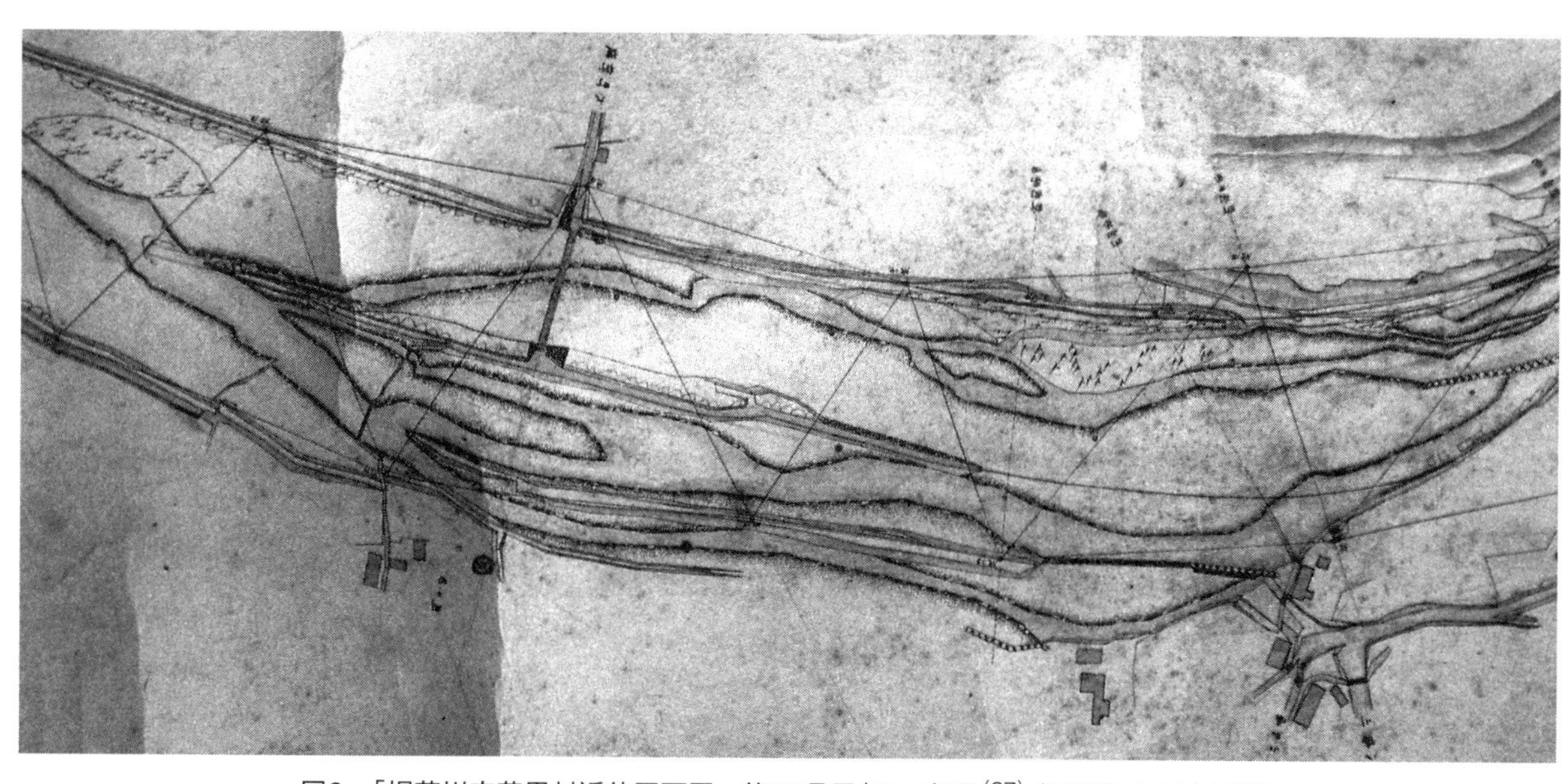

図6　「裾花川安茂里村近傍平面図　第56号甲」の一部分(37)（長野県立歴史館蔵）

上岡田地籍内にも流路が形成されている。洪水時には、流路が本川も合わせ三筋となり濁流が流れ下った。これにより本川の水位が低下して二代目の相生橋は被災を免れ残ったのであるが、中州の中に孤立した状態となった。**図6**にはその姿が描かれている。このように橋の東詰め一帯が石河原となり、かつ妻科村につながる堤防道路も断絶されていたので、しばらくは通行不能の不便を余儀なくされる状況が続いた。

その後、明治二十七年（一八九四）八月十日またも裾花川が洪水にみまわれ安茂里、芹田村が大きな水害を受けている。

【七】　県道大町（高府）街道相生橋の整備計画なる

明治十九年（一八八六）十一月、長野県は土工条規を制定し、地方税負担により県が建設管理する道路及び河川工事の範囲を定めた(38)。相生橋を含む第五号県道大町街道と中御所村地内字白岩以下の裾花川がこれに該当した。

明治二十二年（一八八九）から二十七年（一八九四）にかけて高府街道改修工事が実施された。これに先立ち明治二十二年四月に、長野県により作成された測量図に「大町街道実測平面図」(39)と「大町街道縦断面図」(40)が残っている（**図7・図8**）。

平面図は、新県道のルート選定用に調製されたものと考えられる。**図7**にはその起点側の一部を示した。この起点は当時の県庁通り（旧中御所跨線橋から若松町交番に向かう道路）の途中にある、北石堂交差点(現JAビル南側)を起点とし相生橋で裾花川を渡河し小柴見村内に新道を造り安茂里村差出に至る案と、南石堂交差点付近(八十二銀行旧長野駅前支店前)を起点として、現在の国道一九号裾花橋付近で渡河し差出地区に至る案が検討されたようである。平面図中には、鉛筆書きであるが現在の国道一九号と県道長野停車場岡田線(現八十二銀行本店北側の道路)の中心線が引かれている。最終案として第一の案の相生橋ルートの縦横断図が作成され残された。この内、相生橋付近のものを図8に示した。

　結局この新道計画はすぐには実施に移されず、翌年小柴見村内の大町街道の内、観音堂(現小柴見公民館)から勝手沢間の直線化工事のみが行われた。[41]

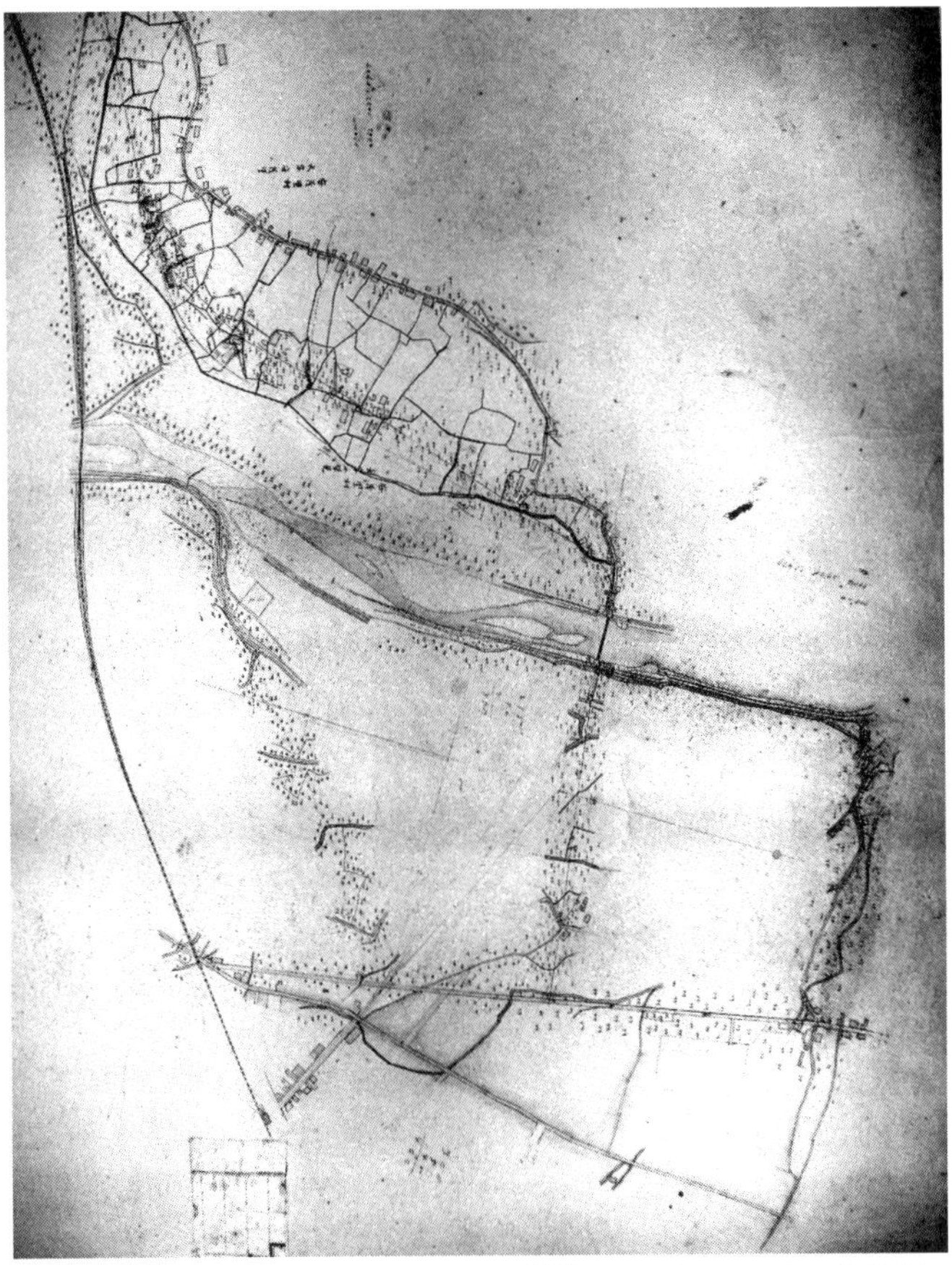

図7　明治22年「大町街道実測平面図」[39]の一部(長野県立歴史館蔵)

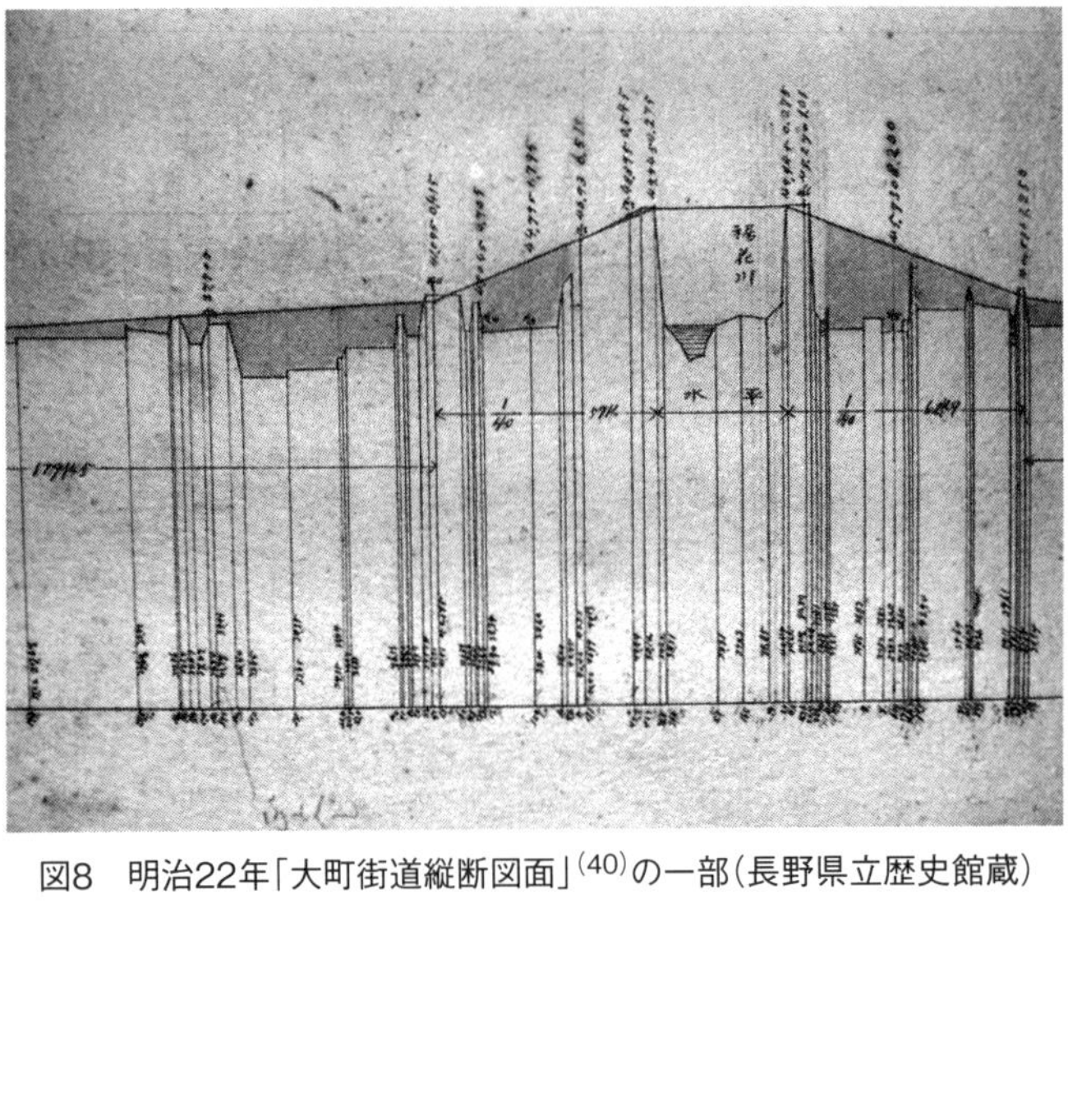

図8　明治22年「大町街道縦断図面」[40]の一部(長野県立歴史館蔵)

【八】三代目相生橋誕生

明治二十九年（一八九六）七月二十日から二十二日にかけ、岐阜、長野、新潟の各県に大洪水が発生した。千曲川及び犀川沿いの地域に被害が集中し、八月一日付の長野県調べによると、死者一〇一人、流出家屋六三九戸、浸水家屋一九、一六四戸、橋梁流落一、五一六橋、堤防決壊一、三六七個所長さ六五、〇〇六間（約一一八km）の激甚な災害となった。[42]

写真1　絵葉書に残る三代目相生橋[44]

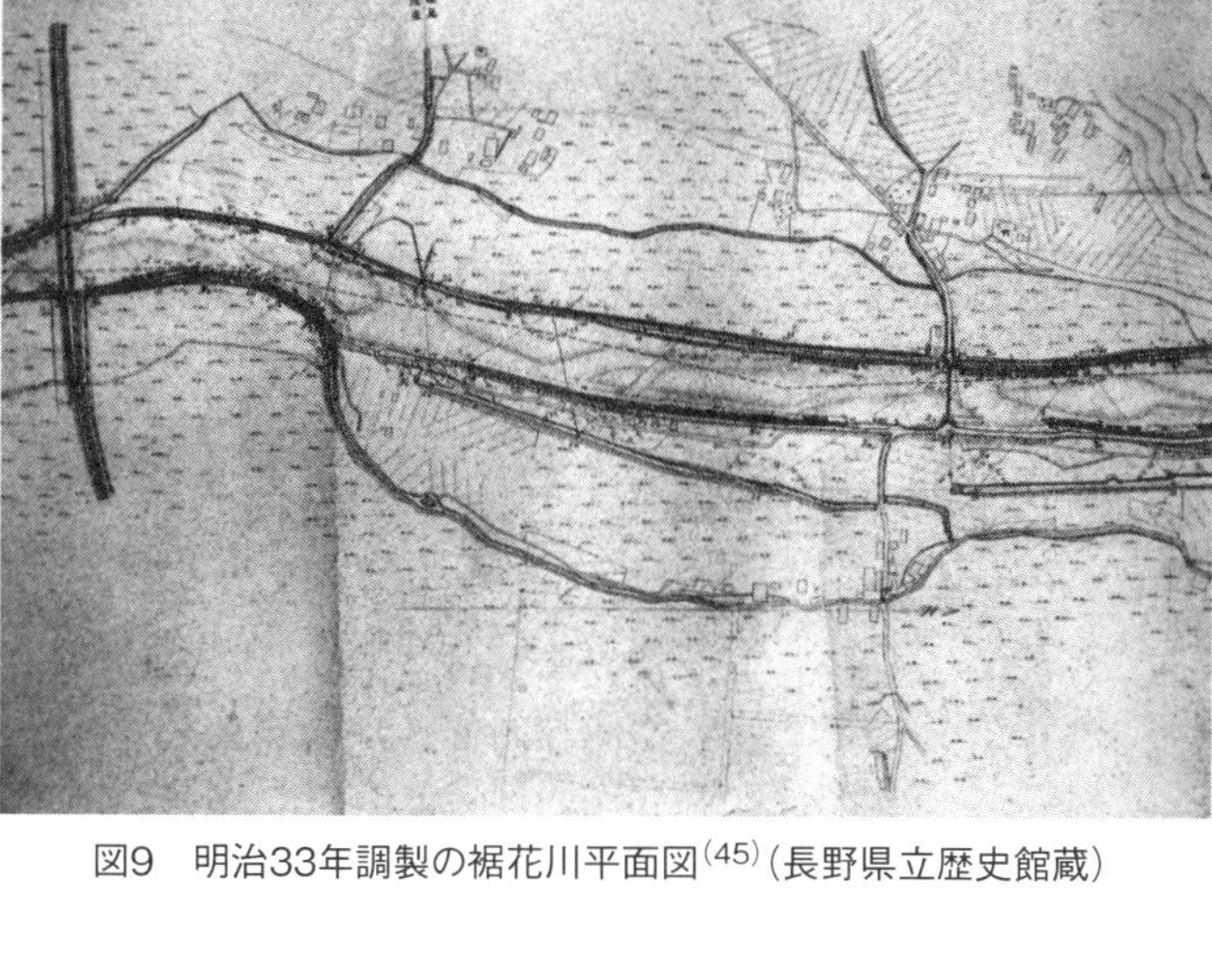

図9　明治33年調製の裾花川平面図[45]（長野県立歴史館蔵）

裾花川も九尺余（約二・七m）の増水となり、二十一日相生橋下流の左岸堤防が決壊した。この時、相生橋も瀕死の状態となったものと思われるが、その状況はさだかでない。

つづいて、明治三十一年（一八九八）九月六日から七日にかけ千曲川・犀川筋は暴風雨に襲われた。雨量は六五㎜（長野測候所）に達し、裾花川も氾濫した。左岸の芹田村、右岸の安茂里村小柴見で越水が生じた。この時、相生橋は三代目の新橋の架け替え工事中であった。「目下架換工事中なる相生橋は打ちかけたる橋杭の半数程流され又は折られ、仮橋も落ちたるに付、高府街道の交通杜絶したるが幸いにも鉄橋に依りて余儀なき人だけは辛くも川を渡り居り」[43]という状況にあったが、その後同年十一月、三代目相生橋は無事完成した。その姿が絵葉書[44]に収められ現在に伝わる（**写真1**）。

橋長三十三間（約六〇m）、幅員一八尺（約五・四m）の五径間木造橋であった。[34]

図9に長野県が明治三十三年（一九〇〇）に調製した「裾花川平面図」[45]を示す。図には開業間もない信越線の裾花鉄橋が描かれ、

前節で述べた第一案の左岸橋詰の一〇〇mほど南側に付けられた北石堂の起点に向かう道路と、右岸小柴見の観音堂前の大町街道の改良後の様子が描かれている。相生橋から差出に至るルートに新道が開鑿されたのは、約四〇年後の昭和八年(一九三三)であった。

明治三十五年(一九〇二)七月十三日から降り始めた雨は十五日まで続き、筑摩・安曇・水内地方に大きな被害をもたらした。特に鳥居川筋の被害が甚大で信越線は牟礼・柏原間で軌道流失が夥しく不通となった。鳥居川に次いで被害が大きかったのが裾花川で、またしても左岸芹田村に洪水が襲った。この時の水位は九反堤付近で八尺(二・四m)となっていた。

十五日未明、右岸の小柴見と差出の境付近の金山沢堤防が決壊した。この反動で川の流れが変わり対岸の芹田村の亀の甲堤防に濁流が押し寄せて、午前五時ごろ亀の甲堤の決壊が始まった。決壊長は六〇間(一〇九m)、濁流は国道沿いに九反・丹波島橋北詰に向かった。この時相生橋付近でも越水がはじまり付近の桑畑等に一尺(約〇・三m)を超える泥土が流れ込んだ。相生橋は、激流に耐え、右岸のごみ除けが流出した。[46]ところが、相生橋の損傷は大きく、八四五円の費用をかけ四ヵ月後の十一月に修繕工事を終了した。[47] **写真2**は、その直後の裾花川および相生橋を写した貴重な写真である。[48]

写真2　明治36年ごろの裾花川と相生橋[48]

【九】幻の四代目相生橋

大正五年(一九一六)六月十九日作成の『大正六年度県道大町街道相生橋架換工事設計書』[49]が現存する。冒頭の橋架替説明書の現橋構造の欄に「木橋抛渡し高欄付・枠立橋脚四ヵ所・橋長一九八尺・巾一三尺八寸」とある。また架設年月の欄には明治三十一年十一月と記述されている。つまり四代目相生橋は洪水等による落橋ではなく旧橋老朽化による架替事業であることがわかる。木橋抛渡しとあることから三代目相生橋の橋面は若干抛(放)物線を描いた太鼓橋風だったのであろう。

橋架替説明書の新設橋の構造欄には「ハウ式変形構桁」の記載がある。構桁とは部材を三角形に組み合わせて桁とするトラス橋を意味する。ハウ式トラスとは中心線に対象に八の字形に斜材を複数配したトラス構造で、斜材に圧縮力のみが作用する

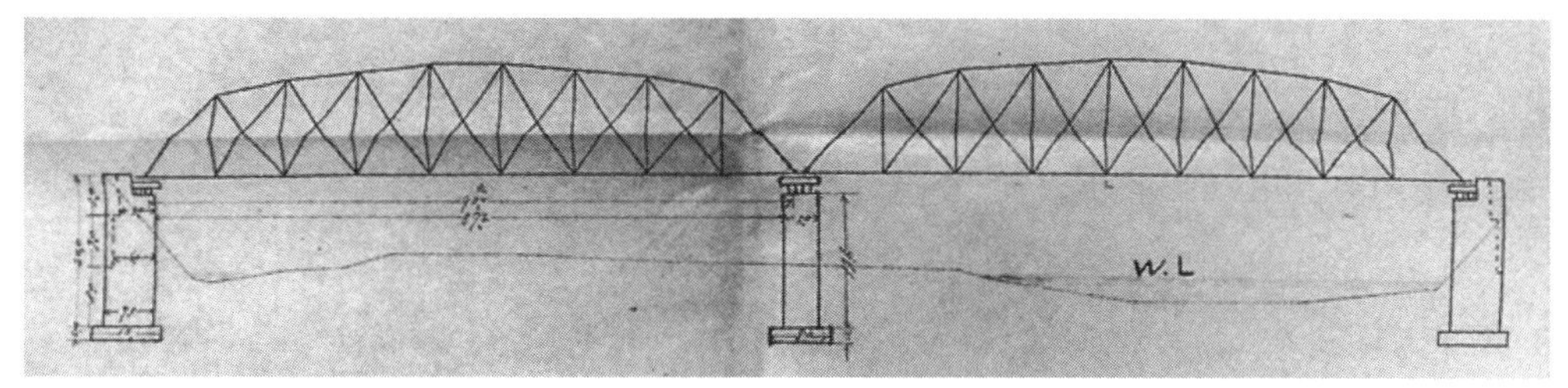

図10　大正六年度「県道大町街道相生橋架換工事設計書」(48)添付の側面図 (長野県立歴史館蔵)

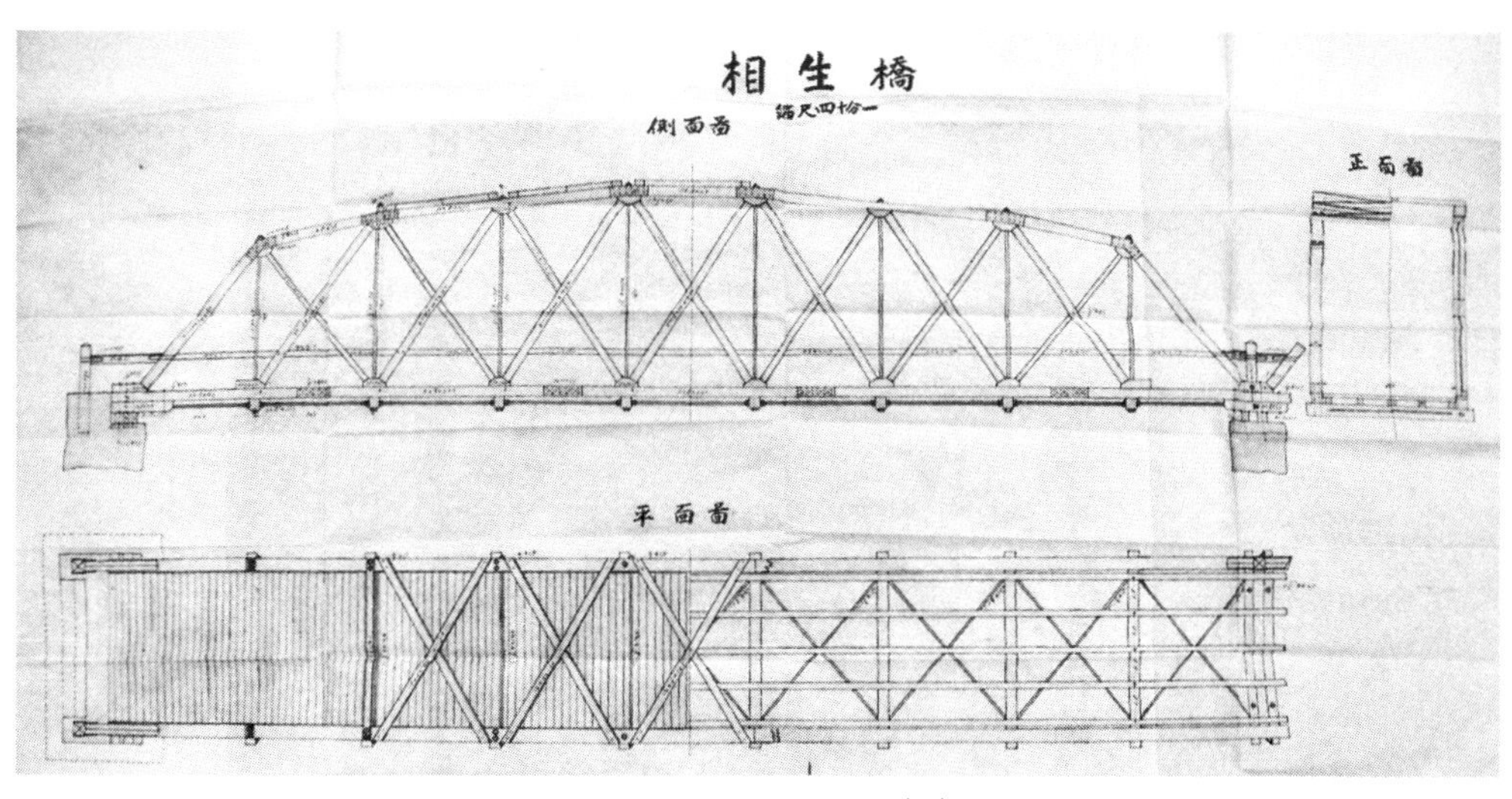

図11　大正六年度「県道大町街道相生橋架換工事設計書」(49)添付の相生橋 (長野県立博物館蔵)

ことから木造に適した構造形式である。それでは、橋架替説明書に書かれた「ハウ式変形構桁」とはどんな橋であろうか。その姿を図10及び図11に示す。二面のハウ式トラスを一格点ずらして重ね合わせたようなトラス構造が描かれていてとても興味深い構造となっている。大正三年の『長野県第三十二統計書』(50)で集計された橋長三〇間(約五四・六m)以上の著大橋(県営に係るもの)のうち、トラス構造の木橋が九橋記載されている。裾花川にもこのような近代的なトラス橋が架けられる計画であった。支間長は一五間(二七・三m)、これが二連から成る橋で、幅員は一二尺(三・六m)であった。工事費は、上部構造が四、二八四円余、下部構造が三、二一〇円余で付替え道路等を合わせた総工費は八、四一八円と目論見されていた。

ところが、大正六年七月九日、県道大町街道筋で相生橋に隣接する犀川両郡峡で架設中の橋(両郡橋)が崩落する事故が発生した。当時、両郡橋は相生橋より一足早く四月より新橋の建設工事が始まっていた。橋の構造は相生橋と同じ単純木造トラス橋であった。支間長は相生橋の約一倍半の二二間(約四〇m)。翌日の新聞報道(51)によると、

去る九日には橋脚の基礎工事を終りて九日既に板を敷くばかりとなりたるより、請負者も意気込みて早朝より板敷工事準備中の処、午前九時半頃に至り俄然大響を発すると同時、長さ二十二間の橋は骨組みをなしたる儘上流に向かって転倒し、橋上にありて仕事に従事中なりし(中略)四名を二

尺余の増水をなせる濁流中に放り込み、更に何物も残さず
流れ去りたり

この橋は両郡峡を一径間で渡りきる単純トラス橋で橋脚が存在しないのであるが、記事には「橋脚の基礎工事が終わり」とある。一般に、単純トラス橋の架設では架設完了まで下弦材の全格点を仮支柱等で支持し、全主構部材の結合完了後に仮支柱を取り除くことが多い。記者は、トラスを組み立て終わるまで必要となる仮支柱を橋脚と報じたのであろう。川底より突き建てられた仮支柱が犀川の増水で足元をさらわれ転倒し、まだ不安定なトラスが崩落したものと推定される。幸いにも墜落した四人は下流で救出されている。この事故が原因か否か不明であるが、計画されていた相生橋トラス橋の建設は実行に移されなかった。

写真3　大正7年竣工の4代目相生橋[52]（山田明雄氏蔵）

【十】四代目相生橋誕生

幻のトラス橋に代わって架橋された四代目相生橋は木造桁橋であった。その姿が今に伝わる（**写真3**）。写真の裏書には「県道大町街道相生橋、巾十二尺、長三十間、請負人南小川清水畠治、大工請負山田勝治、当年三十四才、大正七年九月二八日竣工」とある。[52]

現存する写真には二径間のトラス橋ではなく、七径間の木造桁橋の姿が納められている。やはり相生橋のトラス橋は幻だった。しかしながら、この写真には竣工した橋の手前（下流側）に仮橋が写っている。**写真1**に示した三代目相生橋とは明らかに異なる橋である。

「大正六年度県道大町街道相生橋架換工事設計書」の橋架替説明書記載の現行橋は明治三十一年（一八九八）とあり、大正五年（一九一六）六月の時点では三代目相生橋が現存していた。ではその橋はいついかなる原因で姿を消したのであろうか。

大正五年六月の新橋架設目論見書作成から七年九月の新橋完成までの二年間に発生し、大きな災害をもたらしたものに大正六年十月一日、関東地方を縦断した台風がある。東京で観測された気圧が九五二ヘクトパスカルを記録し東京湾で大規模な高潮が発生している。東京都の被害は、十月十日時点での内務省の調査によると、死者五〇四名、行方不明五八名、家屋全壊・

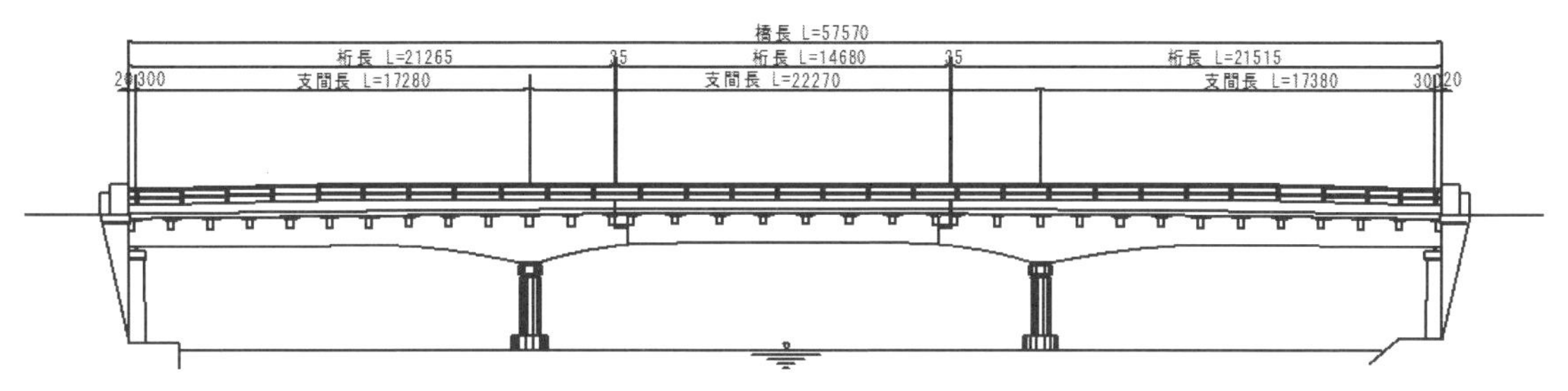

図12　昭和10年竣工の五代目相生橋側面図（筆者作成）単位:mm

中央径間ステージ組立て

第一径間施工中の裾花川出水

中央径間コンクリート打設

第一径間コンクリート打設

橋面舗装転圧作業

第一径間型枠脱型

写真4　昭和10年竣工の五代目相生橋の施工状況(56)（川中島建設提供）

流出五、一〇六棟、床上浸水一三一、二三四戸を数えた[53]。

この時、長野地方も暴風雨で大きな被害が出ている。この時、相生橋も被災していたのかもしれない。

その後、大正八年（一九一九）四月道路法が制定され、九年四月一日より仮定県道大町街道は府県道長野大町線と改名された。

【十二】五代相生橋永久橋なる

昭和八年（一九三三）八月十三日午後七時ごろより午後一一時ごろまで、裾花川の上流部の鬼無里・戸隠地域に集中豪雨が襲った。裾花川の支流で柵（しがらみ）地域（現長野市）を流れる楠川の被害が顕著で、裾花川及び楠川に架かる大小三〇余りの橋が流出した。裾花川下流域も同じ状況で信越線裾花鉄橋の左岸の堤防が崩壊寸前となり一時鉄橋も危険となった[54]。

相生橋は、十三日午後八時過ぎより通行が危険となり、一二時過ぎに押し流された。十四日の午前中には両岸を結ぶ綱が張られ綱づたいに猪牙舟で行き来する仮の往来手段が確保された[55]。まもなく、応急の対策として仮橋が架けられたようである。

昭和十年（一九三五）四月、相生橋初のコンクリート造の永久橋の建設が始まった。構造は三径間ゲルバー・鉄筋コンクリートT桁橋である。ゲルバー橋とは、両側の支間から腕（桁）を突き出し、その間に別の桁を渡した橋の形式名称である。

図12に側面図を示す。橋長は五七・五七m、幅員は五mで七ヵ月の工期をもって十月に竣工した。**写真4**は、施工の状況を納めた貴重な写真である[56]。第一径間の施工中には、裾花川の増水に洗われたようであるが事なきを得たようである。仕上げの橋面舗装はタイヤの摩耗に強いグラノリシックコンクリートが使用された。セメントに加える水が極僅かで超固練りグラノリシックコンクリートの仕上げは、車体の前後に大きな鉄製のローラを一輪ずつ持つタンデムローラが活躍したという。工事費は一八七、五〇三円であった。型枠大工の日当が一円一三銭であった時代で現在の貨幣価値から推定すると四億円弱の工事であった。

この橋は、昭和二十四年九月二十三日に発生した、二つ玉低気圧による集中豪雨での大洪水、平成七年七月十二日の梅雨前線による洪水等に耐え抜き現在に至っている。

おわりに

煤鼻川の置かれた渡し場の四〇〇年の歴史を俯瞰してきた。この期間を概ね四つに分類してみることができる。第一期は、慶長の瀬替えが完成した慶長十九年（一六一四）から、戌の満水（一七四二）までの、「煤鼻川人工河道の黎明期」といえる約一二五年間。この時代の史料は乏しく詳細はよくわからない。第二期は、戌の満水以後、幕末まで。「煤鼻之渡しの時代」といえる約一二五年間。煤鼻川を渡ることに命懸けの時代であった。

第三期は、明治初期(一八六八)から昭和十年(一九三五)まで。「近代木橋の時代」といえる約七〇年間。脆弱な河川構造のなか洪水との闘いの時代であった。第四期はその後、現在までの約八五年間。「現代の永久橋の時代」といえる。ようやく人々が安心して安全に裾花川を渡れる「相生」の時代となった。

現在、相生橋は新橋架け替えの計画が検討されている。これからの百年の相生橋はどのような橋であろうか。「相生」の名の通り末永く左右両岸の地域を固く結ぶ橋であり続けることであろう。

注(参考文献)

(1) 宮下秀樹『土木学会論文集』D2・第69巻第1号「江戸時代初頭における煤鼻(裾花)川の開発形態」土木学会 平成二十五年
(2) お花山とは善光寺如来に、供花をする花のある山で、朝日山は草花、大峰山は松をお供えした山といわれている。安茂里史編纂委員会『安茂里史』「第五章近世　第10節善光寺領平柴村」　安茂里史刊行会　平成七年
(3) 「鶴賀村問御所図」　長野県立歴史館蔵
(4) 『真田家文書』26A/し00293-2「明和三年　小柴見村絵図」人間文化研究機構国文学研究資料館
(5) 『長野県上水内郡史　歴史編』「第四章交通、第二節　西山部の諸道」上水内郡史編集会　昭和五十一年
(6) 「文化七年　和談成立絵図」　村田家文書
(7) 『真田家文書』26A/し00138「文政八年年　小柴見村絵図人間文化研究機構国文学研究資料館蔵
(8) 宮島治郎衛門『史跡、史料よりさぐるふるさとの歴史』第二号「第五章史料」昭和四十年
(9) 「覚」宮島家文書　宝暦十二年(一七六二)
(10) 鎌原桐山『朝陽館漫筆』「巻之三」　文化六年(一八〇九)
(11) 宮島治郎衛門『ふるさとの歴史　平柴と小柴見』「煤鼻の渡」昭和四十年、七二会村史編さん委員会『七二会村史』近世(江戸時代)編「三、経済と産業」七二会村史編さん委員会　昭和四十六年
(12) 安茂里史編纂委員会『安茂里史』「第五章近世、第7節　西からの入口・小市村」　安茂里史刊行会　平成七年
(13) 宮島治郎衛門『史跡、史料よりさぐるふるさとの歴史』　注(8)に同じ
(14) 宮島治郎衛門『ふるさとの歴史　平柴と小柴見』　注(11)に同じ
(15) 長野県『長野県史』近世史料編第七巻(三)北信地方　一六九二　長野県史刊行会　昭和五十七年
(16) 長野県史刊行会収集資料「煤鼻川渡船奉加記録帳」宮島家文書　文久元年(一八六一)
(17) 『七二会村史』　注(11)に同じ
(18) 長野県『長野県史』　三九二　注(15)に同じ
(19) 長野県『長野県史』　一七一二　注(15)に同じ
(20) 宮島治郎衛門『ふるさとの歴史　平柴と小柴見』七二会村史編さん委員会『七二会村史』共に注(11)に同じ
(21) 宮島治郎右衛門『長野』第四〇号「善光寺参詣者の禍い」長野郷土史研究会　昭和四十一年

（２２）塩崎村史編集委員会『塩崎村史』「差出申一札之事」塩崎村史刊行会　昭和四十六年
（２３）長野市誌編さん委員会『長野市誌』第三巻歴史編近世一「第七章第一節近世街道の成立」長野市　平成十三年
（２４）宮下秀樹『市誌研究ながの』第２７号「中御所村岡田組百姓重助の苦闘」長野市公文書館 令和二年
（２５）宮下秀樹『土木学会論文集』Ｄ２第７０巻第１号「弘化四年善光寺地震による煤花（裾花）川の土砂災害とその後の対応」土木学会　平成二十六年
（２６）安茂里史編纂委員会『安茂里史』第六章近代第４節「村の生活と文化」
（２７）この明治初期のすごろくは旧若林民俗資料館の所蔵品であったが、火災により行方が不明のため、注（２６）に採録されたものを掲載した。
（２８）長野県行政文書『明治十四年度道路橋梁堤防川除修築願之部　上下高井郡・上水内郡（坤）』長野県立歴史館蔵
（２９）『写真集安茂里の１００年』安茂里地区市制１００周年記念事業実行委員会　平成十二年
（３０）『上水内郡及長野市旧町村誌』第５巻「安茂里村」上水内教育部会　昭和九年
（３１）『裾花川相生橋目論見帳』安茂里史編纂委員会収集史料
（３２）宮島治郎衛門『ふるさとの歴史　平柴と小柴見』注（１１）に同じ
（３３）『丸山清俊資料』「十郡橋梁　写」長野県立歴史館蔵、『丸山清俊資料』は、長野県の史誌編輯掛に在籍した丸山清俊（一八二一～一八九七）が史料を謄写して図書としたもの。
（３４）小西純一『土木史研究講演集』Vol.25「長野県統計書に見る明治・大正時代の長野県道路橋架橋状況について」土木学会　平成十七年
（３５）『写真集安茂里の１００年』「教育の場ともなった寺」安茂里地区市制１００周年記念事業実行委員会　平成十二年
（３６）『信濃毎日新聞』明治二十四年七月二十一日　信濃毎日新聞社
（３７）『長野県測量図』「７５１　裾花川安茂里村近傍平面図第５６号」明治二十四年　長野県立歴史館蔵
（３８）長野県『長野県史』近代史料編　第八巻（二）「衛生・防災　４１８」長野県史刊行会　昭和六十二年
（３９）『長野県測量図』「１１１１　大町街道実測平面図　自長野町大字南長野至七二会村大字笹平」明治二十二年　長野県立歴史館蔵
（４０）『長野県測量図』「１０８２　大町街道縦断面図　自長野町大字南長野至七二会村大字笹平」明治二十二年　長野県立歴史館蔵
（４１）宮島治郎衛門『ふるさとの歴史　平柴と小柴見』「神社、寺院」
（４２）『信濃毎日新聞』明治二十九年八月五日　信濃毎日新聞社
（４３）『信濃毎日新聞』明治三十一年九月八日　信濃毎日新聞社
（４４）「裾花川架橋　相生橋」長野市誌編さん委員会収集資料
（４５）『長野県測量図』「７０３　裾花川平面図　自上水内郡芹田村至長野市妻科」明治三十三年　長野県立歴史館蔵
（４６）『信濃毎日新聞』明治三十五年七月十七日　信濃毎日新聞社
（４７）長野市誌編さん委員会『長野市誌』第五巻歴史編近代一「第四章第四節商工業の発展と長野商業会議所の成立」長野市　平成九年
（４８）長野市誌編さん委員会『長野市誌』第五巻歴史編近代一「口絵」長野市　平成九年
（４９）『長野県測量図』「２２６２　県道大町街道上水内郡芹田村、安茂里村間相生橋架換工事設計書長野工区５６１９」大正五年　長野県立歴史館蔵
（５０）長野県『長野県史』「近代史料編　第七巻交通・通信　１９１」長野県史刊行会　昭和五十六年
（５１）『信濃毎日新聞』大正六年七月十日　信濃毎日新聞社
（５２）「相生橋竣工写真」大正七年　山田明雄氏蔵
（５３）弟子丸卓也『気象庁が発表する防災気象情報』港湾の堤外地等における高潮リスク低減方策検討委員会　平成二十九年
（５４）『信濃毎日新聞』昭和八年八月十五日　信濃毎日新聞社
（５５）宮島治郎右衛門『長野』第九八号「相生橋落ちる」長野郷土史研究会　昭和五十六年
（５６）『川中島建設のあゆみ』「写真編　昭和戦前のころ」川中島建設株式会社　昭和五十六年

コラム 9

河野通勢が描いた裾花川の川柳

河野通勢が描いた「裾花川の川柳」（長野県立美術館蔵）

河野通勢は、長野市南県町で幼年から青年期を過ごした画家である。この時代、通勢は裾花川を題材とした風景画を多く描いている。「裾花川の川柳」は通勢の青年期の代表作で大正四年（一九一五）の作品である。

通勢は、裾花川の川岸にあった三本の大きな河柳を好み、その場所をニンフの森と呼んでいたという。ニンフとはギリシア神話に登場する、山・川・泉・樹木の精を意味するようであるが、大きな川柳の精と戯れるひと時を思い描いたものかもしれない。

この絵の構図や背景の描写は実に正確で、当時の裾花川の姿を確認することができる貴重な史料でもある。まず右下の人物の上に描かれた堤防斜路は、現在そのままの形で存在する。その奥の段丘上に描かれた木立は小柴見神社の杉の御神木であろう。さらにその背後に描かれた山の頂は、

コラム 9

河野通勢が描いた裾花川の川柳

冠着山の山頂であろうか。

一方、左手背後には、当時五連の木橋だった相生橋が描かれ、その左の林は、昭和五年の開設後も残っていた長野市営プール（現山王小学校校庭）北側の木立である。

画面中央の小屋は昭和二十四年（一九四九）の二つ玉低気圧による大洪水で流出したものかもしれない。筆者が小学一年生（昭和三十七年）の時、同級の女子の住まいがここにあり、遊びに行った思い出がある。洪水のあと、同じ場所に再建されたのであろう。その子もいつの間にかいなくなってしまった。

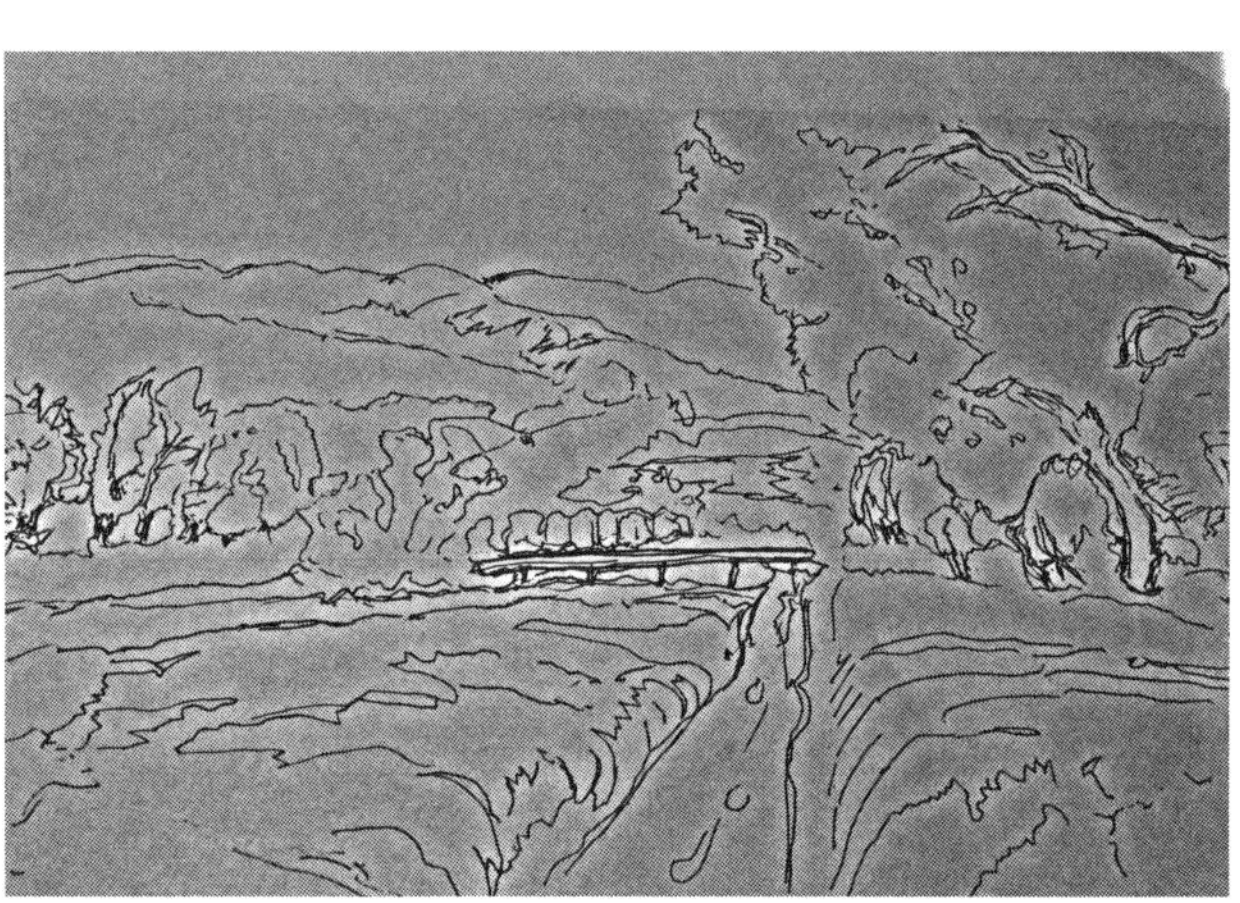

上：右中段の部分拡大　下：左中段の部分拡大

第九章

近代における
裾花川下流域の大開発

『市誌研究ながの』第二九号に掲載されたものを転載

はじめに

旧長野市街地は一級河川裾花川がつくった扇状地に位置し、その大地の上で営まれる人々の暮らしは裾花川の恵みを享受してきた。しかし、急流河川である裾花川は、洪水のたびに人々の暮らしに襲いかかり、沿岸地域に災いをもたらす存在でもあった。平時においても、その流れは左右に展開する沿岸地域の人々の交わりを分断する高い壁として存在していた。

明治に入り近代化とともに資本主義経済が発展するなか、税による富の分配と近代土木技術の隆盛が相まって、都市産業基盤としての治水利水等の本格的な整備が行われた。大正末期から昭和初期に展開された裾花川下流域における数々の開発は、裾花川の治水利水における近代化のエポックメーキングとなった。

裾花川左岸域で増大した水需要に対して、不足を補うため犀川で取水された飲料用水や農業灌漑用水が裾花川を伏越し、旧市街地を潤した。鉄道車両や自動車も裾花川を渡った。もの・人の流れが川と交わり、川の流れが左右沿岸地域を隔てる存在でなくなった。この時期、裾花川下流域の荒廃した石河原に近代大開発の一大ムーブメントが押し寄せたのである。

【一】 長野市の大合併と裾花川左岸堤内地の開発

㈠長野市の大合併

大正十二年(一九二三)七月一日、長野市はそれまでの旧長野村・箱清水・西長野・茂菅及び南長野からなる市域に、芹田村・三輪村・吉田村・古牧村を加える大正の大合併を行った。(1)

当時芹田村に属した旧中御所村岡田組は、旧市街地である南長野(妻科・新田町・石堂)に接し、県庁や信越本線長野駅に隣接する好立地にあった。一方で、裾花川の氾濫原ということもあって都市化が遅れていた(**写真1**および**図1**参照)。特に近世後期に荒れ狂う裾花川と対峙して新田開発に心血を注ぎ志半ばで世を去った百姓重助開発場は、上岡田と妻科の境から三五〇間余(約六四〇m、現長野保健福祉事務所から長野南年金事務所)の間の六、〇〇〇坪余(約二ha)の耕地で手付かずの状態で残っていた。(2)

この重助の夢の跡は、天保十三年(一八四二)六月の洪水、弘化四年(一八四七)七月の善光寺地震により日影村岩下で発生した地すべりで堰き止められた裾花川が一一五日後に決壊した大洪水、(3)慶応元・二年(一八六五・六六)、明治二十四年(一八九一)七月十九日、明治三十一年(一八九八)九月七日等に発生した洪水により荒地と化していた。(6)

大正の長野市大合併を契機にしてこの地に大正末期から昭和

写真1　裾花川下流域を右岸より望む[4]
（明治36年ころ）

図1　河川法準用裾花川平面図[5]
（大正9年）の一部
長野県立歴史館蔵に筆者加筆

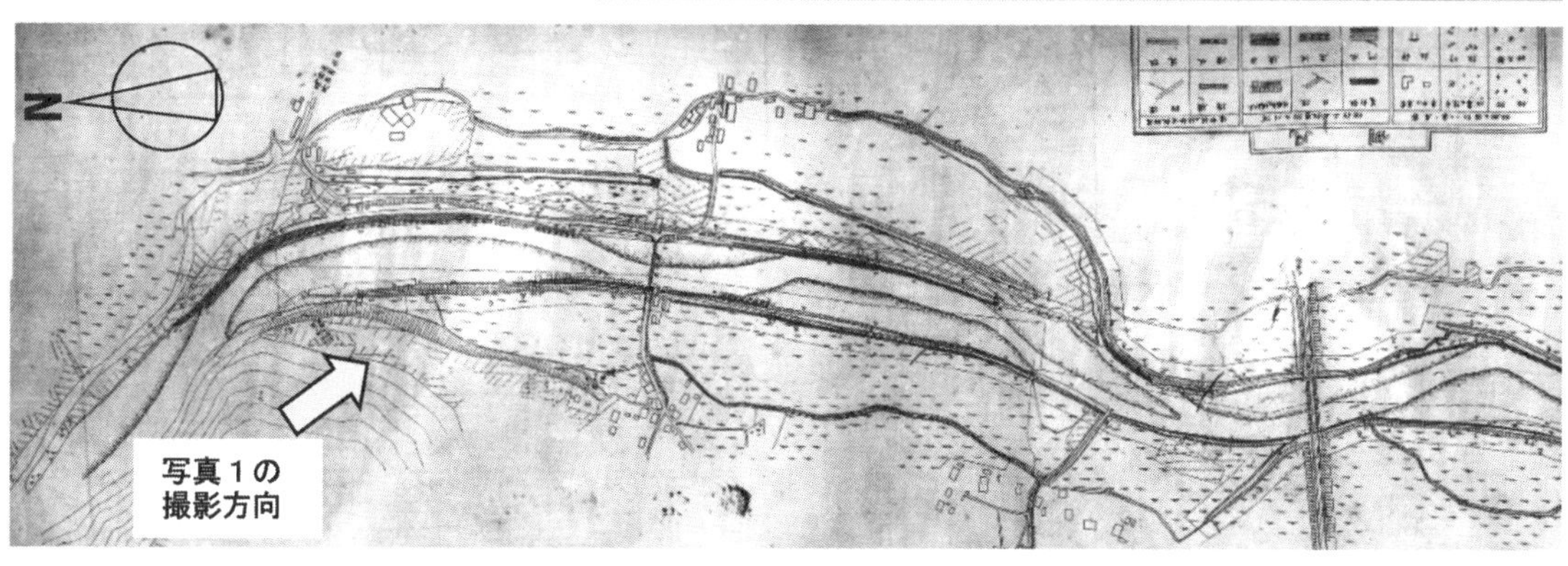

初期に近代開発の波が押し寄せるのである。

㈡長野県立工業学校設立

大正五年（一九一六）長野県通常県会において県立工業学校の設置が決定され、上水内郡芹田村（現長野市中御所、現在の八十二銀行本店の場所）に大正六年度より九年度の四ヵ年にわたる工業学校新設が決定された。[7]

大正六年八月文部省の設置認可を得て十一月より設置工事が開始され、大正七年四月一日より開校することが長野県より告示された。三月十五日には、真多令治が初代校長に任命されている。

四月一日には、機械電気科五〇名、応用化学科二六名の入学が許可された。県下各地より入学志願があり、総数二三〇名の中から選抜された若者達であった。修業年限は四年で、入学資格は年齢満一四歳以上の男子で高等小学校卒業もしくは中学校第二学年修了の者等であった。

写真2　長野県立工業学校正門[8]（大正7年）

四月二十日より授業が開始され、同月二十五日には開校式が挙行された。学校敷地は九、六九一坪余で、買収費用は二三、六二七円、校舎建築予算が一三〇、五二八円で、建築面積は、二階建の本校舎（一九〇坪）や二階建の寄宿舎（一一二坪）を含め一、五〇八坪余であったという。(7)

その後大正十二年（一九二三）四月に土木建築科が設置され、翌年には機械電気科が機械科と電気科に分科された。また、昭和十七年（一九四二）四月には土木建築科を土木科と建築科に分科、昭和十九年四月に応用化学科が工業化学科に改組された。

学制改革により、昭和二十三年（一九四八）四月一日から長野県長野工業高等学校となり、昭和四十一年（一九六六）四月に校舎が現在地の長野市安茂里に移転されている。

(三)長野尋常高等小学校山王部の設置

大正九年（一九二〇）長野市は、小学校を一校組織にして長野尋常高等小学校とし、従来の四校を城山部・後町部・鍋屋田部・加茂部と改称し、高等科を後町部に設置した。さらに茂菅分教場を設け初等教育の体制を整えていった。これより先明治三十六年（一九〇三）には長野県訓第四七号で市内にもう一校の設置が指定されていた。建設場所は赤十字支部付近に予定されていたが建設はなかなか進まなかった。大正に入り長野市区域内の学齢児童が増加するなか、最も増加が著しい石堂他三ヶ町方面の児童の通学に便利な建設地を模索した。当初建設候補地

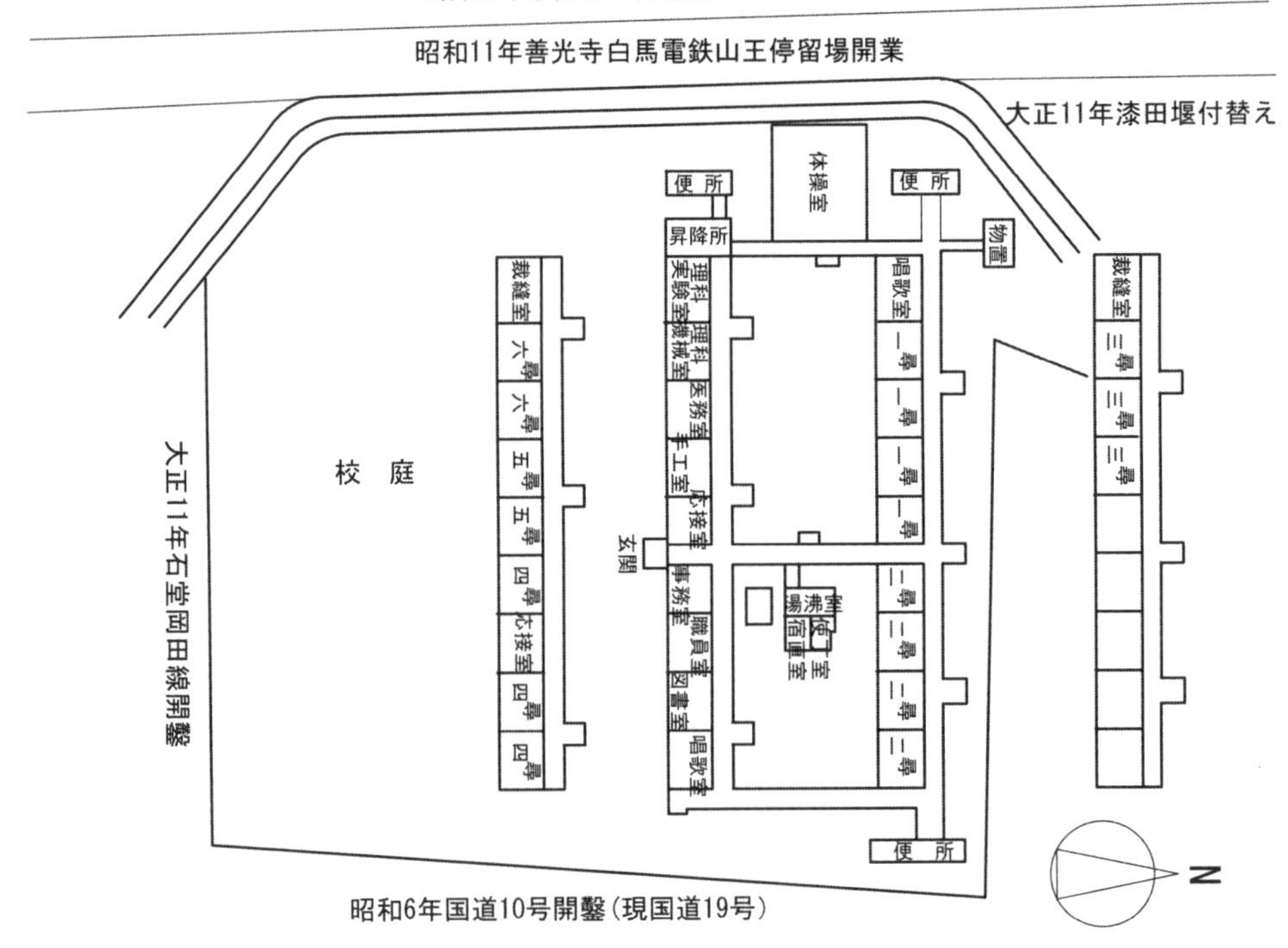

図2　長野尋常高等小学校山王部の配置図　長野県行政文書(10)より筆者作成

であった赤十字支部付近は人家が増え校舎建設の余地がないと判断した長野市は大正十一年、隣接する芹田村の中御所字岡田地籍を候補地に定めた。

長野市は、芹田村内の上岡田と下岡田地区の児童を収容することを条件に芹田村の同意を取り付け、長野尋常高等小学校山王部の設置が決定された。児童数は、石堂町五〇三人、末広町三三人、新田町二五〇人、南県町一八二人に上下岡田町一三七人を加えた一、一〇五人の就学が見込まれた[9]。

学校敷地は、裾花川左岸二線堤の控堤の堤内地に隣接する洪水被災リスクが比較的低い土地が選定された。敷地内西側を流れる漆田堰を控堤に沿うように付け替えて学校敷地が確保された。この年、南隣接地には市道石堂岡田線(道路幅七m二〇cm、延長八八四m、工事費二一、〇〇〇円)が建設され敷地形状が整った。また、敷地東側は、昭和六年に開通する国道一〇号(現国道一九号)と接する計画であった(**写真3**参照)。

区画された敷地は、校舎用地と運動場を合わせて七、〇〇〇坪、建築された建物は、延べ長四七間、幅五間三尺の二階建の校舎と、一〇間、八間の雨天体操場等であった。この建設の総予算は七九、二一三円が計上された[10]。

大正十二年(一九二三)六月一九日に、まず北校舎が竣工し、六月二十七日に長野尋常高等小学校山王部として開校式が挙行されている。つづいて大正十四年六月雨天体操場が竣工し、八月南校舎が竣工、増築落成式が挙行された[11]。昭和元年(一九二六)四月一日には、一校制の長野尋常高等小学校が廃止となり、新たに長野市立山王尋常小学校が発足した。

写真4には昭和十年ごろに南西より校舎を望んだ写真を示した。写真の手前が積雪で覆われた長野市営プール(昭和五年九月竣工)の観客席で、その背後と山王小学校敷地との間に盛土施工の途中と思われる善光寺白馬電鉄の軌道敷が写っている。ここに山王停留場が設置された(**写真12**参照)。

写真3　開鑿直後の国道十号と山王小学校[11](昭和7年ごろ)

写真4　善白鉄道工事中の山王小学校[11](昭和10年ごろ)

(四)長野県蚕業試験場の建設

芹田村上岡田に小学校建設の計画が進展していたころ、近接する芹田村下岡田の地に蚕業試験場の建設が進められていた。前述した県立工業学校の西隣で国道一〇号(現国道一九号)の建設予定地に接する地籍である。ここは、裾花川左岸の堤内水路である漆田堰と裾花川の控堤に挟まれた土地であった。裾花川左岸の横捲り堤と中丁場と称される不連続堤で構成された霞堤の遊水地の上端付近にあたる地である(**図3**参照)。

大正十年(一九二一)十月、長野県通常県会において岡田忠彦長野県知事より蚕業試験場新設の提案が行われた。当時、すでに県下の三ヵ所に原蚕種製造所が存在したが、蚕種に関する試験研究と品種整理のすべてを新設する蚕業試験場のもとで統制するというものであった。この時県会に提案された建設概要は、蚕室四棟二四室、寄宿舎一〇畳一六室と桑園八町歩(内、六町歩は借地)で大正十一・十二両年度を合計した建設予算は三〇万円であった。なお、建設敷地六、〇〇〇坪は地元の寄付が見込まれていた。

大正十二年、庶務部、蚕種部の建築が完成し試験業務を開始した。翌十三年に養蚕部、栽桑部が、十四年には化学部、昭和二年に病理部が完成している[12]。

主要な業務は、原蚕種の製造配付、蚕業に関する試験及び調査、桑の穂木及び苗木の物産配付、講習講話、ならびに実地指導等で、

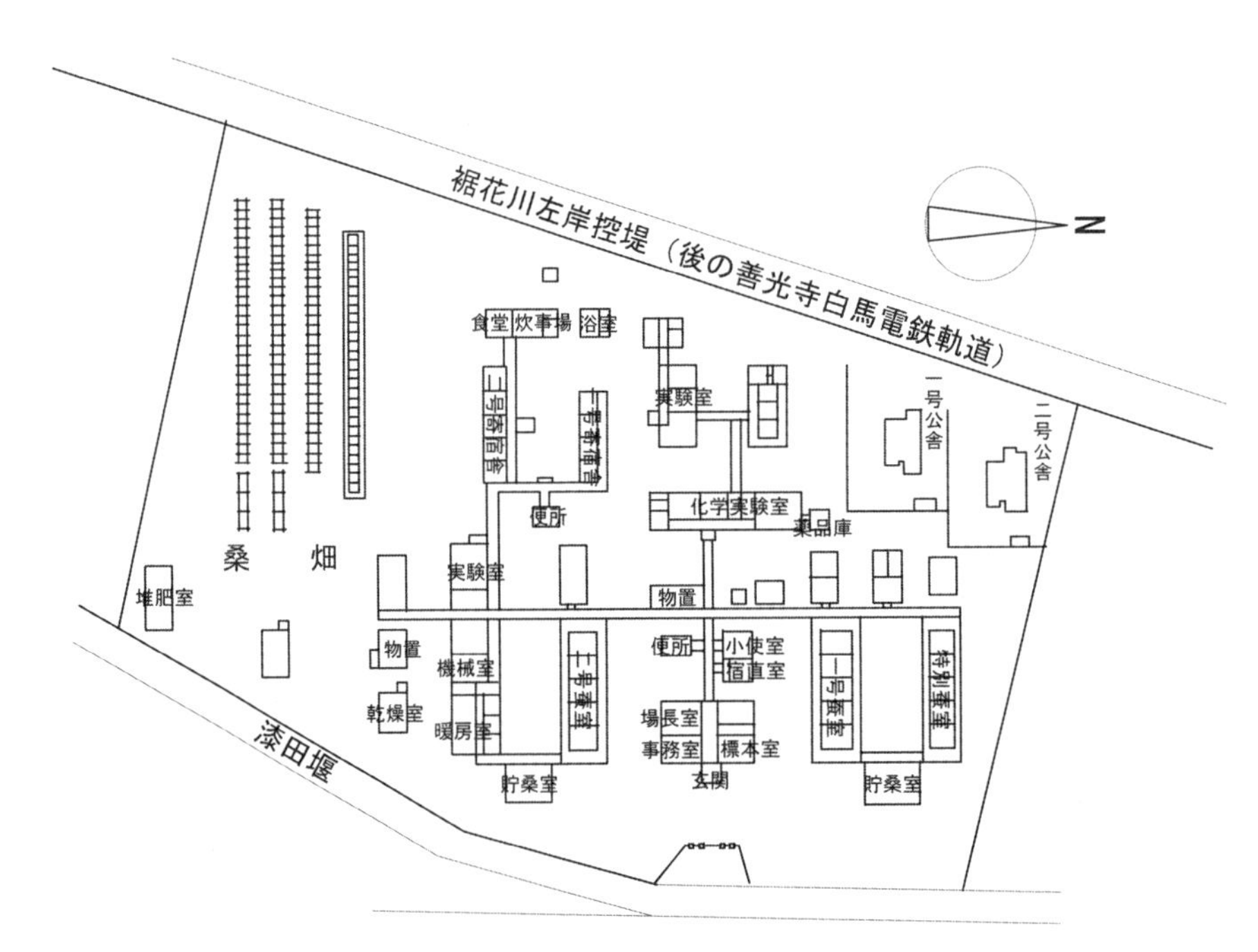

図3　長野県蚕業試験場の配置図[15](大正11年当時)

場長以下九四名の職員がこれらの業務を担当していた。[13]

併設された蚕業講習所は、大正十三年の開設以来、一、〇〇〇人を超える卒業生を蚕糸業界に送り出し、第一線で活躍したという。[14]

昭和四十四年（一九六九）、長野県蚕業試験場が上田市に移転することになり、この地に長野県蚕糸会館が建設され、現在はJAながの会館として利用されている。

【二】 長野市上水道拡張事業

㈠当時の長野市上水道の状況

大正四年（一九一五）十一月に完成した長野市上水道は、給水地域を茂菅、西長野および箱清水地区（何れも現長野市）を除いた当時の全市内の給水計画対象人口六万人に対して一日一人当たり最大三・五立方尺（九八リットル）の上水を賄える能力を備えていた。上水内郡戸隠村（現長野市戸隠）の瑪瑙沢で取水し、市内西長野町往生地の高台に構築したろ過池と配水池および狐池地先の配水池に導水し給水するものであった。

その後市民の衛生意識の向上などに伴う給水戸数の増加と、生活水準の向上等で消費水量が増加するなか、大正十二年には、給水人口が五三、〇〇〇人に増加、六万人の計画給水人口に達する以前に夏場の給水能力が不足する事態となった。さらにこの年の長野市の大合併により給水地域が拡大する事になり、給水能力の増大が喫緊の課題となっていた。[16]

㈡裾花川ポンプ場の設置

大正十二年（一九二三）七月以降、給水量不足によりたびたび断水が行われ、市民は節水を余儀なくされるに至った。大正十四年七月二十一日には午後六時から三時間にわたり断水が発生し、これが六日間続く事態となった。市は、水道調査委員会を設置して対応策の検討を開始した。抜本策を検討する一方で応急対策として戸隠村越水沢から引水を行い既設上水道の補給水とする計画の認可を長野県から得た。ところが上水内郡柏原村（現長野県信濃町）外八ヶ村から反対が起こり計画は実現されなかった。

当面の対策として昭和二年、市内中御所岡田地籍の裾花川の控堤の堤外地（現相生橋の東詰）に深さ二五尺（七・五m）の井戸を掘り七馬力のポンプで揚水した。この水は、当時多量の給水需要があった鉄道に対して送水が行われた。

後に岡田深井戸水源は昭和二十七年および二十九年に二度の増設工事が行われ、裾花川の伏流水が上水道の補給水源として活用された。[17]

㈢夏目原浄水場拡張工事

一方、新しく犀川に水源を求め、新たに給水人口四万人を対象とする給水計画が市議会の議決を経て国の認可を得た。ここに夏目原浄水場の建設を主体とする長野市水道拡張工事が始まった。これは犀川に裾花川が合流する地点から五〇〇mほど上流の犀川川床を掘削して敷設した集水渠で採取した伏流水を水源として、一、二七九間（二・三三㎞）先の上水内郡安茂里村夏目原（現長野市平柴）の高台に構築した浄水場に送水し、裾花川を伏越し市街地に配水するものであった。昭和二年四月一日に起工し、二年の工期と六二万円の費用をかけ整備する計画であった[17]。

犀川河底を平均一六尺六寸（五・〇m）掘削し沈設した集水埋渠により河床を流れる伏流水を取水した。埋渠は補水を目的に周囲に多数の小径孔を開けた内径二尺五寸（七五・八㎝）長さ二尺（六〇㎝）の鉄筋コンクリート管を地上で三、四本連結して木枠に収め台船で運搬して所定の位置に沈設する工法がとられた。これを延長一一一間（二〇一・八m）連結し水量を確保している。

採取した伏流水は砂溜井を経てポンプ井に流れ込む仕組みになっている。この二つの施設は、鉄筋コンクリート造のオープンケーソンと呼ばれる技術により作られていたことが**図4**に示されている。砂溜井が外径三・六七m、深さ八・二九mの円形ケー

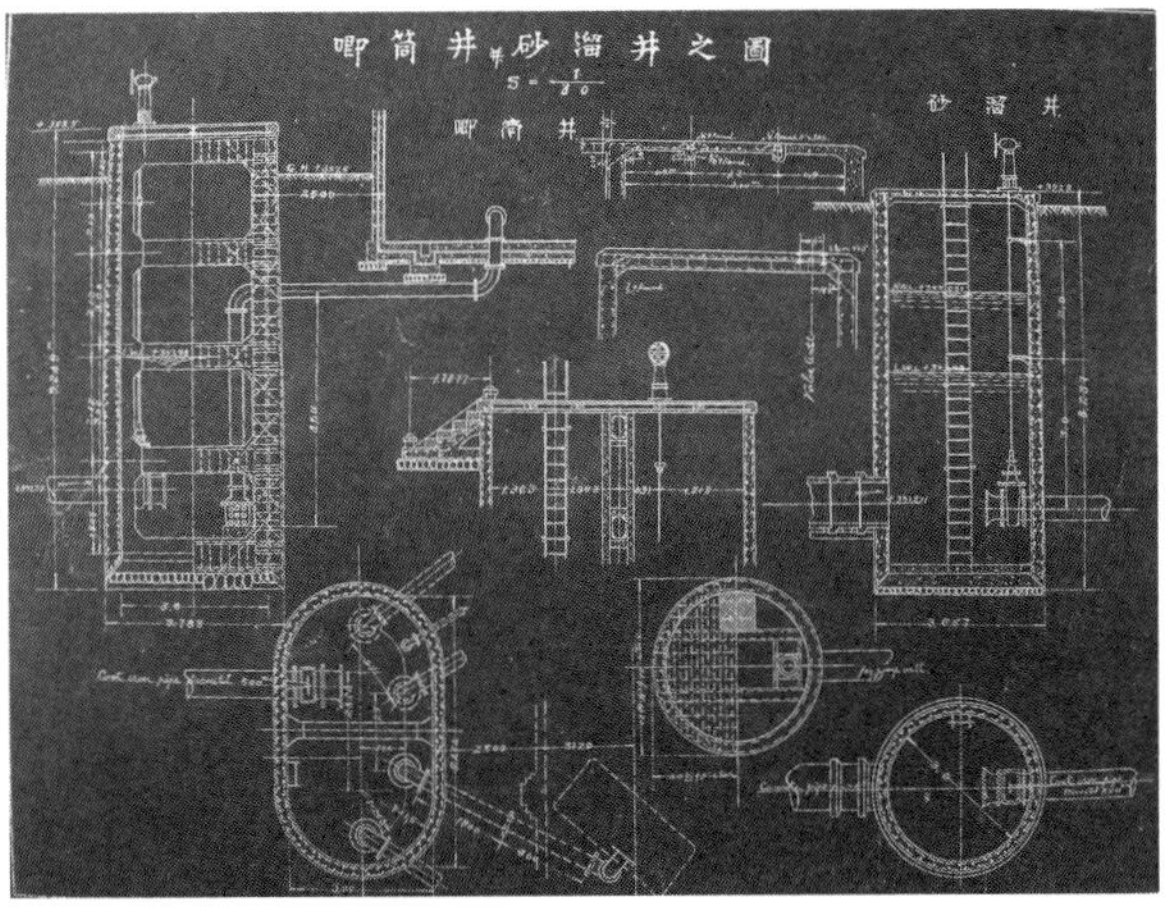

図4　犀川源水池のポンプ井と砂溜井の設計図[18]

写真5　集水埋渠作業台船と沈埋後のポンプ井[19]

写真6　夏目原浄水場建設で活躍したインクライン[19]

ソンで、ポンプ井が長さ六・二m、深さ九・二五mの小判型のケーソンであった。これを地上で築造し所定の深さまで沈設した。ポンプ井には毎分四・七㎥の送水能力を持つタービンポンプの吸管が四本設置(内二本は将来の増設用)された。**写真5**では沈設完了後のポンプ井ケーソン天端に潜水服姿の潜水夫が座り、奥の集水埋渠作業台船の上で視察する市会議員等の姿が見える。

写真6は、夏目原浄水場に向かう送水管敷地上に設置されたインクラインの写真で、これにより麓の安茂里村小柴見地区(現長野市)から建設資材を山頂の浄水場に運搬したのである。

【三】 善光寺平農業水利改良事業

㈠ 裾花川下流域左岸の利水構造の欠陥

慶長期(一五九六〜一六一五)に松平忠輝家臣団により進められた裾花川の大開発事業では、裾花川が渓谷を流れ下った先の扇状地の頂点付近である鐘ヵ瀬付近(現長野市妻科)で下流部左岸域の灌漑用水をまとめて取水していたものと考えられる。これが鐘鋳堰である。取水直後に待井(待居)と呼ばれる分水施設で八幡山王堰を分水し逆茂木のようにめぐらせた用水路により灌漑地域を潤すものであった。ところが、近世初頭の新田開発等により用水が不足すると、八幡山王堰は裾花川から直接取水を行うようになったものと筆者は考えている。[20]

図5には大正末期の鐘鋳堰と八幡山王堰の取水部付近の地図を示した。渓谷を流れ下った裾花川は竜宮淵と呼ばれる地点で左に大きく旋回した後、鐘ヵ瀬付近で流向を右に向ける。このあたりに取水のための簗手が築かれていた。せき止められた流水は簗手に沿い鐘鋳堰に導かれている。一方、鐘鋳堰の取水口下流二〇〇m余りの位置に八幡山王堰の取水簗手が築かれていた。これにより鐘鋳堰の簗手を透過した流水を再びせき止め、八幡山王堰に導水したのである。上流の簗手は鐘鋳堰用水組合

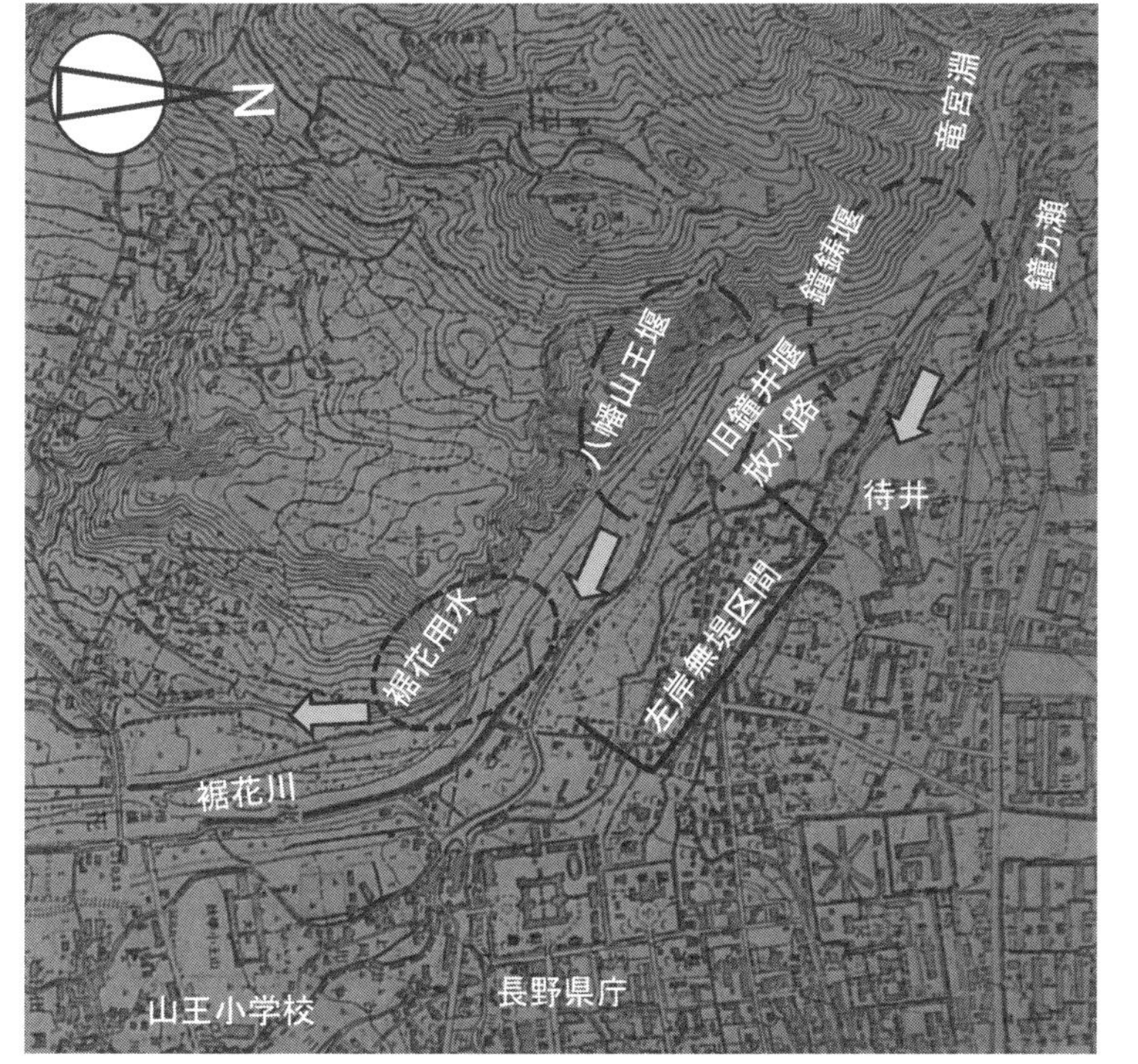

図5　裾花川に設置された灌漑用水の取水簗手(大正15年)

が、下流側の簗手は八幡堰用水組合と山王堰用水組合が組織され維持管理を行っていた。取水にあたっては、鐘鋳堰が夜間に行い、八幡山王堰が日中に行う慣行が確立していた。毎年水田灌漑用水が必要となる八十八夜から秋の彼岸までの間、八幡山王堰組合に属する栗田組合(簗手落し組合)が、朝七ッ時(午前四時)に鐘鋳堰の簗手を切り開き裾花川のせき止めを解除した。こうして全水量を八幡山王堰に流下させ、暮れ六ッ(午後六時)には鐘鋳堰組合において簗手を復旧し裾花川をせき止め鐘鋳堰筋の灌漑を開始する。このような取水慣行[21]にあって、渇水時には両組合の間で争いが絶えなかった。

㈡鐘鋳堰組合と八幡山王堰組合の水争い

大正十三年(一九二四)六月下旬より裾花川流域にほとんど降雨がなく、「**【二】㈠当時の長野市上水道の状況**」で示した長野市上水道の不足と同様に農業用灌漑用水の不足も深刻な状況に陥った。七月一日、八幡山王堰用水組合は「鐘鋳落し」と称する強硬策を断行した。当時の警察の記録[22]によると、鐘鋳堰の取水簗手を長さ四五間余(八一m以上)破壊し打払い、鐘鋳堰の取水を妨害したものであった。警察の調べに対し、八幡堰組合は旧来より必要な場合は何時でも鐘鋳堰の簗手を打ち払い流水する慣行があったとし、簗手に溜る泥土を排除し透過水制の機能を維持して洪水に備える手段として平素より数多く行われてきたものであると主張した。

鐘鋳堰組合は、船坂恒久弁護士を代理人として告訴状(用水権確認訴訟)を長野区裁判所に提出した。八月七日長野区裁判所は突如現場監検を行い、事件解決に至るまでの間、簗手の切り払い箇所を二ヵ所に限定する案を両組合に示した。この一方的かつ命令的な指示に反発した栗田組合は翌日には、指示の取り消しを求めた。一方、鐘鋳堰組合は、鐘鋳堰の揚水を日没からとした市役所および郡役所の調停案を拒否した。

八月十五日午後四時、鐘鋳堰の揚水を断行する鐘鋳堰組合の人夫数一〇名と、日没まで揚水を阻止する八幡山王堰組合の人夫数一〇名が現場で対峙する事態となり、警察より巡査四〇名余が出動し衝突を回避するなか、鐘鋳堰簗手の締め切りが決行された。

翌十六日には、八幡山王堰組合から人夫約五〇〇名、鐘鋳堰組合から二〇〇名、巡査七〇名が現場で対峙した。この日は八幡山王堰優勢により鐘鋳堰の揚水は日没まで実施できず、八幡山王堰方が引き上げた午後七時過ぎより開始された。十七日は八幡山王堰組合から人夫約七〇〇名が参集し切り払い場所下流の整備を行ったが鐘鋳堰組合は傍観するのみであったという[22]。

なおも争いは続いたが、その後降雨があり水量が回復したこともあって事態は沈静化した。それから後は係争の場を法廷に移して争いが続けられた。**図6**には、用水権確認訴訟の手続きの中で大正十四年六月十四日に実施された現場検証[23]により作成された検証見取略図を示した。当時の鐘鋳堰簗手は九五間

（一七三m）余。ひじり枠と称する丸太を三角錐状に組み立てた水制の上流側に石俵を積み上げて作った導流堤と、だるま枠（大枠）と称する枠組み水制一〇基で簗手が構築されていた。**写真7**は、事件発生以前の大正九年六月二十三日に撮影された鐘鋳堰簗手の写真である。人々の背後に鐘鋳堰簗手のだるま枠十基と鐘鋳堰に伸びる導流堤が見える。

　大正十三年七月一日に栗田組合により破壊された部分は、**図**

写真7　裾花川の鐘鋳堰簗手（大正9年6月）　長野市公文書館蔵

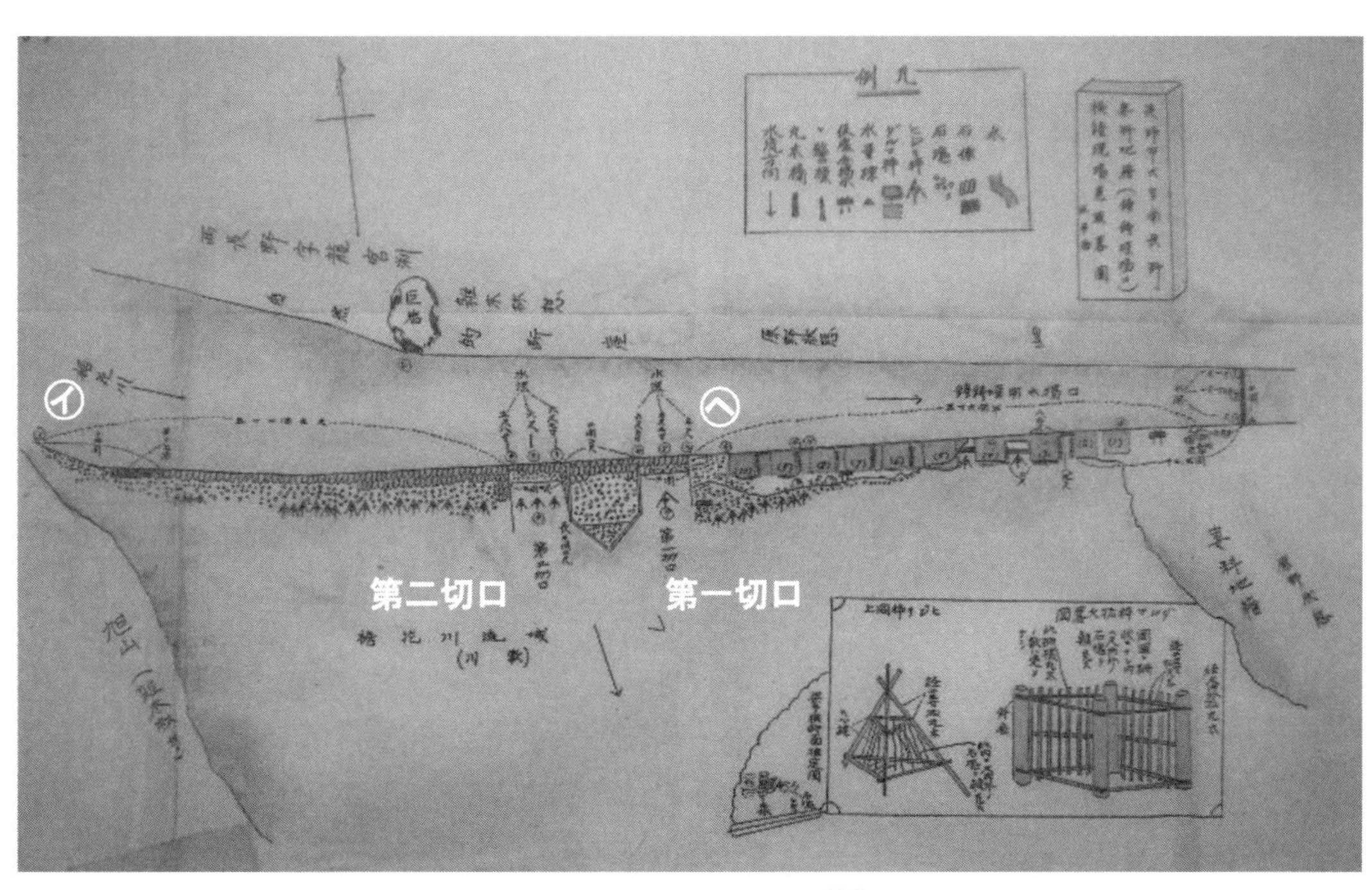

図6　用水権確認訴訟の現場検証で作成された検証見取略図[23]（大正14年）　長野市公文書館蔵

6の㋑から㋬までの約五九間（一〇七ｍ）。栗田組合が早朝切り落とす第一の切り口が幅二間（三ｍ六〇㎝）、第二の切り口の幅は三間二尺（約六ｍ）であった。

昭和二年（一九二七）四月二十八日第一審の判決が下され、原告鐘鋳堰組合の用水権確認請求は棄却された。五月十三日には原告からの控訴状が東京控訴院に提出され、係争は長引くこととなった。[24]

㈢善光寺平農業水利改良事業

昭和三年（一九二八）一月、長野市農会長および長野市長外四ヵ村長は、用水権確認訴訟と不足する裾花川下流域の灌漑用水の根本的解決を目的に、犀川からの引水を視野に入れた調査の実施を長野県に申し入れた。昭和四年九月には善光寺平用水改良事業期成同盟会が組織されている。一方、用水権確認訴訟においても長野地方裁判所の調停が進み、改良事業の実施を条件に和解が成立し、八幡鐘鋳控訴和解協定[25]が昭和五年十一月十三日に締結された。

長野県が策定した計画は、裾花川の取水口を一ヵ所にまとめ、コンクリート造の堰を築堤し渇水時には裾花川の全水量を取り入れ、鐘鋳堰および流域右岸安茂里村（現長野市安茂里）を灌漑する裾花用水に必要水量を分水する。残量を八幡山王堰の各支線に分配し、不足する水量を犀川左岸より新たに取水し導水する、というものであった（図7参照）。これに対して犀川右岸の村々の堰関係者から反対があるなかようやく了解を取り付け、事業総額七〇五、七六〇円と四年間の工期を目論んだ事業画が決定された。ここに、昭和五年十二月善光寺平耕地整理組合が組織され、長年の懸案が解決されることとなった。[26]

まず犀川幹線一期工事として昭和七年一月に犀川左岸小市地籍で頭首工の工事が着手された。幹線導水路は久保寺堰分水工までの間で施工が進められた。地下水位が高い犀川堤外地での開削施工で困難を伴うものであった。

翌昭和七年度には二期工事として漆田川までの延長一、六一九間余（二、九四七ｍ）の幹線導水路が施工された。この内、安茂里村内の水田地帯とそれに続く裾花川渡河部分延長一、一一二間（二、〇二四ｍ）は、内径五フィート（一五〇㎝）の鉄筋コンクリートヒューム管八八二本を連結敷設したサイフォン構造であった。犀川で取水された飲料用水と灌漑用水の導水管が安茂里地区内の水田地帯で立体交差し、各々裾花川の川底を横断して市街地に送り届けられた。

昭和八年度には、計渇、古川、南八幡および北八幡に接続する導水路工事が実施された。この区間には南八幡分水地点前後に延長一一五間（二〇九ｍ）のサイフォンと延長一五六・五間（二八五ｍ）の暗渠構築工事が含まれていた。犀川幹線の水路延長は三、九八六間余（七、二五五ｍ）、その勾配は一、五〇〇分の一であった。

一方、裾花川幹線工事は第二期事業として、昭和大恐慌で悪

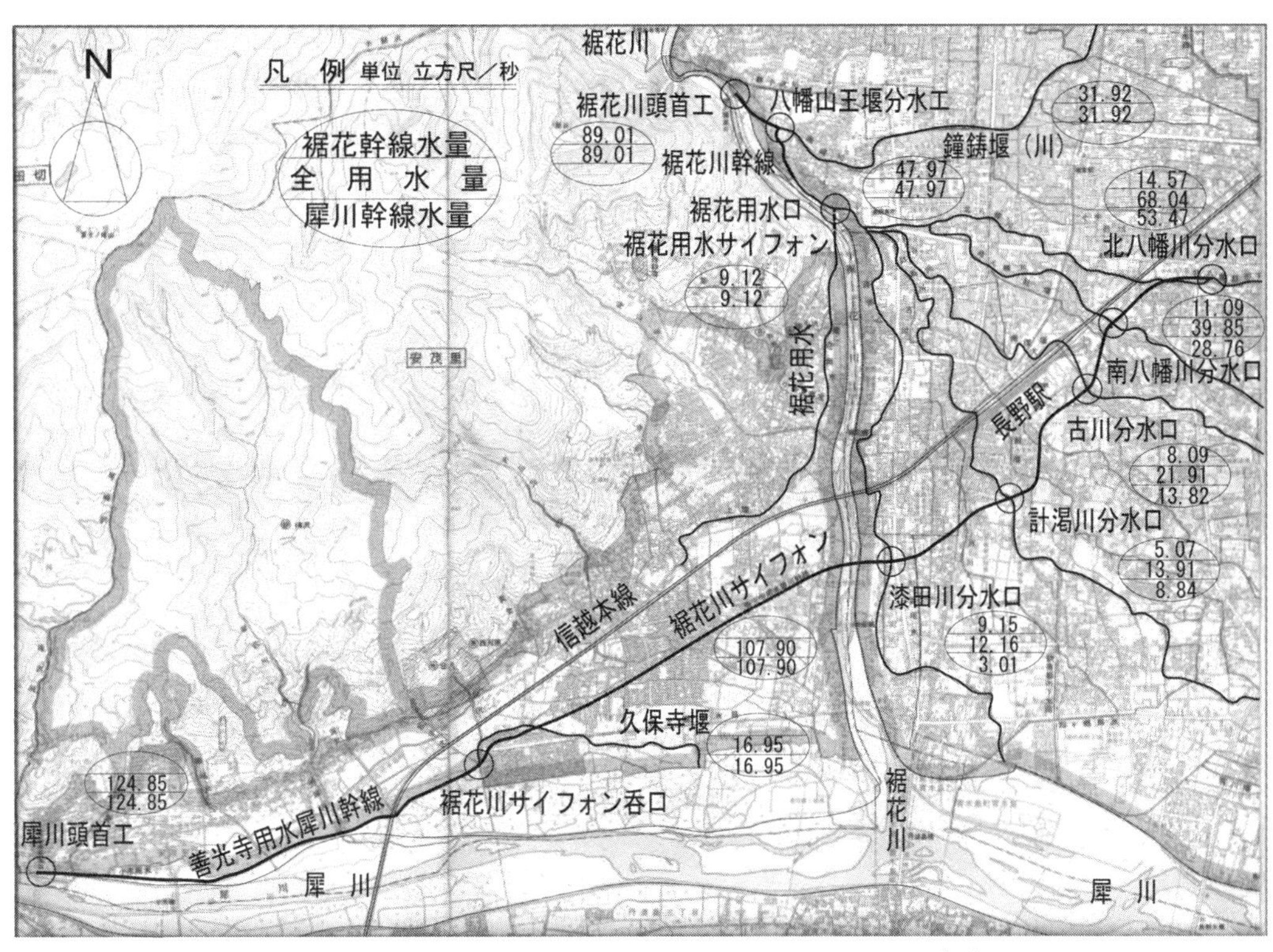

図7　善光寺平農業水利改良事業略図『善光寺平農業水利事業沿革史』(27)より筆者作成

表1　犀川幹線および裾花川幹線工事の概要(27)

施設名称	測点		点間距離	構　造
	間	m	m	
犀川頭首工	0	0		水門5連（幅5尺高サ4尺）の樋門
			925	6尺方形暗渠
第一余水吐兼排砂門	508	925		
			495	台形開渠（久保寺堰改修）
第二余水吐	780	1,420		
			865	コンクリート内張台形開渠
久保寺分水	1,255	2,284		
			9	サイフォン流入口槽
裾花川横断部始点	1,260	2,293		
			2,446	サイフォン延長1112間3分
サイホン出口槽	2,604	4,739		
			284	コンクリート内張台形開渠
漆田川分水	2,760	5,023		
			772	コンクリート内張台形開渠
計渇川分水	3,184	5,795		
			577	コンクリート内張台形開渠
古川分水	3,501	6,372		
			471	コンクリート内張台形開渠
サイフォン始点	3,760	6,843		
			137	サイフォン延長115間
南八幡川分水	3,835	6,980		
			197	コンクリート内張台形開渠
	3,943	7,176		
			286	暗渠（156間5分）
	4,100	7,462		
			146	コンクリート内張台形開渠
北八幡川放水	4,180	7,608		（旧来の北八幡川）
第二期裾花川幹線工事の概要				
施設名称	測点		点間距離	構　造
	間	m	m	
裾花川頭首工	0	0		水門3連（幅5呎高サ4呎）の樋門
			107	旧来の鐘鋳堰改修
八幡山王堰分水工	107	195		
			197	旧来の余水路改修
	197	359		
			240	新設水路
旧来八幡山王堰取入口	240	437		（旧来の八幡山王堰）

化した地方経済を救済するために実施された時局匡救農業土木事業に決まるとともに追加予算一二五、〇〇〇円が認められた。

裾花川頭首工は、鐘鋳堰築手とほぼ同位置に堰堤、取入口、土砂払等の一連の施設が構築された。堰堤は粗石コンクリートで築造され構造形式は重力式が採用されていて、下流側斜流部の表面は石張りが施された。三基の土砂払用の排砂門が構築され、その内の堤外二基の有効幅は三・〇m、深さは二・四mであった。防砂堤内の土砂は、有効幅は二・〇m、深さ二・四mの堤内排砂門一基で排砂される構造であった。

鐘鋳堰の制水門は、幅五フィート（一・五m）高さ四フィート（一・二m）のものが三連設置されて洪水時の流量を調整した。接続する用水路は、旧来の鐘鋳堰を延長一〇七間（一九五m）改修し、その下流に八幡山王堰への分水工（越流堰）を構築している。分水された八幡山王堰は、当時すでに存在していた鐘鋳堰放水路を改修した水路九〇間（一六四m）と新設の導水路四三間（七八m）を経て旧来の八幡山王堰に接続された（以上、『善光寺平農業水利改良沿革史』[27]による）。犀川幹線と裾花川幹線の完成により灌漑対象面積一、七〇〇haの耕地に従来比二・四倍の灌漑用水（毎秒五・九五㎥）が供給できるようになり裾花川下流域の灌漑用水の不足は解消された。

　前述の『善光寺平農業水利改良沿革史』の記述では、新設された八幡山王堰の分水経路は鐘鋳堰の放水路跡としている。これは、「㈠**裾花川下流域左岸の利水構造の欠陥**」で示した待井（まちい）（分水堰の意味を持つ）のことで、近世初頭の慶長期に行われた裾花川の大改修とそれに伴う鐘鋳堰の改修ですでに構築された施設と筆者は考えている。待井の役目は、鐘鋳堰の放水路ではなく八幡山王堰への灌漑用水供給の為の分水施設であった。慶

写真8　犀川幹線裾花川サイフォン呑口側水門（現在）

写真9　裾花川の裾花川頭首工（現在）

写真10　鐘鋳堰の八幡山王堰分水工（今は覆蓋されている）

長の瀬替えは甲斐武田家遺臣らにより進められたもので、甲州河防術の流れを汲むものであった[20]。

近世初頭に中部山岳地帯を中心に展開された扇状地の瀬替え手法の特徴は二つ。一つは渓谷を下り切った扇頂部で河道を人為的に付け替え、扇央部の洪水の直進を防ぎ、かつ扇央部の旧河道を用水路として整備して、扇央部の耕地利用の高度化を図ること。二点目は灌漑用水の取水に関し、渓谷の自然護岸の末端で河道がまだ固定されていて、かつ流水が扇状地内に伏流化する前で流量が豊富な扇頂部に堰を設け取水する方法をとる点とされている[28]。

慶長の瀬替え当時は、鐘鋳堰と八幡山王堰の用水路は一ヵ所にまとめて裾花川から取水されていて、近世中期に始まる八幡山王堰の裾花本川直接取水という形態と異なっていた。八幡山王堰は、鐘鋳堰の取水部から数百m下流の待井で分水され、妻科村聖徳の河岸段丘の崖下を流れていた。続いて、大口分水で八幡堰や計葛川や古川等の山王堰系の用水路に分かれ、旧裾花川流域の水田を潤していたものと筆者は考えている。裾花川頭首工の完成により武田家遺臣団の構想が三世紀の時を経て昭和の初期に再度結実したのである。

これは裾花川下流域の利水の進展に大きな意味がある出来事であった。同時に治水の面においても重要な意味を持つものであった。裾花川からの八幡山王堰の直接取水は、この間の裾花川に堤防を構築することができず、近世、近代を通じ下流の村々に幾度となく氾濫災害を発生させてきた。ここに八幡山王堰の取水部を締め切ることができ連続堤防を築堤することが可能となった。

【四】 善光寺白馬電鉄鉄路開鑿

明治四十三年八月(一九一〇)軽便鉄道法が施行され鉄道建設ブームが起こり、県下各地に私鉄の設立が相続いた。長野市内においても権堂を起点として須坂に通じる長野電気鉄道(後に長野電鉄)が昭和元(一九二六)年六月に開業し、前年に屋代・木島間を全通した河東鉄道(後に長野電鉄)と接続していた。

このころ市内では有志を中心にして、長野駅を起点とし北安曇郡北城村四谷(現白馬村)を結ぶ鉄道建設が想起され、「長北電気鉄道」の名で鉄道省に敷設営業認可を申請した。ところが有力投資家であった渡辺銀行が不況の影響を受け破綻したことや地元沿線各地からの資金調達も順調に進まないことなどから、出資者や出願人の名義を改め「北長電気鉄道」として出直しを図った。昭和二年十一月になりようやく鉄道省から敷設と営業の免許を得ることができた。

昭和三年七月開催の発起人総会では社名を「善光寺白馬電鉄株式会社」に改称し、創立総会開催を目指した。補助金の支出額を巡り結論を得るまでに多くの時間を要したが、翌四年十一月十日には創立総会の開催に漕ぎつけ、工事の認可申請も免許

で定められた提出期限である同年十一月十五日に提出することができた。(29)

昭和五年（一九三〇）十一月八日には長野鬼無里間の工事認可が下り、十二月四日に起工式が執り行われた。工事は用地交渉が難航した市街地（起点から八幡堰の間）を後回しにして着手し、六年十一月末までに八幡堰から善光寺温泉に至る六・四kmの内八割が完成していた。

これまでに投資された額は五一万円を超える状況にあった。ところが昭和恐慌の渦中で資金調達も困難を極め、工事が中断されるとともに、善光寺白馬電鉄の更生が検討される事態を迎えた。

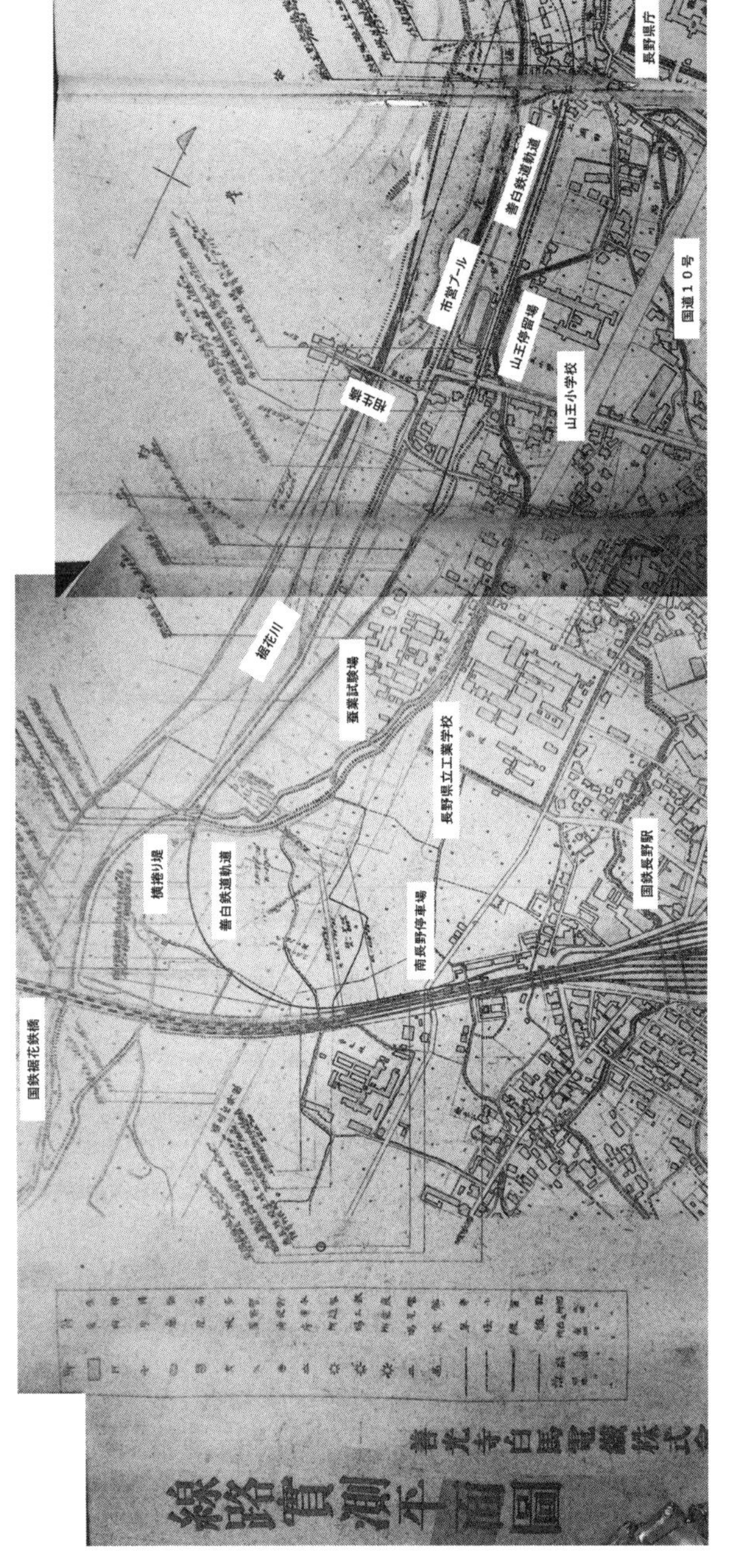

図8　善光寺白馬電鉄実測平面図（昭和9年ごろ）善光寺白馬電鉄蔵

図8には、善光寺白馬電鉄の線路実測平面図を示した。この図には昭和十年四月着工十月竣工の新相生橋の記載がなくかつ、昭和九年に架けられた裾花橋が書き込まれていることから、昭和九年後半の作成の平面図と思われる。

平面図には、信越線一一四km三〇を善光寺白馬電鉄の起点とし七km六五二までの軌道が描かれている。南長野、信濃善光寺、善光寺温泉、裾花口の四つの停車場と山王、妻科、茂菅の三つの停留場があった。大きな橋梁としては、市道山王岡田線陸橋（長さ一二・一九二m）、第一裾花橋梁（長さ六一・二六四m）、第二裾花橋梁（長さ四二・一九二m）等があった。

トンネルは、一号隧道（長さ一五九・五六m）、二号隧道（長さ二〇二・二五m）、三号隧道（長さ一六四・〇五m）、四号隧道（長さ二一一・二二m）が続いた（**表2**参照）。

軌道を示す実線の一km七三四mの八幡堰の位置に施工認可申請終点の記載があり、その下に「妻科鬼無里間始点一km七二〇mニ相当ス」と書き込まれている。この間の路線計画変更で、線路の延長に一四mの齟齬が生じたことがわかる。

この年の九月に社長を残した重役全員が辞職し新たに任命された新重役のもと、一期工事の予定期間（十一年十一月二十八日）の完成を目指し再度用地買収と八幡堰から南長野停車場までの工事が再開された。この時の認可変更図が**図8**と考えられる。

写真12には、昭和十年ごろに裾花川控堤防敷の上に盛土をして構築した山王停留場と、裾花川との間に昭和五年九月に開設された長野市営プールの公認五〇mプールと飛び込み台が見える。写真手前の枕木は市道山王岡田線陸橋の橋げた上の軌道

表2　善光寺白馬電鉄の主要施設（線路実測平面図より筆者作成）

キロ程	施設名	径間/延長	斜角	構造
114km150	鉄道省線高崎起点			
0k00m00	（社線起点）			
0k91m00	南長野停車場			
0k252m20	国道拾号線跨線橋（みすず跨線橋）	18m66/4m50	左80°	鉄筋混凝土函渠
1k051m75	県道安茂里長野停車場線陸橋	4m572		I型桁
1k160m80	市道山王岡田線陸橋	12m192		鋼版桁
1k208m00	山王停留場			
1k710	八幡川橋梁	9m144	左60°	鋼版桁
1k742m00	妻科停留場			
2k334m24	鐘鋳川橋梁	10m668	右40°	鋼鈑桁
2k760m00	信濃善光寺停車場			
2k979m16	第一裾花川橋梁	61m264	右60°	3径間鋼鈑桁
3k187m21	第二裾花川橋梁	42m192	左60°	3径間鋼版桁
3k560m00	茂菅停留場			
3k905m98	第一号隧道（現R406と交差地点）	159m56		
4k954m425	第二号隧道	202m25		
5k064m00	茂菅沢橋梁	3m66		転圧I型桁
5k285m425	第三号隧道	164m05		
5k526m00	観音沢橋梁	12m19		上路鋼版桁
5k592m60	第一避溢橋梁	18m29×2+12m19×1		3径間上路鋼版桁
5k707m61	第四号隧道	211m22		
6k246m00	木郡橋梁	4m57		上路鋼版桁
6k525m00	善光寺温泉停車場			
7k570m00	裾花口停車場			
7k652m50	排水路橋梁	6m10	右60°	上路鋼版桁

写真11　善白鉄道を跨ぐ国道十号（当時）みすず跨線橋（現在）

である。この陸橋と立体交差する市道山王岡田線を西に六〇mほど進むと、時を同じく建設された昭和十年竣工の三径間鉄筋コンクリートゲルバー桁の近代的な相生橋があった（**写真13**）。

写真14は、善白鉄道敷地に隣接し市営プール北に建設された長野県武徳会弓道場（昭和十一年竣工）の写真である。当時は日本一の規模を誇る弓道場であったが、敗戦に伴いGHQにより大日本武徳会が解散させられ、この弓道場も接収された[30]。

こうして善光寺白馬電鉄第一期線は七年の苦難を乗り越え昭和十一年十一月二十二日に開業した。開通区間は長野南停車場から善光寺温泉東口停車場の間の五・八㎞であった。この善光寺温泉東口停車場は善光寺温泉停車場付で発生した地滑りにより臨時に設けられた仮の停車場であった。翌日の信濃毎日新聞の

写真12　山王岡田線陸橋から見た山王停留場 善光寺白馬電鉄蔵

写真13　裾花川を横断する相生橋（昭和10年竣工）

写真14　廃線後の軌道敷から望む武徳殿弓道場[32]　長野市公文書館蔵

紙面には「拓け行く風　光の美」と題した記事が掲載された。[31]以下に全文を紹介する。

拓け行く風　光の美

仏都を国立公園日本アルプス山麓と結ぶと共に裾花川流域資源開拓の観光並びに産業鉄道としてその抱負を荷う善白鉄道第一期線は見事竣工、二十二日初運転を行ってその序幕を落とした。起点から終点まで延長八キロ裾花川渓谷に沿った仏都郊外鉄道として四季の遊覧に恰好の条件を有している今其試乗気分を紹介しよう。

写真15　第二裾花鉄橋を渡るガソリンカー　善光寺白馬電鉄蔵

帽子の金筋も燦たる新顔課長さんの振る信号旗の合図で空気圧縮式サイレンも和かに、明るい窓をつけたガソリンカーはゆるゆると動き出し、やがて二条のレールを滑るように颯爽と走る、起点長野南駅を発車すると国道下（**写真11**）を潜ったカーは、山付きの安茂里の村へ向かって進む裾花川相生橋（**写真12**）へ着き、其ところには左手に市営プール右手に山王小学校を見降す事が出来て恰度庭園を覗く様だ、発車後直ぐ左手に今度は新設の武徳殿大弓道場（**写真14**）が手にとるように見える、県庁は右手だ、そして妻科駅へ着けば裾花川が寄り添って対岸に白岩を露はしている、信濃善光寺駅へ至れば竜宮鉱泉の湯気がたゆたう向きに裾花川の切り立つ渓谷がさながら一幅の南画を思わせる、左手に長野電灯の里島発電所をみて茂菅駅に着くと唐沢鉱泉があり第一のトンネル（**写真16**）を潜る、電鉄を夢見る鉄道としてトンネルの天井は高い、第二トンネルの手前にすぐ有名な裾花川松島の景勝を見、そして第三、第四のトンネルを貫く、二条のレールは煤煙禍のないカーの中から未来を示唆するが如く光り輝いている、終点は第四トンネルをでるとそこが終点善光寺温泉東口駅だ、かくて沿線の風景美こそ仏都市民にとって格好の郊外遊覧鉄道として魅惑を唆ることであろう。

（読点および写真番号は筆者加筆）

現代におけるテーマパークのアトラクションのごとき一七分間の遊覧鉄道の旅であった。この一ヵ月後には善光寺温泉駅までの営業を開始している。昭和十七年には善光寺温泉駅と裾花口駅(一㎞)の営業開始に漕ぎつけた。しかしながら昭和十八年十二月十日に、陸運企業整理法により政府から営業停止の命令が発令された。翌年一月十一日には全区間の営業を休止し施設の撤去が開始されている。戦後、営業再開が模索されたが、裾花ダムの建設により先線建設ルートが水没する事態に再建の道が断たれ、昭和四十四年に運輸事業廃止許可を受けた。[33] これにより裾花渓谷を遡上する一頭一尾の青龍のごとき鉄路が実現することはなかった。

写真16　裾花大橋(昭和11年竣工)と立体交差する第一号隧道
善光寺白馬電鉄蔵

【五】裾花川堤防の連続化と霞堤の消滅

明治十九年(一八八六)十一月、長野県は土工条規を制定し、地方税負担により県が建設管理する道路及び河川工事の範囲を定めた。中御所村地内字白岩(現長野市中御所)以下の裾花川がこれに該当している。[6]

昭和の時代に入り裾花川下流の左岸域は土地利用の高度化が進展した。善光寺白馬鉄道の鉄路は、当時の国鉄信越線長野駅を起点とし、裾花川の手前で右に大きく旋回し横捲り堤を横断した後、左岸控え堤(一線堤)の盛土上を北上し長野県庁西脇を通過し、善光寺温泉に向かうものであった。途中の山王停留場の脇には市道山王岡田線(大町街道)と交差する陸橋が架けられた。これは、当時、連続堤の整備が進展する中で、役割が薄れつつあった控え堤の機能を温存し、かつ高度の土地利用を可能とする画期的な都市計画プランであったと評価できる。

昭和十一年には、横捲り堤直上に善光寺白馬鉄道と直交しその西側で裾花川を渡る道路が開かれ、後に国道一九号裾花橋となる木橋が掛けられた。右岸側接続道路は村道安茂里一号線として、昭和七年に起工し翌八年四月に竣工している。善光寺白馬鉄道と新設道路の工事の進展にともない横捲り堤上流の霞堤部は完全に閉塞され、裾花川左岸の本堤の直線化が完了した。一方、右岸の葭ヶ淵堤とその上流側の霞堤も村道安茂里一号線構築に伴う盛土により霞堤としての役割を終え、裾花川右岸の本堤の直線化が進んだ。このように昭和初期の裾花川下流域の開発の進展に伴い裾花川下流部左右岸に存在した霞堤は、昭和八年ごろに締切られ霞堤は姿を消した。

一方、長年洪水被災の元凶であった八幡山王堰の裾花川本線からの直接取水の必要性がなくなり、取水口が締め切られ堤防の連続化が進んだ。これにより洪水が灌漑地域に押し寄せるリスクが大幅に軽減されたのである。

おわりに

大正末期に裾花川末流部に押し寄せた都市近代化の波で、近代土木技術が築き上げたインフラは、さながら縦糸と横糸が織りなすタペストリのごとき風景を生み出した。車道も軌道も交差した。車道が軌道の上（みすず跨線橋）を走り、軌道が車道の上（山王岡田線陸橋）を走る。車（相生橋）も客車（第一・第二裾花鉄橋）も川を渡り、飲料水（長野市上水道）や灌漑用水（犀川幹線裾花川サイフォン）が川底を横切った。犀の水（犀川幹線）が裾花の水（裾花川幹線）の上に合流した。本川が支川に乗る本末転倒が出現した。左岸で取水された水が川底（裾花用水サイフォン）を渡り右岸に届けられた。車道と鉄路、河道と水路が織りなす立体画の世界が広がった。それはまさに近代都市構造の立体化の先駆けであった。

ひと昔前まで不毛の地であった裾花川の石河原に近代化の波が押し寄せたのであった。その背後で、裾花川最大の霞堤が締め切られ姿を消し、堤防の連続化が進行したのである。

注（参考文献）

（１）『長野市誌』（第六巻歴史編近代二）長野市　平成九年
（２）宮下秀樹『市誌研究ながの』第２７号「中御所村岡田組百姓重助の苦闘」長野市公文書館 令和二年
（３）宮下秀樹『土木学会論文集　Ｄ２第７０巻第1号』「弘化四年善光寺地震による煤花川の土砂災害とその後の対応」平成二十六年
（４）長野市誌編さん委員会『長野市誌』（第五巻歴史編近代一、口絵）長野市 平成九年
（５）『長野県測量図』「７７５河川法準用裾花川平面図　更級郡青木島村上水内郡安茂里村芹田村長野市」大正九年　長野県立歴史館蔵
（６）宮下秀樹『市誌研究ながの』第２８号「煤鼻の渡し・相生の橋」長野市公文書館 令和三年
（７）『長野県行政文書』「大正八年公文編冊　五冊ノ内参・長野県立工業学校要覧」長野県立歴史館蔵
（８）『長野県工業学校　落成記念写真帳』大正十年　長野市公文書館蔵
（９）『長野県行政文書』「大正十二年公文編冊　五冊ノ内三　学務課小学校」長野県立歴史館蔵
（１０）『長野県行政文書』「大正十五年公文編冊　八冊ノ内七　学務課小学校」長野県立歴史館蔵
（１１）『目で見る山王小学校のあゆみ』長野市立山王小学校創立七十周年記念事業実行委員会 平成五年
（１２）尾崎章一『長野県蚕糸業外史　中編』大日本蚕糸会信濃支部 昭和三十年
（１３）竹内菊雄『のびゆく長野市』長野市教育課 昭和二十七年
（１４）関崎富治『波瀾万丈の蚕糸業』平成十九年
（１５）『長野県行政文書』「蚕業試験場関係建築工事書類（大１５～昭２）」長野県立歴史館蔵
（１６）『長野市誌』（第六巻歴史編近代二）長野市　平成九年
（１７）『長野市水道誌』長野市水道公社　昭和三十一年
（１８）『長野市水道拡張工事竣工図』長野市役所　昭和四年　長野市公文書館蔵
（１９）『長野市水道小誌』長野市役所　昭和五年　長野市公文書館蔵
（２０）宮下秀樹『市誌研究ながの』第２６号「近世中期の煤鼻（裾花）川の災害」長野市公文書館 平成三十一年
（２１）『用水権確認請求事件』長野地方裁判所民事部 昭和二年　長野市公文書館蔵
（２２）霜田巌『鐘鋳堰の話』「補遺三」鐘鋳堰組合　昭和五十七年
（２３）『栗田町内会所有文書』「用水権確認（東京控訴院）」昭和三年 長野市公文書館蔵
（２４）『控訴状』東京控訴院　昭和二年　長野市公文書館蔵
（２５）『八幡鐘鋳控訴和解協定書』八幡堰用水組合 昭和五年
（２６）『長野市誌』（第六巻歴史編近代二）長野市　平成九年
（２７）『善光寺平農業水利改良事業沿革史』　長野県経済部　昭和十三年
（２８）玉城哲他『風土～大地と人間の歴史』平凡社 昭和四十九年
（２９）『長野市誌』（第六巻歴史編近代二）長野市　平成九年
（３０）『長野県体育協会史』長野県体育協会 昭和六十三年
（３１）『信濃毎日新聞』「昭和十一年十一月二十三日」信濃毎日新聞社
（３２）『昭和初十年の長野市』長野市役所　昭和十五年
（３３）小林宇一郎・小西純一『信州の鉄道物語（上）』信濃毎日新聞社　平成二十六年

第十章

暴れ裾花川を鎮めた人々

『市誌研究ながの』第三〇号に掲載されたものを転載

はじめに

戸隠連峰の最高峰である高妻山の西麓に源を発した裾花川は、戸隠連峰に沿って南流し、天神川と合流し向きを東に転じる。その後、小川、楠川と交わり景勝地裾花渓谷を刻み、長野盆地北西部の扇央に達し、向きを南に転じて犀川に合流している。その流路は約五〇㎞、流域面積約二八〇㎢で、平均河床勾配は約六〇分の一の急流河川である。

急流河川裾花川は古来より、幾多の洪水を発生させて沿岸の人々を苦しめてきた。筆者は長年、裾花川の河川災害史・改修史を研究し、『市誌研究ながの』に発表してきた(1)。範囲は、慶長期(一五九六―一六一五年)から現在までの四〇〇年である。その最終章となる本稿は、第二次世界大戦終結後間もない昭和中期に、荒れ狂う裾花川に立ち向かい、暴れ裾花川を鎮めた人々の偉業ついてまとめたものである。

【一】 山林の乱伐・過伐と水防の備え

第二次世界大戦後間もない昭和二十四(一九四九、以後現代は和暦のみ表示)年における山地・山野の様相は、戦時中の山林の乱伐や過伐で生じた荒廃林地や裸地が依然多く残る状況にあった。加えて戦後の食糧増産の目的で推進された開墾事業等の影響により山地の保水力が減少するなか、これらを原因として引き起こされる河川災害の発生が増大していた。ひとたび災害が発生しても戦後の経済・財政の混乱にあって、災害復旧工事に対する予算は大幅に圧縮され、復旧にかける期間も以前の倍以上の年月がかかるようになっていた(2)。

このような情勢のもと、復旧工事の完成を見ぬうちに毎年のごとく洪水に見舞われ、被害の増大とともに復旧事業の進捗は遅れ、長野県における土木費の大半が災害復旧費にあてられる事態になり、恒久的な土木工事の実施が困難となる状況にあった(3)。

このような事態を背景に、水害を未然に防ぎ災害を最小限に防止することを目的に水防法(法律第一九三号)が昭和二十四年八月三日に施行された(4)。水防法は、水防管理団体を組織し自主的に水災を警戒・防御することで、発生が続く被害を軽減することを目指すもので、所謂防災活動のソフト面の強化であった。

長野県は水防法の公布と相まって『長野県治水の全貌』(2)を発刊した。この序言は水防の必要性を次のように述べている。

「即ち、河川の愛護と水防」これこそは、われらに残された唯一の水害防除対策である。

そして最終節の「災害危険個所の予想」では、県下の各水系別に危険予想個所二百五十一個所が公表されていた。その中に、裾花川左岸の長野市九反の堤防と右岸の安茂里村(現、長野市安茂里)小柴見と米村の堤防が明記されていた。九反堤が決壊した場合の被害想定は、浸水面積一〇八〇町歩（一〇・七一㎢）、被災戸数二、〇〇〇戸とされていた。裾花川大氾濫発生のわずか数ヵ月前に発せられた警鐘であった。

そして本書は次の言葉で締めくくられていた。

最後に付言したいことは、「目的はあくまで洪水の防御」である。財政に関する限り、時世はまさしく一変した感が深い。治水の完璧を望んでは、国も県も当然これに努力せねばならないが、水害の未然防止は一に地元民の河川に対する不断の愛情と保育、及び積極的且つ強力な水防の実施以外に手だてはない。

「美はしい信州の村や町を濁水から守りませう。二百万県民の各位よ、乞う！水防の全きを！」

【二】 大災害発生の序章

災害の発生が強く危惧される状況にあって、まずデラ台風が長野県下を襲撃した。昭和二十四年六月十八日から二十二日までの五日間連続降雨は西筑摩郡下で最大雨量二七四㎜を記録し千曲川、天竜川、穂高川等の各地で警戒水位の倍におよぶ出水が発生した(5)。

この時犀川も増水し、更級郡青木島村（現、長野市青木島）の堤防が八〇ｍ欠壊したが、周辺六ヵ村総出の水防活動により破堤はくい止められ、二千町歩（十九・八㎢）の氾濫を未然に防いだ(2)。

この年に長野県を直撃した二つ目の台風は、八月三十一日から九月二日にわたる風水害をもたらしたキティ台風であった。

南佐久郡下においては年間降雨量の五割に相当する五一七㎜の降水量を記録した。千曲川水系の被害が著しく、千曲川は一日午前六時半に上高井郡日野村村山（現、須坂市村山）で本堤が決壊した。濁流は村山集落や豊洲村相之島地区（現、須坂市相之島）に流れ込み六五〇余の家屋が被災する激甚な災害をうけた(6)。

一方、裾花川上流域にある鬼無里村（現、長野市鬼無里）の三十日から一日の累計降雨量は二三二㎜(5)に達し、流域で土砂災害が多数発生していた。裾花川大氾濫発生のわずか三週間前の出来事であった。

【三】 昭和二十四年九月二十三日 二つ玉低気圧による災禍

九月二十二日五島列島で発生した低気圧と種子島付近で発生した、所謂二つ玉低気圧通過に伴う豪雨が、県下を襲った。裾花川流域では、二十二日の鬼無里村の降雨量が一二一㎜に、長野市の降雨量が八〇㎜に達した(5)。

二十三日午前七時三〇分ごろ裾花川は、犀川合流点より六〇〇ｍ上流左岸の九反堤防が二〇〇ｍにわたり決壊した。濁流はただちに九反、荒木地区（**写真1**）に襲い掛かり、旧鐘紡長野工場（現、長野赤十字病院と若里多目的広場）を呑み込んだ（**写真2**）。ここは、終戦後間もなく進駐軍（ＧＨＱ）に施設の三分の一が接収され、長野進駐軍司令部・長野軍政部（後に長野民政部に改組）が駐屯していて、兵舎が水没した[7]。その後濁流は、隣接する川合新田村や大豆島村方面（何れも現、長野市）に押し寄せた。

続いて午前八時十五分ごろ三〇〇m上流の裾花橋（現、国道十九号裾花橋）が半分押し流された（**写真3**）。壊れた橋の木材が、下流に位置する信越線裾花鉄橋の橋桁に押し掛かり、流れがせき止められて裾花川の水位が上昇して、左岸の堤防で越水が発生し決壊した[8]。濁流は、岡田、中御所、七瀬方面に向うとともに朝日・柳原・長沼の村々（何れも現、長野市）を浸水した。そのとき信越線長野駅構内も約三尺（九〇cm）の濁水に浸かっている。

さらに、午後十二時半ごろ岡田町の旧武徳殿弓道場（当時は国家警察長野県本部第二寄宿寮）脇の裾花川左岸堤防も二〇〇mにわたり欠壊して旧弓道場が半壊したが（**写真4**）、隣接する旧善白鉄道の軌道盛土に越水を妨げられて破堤は免れている[9]。

午後五時の時点で柳原地区の湛水は深さ二・五mに達していた。長野市は救済本部を設け常設消防隊員二〇〇人、義勇消防隊員二〇〇人、市役所職員が四〇〇人出動し対応に当たった。長野市内の被害は二ヵ所の堤防が決壊したことにより二十四日時点で、死者三名、軽傷者八六人、家屋全壊三八戸、半壊三七戸、

写真3　濁流に呑まれた裾花橋（安茂里一〇〇年より）

写真1　荒木地区を襲った濁水（長野市公文書館蔵）

写真4　旧武徳殿弓道場を襲った濁流（『水害に生き残る』[8]より）

写真2　水没した鐘紡長野工場（長野市公文書館蔵）

床上浸水七二〇戸、床下浸水一、二三五戸と発表された。[10] これは第二節で示した『長野県治水の全貌』の「災害危険個所の予想」に記されたものをはるかに超える大被害となっていた。

【四】 裾花川の激流に立ち向かった人々
「裾花川の薫」

堤防決壊から半日を経過した二三日午後九時ごろ、長野刑務所に長野県知事林虎雄の命を受けた長野県土木部長野出張所（後に長野建設事務所）の山崎四郎所長らが訪れ、菊池新之亟所長に受刑者一、〇〇〇名の災害救助出動を要請した。自衛隊に災害出動を要請するというような仕組みがない当時、究極の選択であった。過去に利根川の堤防が決壊した際に長野刑務所の受刑者が応援に行った経緯があり、受刑者の中には、この種の経験があるもの達が存在したという。[11]

以下『裾花の薫』[12] から長野刑務所の受刑者の八日間にわたる復旧作業の概要を記す。当時の長野刑務所の受刑者数は一、四〇〇名でここから病人等を除いた人員から一、〇〇〇名を出動させることは、刑の軽重を問わず全受刑者の出動を意味し前代未聞の要請であったという。刑務所幹部を招集し協議した結果、菊池はこの異例の要請を受ける決断をして迅速に対応準備を進めた。

翌二四日午前三時、受刑者全員を、起床させ朝食を済ませ、午前四時三〇分、第一大隊四九三名、第二大隊三五〇名の出動準備を整えた。菊池は出動に先立ち、受刑者達に今回の出動の意義を伝え、次の言葉で締めくくった。

私は諸君を信頼する。私の信頼に応えて裾花川の堤防決潰地点を完全にせき止めて罹災者を救済して貰いたい。

これを聞いた受刑者全員が一人残らず「はい、やって来ます」と大声で応えたという。そして六時三〇分、第一大隊は四km先の堤防決壊地点に向かった。

一方、第二大隊は、刑務所から一kmほど北にある郷路山に向かった。ここで山肌を切り崩し、砂利を採取して砂利俵（現在の土のう）を作る作業にあたった。砂利俵はトラック一五台で堤防決壊地点に繰り返し運ばれた。日頃は軽作業中心の労働にしか従事しない受刑者にとって過酷な肉体労働が始まった。

堤防決壊地点に向かった第一大隊の作業は、川倉（聖牛）と呼ばれる松丸太で造った透過水制を激流に沈設して水の勢いを弱め、応急的な仮締切（堤防）を造る危険な作業であった（**写真6**）。直径二、三〇cm、長さ四、五mの松丸太を鉄線で緊結して三角錐状に組み立て、水中に投入して砂利俵で周りを固めるもので、これにより川の流れを変える戦国時代から伝わる伝統的な工法である。この作業は、当時の長野県土木部の指揮により進められた。

作業初日の日没が近づいても裾花川の水勢は衰えることはなく、部隊の人員を二つに分け交代での徹夜作業を続行した。第二大隊の撤収は翌日午前零時となった。

　開けて二十五日午前六時、第一大隊人員過半と第二大隊の隊員は、僅かな仮眠休憩のあと再度出動した。徹夜作業をした隊員達と合流し再び八四三人全員での二日目の作業が続行された。

　その後も昼夜にわたる作業は続き十月二日まで八日連続の激務であった。この間、一人の逃走者もなく負傷した者もいなかったという。裾花川の両岸に集まった多くの市民は、受刑者達の奮闘を目の当りにした。市民からはありあまる差し入れの品が寄せられ、受刑者たちも一層奮起したという。

　最終的に約一〇〇基あまりの川倉が受刑者により構築投入され激流を鎮めることができた[11]。後に、長野刑務所は、「法務総裁表彰状」、「東京矯正保護管区長　表彰状」、「長野県知事　感謝状」、「長野県慰労金」、「長野市長　感謝状」、「進駐軍長野民政部　感謝状」を受賞している。

写真5　昭和初期の郷路山斜面(長野市誌より)

写真6　第一大隊が挑んだ九反堤の仮締切『水害に生き残る』[8]より)

　県知事からの異例の出動要請の背景には、進駐軍長野民政部の強い意向があった。被災当日出張中であった林県知事は、民生部の命令で直ちに帰庁し、決壊地点に駆け付けている。進駐軍の命令は、決壊個所を二四時間以内に復旧せよというものであった[13]。知事の上に絶対的立場で君臨する進駐軍民政部からの命令は万事に及んでいたが、駐屯地が水没する事態に及び、緊急対応を要求する進駐軍の圧力の強さは想像に難くない。究極の選択を迫られた長野県は、やむなく長野刑務所の受刑者動員を決断したものと思われる。受刑者の出動中には、進駐軍長野民政部の憲兵(ＭＰ)や市内吉田に駐在した、連合軍最高司令官総司令部直属の対敵情報機関(ＣＩＣ)らの監視の目があったものと考えられる。

【五】　応急復旧対策

　九月二十九日午後、群馬県前橋市に駐屯していた進駐軍工兵隊のブルドーザーとダンプカーが裾花川九反堤決壊現場に到着した。ブルドーザーは六〇〇ｍほど上流の河川敷の土砂を採取してダンプカーで運搬し、刑務所の受刑者達が川倉でせき止め築いた仮締切(仮設の堤防)の内側に並行する土手を築く作業を始めた。これにより堤内地に流入する漏水が徐々になくなり、十月二日には応急的な築堤が完了した。

翌三日には受刑者達は進駐軍民政部の駐屯地に向かい、浸水の後始末の作業に就いたという[12]。その後、六日と二十八日に降雨により裾花川が増水し刑務所に出動要請がくりかえされている。

一方、キティ台風と二つ玉低気圧に伴う豪雨の直撃を受けた裾花川上流の被災も甚大であった。鬼無里村(現、長野市)を流れる裾花川の沿岸の被害は大きく、特に裾花川とその支流の天神川と並走する県道北城・長野線(現、国道四〇六号)は道路決壊、土砂崩落等が多発して交通は断絶した。鬼無里村の七ツ室地籍で八〇〇m、雀岩地籍では一八〇mの道路が跡形もなく消滅するなど、鬼無里村内の護岸七三ヵ所、道路四六ヵ所、橋梁一五橋が被災した。これらにより長野、鬼無里間は八日間にわたり交通が断絶している[14]。

写真7　復旧された折橋地区の楠川の護岸

さらに、戸隠村を流れ下る裾花川支流楠川も大きな被害を出した。県道北城・長野線から分かれて戸隠宝光社に向かう村道参宮線は楠川沿いに造られた道で、折橋地区で八〇mほどが流出し通行が不能となっていた。長野土木出張所は、ただちに建設業協会長野支部に復旧工事の協力依頼を行い各社が分担して対応に当たり、年度内の復旧をほぼ完了した。

【六】　災害助成事業はじまる

裾花川下流域の被災後行われた災害個所の調査で、**表1**に示した七個所の堤防及び護岸の復旧工事費が五、三〇〇万円と査定された。これに助成費用三、〇〇〇万円を加えた合計八、三〇〇万円の災害助成事業が国に採択された[15]。

災害助成事業とは、河川の災害が激甚であって、災害復旧工事のみでは十分な効果を期待できない場合において、部分的な継ぎはぎ工事となる災害復旧事業に換えて災害復旧事業費に助成費(改良費)を加えて一定計画の下に施行する改良事業のことで、昭和二十四年から国が導入した施策で、長野県では裾花川と佐久地方の滑津川と湯川が初の対象事業に採択された[16]。

裾花川の被災前の堤防は一定計画に則って構築されたものでなく、河積の狭小、法線の不良、工作物の弱小等が今回の被災の要因となったと判断され、一定の計画の下に実施される災害助成事業による復旧が決定されたものである。

当初は、二十五年度から二十七年度までの三年間の事業計画であったが、実際には二十九年度まで事業が実施されていた[17]。

表1に昭和二十五年度実施の助成工事の概要を示した。

最上流の岡田工区は、雑割石練積み(法長一二m、延長一五〇m、面積一、八〇〇㎡)、盛土一二、〇〇〇㎥、水制ブロック三個所、木工沈床二四〇枠の工事内容で昭和二十五年二月に請負方式で発注された(**写真10、11**)。木工沈床に使用する大量の材木は傍陽村(現、上田市)や栅村(現、長野市)から、護岸用の雑割石は松代町の金井山(現、長野市松代)から調達された。盛土は河床整理で発生する土砂を流用している。これには戦時中に使用された戦車を改造したブルドーザー三台が投入されたという(**写真8**)。当時現場で施工の指揮を執っていた森山清は、改造ブルドーザーは故障が多く下流の九反工区で稼働していた国産のD50ブルドーザー(**写真9**)が羨ましかったと回想している[18]。

このころ、長野刑務所の受刑者らが締め切った仮堤防も本格的な護岸工事が進んだ。ここでは国産のD50ブルドーザーが活躍していた。出水当初から九反

表1　裾花川助成工事概要[15](昭和二十五年度分)

個所名	延長m	工費千円	摘要
左岸長野市岡田	280.0	9,477	築堤工
右岸上水内郡安茂里村小柴見	65.5	1,934	護岸工
左岸長野市中御所	265.6	4,785	築堤工
右岸上水内郡安茂里村差出1号	200.0	6,210	築堤工
左岸長野市九反	413.0	9,486	築堤工
左岸長野市荒木	160.0	450	護岸工
右岸上水内郡安茂里村米村	63.0	1,298	護岸工
計		33,640	

写真10　左岸岡田工区の水制ブロック(守谷商会提供)

写真8　黒煙を吐く戦車改造ブルドーザー(守谷商会提供)

写真11　現在も健在の岡田堤の木工沈床

写真9　九反堤で活躍したブルドーザー(川浦土建提供)

写真12　基礎工事中の長野県建設事務所
（川浦土建提供）

写真13　災害復興のシンボル長野建設事務所庁舎
（守谷商会提供）

堤破堤の応急対応に携わっていた川浦太郎は、進駐軍のブルドーザーの威力を目の当たりにした一人で、二十五年から始まった災害助成工事に際しブルドーザーを長野県内ではいち早く導入して工事にあたっていた[11]。

被災した左岸岡田堤防脇には長野県長野建設事務所が建設された。裾花川の再度被災にも耐えられる堅固な基礎の上に新築された復興のシンボル的存在であった（**写真１２、１３**）。

また、旧武徳殿弓道場（国家警察長野県本部第二寄宿寮）も、昭和二十五年三月仮復旧された後、二十六年三月までに建て替えられた[17]。

【七】裾花川総合開発計画の想起

昭和二十四年のデラ・キティの二つの台風と二つ玉低気圧による豪雨等相次ぐ災害の損害は、長野県全体で八〇億円におよび、全国の災害復旧費に相当する巨額なものになっていた。林虎雄知事は多発する災害の発生を抜本的に根絶することを目的に「信州のＴＶＡ構想」[19]を想起し「信州河川総合開発委員会」を県庁に設置した。災害の発生原因を科学的に明らかにし、対策の重点を消極的な復旧から積極的な防災に転換させ、治山治水を中軸とする郷土の恒久的総合開発計画を実行しようというものであった。

その後、半年遅れて国の「国土総合開発法」が制定され、「天竜川東三河特定地域」と「木曽特定地域」が指定され、この地域の開発が先行することとなった。長野県の総合開発計画は国の国土総合開発審議会の検証を経て二十六年四月に完成した。これには裾花川開発を含めた一六（後に一八）地点の計画が盛り込まれた。

裾花川流域は洪水が多いので治山事業に重点をおき、裾花川上流部、支流の楠川・小川・長野市芋井区の崩壊地等を対象とする対策が盛り込まれた[20]。

【八】土砂流出対策坪根堰堤着工

キティ台風と二つ玉低気圧による豪雨で裾花川上流部は大きく荒廃していた。降雨の度に不安定な土塊が流出するおそれがあった。長野県土木部は鬼無里村と柵村(現、長野市戸隠)の境付近の裾花川坪根地先に貯砂と洪水調節を兼ねる砂防ダムを建設し、下流への土砂流出防止と洪水防止を図った。

坪根砂防堰堤は、高さ一六m五〇cm、長さ六六m五〇cm、計画貯砂量二五万五千㎥の石積み(石張り)アーチ式ダムで、二十五年から工事が始められ、二十七年に完成した。引き続き楠川で、下楠川砂防堰堤の建設に着手して三十一年に完成をみた。その後も継続して砂防工事が実施されている。なお、坪根砂防堰堤及び楠川流域における堆砂量は、坪根堰堤においては一年に七万四百㎥、楠川流域においては年四万九千㎥と算定されていた。(21)

写真14　優美な姿を見せる坪根堰堤(長野県写真提供)

写真15　アーチを描く水通しが美しい

坪根砂防堰堤は、アーチ式砂防ダムである。当時、長野県内には多くのアーチ式の石積砂防ダムが構築されていた。その数は、昭和十年代から三十年代の間に二一基にのぼり、全国の都道府県比較では最多の施設数となっていた。(22)

川幅が比較的狭い谷地形で、かつ両岸が強固な岩盤でアーチ推力を安全に支持することができる場合には、堤体積を少なくでき経済的に有利なアーチ式砂防ダムは、物資が不足した戦中、戦後に採用事例が多かったのである。坪根堰堤は当時長野県職員であった松林正義により設計された。京都大学を卒業間もない新進気鋭の土木技術者であった。その後、松林は昭和三十八年大分県の砂防課長として転出した後、四十一年に長野県砂防課長、四十八年に建設省の砂防課長、砂防部長を歴任した人物である。(23)

写真14、15に坪根砂防堰堤の優美な姿を示した。令和三年には、国の登録有形文化財(建造物)に指定されている。

昭和二十六年一月、坪根砂防堰堤の設計が進むなか、その下流に洪水調整ダムを建設する構想が八木貞助により提唱された。(24)

この時点では、坪根砂防ダムより四、〇〇〇m下流の柵村志垣の地点に高さ四〇m、長さ九〇m、貯水量八〇〇万㎥のダム建設を第一案とし、第二案として芋井村萩久保沢合流地点(現、長野市)の下流に、高さ六〇m、長さ一三〇m、貯水量一、九〇〇万㎥の発電施設を備えるダムを建設する案があった。

【九】 裾花ダム建設調査事務所長山崎陽三着任

昭和三十五年、裾花川総合開発計画に洪水調節、上水道、発電の三つの目的を有する多目的ダムの建設が盛り込まれた(25)。裾花ダムの建設である。昭和二十四年の大洪水から十年余りの歳月が流れていた。これに先立ち三十四年度から予備調査が実施されていて、三十六年九月には「裾花川総合開発計画概要書(21)」がまとめられている。この段階では高さ八五m五〇㎝の円形アーチダムとして計画されていた。

ダムの形式は、重力式ダム、セミアーチ式ダムおよびアーチ式ダムを比較検討した結果、良質な砂利を現地で確保することが難しいことから、コンクリートの使用量を抑えることができるアーチ式ダムが選定された。これには当時、関西電力の黒部ダムや東京電力の奈川渡ダムがコンクリートアーチダムとして建設されていたことも背景にあったものと考えられる。

長野県総合開発局は、三十六年八月には建設省に対して多目的ダムの建設計画を説明し国の認可を待った。建設省の補助金を得て長野県がダムを建設するのは裾花ダムが初めてのことであった(26)。

認可を得た長野県は、三十七年四月二十六日に裾花ダム建設調査事務所を開設し、三十九年度の着工を目指し実施設計に着手した。事務所長には、前年まで大分県の北川総合開発事業で北川ダム建設事務所の土木課長として建設の指揮をとっていた山崎陽三が招聘された。北川ダムは、大分県政史上初の多目的アーチダムで昭和三十四年に着工し、三十七年に竣工していた(27)。ダムの高さは八二m、堤頂一八八mで、建設予定の裾花ダムとほぼ同じ大きさのコンクリートアーチダムであった。コンクリートアーチダムの建設経験がない長野県に、アーチダム建設のスペシャリストとして迎えられた山崎は、この時三七歳の若き事務所長であった。

山崎は大分県湯布院町の出身で、旧九州帝国大学で航空工学を専攻し航空機製造の技術を勉強していた。在学中に終戦を迎え、敗戦により航空工学の道は閉ざされた。山崎は、やむなく土木工学に転学している。土木工学を専攻した理由は、構造工学と水理工学に、航空工学で学んだ構造力学や流体力学の知識が応用できたことによるものであったという。大学卒業後、大分県に奉職し、大野川河水統制事業、大分川総合開発事業、北川総合開発事業に携わった(27)。

山崎の着任後、裾花ダム建設調査事務所は、予備調査で実施した地盤調査に加えて更なる実施調査を重ねた。アーチダムは貯水した水の圧力でアーチに生じた軸力を、両岸の強固な地盤で支える必要があることから入念な調査が実施された。調査が進む中で右岸に泥質凝灰岩という将来脆弱化する恐れがある岩体の存在が確認された[28]。そこでダム本体の着工年次を一年先送りして、建設予定地の荻久保沢合流点直下の中部電力芋井発電所取水口地点に加え、六〇〇m上流の狭窄部を次善の候補地に定め、詳細なる追加調査を実施し万全を期した。

翌三十八年八月、委託先の地質コンサルタント会社により「裾花ダム基本設計方針[29]」が取りまとめられた。九月初旬、電力中央研究所田中博士、前建設省土木研究所高田博士らによる現地踏査が実施され、地質岩質の検分と討議を行いダムの建設地点を決定した。

これを受けて九月二十六日、裾花ダム建設調査事務所は、「ダム地点の決定について」と題する文書で建設地点を当初の計画通り芋井発電所取水口地点と公表した。これを鬼無里村等の関係者に以下のように伝えた[30]。

一、上流地点の岩質は一様な凝灰角礫岩で断層亀裂等の特殊の弱点はないが全般的に凝灰質部分が多く、岩質が脆弱で五〇m以下の重力式ダムの築造は可能でも八〇m級の高いダム又は、アーチダムの基礎としては安全度が不十分で而も、全般的に脆弱なため補強が困難である。

二、下流地点は泥岩部に弱点があるが其の他の岩質は上流に比べてはるかに堅硬で弱点である泥岩部も局部的な問題があるから信頼し得る補強は可能で総合的に見て上流に比して八〇m級の高いダムの基礎としては下流地点の方が安全性が高い。

ダム建設地点の決定は、十月七日の県会本議会で企業局企画部長により報告され、翌年度の着工が伝えられた[31]。

【十】谷を渡る橋

昭和三十八年十二月には、国の新年度予算編成で大蔵原案が決まったことを受け、二十一日に建設省から県企業局の裾花ダ

写真16　在りし日の山崎陽三(写真中央)(小林暁子氏提供)

写真17　ダム湖に沈んだ旧戸隠橋[45]

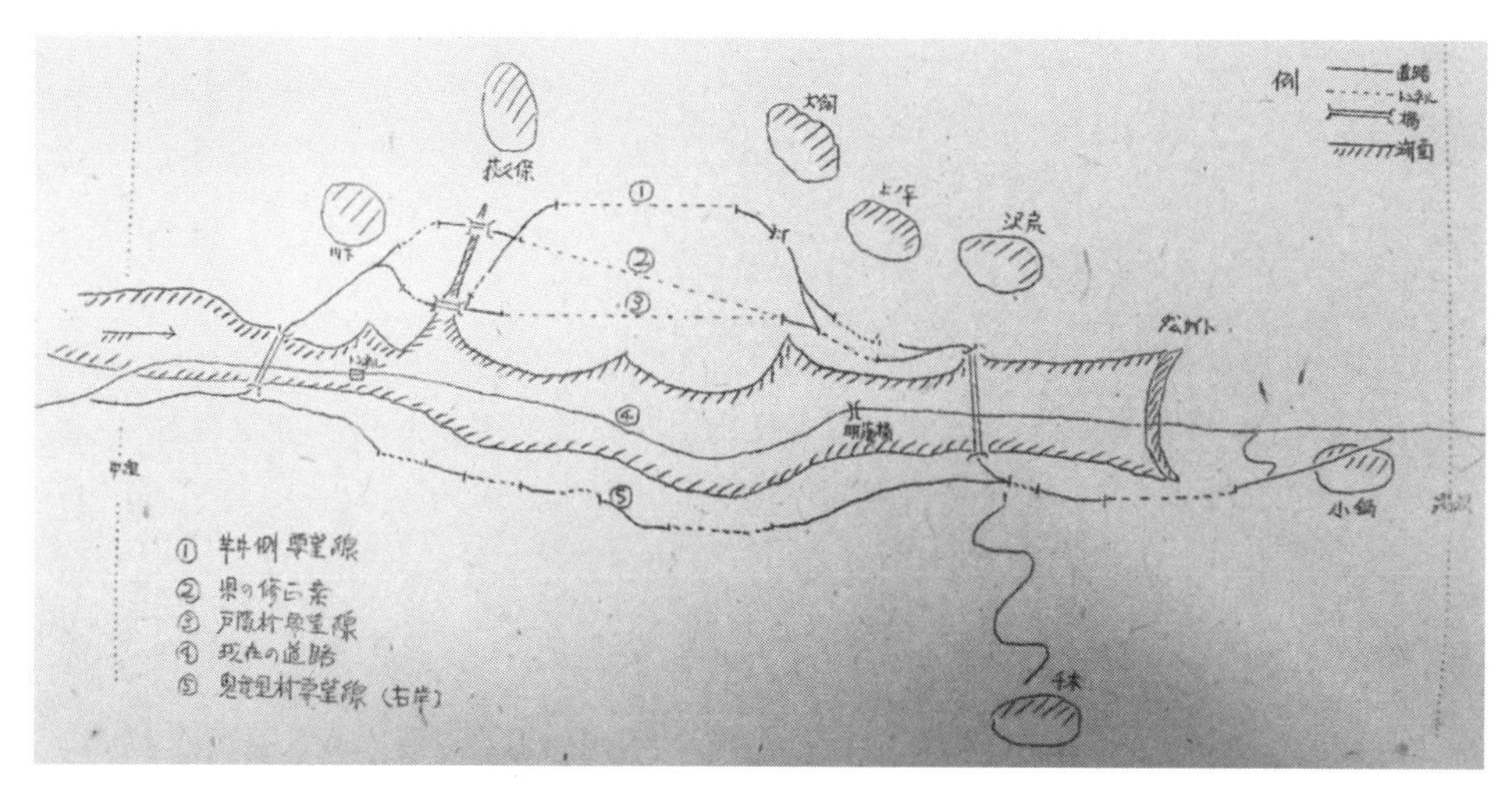

図1　裾花ダム付替え道路ルート検討図(34)（昭和39年6月12日時点）

表2　ルート案の比較表(34)

	ルート名	ルート説明	総延長	道路部	トンネル延長	橋梁延長
①	左岸第1案	芋井側要望線	4,956.0	3581.2	966.0	408.8
②	左岸第2案	県の修正案	4,581.0	3207.3	1059.0	314.7
③	左岸第3案	戸隠村要望線	4,546.0	3167.3	1064.0	314.7
④	現在の道路	（ダム湖水没）	4,563.0			
⑤	右岸ルート案	鬼無里村要望線	4,610.0	3,572.2	959.0	78.8

右上段　ダム湖を渡る裾花大橋(35)
右下段　湛水前の裾花大橋
左上段　裾花大橋（左岸より望む）
左中段　荻久保沢を越える荻久保橋
左下段　裾花川を渡る戸隠橋

写真18　裾花ダム付替え道路工事で建設された主な橋梁

ム建設に二億円の補助が認められた旨が伝えられた[32]。

ダム建設着工にめどがついた同年十二月十五日、ダム建設地の上流に当たる鬼無里村で村民大会が開かれ、以下の六項の決議が行われた[33]。

一、綜合開発により、ダム上流地域が恩恵を受けられるような諸施策を構じること。
二、綜合開発の一環として県道白馬長野線の未改修地点貫通し全線の大幅な改良工事を早急に実施すること。
三、県が現在計画しているつけ替道路は上流地域にはきわめて不利なので右岸に計画を変更し最短距離にして幅員二車線以上とすること。
四、つけ替道路の施工に当っては交通その他支障のないような処置を構じること。
五、ダム上流地域に治山治水事業を早急に実施すること。
六、辺境地の振興を図る、公共施設等の建設をすること。
右事項が採択されない場合は裾花ダム建設に断固反対する。

と記された陳情書が長野県議会に提出された。十六日には、鬼無里村から県庁までのデモ行進と集会が実施されている。

この陳情から三週間ほど前の十一月二十八日に鬼無里村が行った現地踏査に、山崎陽三は随行の職員一名を従えて同行し、計画ルートの説明にあたったが鬼無里村は納得しなかった[33]。年が明けた一月九日、鬼無里村は県知事と企業局長に、陳情に対し一月三十一日までに文書で回答することを求めた。これに対して企業局長は、付替え道路は、原道復旧が原則で、地元要望を満たす為には国庫補助金に加えて県単独の予算付が必要であるとして、二月中旬に回答することを伝えた。

一方、戸隠村は、「裾花ダム建設計画に伴う公共施設に対する要望書」[34]を三十九年二月二十四日に取りまとめている。その中には、県道長野白馬線の付替え道路に関する要望として左岸第三案（**図1**、**表2**参照）の実現を訴えた。又、右岸ルートとする場合には、下祖山地区から対岸の川下地区に通じる戸隠橋（**写真17**）を永久橋に架け替えることを求めた。

このよう状況のなか、三十九年四月、長野県は裾花ダム建設調査事務所を裾花川開発建設事務所に改組し、本格的なダム建設に備え体制を整えた。

両村の利害が反し調整が難航したが、六月、山崎が率いる裾花川開発建設事務所は、三つの鋼橋で渓谷を繋ぐ左岸第二案（県修正案）を示した[34]。ダム上流五〇〇m地点右岸より、裾花大橋（ツーヒンジアーチ構造、橋長一三五m、**写真18**右上段）で左岸に渡り、荻久保橋（パイラーメン構造、橋長六八m、**写真18**左中段）で支流荻久保沢を越え、川下地区を経て戸隠橋（スパンドレルブレスドアーチ構造、橋長七六m、**写真18**左下段）で再び裾花川を渡り右岸に通ずるものであった。このルートは、鬼無里村が要望した右岸ルートよりも短いルート設定となっていた。鬼無里村は県が八月三十一日示した左岸第二案（再修正案）に一部変更を追加する条件で合意し、九月には県と協定を締結した。[33]

最終的には延長四、五八五ｍの付替え道路の建設が決定し、道路建設が着手された。総工事費は四億六千万円で前述の三つの橋梁を含む四橋梁や荻久保トンネル（四四六ｍ）など六本のトンネル建設が盛り込まれた。[36]

写真１８に示した裾花大橋は建設時には明藤橋と呼ばれた橋で当時県下最長のアーチスパンを誇った。昭和四十年三月には、小鍋第一号隧道が貫通し、昭和四十一年六月、裾花ダム付替え道路は開通している。

【十一】 基礎岩盤処理委員会による検討

昭和四十年四月、裾花ダムサイトの掘削工事が開始された。ところが、この年の八月にダム地点の南方約一〇㎞の位置にある埴科郡松代町（現、長野市）付近を震源とする松代群発地震が勃発した。この情勢の変化を背景に、三十八年九月に方針を決定したダムサイト右岸の泥質凝灰岩に関する対応に再び慎重な対応が求められるようになった。

昭和四十一年一月には、建設省、通産省等の有識者や専門家を招集した「裾花ダム基礎岩盤処理研究委員会」が組織され岩盤処理の方法を中心とした設計方法の見直しが実施された。[37]

一方、建設省土木研究所ダム構造研究室により、当時はまだ珍しかったコンピュータを用いたアーチダムの応力解析が実施され、堤体コンクリートならびに基礎岩盤内に生じる応力が少ない放物線アーチ構造とすることで安全なダムが構築可能との結論を得た。[38] これを反映した裾花ダムの詳細設計が完了し、翌七月、「裾花ダム基礎岩盤処理研究委員会」においてダム本体設計の最終案がまとめられた。[39]

「基礎岩盤処理研究委員会」の意見を取りまとめダム建設の道筋を固めた山崎陽三は、昭和四十二年三月裾花ダムの完成を見ることなく、奈良県河川課長に転任している。

山崎は、裾花ダムの建設業務を離れるにあたって、「裾花ダムの施工と設備機械について」『ダム日本二六四号』[40]と「裾花ダムの工事概要と施工設備」『建設の機械化二〇六号』[41]ならびに、「裾花ダムの地質と設計」『発電水力№八九』[42]の三編の裾花ダム建設に関する技術論文をまとめ、関連技術冊子に投稿し後世に伝えている。

【十二】 最初で最後の県営コンクリートアーチダム

山崎が裾花ダム開発建設事務所を去った二ヵ月後の昭和四十二年五月二十二日、裾花ダムのダムサイトで定礎式が挙行された（**写真１９**）。西沢権一郎長野県知事はじめ工事関係者二〇〇人が出席し、横五〇㎝、縦三〇㎝、高さ四五㎝の定礎が堤体最深部に据えられコンクリートで固められた。[43]

完成を目指すダムは、堤高八三m、堤頂長二一一・一六mで、計画洪水量毎秒一、二六〇m^3（八〇年確率）を毎秒六〇〇m^3（長野市妻科地点）に低減する目的で総貯水容量一、五〇〇万m^3、堆砂容量五〇〇万m^{3}の洪水調節能力と、ダム直下に発電能力一四、六〇〇kWを有する裾花発電所ならびに長野市上水道水源として日二万m^{3}の給水能力を有する多目的ダムである。ダム築造費用は三三億円、発電所建設費として一七億九千万円が計上されていた。

写真19　本体工事着工を祝う定礎式（信濃毎日新聞より）

ダムサイトの掘削工事は昭和四十一年四月に開始され、月平均一万五千m^3（日平均約六百m^3）の掘削が翌四十二年三月まで続けられた(41)。

ダム堤体のコンクリート量は水叩等を含めて合計十二万二千m^3。厳冬期である一、二月を除く昭和四十二年三月から翌四十三年十月までの一八ヵ月の間、降雨日を除き一日二交代で、日最大四八〇m^{3}のコンクリートを打設する計画であった(40)。

コンクリートに使用する骨材は、良質な材料が付近の河川から得ることができないことならびに、安全な運搬道路の整備が困難であることから、ダム地点上流約一、〇〇〇mの右岸山腹の原石山で砕石と砕砂を製造して、七八〇m離れた右岸ダムサイトまで索道を用いて運搬された。砕石プラントの製造能力は、月八千m^3、日平均三二〇m^{3}のコンクリート製造に要する骨材を実働八時間で製造できるように計画された(40)。

コンクリートは、硬化の過程のセメントと水の化学反応で発熱して内部が高温となる。特にダムコンクリートのような大断面のコンクリートの場合は、中心部と表面部の温度

写真22　完成したダムを上空より望む

写真20　建設中のダム（下流左岸より）

写真23　右岸ダムサイトより望む
裾花ダム管理事務所提供

写真21　建設中のダム（上流右岸より）
裾花ダム管理事務所提供

写真24　ダム湖に沈んだ下楡木の集落(43)

写真25　上空よりみた奥裾花ダム
（裾花ダム管理事務所提供）

写真26　下流よりみた奥裾花ダム
（裾花ダム管理事務所提供）

差が大きくなる。これが徐々に冷える過程で中心部と表面部の収縮量の違いから生じる拘束力でひび割れが生じる。裾花ダムではこのひび割れの発生を防ぐためにあらかじめ堤体内に配管した管内に冷却水を循環させ、硬化中のコンクリートの冷却を行うパイプクーリングが実施されている。[41]

昭和四十四年二月二十一日、長野県が手掛けた最初で最後のコンクリートアーチダム・裾花ダムが完成し、湛水式が挙行された。続いて五月には裾花発電所の運転が開始された。

ダムの湛水で戸隠村の川下、下楡木、下内、砂田、土合の五地区の一部が湖底に沈んだ。水没した家屋は三二戸（**写真２４**）、土地は一七万九二六六㎡に及んでいる。谷合の地を後にした住民は、一部は村外に出、残った人々は川下、下内、上土合などの地区で新しい暮らしを始めたという。[45]

【十三】奥裾花ダムなる

裾花ダムが完成して間もない昭和四十四年に、裾花川上流総合開発事業の実施調査が建設省の計画に盛り込まれ、奥裾花川開発調査事務所が設置された。[37] 四十六年三月には「裾花川上流総合開発事業計画書（奥裾花ダム）」が作成され、[46]本格的なダム建設の道筋をつけた。

奥裾花ダムは、裾花ダムと同様に洪水調節、発電、上水道等を目的とした多目的ダムである。先に完成した裾花ダムの洪水調節は八〇年に一度の確率で生じる洪水を対象とした設計であった。これに加え二〇㎞上流の鬼無里村秋紅岩地点に奥裾花ダムを建設して、上下二つのダムで一〇〇年に一度の確率で生じる洪水に対応できる洪水調整能力に高める計画であった。ダム下流には、きなさ発電所（最大出力一、七〇〇kW）と水芭蕉発電所（最大出力九八〇kW）の二つの発電所が建設された。また、長野市等の上水道を対象に日三万㎥の水源が確保された。

ダム形式は重力式コンクリートダムで、高さ五九ｍ、貯水高五四ｍ、堤頂の長さ一七〇ｍ、総貯水量五四〇万㎥、計画堆砂量二一〇万㎥のダムが計画された。[47]

時代をさかのぼること百三十年ほど前、弘化四（一八四七）年の善光寺地震では、この奥裾花ダム建設地点の下流約三、八〇〇mに位置する「アサヲクボ」で発生した地滑りで裾花川に塞き止め湖が出現した。この塞き止め湖は、湛水深さ五四m、推定最湛水量大五六〇万㎥で、昭和四十五年に完成した奥裾花ダムとほぼ同じ規模であった(48)（第七章参照）。「アサヲクボ」一帯は、日影向斜と呼ばれる堆積層が褶曲してできた斜面で地滑りが発生しやすい地質であった。

　奥裾花ダムの当初の建設予定地である女龍岩地点も日影向斜の東翼部に当たり地滑りの発生が懸念されたことから、建設省土木研究所による現地踏査結果をふまえ、秋紅岩と称される安全な場所に建設地点が変更されて建設が進められた(37)（**写真25、26**）。ここに昭和二十四年の豪雨災害から三〇年余の年月を掛けた「裾花川総合開発計画」ならびに「裾花川上流総合開発計画」は完結した。

写真27　平成7年7月12日の出水状況　旧長野建設事務所前
（裾花ダム管理事務所提供）

【十四】二つのダムに守られた県都
（平成七年七月梅雨前線豪雨）

　裾花ダムと奥裾花ダムの完成により裾花川の洪水調整能力は大幅に高められた。裾花ダムの洪水調整能力毎秒六〇〇㎥に、奥裾花ダムの洪水調整能力毎秒二二〇㎥が加わり、合計毎秒八八〇㎥と洪水対応力は一・四倍に増強された。これにより長野県庁近傍の長野市妻科地点の計画高水流量毎秒一、四八〇㎥を四割の毎秒六〇〇㎥に減ずることができるようになった。なお、昭和二十九年に竣工した下流域の災害助成事業で整備された河道の流下能力が毎秒六〇〇㎥となっている。

　平成七年七月十一日から十二日にかけて梅雨前線の活動が活発になり雨が降り続き、長野県北部に甚大な災害をもたらした。昭和二十六年のキティ台風襲来時の鬼無里村の累計降雨量は二三二㎜、二つ玉低気圧が通過した九月二十二日の鬼無里村の降雨量が一二一㎜であったが、この梅雨前線豪雨では、奥裾花ダムで流域平均日雨量二七六・五㎜、裾花ダムで流域平均日雨量二〇九・二㎜を記録した。これはダム設計時の計画量の二倍から一・六倍に達していた。

　この時、奥裾花ダムの洪水調整量は最大毎秒二六三㎥に達していた。二つのダムがなかった場合には、裾花ダムサイトで最大毎秒八六〇㎥の洪水となったが、二つのダムで洪水調整が行

われた結果、裾花ダムが放流した洪水の最大量は毎秒五三〇㎥で、長野市街地の災害発生を未然に防でいる。(48)

おわりに

山崎陽三は裾花ダム開発建設事務所長を退任する前に記した「裾花ダムの工事概要と施工設備」(40)の序文に以下の文章を残している。

裾花川は、かつて長野市のほぼ中央を東西に流れ、千曲川と犀川の合流点付近で合流し、現在の長野市の大半は本線の扇状地であった。それを約三五〇年前、花井吉成が市の西を南に流れるように付替え、扇状地は美田に変じ、やがて市街地が発達したものであるが、その道は決して平たんではなく、奪われた本来の流れ取り戻そうとする川と、拓かれた新しい土地を守ろうとする人々との間に、深刻な闘いが続けられ、今日に至ってもなお勝敗は決していない。

しかし、最近における土木技術の進歩と建設機械の発達は、劣悪な条件のもとでも巨大なダムの構築を可能にし、川との戦いに新しい優秀な手段を与えた。かつては洪水のたびに堤防がかけておびえていた人々は、この新しい手段を使用し、洪水をせき止め、これを貯水池に貯え、安全な流れに調節し、三〇〇余年にわたる川との戦いに終止符を打つばかりでなく、かつては破壊をほしいままにしていたそのエネルギーを電力に変え、またかつては生命財産をのみこんでいたその濁水を飲料用水に変え、産業生活に奉仕させること計画し、昭和三十九年度から裾花川総合開発事業が始められた。（傍線は筆者加筆）

技術雑誌の投稿論文の序文としてはやや風変りの記述と思われるが、山崎らしい大胆で的を射た序文で筆者は大変気に入っている。よってこの文書を拝借して本稿の「おわりに」に替える。

奈良県河川課長の職務を終えた山崎は昭和四十六年四月、国立長野高等専門学校土木工学科教授として再び長野の地に戻り、後輩の育成教育に力を注いだ。

ここに我が恩師山崎陽三先生の偉業を讃え、裾花川河川災害・改修史研究の最終章とする。

注（参考文献）

（1）たとえば、宮下秀樹「近世中期の煤鼻（裾花）川の災害」『市誌研究ながの』二六号　長野市公文書館　平成三十一年
（2）『長野県治水の全貌』長野県土木部河川課　昭和二十四年
（3）『長野県土木概観』「第八章　土木部各課の事業案内」長野県土木部　昭和二十七年
（4）『長野県土木概観』「第十一章　水防法の概要」長野県土木部　昭和二十七年
（5）『長野県の災害と気象　昭和二十年～三十九年』長野県総務部消防防災課　昭和四十年
（6）『信濃毎日新聞』昭和二十四年九月二日　信濃毎日新聞社
（7）『長野市誌』第七巻（歴史編　現代）　長野市誌編さん委員会　平成十六年
（8）『伝承郷土誌　水害に生き残る　昭和２４年裾花川水害』荒木区防災研究会　令和二年
（9）『長野県土木概観』「建設事務所要覧」長野県土木部　昭和二十七年
（10）『信濃毎日新聞』昭和二十四年九月二十五日　信濃毎日新聞社
（11）清水協『半世紀の川浦土建』川浦土建　昭和六十三年
（12）菊池信之亟『裾花の薫』公益財団法人矯正協会矯正図書館収蔵　本資料は、元長野刑務所長であった菊池氏が残した手記を平成十九年に遺族が矯正図書館に寄贈したものである。平成二十五年には当時法務省大臣官房参事官であった椿百合子氏が『刑政』一二四巻四号「受刑者による災害救援出動の記録『裾花の薫』を伝える」で詳細な紹介をしている。
（13）林虎雄『この道十年』産業経済新聞社　昭和三十四年
（14）『鬼無里村史』鬼無里村　昭和四十二年
（15）『長野県土木概観』「長野建設事務所の災害事情」長野県土木部　昭和二十七年
（16）『長野県政史』（第三巻）「第六編・第四章・第一節災害と治山治水」長野県　昭和四十八年
（17）『守谷商会　五十年史』株式会社守谷商会　昭和四十年
（18）森山清『ある人生　来し方の記』守谷商会収蔵　年代不詳
（19）TVAとは、テネシー川流域開発公社の略称で、テネシー川流域の総合開発を目的として作られた、アメリカ政府の機関のことで、当時アメリカを視察した林知事が長野県の施策の参考としたもの。
『長野県広報』第一七号　昭和二十四年十二月一日　長野県
（20）『長野県政史』（第三巻）「第六編・第四章・第三節長野県政の民主化」長野県　昭和四十八年
（21）『裾花川総合開発計画概要書（裾花ダム）』長野県　裾花ダム管理事務所蔵　昭和三十六年
（22）陶山正憲「我が国における既設砂防アーチダムの展望」『新砂防』Vol.20　No.2　砂防学会　昭和四十二年
（23）山浦直人「国登録有形文化財アーチ式の坪根えん堤」『第４１回土木史研究発表会論文集』土木学会　令和三年
（24）八木貞助『裾花川、浅川及土尻川の砂防治水に就いて』「第六編・第四章・第7節総合開発計画と地域開発」長野県治水砂防協会　昭和二十六年
（25）『長野市誌』第七巻（歴史編　現代）　長野市誌編さん委員会　平成十六年
（26）『信濃毎日新聞』昭和三十六年八月二日　信濃毎日新聞社
（27）『大分県電気局史』大分県企業局　昭和四十三年
（28）『信濃毎日新聞』昭和三十七年十月二日　信濃毎日新聞社
（29）「裾花ダム基本設計方針」八千代エンジニヤリング　裾花ダム管理事務所蔵　昭和三十八年
（30）『旧鬼無里村行政文書』「ダム地点の決定について」長野市公文書館蔵
（31）『信濃毎日新聞』昭和三十八年十月八日　信濃毎日新聞社
（32）『信濃毎日新聞』昭和三十八年十二月二十二日　信濃毎日新聞社
（33）『旧鬼無里村役場文書』「裾花ダム対策委員会書類綴」長野市公文書館蔵
（34）『旧戸隠村役場文書』「裾花ダム対策委員会書類綴」長野市公文書館蔵
（35）『長野県上水内郡誌』（自然編）　上水内郡誌編集会　昭和四十五年
（36）『信濃毎日新聞』昭和四十年一月八日　信濃毎日新聞社
（37）『長野県県営電気事業３０周年記念誌』「県営発電の灯をともして３０年」長野県企業局　昭和六十三年
（38）柴田功「裾花アーチダムの構造設計」『土木研究所資料　二二四』建設省土木研究所ダム構造研究室　昭和四十一年
（39）『裾花ダムの設計』長野県企業局電気部　長野県裾花ダム管理事務所蔵　昭和四十一年
（40）山崎陽三「裾花ダムの施工と設備機械について」『ダム日本』№二六四号　昭和四十一年
（41）山崎陽三「裾花ダムの工事概要と施工設備」『建設の機械化』二〇六号　昭和四十二年
（42）杉山陽造・山崎陽三「裾花ダムの地質と設計」『発電水力』№八九号　昭和四十二年
（43）『信濃毎日新聞』昭和四十二年五月二十三日　信濃毎日新聞社
（44）上條敦志「長野県最初で最後のアーチダム」『ダム技術』№二〇〇　ダム技術センター　平成十五年
（45）『戸隠、柵合併一〇周年記念誌』戸隠村　昭和四十二年

（46）『戸隠村誌　閉村記念（増補版）』　戸隠村役場　平成十六年
（47）「裾花川上流総合開発事業計画書（奥裾花ダム）」　長野県裾花ダム管理事務所蔵　昭和四十六年
（48）『奥裾花ダム』（リーフレット）　裾花ダム管理事務所　令和元年
（49）宮下秀樹　「弘化四年善光寺地震による煤花（裾花）川の土砂災害とその後の対応」『土木学会論文集』　D2第70巻第1号　土木学会　平成二十六年
（50）『あなたの街はこうして大災害からまぬがれた』　長野県土木部河川開発課　平成七年

あとがき

裾花川の下流部、長野県庁西隣の朝日山山麓白岩から犀川合流点までの二㎞ほどの河道は近世の初期に人工的に造られた川筋です。人口的に流路を変更したことの功罪なのか。四〇〇年の間、人々は多くの川の恵を享受してきた一方で、それを上回る多くの災いを被って来たことも確かである。「奪われた本来の流れを取り戻そうとする川と、拓かれた新しい土地を守ろうとする人々との間に、深刻な闘いが続けられ、今日に至ってもなお勝敗は決していない。」と故山崎陽三先生は言っています（第十章より）。

地域の歴史を視る時、その事象そのものを正確に網羅的に知ることがまず重要ですが、一つの地域の一つの領域において地域に散在する史料を時系列で俯瞰しまとめることに大きな意味があります。そのような観点で長年行ってきた裾花川の河川災害史・改修史の研究成果を綴ったものが本書です。

裾花川流域におけるエポックメーキング的な出来事は、慶長八年（一六〇三）から始まった松平忠輝の付家老大久保長安が行った善光寺平の一大構造改革でした。それは、北國街道の丹波島・善光寺ルートの開鑿や裾花川の大開発です。これにより長野の地は大きく生まれ変わったのです。第二は、千曲川流域を襲い未曾有の災害をもたらした寛保二年（一七四二）の戌の満水と、その後拡充された江戸幕府の国役制度による川除普請です。国役制度の下で、各地に川除工事に対する目論見所などの請願書や、幕府役人の見分書類、工事請負に関する支払帳簿等の記録が後世に残るようになり、今日においても多くの文書を目にすることができます。

続くエポックメーキング的な事象は、明治維新に始まった西洋技術の普及・浸透があります。特に測量技術の近代化が進み、より精密な河川測量図が作られました。その多くは現代も見ることができます。これに基づき河川堤防の連続化が端緒に就いた時期でした。

最後のエポックポイントは昭和二十四年(一九四九)九月の二つ玉低気圧による裾花川の大氾濫です。これにより裾花ダム、奥裾花ダムの二つのダムが整備され下流域の災害リスクが大幅に軽減されました。

しかしこれにより、「奪われた本来の流れ取り戻そうとする川と、拓かれた新しい土地を守ろうとする人々闘い」に終止符が打たれたといえるのでしょうか。近年の地球温暖化による異常気象による豪雨災害の発生リスクの高まりにより、昭和二十四年九月を上回る洪水がいつ起こるかもしれない状況にあります。

これに対して災害時のレジリエンス強化の取り組が進められているところではありますが、まずは、裾花川の災害の歴史を学び、有事に備えることが私たちにとって重要です。洪水や氾濫、そしてその後の復興の歴史は、この地域の人々の強さと連帯の証でもあります。この本が多くの方々にとって裾花川への新たな視点を提供し、河川防災意識の醸成のきっかけとなることを期待して本書の終わりとします。

本執筆にあたり、多くの方々のご支援とご協力を頂きました。長野市公文書館元主任専門主事の西澤安彦先生には、多くの古文書を解読していただき、示唆に富むご助言を多数賜りましたことに感謝を申し上げます。まことにありがとうございました。

宮下秀樹（みやした・ひでき）

昭和三十年　長野市に生まれる
昭和四十六年　国立長野高等専門学校土木工学科入学
昭和五十一年　長野高専卒業とともに株式会社守谷商会に入社
平成十年　技術士（建設）資格取得
平成十一年　長野高専非常勤講師
平成二十四年　東北大学大学院にて博士（工学）の学位を授与
平成二十八年　長野高専客員教授の称号を授与
令和三年　長野高専客員教授・非常勤講師を退任
この間、守谷商会執行役員を十二年間務める
現在　守谷商会長野建築本店勤務

煤花川清淡急流
一級河川裾花川河川災害改修史抄

二〇二四年一月十五日　初版発行

著者・発行　宮下 秀樹
制　　作　信濃毎日新聞社
印 刷 所　信毎書籍印刷株式会社
製 本 所　株式会社渋谷文泉閣

ISBN978-4-7840-8847-8　C0050